谨 以 此 书

献给为发展我国石油水平井钻井技术而辛勤工作的同志们！

水平井井眼轨道控制

苏义脑 著

石油工业出版社

内 容 提 要

本书是系统介绍水平井轨道控制理论与实用技术的专著，汇集了作者多年来在该方面的创新性研究成果。主要内容包括：水平井轨道设计基础和轨道控制的基本概念及性质；中、长半径水平井下部钻具组合的大挠度力学分析和组合设计；水平井轨道预测方法；常用的井下工具及其设计方法；中、长半径水平井轨道控制工艺及施工控制实例；短半径水平井的工具设计、力学分析和工艺要点等。

本书在写法上兼顾了理论性和实用性，可供水平井科研人员、现场工程师和机械设计人员、大专院校有关专业师生阅读和参考。

图书在版编目(CIP)数据

水平井井眼轨道控制/苏义脑著．
北京：石油工业出版社，2000.9
ISBN 978-7-5021-3077-0

Ⅰ．水…
Ⅱ．苏…
Ⅲ．水平井－控制，轨道
Ⅳ．TE243

中国版本图书馆 CIP 数据核字(2000)第 47163 号

出版发行：石油工业出版社
　　　　　(北京安定门外安华里 2 区 1 号　100011)
　　　　网　　址：www.petropub.com
　　　　编辑部：(010)64523535　图书营销中心：(010)64523633
经　　销：全国新华书店
印　　刷：北京中石油彩色印刷有限责任公司

2000 年 9 月第 1 版　2016 年 8 月第 7 次印刷
787×1092 毫米　开本：1/16　印张：16.25
字数：412 千字

定价：45.00 元
(如出现印装质量问题，我社图书营销中心负责调换)
版权所有，翻印必究

前　言

被誉为世界石油工业中一项"重大突破"的水平井技术,从20世纪80年代末至90年代初进入了蓬勃发展并日臻完善的阶段。它所带来的巨大经济效益,证明了这一综合性配套技术的明显优热和难以准确估量的内在潜力。

在1991～1995五年间,中国石油天然气总公司主持并领导了国家"八五"重点科技攻关项目"石油水平井钻井成套技术研究"。通过参加攻关的6个油田、5个院校共计762名科技人员的不懈努力,使我国的水平井钻井技术从近乎空白走入世界先进行列。截止1996年底,我国已钻成各种水平井94口,并在全国十多个油田以更大的规模推广和发展这项技术。

作者有幸参加了这一国家重大科技项目的攻关,和课题组的同事们一道,负责并从事"水平井井眼轨道控制理论与技术"专题的研究工作。该专题是"石油水平钻井成套技术"中的关键环节之一。五年中,我们在有关水平井井眼轨道控制技术的理论分析、工具研制、工艺方法探讨和现场科学实验井施工等方面的研究成果,构成了本书的主要内容。从这个意义上讲,本书是该课题组乃至与我们精诚合作的大庆、华北两油田朋友们(包括领导、技术人员和工人同志)共同血汗的结晶。作者执笔把它总结提炼并奉献给钻井界的同行们,期待它能起到抛砖引玉之效,为进一步推广和发展我国的水平井钻井技术贡献绵薄之力。

本书共分七章。在章节的编排上出于以下考虑:由于水平井钻井技术是一个包含油藏工程与钻井工程设计、轨道控制、钻井液与完井液、测井、取心、完井与射孔等多项关键技术的系统工程,要想深刻地理解和掌握水平井井眼控制理论与技术,还必须对水平井的技术全貌以及与之有关的其他技术作必要的了解,特别是对水平井的设计技术,因为它是井眼轨道控制的前提和对象。因此,本书第一章"绪论"从总体上介绍水平井的分类、特征和当前国外、国内的技术现状。第二章"水平井设计基础与井眼轨道控制问题的性质",简要介绍水平井的油藏描述和精细地质设计、完井方法、靶区参数和轨道剖面的选择与设计,并在总体上阐述水平井轨道控制的基本概念、控制指标、误差来源、控制特点和研究内容。第三章至第七章是本书的主干,涵盖了长、中、短三类半径的水平井,力求贯穿"理论分析、工具研制、工艺探讨、施工实例"这样一条线索。第三章"中、长半径水平井下部钻具组合的受力与变形分析",着重介绍了钻柱组合大挠度分析的有限单元法(和张海同志合作成果)和纵横弯曲法(是在小挠度纵横弯曲法基础上加以改进的实用工程方法)。第四章"井眼轨道预测方法"重点介绍了"极限曲率法"。第五章"中、长半径水平井常用的井下控制工具及其设计",则针对中、长半径水平井的特点,较系统地介绍了各种常用工具的分类、结构、工作理论、受力特征、选型原则和设计方法等,并在此基础上介绍了作者和同事们研制的两种新型控制工具。第六章"中、长半径水平井轨道控制工艺"则集中介绍了与现场施工密切相关的工艺问题,包括总体控制方案的设计与制订,下部钻具组合与钻柱,监控软件系统,着陆控制与水平控制过程以及两个控制井例,此外,还介绍了控制工程师应具备的其他相关知识,如测量仪器、钻头、钻井液、水力参数和操作注意事项。第七章"短半径水平井的井眼轨道控制",则是针对短半径水平井的特点,介绍短、中短、超短半径钻井工具系统的种类和结构,重点讨论铰接肘链式短半径水平井马达系统的力学模型、特性分析、总体设计与造斜率预测方法,并讨论了短半径水平井区别于中、长半径水平井的井眼轨道控制工艺要点。

作者深知,由于水平井井眼轨道控制技术涉及到诸多方面的内容,更主要的是由于本人水平和能力所限,要写好这样一本理论性、实践性都很强的专著,对我确非易事,错误、遗漏、不妥之处在所难免。我诚挚地希望同行专家不吝赐教,本人将虚心接受来自各方面的批评与指正。

在本书的写作过程中,作者曾在第二章中参考过大庆油田关于水平井优化设计方面的部分成果报告,也曾在第六章第七节中参考并选用了胜利油田水平4井的资料。这些报告和资料因系非正式出版物而无法在"参考文献"中引列,所以作者除在相应章节处予以指出外,特在此再次强调说明并深表谢意!

本书在写作过程中,一直受到石油勘探开发科学研究院钻井研究所领导及其控制工具研究室同事们的鼎力帮助。张润香、窦修荣同志承担了全书的文字和插图整理工作;唐雪平、葛云华、王珍应、张国红等同志为本书提供了部分算例数据。值此,作者向他们表示衷心的感谢!

作者还要特别感谢中国石油天然气总公司有关部门、石油勘探开发科学研究院和大庆、胜利、华北以及其他油田的领导、同行专家和朋友们,正是由于他们的热情关心和大力支持,才使作者能够利用繁忙工作之外的业余时间,坚持不懈地完成了这本书稿。

作 者
1997年5月
于北京

目 录

第一章 绪论 (1)
- 第一节 水平井的分类及特点 (1)
- 第二节 水平井在油气勘探开发中的应用和效益 (3)
- 第三节 国外水平井的发展概况和技术现状 (4)
- 第四节 水平井钻井技术在我国的发展和展望 (8)
- 参考文献 (11)

第二章 水平井设计基础与井眼轨道控制问题的性质 (12)
- 第一节 水平井设计中的几个问题 (12)
- 第二节 水平井井眼轨道控制问题的性质 (21)
- 参考文献 (26)

第三章 中、长半径水平井下部钻具组合的受力变形分析 (27)
- 第一节 中曲率井眼与钻柱的大挠度分析 (27)
- 第二节 BHA 大挠度分析的有限元法 (33)
- 第三节 BHA 大挠度分析的纵横弯曲法 (41)
- 第四节 中曲率井眼内下部钻具组合的理论特性和参数敏感性分析 (65)
- 参考文献 (87)

第四章 井眼轨道预测方法 (88)
- 第一节 概述 (88)
- 第二节 预测井眼轨道的力—位移模型法 (89)
- 第三节 预测工具造斜能力的三点定圆法 (97)
- 第四节 预测工具造斜能力的极限曲率法 (99)
- 参考文献 (105)

第五章 中、长半径水平井常用的井下控制工具及其设计 (106)
- 第一节 水平井各种常用动力钻具的分类与结构特征 (106)
- 第二节 螺杆钻具的工作特性 (111)
- 第三节 水平井螺杆钻具的受力特征 (115)
- 第四节 万向轴的运动和受力分析及弯壳体内孔偏移量计算 (131)
- 第五节 油基钻井液及其油品种类对定子橡胶体积膨胀的影响 (139)
- 第六节 导向钻具选型与总体设计的原则和方法 (140)
- 第七节 地面可调弯外壳导向螺杆钻具及其应用 (151)
- 第八节 中空转子螺杆钻具的外特性及其改进 (159)
- 参考文献 (169)

第六章 中、长半径水平井轨道控制工艺 (170)
- 第一节 水平井轨道控制软件系统的基本功能与结构 (170)
- 第二节 总体控制方案的设计与计算 (172)
- 第三节 水平井下部钻具组合与钻柱设计 (179)

第四节 着陆控制	(182)
第五节 水平控制	(189)
第六节 井眼轨道控制应注意的一些问题	(196)
第七节 水平井井眼轨道控制实例	(207)
参考文献	(218)

第七章 短半径水平井的井眼轨道控制 (219)
第一节 短半径水平井的几种常用工具	(219)
第二节 短半径水平井铰接肘链式马达的受力变形分析与总体设计要点	(225)
第三节 短半径水平井井眼轨道控制工艺要点	(238)
参考文献	(243)

附录 (245)
附录Ⅰ BHA大挠度分析有限元法大位移矩阵计算有关积分式	(245)
附录Ⅱ 对中曲率井眼内曲率分解公式 $K_p=K\cos\theta$、$K_Q=K\sin\theta$ 近似程度分析	(247)
附录Ⅲ 单位换算表	(250)

第一章 绪 论

水平井钻井技术是 20 世纪 80 年代国际石油界迅速发展并日臻完善的一项综合性配套技术,它包括水平井油藏工程和优化设计技术,水平井井眼轨道控制技术,水平井钻井液与油层保护技术,水平井测井技术和水平井完井技术等一系列重要技术环节,综合了多种学科的一些先进技术成果。由于水平钻井主要是以提高油气产量或提高油气采收率为根本目标,已经投产的水平井绝大多数带来了十分巨大的经济效益,因此水平井技术被誉为石油工业发展过程中的一项重大突破。

第一节 水平井的分类及特点

水平井是最大井斜角保持在 90°左右,并在目的层中维持一定长度的水平井段的特殊井。水平井钻井技术是常规定向井钻井技术的延伸和发展。

目前,水平井已形成 3 种基本类型,如图 1-1 所示。

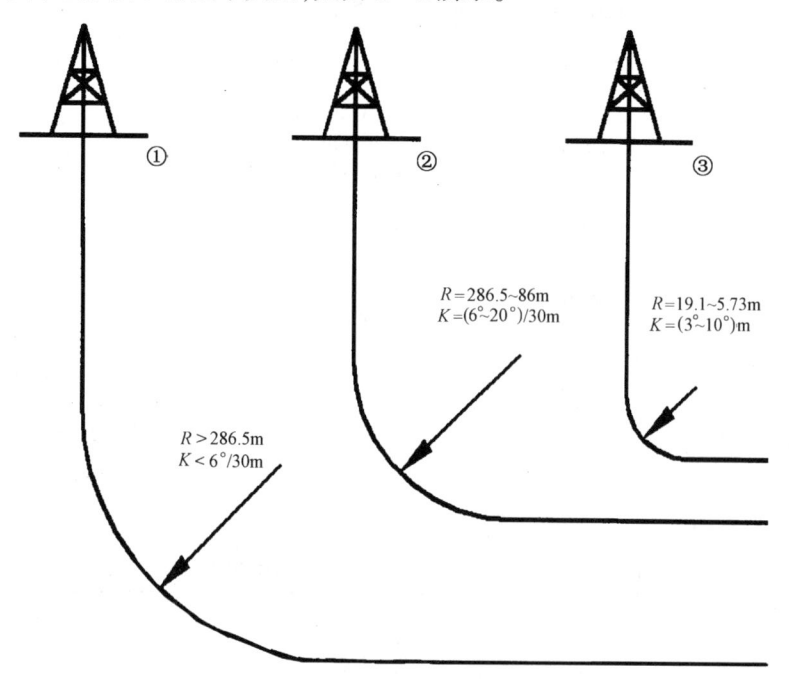

图 1-1 3 类水平井剖面示意图
①长半径水平井;②中半径水平井;③短半径水平井

(1)长半径水平井(又称小曲率水平井):其造斜井段的设计造斜率 $K<6°/30m$,相应的曲率半径 $R>286.5m$。

(2)中半径水平井(又称中曲率水平井):其造斜井段的设计造斜率 $K=(6°\sim20°)/30m$,相应的曲率半径 $R=286.5\sim86m$。

(3)短半径水平井(又称大曲率水平井):其造斜井段的设计造斜率 $K=(3°\sim10°)/m$,相

应的曲率半径 $R=19.1\sim5.73\mathrm{m}$。

应当说明以下几点:其一,上述3种基本类型的水平井的造斜率范围是不完全衔接的(如中半径和短半径造斜率之间有空白区),造成这种现象的主要原因是受钻井工具类型的限制;其二,对于这3种造斜率范围的界定并不是绝对的(有些公司及某些文献中把中、长半径的分界点定为$8°/30\mathrm{m}$),会随着技术的发展而有所修正,例如最近国外某些公司研制了造斜率在 $K=(20°\sim71°)/30\mathrm{m}$ 范围的特种钻井工具(大角度同向双弯和同向三弯螺杆马达),在一定程度上填补了中半径和短半径间的空白区,提出了"中短半径"(intermediate radius)的概念。有关中短半径造斜率马达及其在侧钻水平井中的应用将在本书第七章详加介绍;其三,实际钻成的一口水平井,往往是不同造斜率井段的组合(如中、长半径),而且由于地面、地下的具体条件和特殊要求,在上述3种基本类型水平井的基础上,又繁衍形成多种应用类型,如大位移水平井、丛式水平井、分支水平井、浅水平井、侧钻水平井、小井眼水平井等。

上述3种基本类型水平井的工艺特点和各自的主要优缺点分别列于表1-1和表1-2。

表1-1 长、中、短半径水平井的工艺特点

工艺\类型	长 半 径	中 半 径	短 半 径
造斜率	<8°/30m	(8°~30°)/30m	(90°~300°)/30m
曲率半径	>286.5m	286.5~86m	19.1~5.73m
井眼尺寸	无限制	无限制	6¼in,4¾in
钻井方式	转盘钻井或导向钻井系统	造斜段:弯外壳马达或Gilligan钻具组合; 水平段:转盘钻井或导向钻井	铰接马达方式 转盘钻柔性组合
钻杆	常规钻杆	常规钻杆及加重钻杆	2⅞in钻杆
测斜工具	无限制	有线随钻测斜仪;电子多点测斜仪;MWD	柔性有线测斜仪或柔性MWD
取心工具	常规工具	常规工具	岩心筒长1m
地面设备	可用常规钻机	可用常规钻机	配备动力水龙头或顶部驱动系统
完井方式	无限制	无限制	只限于裸眼及割缝管

表1-2 3种基本类型水平井的主要优缺点一览表

类 型	优 点	缺 点
长半径	1.穿透油层段长(>1000m); 2.使用标准的钻具及套管; 3.使用常规钻井设备; 4."狗腿严重度"较小; 5.可使用选择性完井方法; 6.可用各种人工举升采油工艺; 7.测井及取心方便; 8.井眼及工具尺寸不受限制	1.井眼轨道控制段最长; 2.全井斜深增加; 3.钻井费用增加; 4.不适用于薄油层及浅油层; 5.钻杆扭矩较大; 6.套管用量最大

续表

类 型	优 点	缺 点
中半径	1. 进入油层前的无效井段较短； 2. 使用的井下工具接近于常规工具； 3. 造斜段多用井下动力钻具及导向系统钻井，可控性好； 4. 离构造控制点较近； 5. 可用常规的套管及完井方法； 6. 井下扭矩及阻力较小； 7. 较高及较稳定的造斜率； 8. 井眼控制井段较短； 9. 穿透油层段长(可达1000m)； 10. 井眼尺寸不受限制； 11. 可以测井及取心； 12. 可实现选择性完井方法	1. 要求使用MWD； 2. 要求使用加重钻杆
短半径	1. 井眼曲线段最短； 2. 容易侧钻； 3. 中靶准确度相对较高； 4. 从一口直井中可以钻多口水平分支井； 5. 造斜点与油层距离最小； 6. 可用于浅油层； 7. 全井斜深最小； 8. 不受地表条件的影响	1. 非常规的井下工具； 2. 非常规的完井方法； 3. 穿透油层段短； 4. 井眼尺寸受到限制； 5. 起下钻次数较多； 6. 要求使用顶部驱动系统或动力水龙头； 7. 井眼方位控制受到限制

由于中半径水平井具有如表1-2所示的突出优点，中半径水平井钻井技术发展迅速，数量增加幅度远大于长、短半径水平井，在每年世界上所钻水平井的总数中，中半径水平井占60%左右(1989年和1990年该值分别为60%和60.3%)。

第二节 水平井在油气勘探开发中的应用和效益

除了少量的非石油方面的应用(如用水平井作为引排煤层中甲烷的通道；对埋藏很深而用常规方法无法开采的煤层，可采用就地气化方法，用水平井作为注入空气、氧气以及产出煤气的通道等)以外，水平井主要用于石油和天然气的勘探与开发，可大幅度地提高油气产量，具有显著的综合效益。根据国内外水平钻井的生产实践，水平井具有如下的优点和应用[1]：

(1)开发薄油藏油田，提高单井产量。水平井可较直井和常规定向井大大增加泄油面积，从而提高薄油层中的油产量，使薄油层具有开采价值。

(2)开发低渗透油藏，提高采收率。

(3)开发重油稠油油藏。水平井除扩大泄油面积外，如进行热采，还有利于热线的均匀推进。

(4)开发以垂直裂缝为主的油藏。水平井钻遇垂直裂缝的机遇较直井大得多。

(5)开发底水和气顶活跃的油藏。水平井可以减缓水锥、气锥的推进速度，延长油井寿命。

(6)利用老井采出残余油。在停产老井中侧钻水平井较钻调整井(加密井)要节约费用。

(7)用丛式水平井扩大控制面积，减少丛式井的平台数量。

(8)用水平井注水注汽有利于水线汽线的均匀推进。

(9)用水平探井可钻穿多层陡峭的产层，往往相当于多口直井的勘探效果。

(10)有利于更好地了解目的层的性质。水平井在目的层中的井段较直井长得多,可以更多、更好地收集目的层的各种特性资料。

(11)有利于环境保护。一口水平井可以替代一口到几口直井,大量减少钻井过程中的排污量。

究其根本,水平井最主要的特征在于它可以大大增加井眼在产层中的长度和产层的泄油面积,用略高于1口直井的成本投入得到数口直井的产量。国内外有很多井例足以证明水平井的显著效益。例如:前苏联在20世纪50年代于依圣拜油区曾钻丛式水平井11口(作为加热井或注蒸汽井),其结果使位于中心的生产井产量增加8.2倍;前苏联在20世纪60年代于乌克兰多林那油田钻成8口多目标水平井,每口井的油层内段长范围为250~650m,而邻近直井的油层内段长仅为50~80m,这些水平井与邻近直井的产量比为5.3,而每米进尺成本比仅为1.6,水平井每吨产能的钻井投入仅为直井的30%左右。20世纪80年代以来,随着水平井技术在世界范围内的推广、发展和完善,使水平井的投入由早期相当于直井的6~8倍下降为直井的2~3倍,甚至1倍多,而产量一般均在直井的4倍以上。据国外13个石油公司在世界多个地区的统计资料,水平井对直井的日产量增长比率平均为5倍,在东方为6倍,在北海曾达6~20倍。法国的ELF公司曾指出在意大利罗斯帕梅尔油田,水平井的采油指数增长高达数十倍,水平井与直井的产量比达7倍。

根据国际与国内的水平井钻井资料表明,几乎所有类型的油气藏都可以进行水平钻进。在国外,钻过水平井并取得显著经济效益的油气藏如:

(1)薄砂岩油藏。

(2)有底水、气顶的砂岩油层。

(3)裂缝性或喀斯特洞穴型碳酸盐岩油气藏。

(4)有垂直裂缝带的页岩油藏。

(5)浅层未胶结砂岩沥青型稠油油藏。

(6)浅层岩礁型稠油油藏。

(7)储量很少的海上油藏。

在国内,截止1995年底,已有11个油田(胜利、大庆、新疆、辽河、大港、华北、四川、长庆、中原、塔里木、吉林)钻成60余口水平井,其油藏有低压低渗透砂岩油藏、稠油油藏、火山喷发岩油藏、不整合屋脊式砂岩油藏、裂缝性碳酸盐岩底水油藏等多种不同类型。根据对"八五"期间所钻的50口水平井的统计数据表明,其单井日产量高于同区块相邻直井的3~6倍;在科研攻关过程中这50口水平井的总投资为1.4421亿元,截止1995年5月底,其中已经投产的水平井为35口,比邻近直井增产原油$35.7×10^4$t,共计人民币4.29亿元,效益非常显著[2]。

第三节　国外水平井的发展概况和技术现状

水平钻井的历史可以追溯到19世纪末期。20世纪50年代以前的水平井,基本上都是通过坑道钻成的,只有少部分水平井是在垂直井的基础上钻成的。在20世纪50年代,由于John Eastman和其他一些人的努力,才使水平井技术有了较大进展。但这一时期的水平井,主要都是在老井基础上进行侧钻的短半径径向泄油孔,水平进尺短。前苏联在水平钻井技术发展中的开拓性工作是使用涡轮钻具钻成长半径水平井,其水平段长达1600ft。

总的来看,20世纪70年代以前的水平井钻井技术处于缓慢的发展阶段。尽管很多水平井都钻进成功,但由于技术方面的不成熟、不配套,从而导致事故多与高成本,这在原油价格低廉的时期却显得不合时宜。经济上的低效益使这项技术基本上处于停滞状态[3]。

20世纪70年代后期,原油价格的上涨,驱使世界上许多油公司再度关注水平井技术。在石油资源日益匮乏和勘探开发难度不断增大的条件下,一些油公司希望通过水平井来开发低压、低渗、薄油藏、稠油油藏及用常规技术难以取得经济效益的油田,以提高采收率和提高原油产量。于是20世纪80年代水平井钻井技术进入了一个新的发展时期,而长半径、中半径水平井钻井技术的发展则是这一时期的重要标志。

20世纪80年代初至20世纪80年代中期,世界上的水平井仍以短半径水平井为主(数量维持在每年50口左右),长半径水平井和中半径水平井钻井技术处于攻关时期。1980~1984年期间,钻成的具有300m以上水平段长度的水平井数量不足20口(文献[4]表1-2统计数字为16口),这些水平井主要是长半径水平井。随着被誉为国际钻井3大新技术的MWD(随钻测量仪)、PDC钻头(聚晶金刚石复合片钻头)和高效导向螺杆钻具的应用,大大促进了水平井钻井技术的进步,使每年新钻成的水平井数量成倍增加,1989年一年钻成的中长半径水平井的总数为257口(参见图1-2)。由于中半径水平井较之长半径水平井的诸多技术优点,使中半径水平井数量迅速增长而远远超过长半径水平井,占据绝对优势。

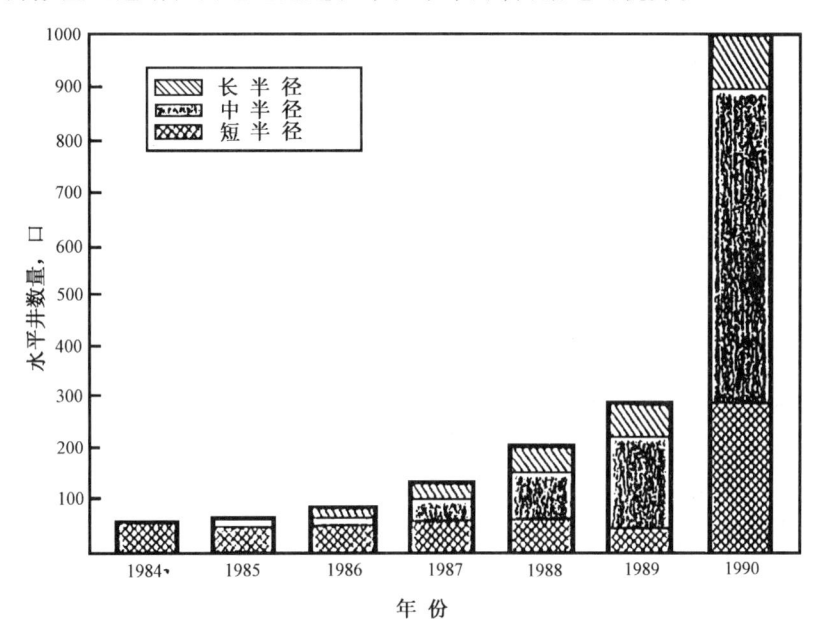

图1-2 1984~1990年间世界水平井发展情况

进入20世纪90年代以来,世界水平井钻井技术以更快的速度推广和普及,成为提高油田勘探开发综合效益的重要途径。1990年国外钻成水平井1290口,是1989年的5.2倍;1995年钻成水平井2590口,又比1990年增加1倍以上。在1990~1995年的6年中,世界上共钻成水平井12590口,是1984~1989的6年中所钻水平井总数的近15倍。表1-3给出了1989~1995年美国和世界上每年所钻的水平井口数以及这些水平井在世界各地区的分布状况(该表中未包括我国在此期间所钻水平井的数据)。据国外某公司介绍,截止1994年美国所钻的7000余口水平井中,中半径、长半径和短半径水平井各占总数70%,23%和7%;在加拿大所钻的3000余口水平井中,中半径、长半径、短半径水平井的比例各占88%,9%和3%。

表 1-3 1989～1995 世界水平井数量及其分布

地 区	1989 年	1990 年	1991 年	1992 年	1993 年	1994 年	1995 年
美国本土	134	1040	1865	2015	1280	1455	1730
国际	123	250	345	455	585	715	860
世界范围	257	1290	2210	2470	1865	2170	2590
美国本土							
ROCKIES	47	150	200	225	250	275	300
MIDSTATES	6	850	1600	1700	900	1000	1200
EASTERN U.S.	6	20	40	60	90	120	150
WESTERN U.S.	15	20	25	30	40	60	80
国际							
MIDDLE EAST	8	25	30	35	40	45	50
AFRICA	3	15	25	40	50	60	70
LATIN AMERICA	15	25	40	60	80	90	100
FAR EAST	22	25	30	40	55	70	80
EUROPE	34	60	70	80	90	100	110
CANADA	41	100	150	200	270	350	450

随着水平井钻井技术和完井技术的不断发展和完善，水平井的钻井成本大幅度下降，因而能获得更大的经济效益，这就是为什么水平井会在 20 世纪 90 年代以后迅速增长的重要原因之一。据国外统计资料表明，虽然水平井的产量一般比邻近直井提高 3～5 倍，甚至更多，而 20 世纪 80 年代初期以前，水平井成本比邻近直井高出 6～8 倍；到 20 世纪 80 年代中、后期，水平井成本明显下降，一般为直井的 2～3 倍；进入 20 世纪 90 年代以后，这一成本比值继续降低，一般是直井成本的 1.2～1.4 倍。图 1-3 示出了 1986～1990 年期间阿拉斯加普鲁德霍湾的水平井与垂直井成本对比曲线。图 1-4 是美国得克萨斯 Austin Chalk 油层的水平井钻井成本的"学习曲线"。

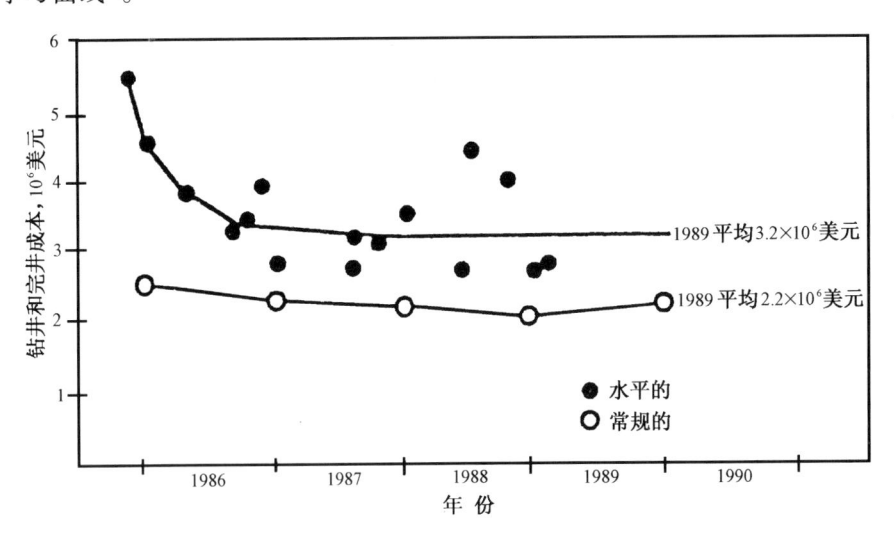

图 1-3 阿拉斯加普鲁德霍湾的水平井与垂直井的成本对比

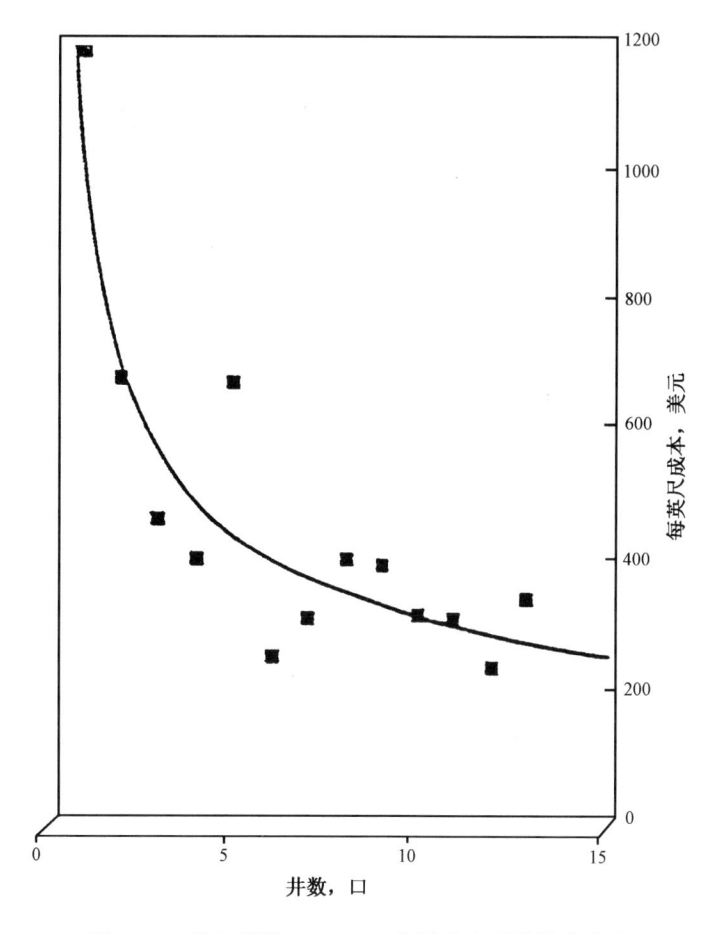

图 1-4 得克萨斯 Austin Chalk 层的水平井钻井成本
(据石油工程师,P22,April,1990)

"学习曲线"表明,在某一地区所钻水平井的口数和积累的钻井经验对水平井的钻井成本影响很大。一般情况下,第 1 口水平井的成本比第 2 口高得多(第 1 口水平井往往比邻近直井成本高出 2~4 倍)。但随着后续的水平井数量增加,其成本可下降至邻近直井的 1.4 倍甚至更低。美国的 7000 余口水平井统计资料表明,每口井成本相当于邻近直井的 1.2 倍左右,也有的水平井成本接近甚至低于直井成本[4]。这些数据可给出两点重要启示:其一是不能简单地根据在某一地区所钻的第 1 口水平井就对水平井钻井技术进行经济评价;其二是为了获得更高的经济效益,最好选择在一个地区钻多口而不是单口水平井的钻井方案。

目前国际上水平井钻井技术已日臻成熟和完善。随着不同的地面条件、地下油层状况与勘探开发要求,已钻成了多种花样的水平井。例如美国普鲁德霍湾油田、英国北海油田的大位移水平井;加拿大、印度尼西亚等地的丛式水平井;前苏联(多林纳油田)及美国的水平多目标井和水平分支井;加拿大的用斜井钻机由地表沿 45°井斜角开钻造斜的浅层水平井,以及在很多国家和地区钻成的开窗侧钻水平井和小井眼水平井。再如,美国某钻井公司曾在北海钻成一口特殊工艺水平井,该井总垂深为 6710m,水平位移达 8714m(28592ft),在水平段内钻进一段距离之后,又继续增斜至 130°的最大井斜角,共探明 5 个目标层,表明具有很高的钻井技术水平。随着钻井技术的进步,钻成水平位移达到或超过 10km 的大位移水平井,也将是指日可待的。

第四节　水平井钻井技术在我国的发展和展望

我国是继美国和前苏联之后,第3个钻水平井的国家。1965～1966年,我国的钻井工作者曾在四川地区钻成了2口水平井即巴-24和磨-3水平井。以磨-3井为例,其目的层的地质特征是四川磨溪构造,大安寨微裂缝性灰岩油层(垂深约1300m),油层中有页岩夹层。磨-3水平井完钻总测深为1685m,垂深1368m,水平位移444m,油层内井段长288m,水平井段长160m。经完井测试,其产量为邻近直井的10倍,经济效益显著。

同国外水平井的发展情况类似,此后水平井钻井在我国一直处于停顿状态,直至20世纪80年代末期。但在此期间,我国的石油科技工作者却一直在密切关注着国外水平井技术的发展动向。为了提高我国油气勘探开发的综合效益,提高油气采收率和产量,在严密的科学技术论证基础上,"石油水平井钻井成套技术"于1990年被列入国家"八五"重大科技攻关项目。在国家计委和中国石油天然气总公司的组织领导下,有6个油田和5所院校的762名科技人员参加攻关,历经4年,全面和超额完成了攻关计划任务:在我国10个油田先后钻成长、中、短半径科学实验水平井和推广应用水平井50余口,并在水平井优化设计技术,水平井井眼轨道控制技术,水平井钻井液与完井液技术,水平井完井与固井射孔技术,水平井电测技术与水平井取心技术等6个方面,取得16项重大技术成果,建成5个实验室和11套实验装置,研制新型仪器18台套,编制各种计算机软件53套,制定行业标准14项,获国家专利8项,推广新工艺、新技术12项,44项成果填补了国内空白。在4年攻关中,研制的新产品、新装备、新工具42种,取代进口,实现了水平钻井装备和仪器的全部国产化。

从整体经济效益上看,4年攻关中其投入产出比约为1:3;随着时间的推移,这一比值将继续增加。有35口水平井与邻近直井或定向井的原油产量比值为3～6。钻井与建井周期的明显缩短标志着水平井技术的进步与成熟。从某油田的统计数据表明,其第4口水平井与第1口水平井相比,所需的钻具组合减少40%,钻井周期缩短50%,成本降低1倍。某油田用水平井开发稠油砾石油藏,建井周期由初期的57d降低到后来的平均22d,最快为17d;相应的钻井周期由初期的44d,降低到后来的平均17d,最短为12d;该油田在某区块的10个平台采用丛式井技术,进行水平井、定向井和直井的统一联合开发,先后完成了11口长裸眼水平井、29口定向井和2口直井,其中水平井平均钻井周期为15d,建井周期为22d。

在4年攻关过程中,在10个油田钻成的50余口水平井,涉及到8种以上不同油气藏。按井身结构类型划分,这些水平井有长半径、中半径、短半径水平井,其中以中半径水平井为主;按钻井目的划分,这些水平井有探井和开发井(包括稠油热采井);按钻井设计和工艺来划分,这些井中有水平多目标井(一井双探)和水平巷道开发井、老井侧钻水平井、丛式水平井;按完井方式划分,这些水平井有裸眼完井、砾石充填完井、套管固井射孔完井、割缝筛管完井、金属棉筛管完井、割缝尾管加管外封隔器完井、不下技术套管而仅用油层套管完井等多种方式。

以下举出一些井例,由此可粗略反映出目前我国水平井钻井技术的概貌。

【井例1】　任平1井。该井是攻关过程中第1口中半径水平井,斜深3180m,垂深2699m,水平段长300m;平均日产原油14.3t,是邻近直井的1.8倍;该井自1991年4月投产至1995年止,共产原油29653×10^{4}t,产值计3617.7万元,是该井投入成本的2.8倍。

【井例2】　埕斜1井。该井是我国第1口水平勘探井,完钻斜深2650.13m,水平段长505m,钻穿不整合砂岩19层共211.5m,取得了相当于12口直探井的勘探效果。该井初产原油为230t/d,是邻近直井的3~5倍。从1991年投产至1995年3月底止,累计产油65410t,天然气$1151×10^4m^3$。

【井例3】 树平1井。该井是我国第1口低压低渗透薄砂岩油藏中曲率半径水平井。该井完钻井深2088.88m,完钻垂深1906.36m,水平段长309.99m,最大造斜率13.87°/30m,油藏厚度8~16m,窗口高度±3m,着陆点靶心纵距+0.14m,水平段最大波动高度为+1.55m和-0.95m。该井采用固井方式完井,初产量为31t/d,稳定产量是邻近直井的3~5倍。

【井例4】 水平2井。该井是我国第1口"一井双探"的多目标水平井。该井完钻井深2947.00m,完钻垂深1953.78m,水平段长901.43m。该井在1921m处进入油层后。钻至2040m探明该油层的油水边界,回填一段在1676.7m处继续钻进至2947m,探明中生界的含油情况,并在井斜角为85°以上的裸眼井段内下入油层套管813.41m。

【井例5】 TZ4-17-H4井。该井是在塔里木沙漠腹地钻成的我国最深的一口水平井,完钻斜深4293m,完钻垂深3612m,水平段长507m。该井日产原油1050t/d,天然气$25.7×10^4m^3/d$,是目前国内日产量最高的水平井。

【井例6】 FHW001井。该井是利用国产首台斜直井钻机(钻机与地面成45°角)钻成的我国第1口超浅水平井,斜深650m,垂深264.40m,水平位移524.10m,水平段长240m。

【井例7】 官H-2井。该井是我国第1口短半径水平井,完钻垂深1763.93m,完钻斜深1857m,水平段长63m,平均造斜率为1°/m。

【井例8】 朝平1井。该井完钻斜深2196.28m,完钻垂深1239.67m,油层厚度4~6m,窗口高度±2m,该井水平段长809.76m,表明已具备在4m油层内钻长距离水平段的控制水平。

表1-4列出了我国部分水平井的基本情况。

表1-4 我国部分水平井的基本情况

序号	井号	曲率半径类型	油藏类型	完钻斜深 m	完钻垂深 m	水平井段 m	完井方式
1	HW101	长	火山喷发岩	1965.17	1254.74	505.17	裸眼
2	HW701	中	火山喷发岩	1850.00	1344.90	417.27	多级管外封隔器
3	HW702	长	火山喷发岩	2241.00	1407.90	551.00	裸眼
4	HW703	中	火山喷发岩	1739.00	1312.90	324.00	套管射孔
5	FHW001	中	稠油砂岩	650.00	264.40	240.00	绕丝筛管
6	树平1	中	低压低渗透砂岩	2388.88	1906.36	309.99	套管射孔
7	茂平1	中	低压低渗透砂岩	2033.88	1249.76	577.20	尾管射孔
8	朝平1	中	低压低渗透砂岩	2196.28	1239.67	809.76	尾管射孔
9	朝平2	中	低压低渗透砂岩	1800.16	1202.78	710.23	尾管射孔
10	女MH-1	长	低压低渗透砂岩	3622.68	3110.74	273.28	尾管射孔
11	官H-1	中	中渗透砂岩	2347.90	2008.16	208.67	射孔
12	官H-2	短	生物碎屑灰岩	1857	1763.93	63	筛管
13	冷平1	中	稠油	1280.15	1328.99	329.70	尾管
14	冷平3	中	稠油	2281.72	1745.20	360	裸眼
15	齐40-平1	中	稠油	1488	891.50	407	金属棉筛管

续表

序号	井号	曲率半径类型	油藏类型	完钻斜深 m	完钻垂深 m	水平井段 m	完井方式
16	齐40-平2	中	稠油	1242	962.73	141	金属棉筛管
17	任平1	中	裂缝性碳酸盐岩	3180	2702	301	裸眼
18	埕科1	长	不整合砂岩	2650.13	1878.88	505.00	射孔
19	永35-平1	中	断块砂岩	2102.20	1763.13	202.68	射孔
20	水平1	中	不整合砂岩	2578.68	1896.20	541.32	射孔
21	水平20-1	中	不整合砂岩	2548.88	1884.34	555.43	筛管
22	胜2-1-平	中	断块砂岩	2506.00	2154.33	169.26	射孔
23	草20-平1	中	稠油砾石	1429.77	928.77	248.70	射孔
24	水平2	中	不整合砂岩	2947.00	1953.78	901.43	射孔
25	草20-平2	中	稠油砾石	1419.82	922.20	304.82	筛管
26	樊15-平1	中	低渗透砂岩	3380.00	2940.35	345.79	射孔
27	草20-平3	中	稠油砾石	1431.00	935.10	379.50	射孔
28	水平4	中	不整合砂岩	2347.25	1957.98	411.55	射孔
29	草20-平4	中	稠油砾石	1469.50	938.31	339.60	射孔
30	草20-平6	中	稠油砾石	1487.00	948.89	342.30	射孔
31	草20-平7	中	稠油砾石	1454.64	948.71	351.29	射孔
32	草20-平5	中	稠油砾石	1542.65	960.85	400.20	射孔
33	草南试平2	中	稠油砾石	1400.00	879.93	341.75	射孔
34	草南试平1	中	稠油砾石	1484.00	890.82	439.70	射孔
35	单2-平1	中	稠油砾石	1523.00	1143.00	207.84	射孔
36	草南平3	中	稠油砾石	1534.00	942.00	389.68	射孔
37	草南平4	中	稠油砾石	1404.00	931.41	296.83	射孔
38	草南平5	中	稠油砾石	1375.61	929.50	290.74	射孔
39	草南平9	中	稠油砾石	1239.00	833.97	224.30	射孔
40	草南平6	中	稠油砾石	1229.00	860.31	226.93	射孔
41	草南平11	中	稠油砾石	1270.01	831.07	230.01	射孔
42	草南平12	中	稠油砾石	1240.00	828.09	234.17	射孔
43	草南平8	中	稠油砾石	1253.38	839.50	229.05	射孔
44	草南平7	中	稠油砾石	1245.54	841.98	218.00	射孔
45	草南平10	中	稠油砾石	1240.00	837.18	227.83	射孔
46	草南平13	中	稠油砾石	1210.00	836.37	249.95	射孔
47	TZ-17-H4	中	石炭系砂岩	4293.00	3610.56	507.00	筛管
48	TZ-27-H14	中	石炭系砂岩	4255.00	3595	509.16	射孔

综上所述,经过 4 年的刻苦攻关,我国的水平井钻井技术已取得重大进展。长、中半径水平井钻井技术已跻身于世界先进行列。但在短半径水平井技术方面,目前同世界先进水平尚有较大差距。作为"八五"水平井钻井技术攻关的延续,我国已把"老井侧钻短半径水平井钻采技术"列入国家"九五"重大科技攻关项目。完全可以断言,我国的短半径钻井技术在几年之内将会跃上一个新的台阶;包括长、中、短半径各类水平井在内的水平井成套技术在我国将会有更大的普及和推广,为提高油气勘探和开发的综合效益,为实现"稳定东部、发展西部"的战略方针,做出突出的贡献。

参 考 文 献

[1] 白家祉,苏义脑著.井斜控制理论与实践.北京:石油工业出版社,1990
[2] 王明太主编."八五"水平井钻井技术要览.北京:石油工业出版社,1997
[3] Inglis 著,苏义脑等译.定向钻井.北京:石油工业出版社,1995
[4] Sadad,Joshi. Horizontal Well Technology. Ph. d. Tulsa,Oklahoma,1990
[5] 苏义脑,孙宁.我国水平井技术现状与展望.石油钻采工艺,1996,18(6)

第二章　水平井设计基础与井眼轨道控制问题的性质

水平井的井眼轨道设计是井眼轨道控制的基础和依据。在讨论轨道控制之前，了解其轨道设计以及整个水平井设计问题的概貌和设计过程的特点，以做到胸有全局，有的放矢，是十分必要的。

第一节　水平井设计中的几个问题

水平井设计是水平井钻井成套技术中的首要环节。水平井设计工作的优劣，决定着一口水平井能否顺利地进行钻井施工，乃至能否取得预期的经济效益，因此必须引起足够的重视。

如果说钻定向井的目的主要是解决地面障碍，问题的性质仍局限于钻井工程技术本身的范畴，那么，钻水平井的目的则主要是解决地下油藏的效益和产量，问题的性质已经从钻井工程技术本身进一步扩展到产层的地质与油藏工程方面。为了达到提高水平井单井产量的根本目的，水平井的设计思路和方法与常规的直井、定向井不同，它把产层的油藏特性描述和地质设计作为整个设计工作的重点。由于水平井的投入成本一般明显高于直井和定向井，所以在水平井的整个设计工作中，除直井、定向井要考虑的因素以外，还要包含产量预测和经济评价这两个环节。

水平井的设计思路和基本方法是：

目的层油藏地质设计—产量预测—完井方法选择—水平段设计—目的层以上的剖面设计—套管程序设计—井下工具、测量方法选择—水力参数设计与地面设备选择—经济评价。

简而言之，水平井设计是一个"先地下后地面，自下而上，综合考虑，反复寻优"的过程。此过程涉及到大量的分析计算和对比选择，因此一般需在计算机上实施。图2-1是国外某公司给出的水平井设计流程示意图，大体反映了水平井设计过程的基本特征。

作为水平井井眼轨道控制技术的基础，本节将对水平井设计的有关问题加以简介，主要包括目的层的地质设计、完井方法选择、水平段设计和井眼轨道的剖面设计等。设计技术中的其他问题，如井下工具、测量方法、钻柱设计及水力参数等，将在本书的其他章节专门讨论。

一、油藏描述与精细地质设计

尽管水平井技术可以应用于各种油气藏的勘探与开发，但对不同性质的油气藏，水平井的增产效果不同。例如在垂向渗透率很低的层状油藏中，钻水平井的增产效果就差。实践证明，要想提高水平井的增产效果，首要的关键是要选择合适的油藏。因此，研究水平井开发油藏的地质条件，优选开发区块，应用地震、地质、测井等技术资料和方法，进行综合的油藏描述，建立精细的水平井地质模型，从而优化水平井的井位，是水平井技术的基础工作。

1. 对油藏进行综合的精细描述，建立水平井目的层地质模型

以大庆油田的低压低渗薄砂岩油藏为例，这一工作的内容和要求主要是：

(1)目的层砂体预测。

通过地震资料建立砂体判别模式，预测砂体分布；开展理论分析，定量确定目的层砂岩分

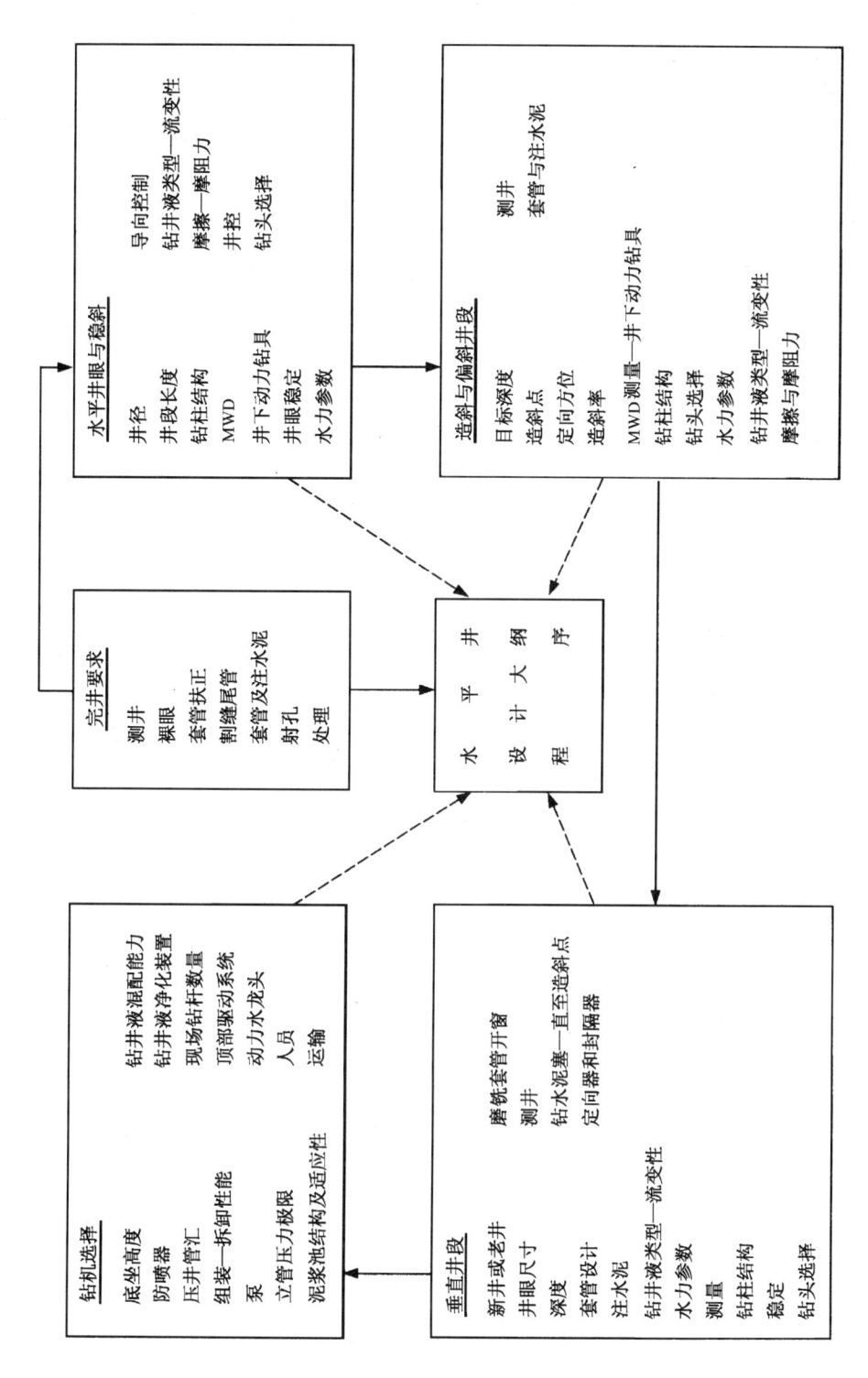

图 2-1 国外某公司的水平井设计流程示意图
(据刘长生，水平井钻井技术发展与应用)

布和孔隙度分布;划分沉积微相,预测砂体的平面分布,通过精细小层对比,分析砂岩的结构和平面变化;应用地层倾角的测井资料,预测砂体的增厚方向和延伸方向等。

(2)油层顶部预测。

油层顶界位置是水平井设计的一个基本参数。油层顶界误差将给水平井的轨道控制带来困难,大的油顶误差会造成控制方案的改变甚至可能造成失控。因此,油层顶界的预测精度往往是衡量地质设计水平的一个重要指标。

有关工作主要是:利用油田的开发资料,研究目的层砂体沉积时的顶面形态,校正和确认目的层及其以上的不同油层顶面构造,确定目的层厚度和油层顶面的深度数据。

(3)描述裂缝的发育特征。

通过认真观察岩心及其他多种方法,确定天然裂缝的基本特征、分布规律和方向性,以及人工裂缝的方向等。

(4)描述储层内部物性夹层的分布特征。

2. 以地质模型为依据,应用油藏数值模拟技术,优化设计水平井井位参数

1)确定水平井井位布置原则

水平井必须与已钻的开发井或探井井位相协调,应从油藏整体上进行部署,而不要局限于单口井的概念设计。

2)确定水平段长度和井眼直径的设计原则

从理论上讲,水平段越长,井眼直径越大,水平井的采油指数(PI)就越大,产量就越高。但对井眼直径的选值,还要综合考虑水平段的完井设计、全井的套管程序以及钻机能力等多种因素才能确定。对水平段长度,应根据砂体模型、泄油半径大小,具体的油藏开发设计要求和钻井成本,钻井和完井的工艺约束等因素综合考虑确定。

文献[3]给出水平井采油指数的近似算式:

$$PI = \frac{7.08 \times 10^{-3} \times KL}{\mu B_o} \cdot \frac{1}{\frac{L}{h} \cdot \ln\left\{\frac{1+\left[1-\left(\frac{L}{2r_e}\right)^2\right]^{\frac{1}{2}}}{\frac{L}{2r_e}}\right\} + \ln\left(\frac{h}{2\pi r_w}\right)} \quad (2-1)$$

式中 PI——采油指数,bbl/(d·lbf/in^2);
L——水平段长度,ft;
K——渗透率,mD;
h——油层厚度,ft;
μ——粘度,cP;
B_o——油层体积系数;
r_e——泄油半径,ft;
r_w——井眼半径,ft

由此式可对水平井的产量进行初步预测。

3)确定水平段方向

水平段方向是影响水平井产量的主要因素。确定水平段方向的基本原则就是如何获得最大的产能。对于靠天然能量开采的油藏,水平段方向最好与天然裂缝方向垂直,尽量多地穿透裂缝;而对注水开发的低渗透砂岩油藏,应综合考虑砂岩形态、天然裂缝方向、人工裂缝方向等

因素,并结合油藏工程研究来确定水平段方向,以保证水平井的最佳开采效果。

二、水平井完井方法的选择[1]

完井设计是水平井设计的重要组成部分。合理的完井方法对水平井的正常生产与高产十分重要。目前水平井完井可分为如下4种基本方法:

(1)裸眼完井。

(2)筛孔/割缝衬管完井。

(3)筛孔/割缝衬管带管外封隔器完井。

(4)衬(套)管注水泥固井射孔完井。

由于管外封隔器的应用比较灵活方便,在实际完井中可形成多种不同的完井方法。此外还有砾石预充填完井、砾石充填完井和其他可进行选择性洗井及增产措施的选择性完井方法。

1. 4种完井方法的比较

上述4种基本完井方法各有其优点、缺点和应用条件,了解这些特点对合理选择完井方法是必须的。

1)裸眼完井法

其优点是:

(1)费用低。

(2)没有产量损失。

(3)使用裸眼封隔器可以进行增产作业。

其缺点是:

(1)可能造成井眼堵塞,甚至造成部分乃至全部井段报废。

(2)生产控制性差。

(3)修井作业困难。

(4)废弃部分生产段困难。

2)筛孔/割缝衬管完井法

其优点是:

(1)割缝或筛孔可保持油层与井眼间的可靠通道。

(2)若割缝或筛孔尺寸适当可部分控制出砂。

(3)在松软地层常用绕丝筛管控制出砂。

(4)砾石充填筛管可以有效进行砂控。

其缺点是:

(1)不能控制生产。

(2)废弃部分生产段困难。

(3)不能进行生产测井。

3)筛管/割缝衬管带管外封隔器完井法

其优点是:

(1)可在石灰岩裂缝地层中实现层段的隔离。

(2)可隔绝水层和气层。

(3)可达到部分准确的生产测井。

(4)可完成部分选择性的增产作业。

其缺点是由于管外封隔器同割缝衬管一道在裸眼井中使用,很难预测和保证密封效果。

4)衬(套)管注水泥固井射孔完井法。

其优点是:

(1)在任何油层都可以有效地达到封隔作用。

(2)在整个生产期间,任何时候都可以达到对原生水和气的封隔。

(3)可以进行准确的生产测井。

(4)能够完成选择性的增产作业或选择性生产。

其缺点是水平井衬(套)管固井和射孔费用高,固井质量也较难保证。

2. 水平井完井方法的选择原则

选择水平井的完井方法时必须考虑以下几点:

(1)生产(包括产量、生产模式)。

(2)生产测井。

(3)生产控制。

(4)预期的修井要求。

(5)生产井注水、注气量的控制。

(6)生产层段的废弃。

(7)曲率半径对完井方法的限制。

总之,在选择完井方法时必须全面考虑完井后可能采取的生产措施,并结合地质和油藏条件分析对比4种完井方法的优缺点,以及完井工艺的可行性。从曲率半径方面而言,短半径水平井一般只能用裸眼或筛孔/割缝衬管的完井方法,而中、长半径水平井则对4种完井方法并无限制。

三、水平井靶区参数设计

与定向井的靶区不同,水平井的靶区一般是一个包含水平段井眼轨道的长方体或拟柱体。靶区参数主要包括水平段的井径、方位、长度、水平段井斜角、水平段在油层中的垂向位置以及水平井的靶区形状和尺寸即水平段的允许偏差范围。确定这些参数要综合考虑地质、采油和钻井工艺的要求与限制,以保证高产、安全、低成本目的的实现。

1. 水平段长度设计

对水平段的井径与方位,已经作过讨论。对水平段长度,除了前面论及的影响因素外,在实际设计中,有时还受到油田开发方案及油区许用边界的限制。设计方法是:根据油井产量要求,按照所期望的产量比值(即水平井日产量是邻近直井日产量的几倍),来求解满足钻井工艺方面的约束条件的最佳水平段长度值。这些约束主要是指包括钻柱摩阻、钻机能力、井眼稳定周期及油层污染状况等因素的限制。

2. 水平段井斜角确定

确定水平段井斜角的设计值一般应综合考虑地层倾角、地层走向、油层厚度以及具体的勘探或开发要求。我国对石油水平井的水平段井斜角设计值的要求一般是不小于86°。

在通常情况下,水平段与油层面平行,其井斜角为

$$\alpha_H = 90° \pm \beta \qquad (2-2)$$

式中 α_H——水平段设计井斜角,(°);

β——油层地层倾角,(°);

±——依井眼方向与地层倾向的关系而定:若沿地层上倾方向,取"+";若沿地层下倾方向,取"-"。

当地层倾角较大而水平段斜穿油层时,则应考虑地层视倾角对水平段设计井斜角的影响,即

$$\alpha_H = 90° - \text{arctg}[\text{tg}\beta\cos(\Phi_d - \Phi_H)] \quad (2-3)$$

式中 Φ_d——地层下倾方位角,(°);

Φ_H——水平段设计方位角,(°)。

3. 水平段的垂向位置的确定

油藏性质决定了水平段的设计位置。对于无底水、无气顶的油藏,水平段宜置于油层中部;对于有底水或气顶存在的油藏,设计原则是水平段应尽量远离油水或气水界面;对于同时存在底水和气顶的油藏,应以尽量减小水锥和气锥速度为原则来确定水平段位置;对于重油油藏,为提高采收率,水平段应在油层下部,以便使密度较大的稠油借助重力流入水平井眼。

4. 水平井靶体设计

水平井的靶体设计实质上就是要确定水平段位置的允许偏差范围,它将受两方面的限制:其一,严格控制允许偏差有利于把井眼轨道控制在最有利的地质储层内;其二,对允许偏差限制过严会加大实际钻井中井眼控制的难度,加大钻井成本。因此,在进行靶体设计时应综合考虑所钻油层的地质特性,钻井技术水平和经济成本等因素,在满足钻井目的的前提下,尽量放宽允许偏差,以降低控制难度和钻井成本。

靶体的垂向允许偏差即靶体的高度,它与油层厚度及油藏形态有关,必须等于或小于油层厚度。靶体的上下边界应避开气顶和底水的影响,保证把水平段的井眼轨道限定在有利的范围内。一般来说,靶体上下边界对称于水平段的设计位置,但在有特殊要求的情况下并不必须对称,即上、下偏差可以是不等值的。

靶体的宽度(即横向允许偏差)一般是其高度(即垂向允许偏差)的几倍(多为 5 倍)。靶体的前端面称为靶窗,后端面称为靶底,常见的靶体是以矩形靶窗为端面的长方体,或拟长方体,如图 2-2 所示。加大靶窗的宽度,有利于降低着陆控制即中靶的难度。有时在地质设计允许的前提下,加大长方靶体两侧的方位允差,以减少在水平钻进时纠方位的麻烦,因而得到的是靶底大于靶窗的棱台形靶体。

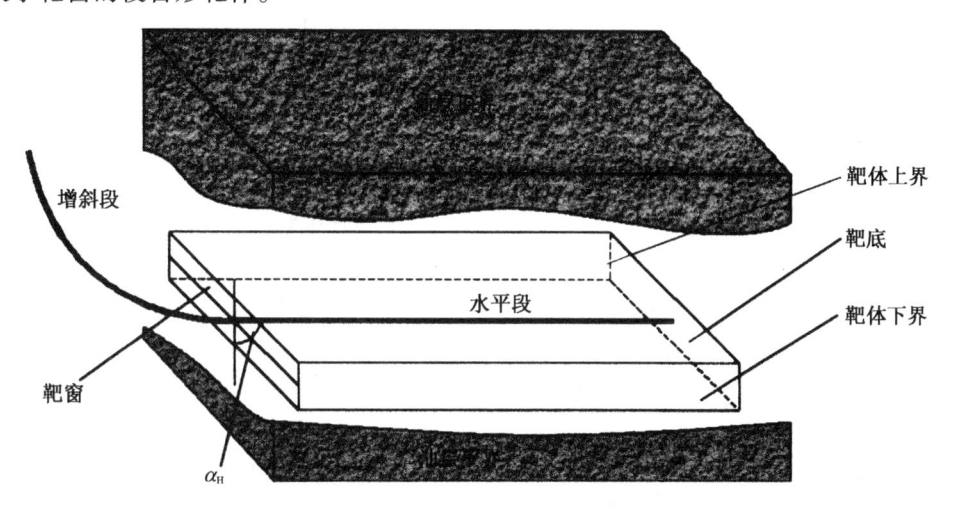

图 2-2 水平井靶体示意图

对有特殊勘探开发目的的水平井,如巷道式开发井、注蒸汽进行热采的成对水平井,靶体尺寸要求十分严格,其靶窗是一个尺寸较小的矩形或者圆形,相应的靶体是一个不允许加宽的长方体或圆柱体。

四、水平井的剖面设计

剖面设计就是要确定水平井段以上的井眼几何轨道。除了在特殊情况下因需绕障而要对井身轨道进行三维设计外,一般情况下都是二维设计,即把井身轨道设计成通过水平段的铅垂平面内的曲线或曲、直线段组合。

井眼轨道设计是轨道控制的基础和依据。最好的井眼轨道设计应是最接近施工实际,降低控制难度的设计。因此,在某种意义上说,比较实钻轨道与设计轨道的误差,结合施工难度和钻井成本,可对井眼轨道设计水平的优劣作出"事后评价"。

1. 常用的井身剖面

从理论上讲,水平井的井身剖面可根据实际需要而设计成多种不同类型。但实际上应用最多、最有代表性的有3种类型。

1)单弧剖面

如图2-3所示,又称"直—增—水平"剖面,它由直井段、增斜段和水平段组成,其突出特点是用一种造斜率使井身由0°造至最大井斜角 α_H。这种剖面适用于目的层顶界与工具造斜率都十分确定条件下的水平井剖面设计。通常可用于侧钻短半径水平井的井身剖面设计。

2)双弧剖面

如图2-4所示,又称"直—增—稳—增—水平"剖面,它由直井段、第一增斜段、稳斜段、第二增斜段和水平段组成,其突出特点是在两段增斜段之间设计了一段较短的稳斜调整段,以调整由于工具造斜率的误差造成的轨道偏离。这种剖面适用于目的层顶界确定而工具造斜率尚不十分确定的情况,是中、长半径水平井比较普遍采用的一种剖面设计。

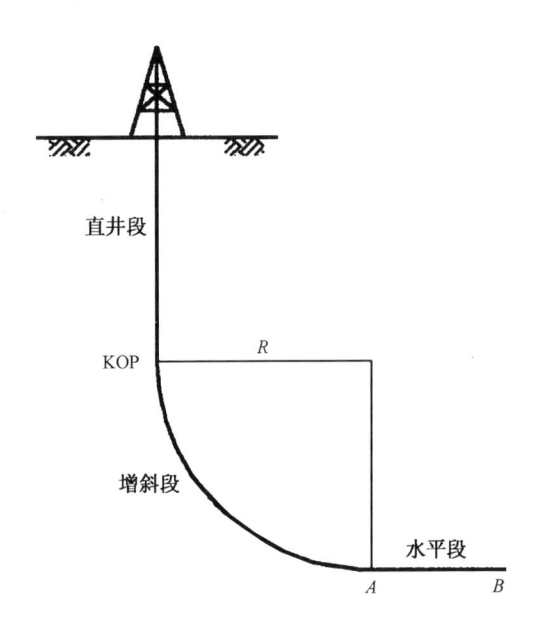

图2-3 单弧剖面水平井示意图

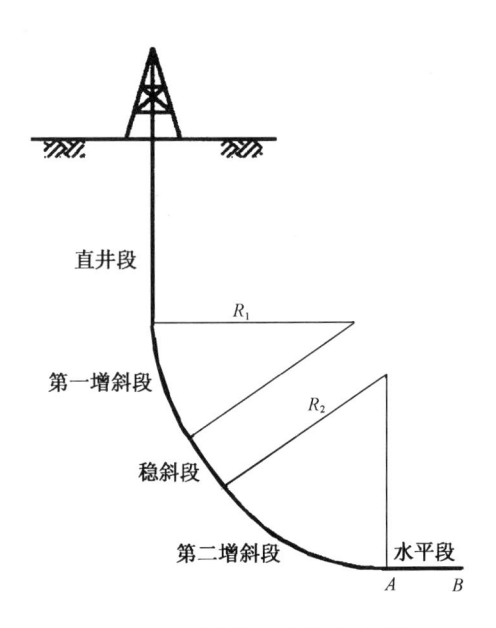

图2-4 双弧剖面水平井示意图

3)三弧剖面

如图 2-5 所示,又称"直—增—稳—增—稳—增—水平"剖面,它是由直井段、第一增斜段、第一稳斜段、第二增斜段、第二稳斜段、第三增斜段和水平段组成,其突出特点是在 3 个增斜段之间相继设计了两个稳斜段,第一稳斜段用于调整工具造斜率的误差,第二稳斜段则用于探油顶,即调整目的层顶界误差。这种剖面适用于目的层顶界和工具造斜率都有一定误差的条件下,尤其适用于薄油层水平井设计。

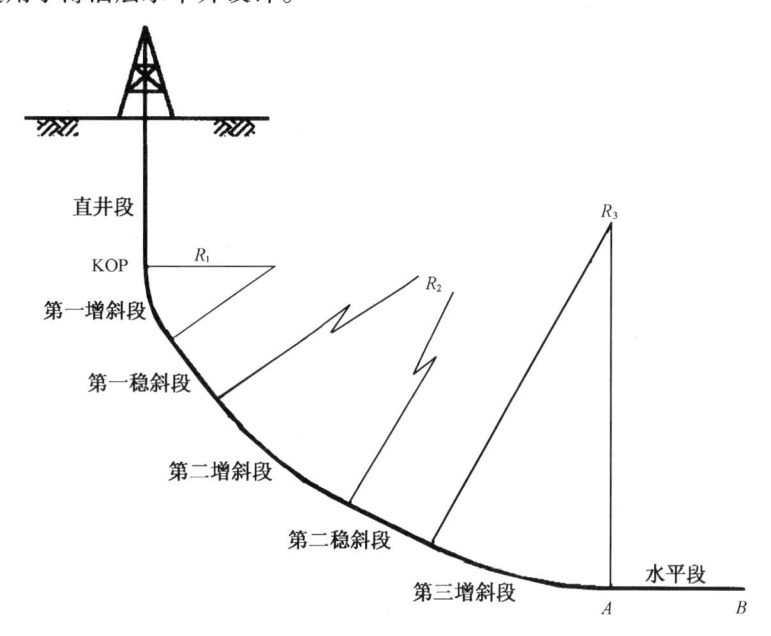

图 2-5 三弧剖面水平井示意图

尽管靶窗的上、下限可在一定程度上对油层顶界误差和工具造斜率误差进行一定的调整,但这种调整是微乎其微的,尤其对于长半径水平井和当油层顶界有较大偏差时更是如此。

2. 常用的剖面计算公式

关于水平井剖面的设计计算方法,国内外已有大量的文献进行了详细研究。应用较为普遍的有固定参数法和调整参数法两种,设计对象主要是单弧剖面和双弧剖面。为给读者在学习井眼轨道控制理论和方法时提供有关水平井轨道设计的定量化概念,本书在下面列出常用的剖面计算公式。

作为水平井垂直剖面的设计前提,是水平段的起始点位置、井斜角 α_H、水平段长度 L 及方位已经确定。靶窗上目标点的垂深 H_t 自然是已知。

如图 2-3 所示,用固定参数法设计单弧剖面,就是要确定造斜点位置和曲率半径,或者说要确定靶前位移 S_A,造斜点垂深 H_K 和曲率半径 R。固定参数法的设计自由度为 1,即在 3 个参数的组合中任意确定一个,其他两个参数值即可由计算确定。在进行设计时必须先行确定一个参数。例如:

当曲率半径 R 选定时,有造斜点垂深

$$H_K = H_t - R\sin\alpha_H \quad (2-4)$$

靶前位移

$$S_A = R(1 - \cos\alpha_H) \quad (2-5)$$

当靶前位移 S_A 选定时,有曲率半径

$$R = \frac{S_A}{1 - \cos\alpha_H} \qquad (2-6)$$

造斜点垂深

$$H_K = H_t - \frac{S_A \cdot \sin\alpha_H}{1 - \cos\alpha_H} \qquad (2-7)$$

当造斜点深度 H_K 选定时,有曲率半径

$$R = \frac{H_t - H_K}{\sin\alpha_H} \qquad (2-8)$$

靶前位移

$$S_A = \frac{H_t - H_K}{\sin\alpha_H}(1 - \cos\alpha_H) \qquad (2-9)$$

给定参数要在实际问题允许的范围内选取,否则可能得不到符合工程要求的解答。变化给定参数,即可得到不同的设计方案。设计剖面应在诸多方案中进行优选。

如图 2-4 所示,用调整参数法设计双弧剖面,就是要在工具造斜率有一定误差的条件下,用中间的稳斜段(长度 L_W 和角度 α_W 待定)进行调整。联系造斜点垂深 H_K、靶前位移 S_A、曲率半径 R_1 和 R_2,以及稳斜段长度 L_W、稳斜角 α_W 等 6 个参数的是如下方程组:

$$R_1 \sin\alpha_W + L_W \cos\alpha_W + R_2(\sin\alpha_H - \sin\alpha_W) = H_t - H_K \qquad (2-10)$$

$$R_1(1 - \cos\alpha_W) + L_W \sin\alpha_W + R_2(\cos\alpha_W - \sin\alpha_H) = S_A \qquad (2-11)$$

因此该设计问题有 4 个自由度,必须先确定其中任意 4 个参数值,才能够确定另 2 个待求的参数,即得到确定的设计方案。例如在给定造斜点垂深 H_K、曲率半径 R_1 和 R_2 时,由上述方程组可解出稳斜井段井斜角 α_W 和稳斜段长度 L_W 为

$$\alpha_W = \arctan\left(\frac{a}{b}\right) + \arcsin\left(\frac{C}{\sqrt{a^2 + b^2}}\right) \qquad (2-12)$$

$$L_W = \frac{b}{\cos\alpha_W} - c \cdot \tan\alpha_W \qquad (2-13)$$

式中

$$a = S_A + R_2 \cos\alpha_H - R$$
$$b = H_t - H_K - R_2 \sin\alpha_H$$
$$c = R_1 - R_2$$

第一、二造斜段的造斜率 K_1 和 K_2 与曲率半径 R_1 和 R_2 的关系为

$$K_1 = \frac{1}{R_1}, \qquad K_2 = \frac{1}{R_2}$$

很显然,当 K_1, K_2 存在偏差时,会引起 L_W 及 α_W 的相应变化。在实际的钻井过程中,可通过调整 α_W 和 L_W 值以适应 K_1, K_2 的偏差。

对于三弧剖面的设计计算,将在本书第六章再做详细讨论。

第二节　水平井井眼轨道控制问题的性质

水平井的井眼轨道控制理论与技术,是水平井钻井成套技术中的关键环节。研究这项理论和技术的目的,就是要使水平井的实钻轨道尽量靠近预先设计的理论轨道,准确地钻入靶窗后并在靶体界定的范围内钻出水平井段,保证钻井的成功率;同时,要尽量加快机械钻速,降低钻井成本。简而言之,在保证成功的前提下追求钻井的低成本,成功和成本始终是评价水平井井眼轨道控制技术的两个重要方面。

常规的水平井都由直井段、增斜段和水平段3部分组成。由直井段末端的造斜点(KOP)到钻至靶窗的增斜井段,这一控制过程称为着陆控制;在靶体内钻水平段这一控制过程称为水平控制。水平井的垂直井段与常规直井及定向井的直井段控制没有根本区别。水平井井眼轨道控制的突出特点集中体现在着陆控制和水平控制,涉及到一些新的概念、指标和特殊的控制方法。

一、基本概念和控制指标[2]

下面结合设计轨道和实钻轨道介绍水平井井眼轨道控制的几个基本概念和控制指标。

图2-6是水平井井眼轨道控制的设计示意图,由前可知,矩形 $a_1b_1c_1d_1$ 为靶体的前端面即靶窗(俗称窗口),矩形 $a_2b_2c_2d_2$ 为靶体的后端面即靶底。水平井的增斜段设计线与靶窗的交点称为设计着陆点(又称设计瞄准点),通常用 A 表示,其井斜角 α_A 即为水平段的设计井斜角 α_H。水平井段设计线与靶底的交点称为设计终止点,通常用 B 表示。在这里,"水平"是广义概念, α_H 可以是90°,也可以略小于或大于90°(按我国石油水平井的规定, α_H 一般应大于86°)。

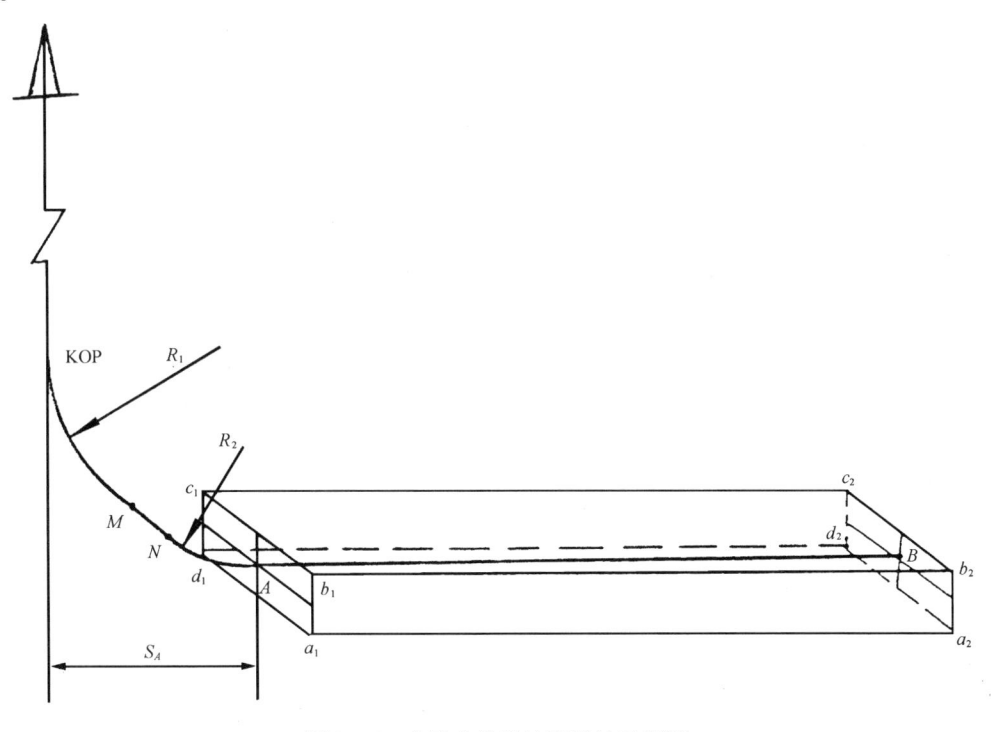

图2-6　水平井井眼轨道设计示意图

靶窗内通过 A 点的两条正交的基准线称为设计靶心线,因此设计着陆点 A 又习惯上称为靶心。靶心 A 可以是也可以不是靶窗的形心,即设计靶心线可以是也可以不是靶窗的对称轴。靶心 A 应是设计人员最希望达到的位置,需要考虑油藏情况和开发要求加以确定。

由于多种误差的影响,水平井的实钻轨道与设计轨道间必有误差,如图 2-7 所示,水平段的实钻轨道为曲线 $A'B'$。靶窗内的 A' 点即实钻轨道与靶窗平面的交点称为实际着陆点,其井斜角值即为水平段井斜角设计值 α_H。靶底内的 B' 点即水平段实钻轨道与靶底平面的交点称为实际终止点。A' 点到靶窗内两条设计靶心线(横、纵两轴)的距离分别称为着陆点纵距和着陆点横距,以 $h_{A'V}$ 和 $h_{A'H}$ 表示。同样,也可以定义靶底内终止点 B' 的纵距 $h_{B'V}$ 和横距 $h_{B'H}$。

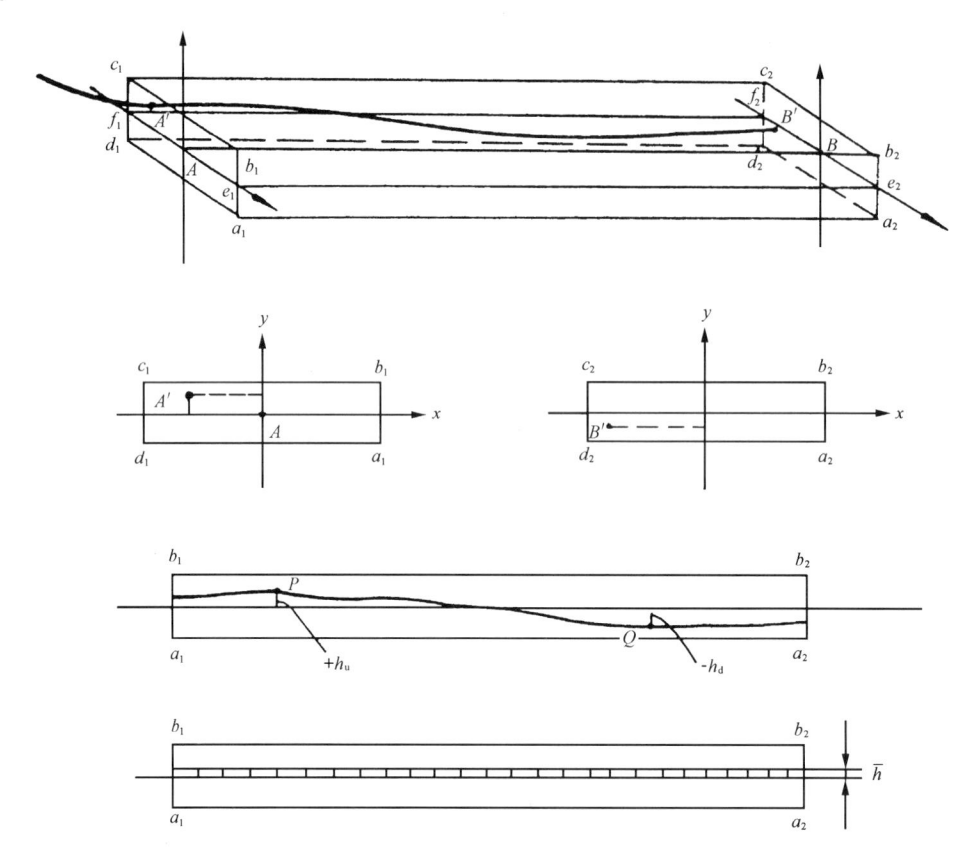

图 2-7 水平段实钻轨道示意图

通过靶窗、靶底内水平靶心线的平面称为靶心设计平面。通过实钻的水平段曲线 $A'B'$ 上某点的铅垂线与靶心设计平面的交点称为该点的铅垂投影点。$A'B'$ 曲线上的某点到其铅垂投影点间的距离称为该实钻点到靶心设计平面的铅垂距。实钻水平段曲线 $A'B'$ 在靶心平面以上部分的最大铅垂距,称为靶上最大波动高度,用 $+h_u$ 表示(加"+"号表示靶上);$A'B'$ 在靶心平面以下部分的最大铅垂距,称为靶下最大波动高度,用 $-h_d$ 表示(加"-"号表示靶下,参见图 2-7)。实钻水平段 $A'B'$ 上所有点的铅垂距(均取正值)的平均值,称为平均偏离高度,用 $\bar{h}$ 表示,其值由下式求出:

$$\bar{h} = \frac{1}{L} \int_0^L |h_i| \, dL_i \qquad (2-14)$$

或

$$\bar{h} = \frac{1}{L}(F_u + F_d) \qquad (2-15)$$

以上两式中，L 表示水平段设计长度 $|AB|$，F_u 和 F_d 分别表示实钻水平段曲线 $A'B'$ 在水平段设计线 AB 上、下部分与 AB 所围成的曲边图形的面积。

水平段实钻轨道的波动高度，以 h_t 表示，可分为两种情况：

(1)当实钻水平段曲线 $A'B'$ 在靶心设计平面同侧(上侧或下侧)，波动全高是指 $A'B'$ 上的最大、最小铅垂距的绝对值之差。

(2)当实钻水平段曲线 $A'B'$ 在靶心平面两侧，波动全高是指靶上、靶下的最大波动高度的绝对值之和。

提出上述概念和指标是为了定量描述水平井井眼轨道控制的质量和水平，这些参数直接反映了对水平井段的控制能力。着陆点纵距和横距是衡量着陆控制水平的主要指标。靶上、靶下的最大波动高度直接反映了水平控制的稳平能力。平均偏离高度描述了实钻水平段对靶心设计平面的总体贴近程度。波动全高则描述了实钻水平段自身垂向的敛聚程度。把这两个指标结合起来，可以衡量是否具备在薄油层中钻水平井的能力。只有当水平井段的平均偏离高度 $\bar{h}$ 和波动全高 h_t 均较小时，才表示具备这种控制能力。若 $\bar{h}$ 和 h_t 有一项偏大，即不具备此种能力。

对水平井着陆控制和水平控制的基本要求是：
(1)实际着陆点必须不超出靶窗。
(2)在水平控制中实钻轨道不得穿出靶体。

当然，上述两条是满足设计要求的最低限制。控制人员在进行实际施工之前，为了留有余地，必须对控制指标做出进一步严格的限制。

由于存在地质不确定度，即实际的油层顶界垂深与地质师所给出的设计垂深必然会存在一定的误差，所以实钻过程中的靶窗位置与设计靶窗位置也必然会有误差。实际着陆点 A' 应是增斜井段中第一个井斜角等于设计值 α_H 的点，它所在的铅垂平面就是实际的靶窗平面。在水平井的剖面设计图中，直井段所在直线与设计靶窗平面间的距离，或设计着陆点 A 到直井段延长线的距离称为设计靶前位移(或称设计靶前距)，用 S_A 表示。实钻着陆点 A' 至直井段所在直线的距离称为实际靶前位移(或称实际靶前距)，用 $S_{A'}$ 表示。实际靶前距与设计靶前距间的差值 ΔS，即

$$\Delta S = S_{A'} - S_A$$

称为平差。它是表示实际靶窗较设计靶窗的位置移动的一项参数。

一般来说，由于实际着陆点 A' 前的一段增斜段和其后的整个水平段都是在目的油层内钻进的，具有一定的平差值不会影响水平井的产量，而且适当地放宽对平差的限制，还会在一定程度上减少着陆控制的难度和钻井费用。但是，当开发方案对靶前位移做出严格限制(例如对特殊的水平探井、丛式水平井、短半径水平井以及地界的限制)时，控制人员即应把平差作为一个重要指标。

二、误差来源与对水平井轨道控制的要求

由于存在下述多方面的误差，总会造成水平井的实钻轨道偏离其设计轨道。

1. 地质误差

由于地质不确定度的影响，开钻前地质设计的油顶垂深与实际的油顶垂深总会存在误差，

这种地质误差常给着陆控制造成困难。当这种误差较大或在薄油层中钻水平井时,其影响尤为突出。

2. 工具能力误差

因受地层作用、工艺操作方法(如工具面角的偏摆较大,送钻压的不匀程度等)和理论计算方法准确程度的影响,工具的实际造斜率和设计能力之间也会存在一些差异。

3. 轨道预测误差

由于 MWD 的方向参数传感器离开钻头尚有一段距离(一般为 13~17m 左右),以及测量与显示的时间差,造成了实钻过程的信息滞后。在实钻过程中,需要根据显示的参数值来预测当前的钻头参数,并进一步预测下一段进尺的钻进结果,以进行决策。信息滞后带来的误差以及测量方法的系统误差会给钻进过程带来一定影响,尤其是在薄油层中以较大的造斜率控制着陆进靶时影响更大。

现对地质误差和工具能力误差的影响做如下定量分析。

如图 2-8 所示,水平井靶窗高度为 $2h$,水平段设计井斜角为 $90°$,设计着陆点为 A,靶前距为 S_A,A 点相应的增斜半径为 R。由图示几何关系可知,当实际着陆点分别位于靶体的下极限位置 A'_2 和上极限位置 A'_1 时,对应的曲率半径为

$$R' = R \pm h \quad (2-16)$$

相应的工具造斜率 K' 为

$$K' = \frac{1}{R \pm h} \quad (2-17)$$

与设计造斜率 $K = \frac{1}{R}$ 的误差为

$$\Delta K = \frac{\pm h}{R(R \pm h)} \quad (2-18)$$

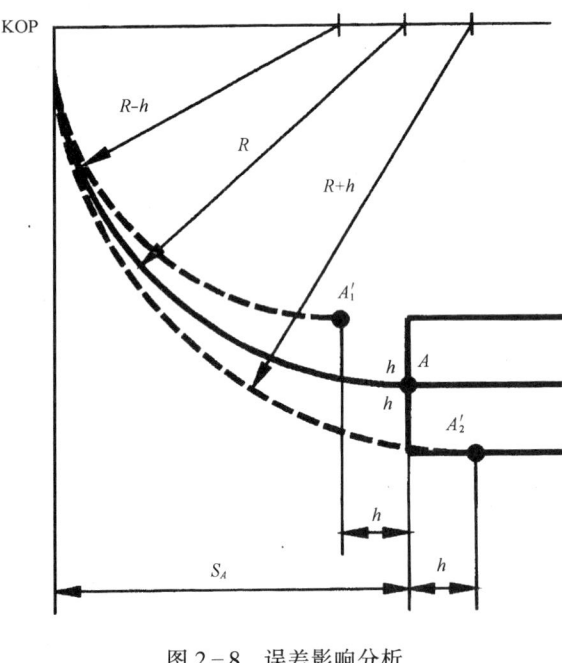

图 2-8 误差影响分析

造斜率的相对误差为

$$\frac{\Delta K}{K'} = \pm \frac{h}{R} \quad (2-19)$$

以上凡有"±"之处,"+"号用于实际着陆点位于靶体下底面的情况,"-"号用于实际着陆点位于靶体上底面的情况。

着陆控制对工具造斜率的要求范围是

$$\frac{1}{R+h} \leqslant K' \leqslant \frac{1}{R-h} \quad (2-20)$$

结合实例会加深工具造斜能力误差对着陆控制影响的认识。设某一中曲率半径水平井,目的层设计垂深为 $H=2000$m,靶窗高度为 6m($h=3$m),则相应的设计曲率半径 $R=814.875$m,保证中靶的工具造斜率范围为

$$7.890°/30\text{m} \leqslant K' \leqslant 8.113°/30\text{m}$$

造斜率的相对误差为 1.396%。

显然,这种严格的造斜率范围,这样小的造斜率误差,对于实际的钻井工具和受多种因素影响的钻进过程来说都是难以实现的。如果不采取特殊措施,极易造成失控脱靶。

进一步分析式(2-19)可知,井眼曲率半径越大,或油层越薄(相应靶窗越小),则要求工具造斜率的相对误差越小。

另外,如果地质误差值大于 h,则必然造成脱靶。换言之,为保证命中靶窗,则必须把地质误差限制在靶窗高度的一半以内(这是指多数情况,即设计靶心线穿过靶窗中心的对称靶窗情况。对于非对称靶窗,另当别论,读者可自行分析)。

对于薄油层水平井,地质误差影响很大,因此对地质误差的限制也更严格。仍以图 2-8 为例,因 $h=3m$,则要求地质误差不应大于 3m。这对于目的层垂深为 2000m 的条件而言,实现这一精度的确具有相当的难度。

综上所述,开展深入细致的理论研究,以尽量缩小地质误差、工具能力误差和轨道预测误差,是提高水平井轨道控制质量的根本途径。同时在此基础上,采取合理的轨道控制方案的优化设计,选取风险最小、成功率最高的控制方案,是在现有误差条件下保证控制成功率,提高控制质量和精度的重要途径。

对水平井轨道控制的总体要求是:

(1)具有一定的控制精度。

(2)具有较强的应变能力。

(3)具有较高的预测准确度。

(4)达到较稳、较快的施工水平。

这 4 条,是井眼轨道控制技术追求的"成功"、"成本"目标在水平井中的具体体现。

三、水平井井眼轨道控制技术的特点和研究内容

水平井钻井技术是定向井技术的延伸和发展。水平井的井眼轨道控制技术与定向井相比有类似之处,但也有显著差异,体现了水平井轨道控制的突出技术特征。

1. 中靶要求高

定向井的靶区为目的层上的一个圆形,通称靶圆,靶圆中心称为靶心。靶心是井身设计轨道中靶的理论位置,而靶圆是考虑到因误差影响而造成的实钻轨道中靶的允差范围。一般来说,定向井的目的层越深,其靶圆半径相应也越大。例如一口垂深为 1800~2100m 的定向井,其靶圆半径通常为 30~45m,如上所述,水平井的靶体是一个以矩形靶窗为前端面的、呈水平或近似水平放置的长方体或与之接近的几何体(如拟柱体、棱台等)。靶窗的高度与油层状况有关,宽度一般是高度的 5 倍,水平段长度则和水平井的增斜段曲率半径类型有关。例如,对厚油层,其靶窗高度可达 20m,但对薄油层,该高度可小到 4m 甚至更小。按我国对石油水平井的规定,水平段井斜角一般应在 86°以上;长、中、短半径 3 类水平井的水平段长度一般分别不得小于 500m、300m 和 60m。

很显然,水平井的目标(靶体)比定向井的目标(靶圆)要求苛刻,前者是立体的(三维),后者是平面的(二维),因此中靶要求更高。对水平井来说,井眼轨道进入目标窗口(靶窗)还不够,还要防止在钻水平段的过程中钻头穿出靶体造成脱靶;而对定向井来说,只要保证钻入靶圆即为成功。

2. 控制难度大

由上述定向井和水平井的目标性质与要求对比可知,水平井的轨道控制难度要大于定向

井。而且,由于常规定向井的最大井斜角一般在60°以内,不存在因目的层的地质误差造成脱靶的问题。无论目的层的实际垂深是大于还是小于设计垂深,井眼轨道总是可以钻入目的层。但水平井则不同,目的层的地质误差往往可以造成井眼轨道不能进入目的层。所以对垂深的控制,水平井比定向井要重要和严格得多。

多数的定向井由直井段、增斜段和稳斜段组成。而水平井因没有稳斜段,或能用以进行调整的稳斜段一般很短,这样当工具造斜率发生误差或地质不确定度造成油层垂深发生波动时,能进行纠正和调整的余地往往很小。

对水平井而言,着陆控制是控制过程的第一阶段,而进靶着陆是该阶段的关键环节。在进靶钻进过程中,往往因段短和测量信息滞后而加大控制难度。此时方位的控制也至关重要,在水平井轨道控制中也曾有一些因方位控制失当,虽然成功钻入靶窗但在水平段被迫强行扭方位的实例,造成控制难度加大和钻井成本增高。

3. 特殊工具多

上述几个特点造成了水平井轨道控制所用的特殊工具多于常规定向井。例如在水平井中,一般要用 MWD 进行方向参数(α,β,Ω)监测,在薄油层中还需用带有伽马参数(普通 γ 和聚焦 γ)的 MWD 来探测油顶和辨识油层状况;在中半径水平井中,一般要用特殊类型的井下动力钻具(如固定弯壳体、可变弯壳体等)进行造斜;在水平井的水平段及长半径水平井的造斜段,常用小角度弯壳体或反向双弯壳体等带有稳定器的导向动力钻具;在短半径水平井中,要采用铰接式动力钻具或柔性转盘钻组合;当水平段很长,摩阻很大,加压困难时,要采用经特殊设计的水力推加器等。这些特殊工具和仪器一般都是常规定向井所未采用的。

水平井井眼轨道控制技术的研究内容主要包括以下几个方面:

(1)井底钻具组合的受力变形分析(特别是大挠度分析)与设计研究。
(2)井下工具的设计方法研究及其研制。
(3)井眼轨道监控分析、轨道预测方法研究和软件研制。
(4)钻柱设计方法与轨道控制方案设计方法研究。
(5)水平井着陆控制与水平控制工艺研究。

上述几方面,也正是本书将要介绍的重点内容。

参 考 文 献

[1] 李介士等编译.水平井钻井完井及增产技术.北京:石油工业出版社,1992
[2] 苏义脑.水平井井眼轨道控制研究浅谈.钻采工艺,1992,15(4)
[3] Inglis 著,苏义脑等译.定向钻井.北京:石油工业出版社,1995

第三章 中、长半径水平井下部钻具组合的受力变形分析

理论分析与钻井实践均表明,井眼曲率对下部钻具组合(BHA)性能的影响非常显著。常规定向井(井眼曲率一般在4°/30m以下)中的增斜组合,在中曲率井眼(井身曲率为(6°~20°)/30m)内却会变成降斜组合。因此,研究中、长半径水平井及大斜度井眼内下部钻具组合的受力变形特征,对于合理设计钻具组合和进行井眼轨道的预测和控制,是至关重要的。

本章介绍中曲率井眼内钻柱大挠度分析的性质,两种求解钻柱大挠度问题的力学方法即有限元法和纵横弯曲法,以及在此基础上进行的参数敏感性分析和所得的重要结论。

第一节 中曲率井眼与钻柱的大挠度分析

一、4种分析BHA受力变形的典型方法

对下部钻具组合进行受力变形分析,是经验钻井与科学钻井的分界线。钻井界公认,1950年A.Lubinski在BHA受力变形分析方面杰出的研究成果,拉开了科学钻井的序幕。

从20世纪50年代初至80年代初,钻井工艺经历了钻直井、定向井到丛式井等几个发展阶段。作为其理论基础之一的BHA力学分析方法,也相应地从一维发展为二维和三维,从静态发展到动态,求解手段从图版和曲线发展到计算机软件,并逐步形成了4种不同的代表性分析方法,即以A.Lubinski为代表的微分方程法,以K.K.Millheim为代表的有限元法,以B.H.Walker为代表的能量法和以白家祉为代表的纵横弯曲法[1]。

把诸多的BHA力学分析方法归类划分为上述4种,其依据在于建立力学模型的方法不同。在同一种力学模型下可以有多种不同的求解方法,这应属于下一层次的具体划分。

微分方程法的特点是以下部钻具组合为整体研究对象,建立BHA受力变形的微分方程。求解方法有多种,如特殊函数法、迭代法和有限差分法等。

有限元法是把距钻头一定长度的钻柱(一般150~400ft)视为下部钻具组合,划分为若干个计算单元,并取间隙单元来描述钻柱与井壁的接触状况。通过建立单元刚度矩阵并组装成总体刚度矩阵,借助联系广义节点力、节点位移和系统刚度的矩阵方程,得到一组非线性方程组,用计算机进行多次迭代求解,可得出BHA的受力与变形结果。

能量法是把距钻头一定长度的位置(Walker取120ft)作为BHA的上边界,建立BHA弹性系统的势能方程和约束条件,根据逆解法构造解的形式(含有广义系数的三角级数),由拉格朗日乘子法和最小势能原理列方程,以确定广义系数,并进而确定BHA的受力与变形结果。

纵横弯曲法是把下部钻具组合看成为一个受有纵横弯曲载荷的连续梁,然后利用梁柱的弹性稳定理论导出相应的三弯矩方程组,以求解BHA的受力与变形。在纵横弯曲法中,首先是把BHA从支座处(稳定器和上切点等)断开,把连续梁化为若干个受纵横弯曲载荷的简支梁柱,用弹性稳定理论求出每跨简支梁柱的端部转角值,利用在支座处转角相等的连续条件和上切点处的边界条件列写三弯矩方程组。三弯矩方程组是一系列以支座内弯矩和最上一跨长度(表征上切点位置)为未知数的代数方程组,对其进行求解即可得到BHA的受力与变形。在纵

横弯曲法中,上切点不是人为预设的,而是由计算准确求出的。这是纵横弯曲法的优点之一。

上述 4 种方法在对下部钻具组合进行静态小挠度分析时,一般都遵循如下的基本假设:

(1)钻头、钻铤和稳定器(及井下工具)组成的下部钻具组合是弹性小变形体系。
(2)钻头底面中心位于井眼中心线上。
(3)钻压为常量,沿井眼轴线方向作用。
(4)井壁为刚性体,井眼尺寸不随时间变化。
(5)稳定器与井壁的接触为点接触。
(6)上切点以上的钻柱一般因自重而躺在下井壁。
(7)不考虑转动和振动的影响。

上述 4 种代表性方法,除能量法以外,其余 3 种都得到了广泛应用,用于对下部钻具组合进行小挠度(或称小变形)分析。

二、下部钻具组合大挠度分析的性质

如上所述的求解下部钻具组合受力与变形的四种代表性方法,它们的共同点都是把 BHA 视为弹性小变形体系,在建立理论模型的推导过程中所采用的基本方程都属于小变形体系的范畴。这对井眼曲率较小的常规定向井中的下部钻具组合,其分析结果具有较高的精度。但对井身曲率较大的井眼,如中曲率$[(6°\sim20°)/30m]$的水平井或大斜度井的造斜井段,原有的计算方法则会带来较大误差。换句话说,在这种情况下,BHA 的受力与变形属于大变形力学范畴,在求解时应考虑大变形的特点和影响。

为了便于说明问题,先看一简单例子。图 3-1 为一端固定铰支、一端活动铰支的简支梁。力学手册[7]对小变形的规定是

$$W_{max} = (0.001 \sim 0.01)L \quad (3-1)$$
$$\theta_{max} \leqslant 1° \quad (3-2)$$

也就是说,当梁的最大挠度 W_{max} 和梁端转角 θ_{max} 越出上述范围时,梁即属于大变形。

假想现有一段 $K=5°/30m$ 的圆弧弯曲井眼,其中的钻柱轴线与井眼轴线相重合(即不考虑钻柱的其他变形和位移),取 $L=30m$,则可求得 $W_{max}/L=0.0109>0.01$,$\theta_{max}=2.5°>1°$,则钻柱此时的变形即为大变形。

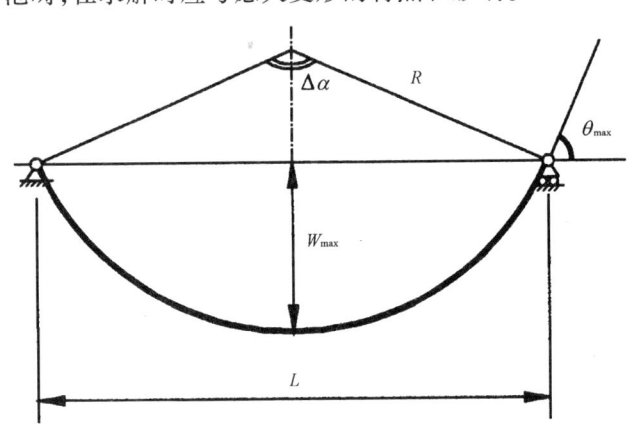

图 3-1 简支梁的大变形示意图

该大变形实际上就是固体力学非线性问题中的几何非线性问题。固体力学的非线性问题通常分为两类,即材料非线性和几何非线性。

材料非线性问题是指非线性效应仅仅由应力应变关系的非线性引起,其位移分量仍假设为无限小量。实例如井下动力钻具(螺杆钻具)的定子橡胶套筒变形分析。

几何非线性是指受力的物体或构件发生了大的位移(线位移或角位移)。其应变可以是小应变或大应变,应力与应变关系可以是线性也可以是非线性。实例如钻柱在较大曲率井眼中的弯曲。

生产实际中的多数非线性问题往往是上述两类(材料非线性与几何非线性)问题的耦合即双重非线性问题。此外,还存在一类由于边界待定而引起的非线性分析问题,其典型例子如接触问题。

现在来进一步考察在中曲率井眼内下部钻具组合的变形特征:

其一,BHA 在井眼中产生较大的挠度。

其二,BHA 始终处于线弹性状态(在钻井中决不允许钻具发生塑性变形),且应变为小应变,应力与应变呈线性关系。

所以,中曲率井眼条件下的 BHA 受力变形问题,是弹性体系的几何非线性问题(也带有某些边界非线性),即小应变大挠度问题,在本书简称为下部钻具组合的大挠度问题。对 BHA 进行大挠度分析的任务和目的,就是从理论上探求求解方法,并研究各类参数如下部钻具组合的结构参数、井身几何参数和工艺操作参数对钻头侧向力和钻头倾角的影响规律,从而指导钻具组合设计和工艺参数的选择与调整,以便更好地对井眼轨道进行预测和控制。

三、大变形力学分析的基本概念和方程

为了更深入地理解下部钻具组合大挠度问题的力学特征,以便探讨其分析和求解方法,在这里预先把小变形与大变形问题进行某些对比,并对大变形分析的一些基本概念和方程加以简单介绍,是必要的。

1. 小变形理论的 3 个主要假设

在弹性构件如梁、板、壳的小变形理论中,通常引入下列 3 个主要简化假设:

(1)在建立平衡方程时,采用变形前的位移作为参考基准,即忽略构件因受力变形引起的几何尺寸改变所产生的影响。

(2)对位移和应变的关系采用近似的线性关系式,即一般采用柯西(Cauchy)微小变形应变分量公式:

$$\varepsilon_{ij} = \frac{1}{2}\left(\frac{\partial u_i}{\partial x_j} + \frac{\partial u_j}{\partial x_i}\right) \tag{3-3}$$

在这里,$i,j=1,2,3$。

(3)采用拉乌—克奇霍夫(Love-Kirchhoff)的变形简化假设,即

①中性面法线在变形后仍保持为中性面法线;

②忽略厚度变化;

③略去中性面法向应力不计。

经验证明,对于均质各向同性材料构成的梁、长杆(柱)、薄壳(板)的大变形而言,假设(3)仍具有相当可靠的真实性,对厚板才会引起一定误差而须进行修正。对于分析钻柱组合的大挠度问题,仍可保留此项假设。

在大变形理论中,取消了上述小变形的简化假设(1)和(2)。也就是说,在研究大变形问题时,要考虑变形产生的影响,应力的定义和平衡条件都应建立在未知的变形后的位形上,应变表达式应包括位移的二次项;而不是像小变形理论那样,在分析中不必区分变形前后的位形,应力的定义和平衡方程的推导都可建立在变形前位形上,以及应变表达式仅含有位移的一次项。

在用小变形理论求解梁的变形问题时,采用的是如下基本方程:

$$K = \frac{M(x)}{EI_z} \tag{3-4}$$

其中 K 为梁在 YOX 平面内的曲率。对于梁的小变形情况,由于 $K = \dfrac{\mathrm{d}^2 y}{\mathrm{d}x^2}$,因而实际中常采用的是如下的近似微分方程:

$$\frac{\mathrm{d}^2 y}{\mathrm{d}x^2} = \frac{M(x)}{EI_z} \tag{3-5}$$

仍然具有足够的精确度。

2. 大变形问题的应力与应变

弹性固体的大变形采用拉格朗日(Lagrange)坐标 $x_i(i=1,2,3)$ 来描述。该坐标又称为物质坐标(也称拖带坐标),这是因为用 x_i 来标定弹性体内各点位置时,在变形前后保持不变。

可以证明,在物质坐标系下的大变形,其应变与位移的关系为

$$\varepsilon_{ij} = \frac{1}{2}\left(\frac{\partial u_i}{\partial x_j} + \frac{\partial u_j}{\partial x_i} + \frac{\partial u_K}{\partial x_i} \cdot \frac{\partial u_K}{\partial x_j}\right) \tag{3-6}$$

$$(i,j = 1,2,3)$$

在式(3-6)中,$u_i(i=1,2,3)$ 表示变形前位移,ε_{ij} 称为格林(Green)应变张量,其特征是用变形前的坐标来描述应变量。显然与小变形相比应变增加了非线性项 $\dfrac{\partial u_K}{\partial x_i} \cdot \dfrac{\partial u_K}{\partial x_j}$。

再考察大变形条件下的应力。设微元体某微面元在变形前后的面积分别为 $\mathrm{d}A$ 和 $\mathrm{d}A'$,相应作用在变形前后微面元上的力矢量分别是 $\mathrm{d}\vec{T}$ 和 $\mathrm{d}\vec{T}'$。由于应力属存在于变形后状态中的物理量,故具有实际意义的应力定义应是

$$(\sigma_c)_{ij} = \frac{\mathrm{d}\vec{T}'}{\mathrm{d}A'}$$

称之为柯西(Cauchy)应力张量。

很显然,柯西应力张量与格林应变张量之间无法直接建立物理关系,这是因为前者的基础是变形后位形,而后者基础则是变形前位形。因此有必要针对变形前的位形参考定义变形后的应力状态,即

$$\sigma_{ij} = \frac{\mathrm{d}\vec{T}}{\mathrm{d}A}$$

称之为柯奇霍夫(Kirchhoff)应力张量。

可以证明,柯西应力张量 $(\sigma_c)_{ij}$ 与柯奇霍夫应力张量 σ_{ij} 二者通过位移分量可建立如下关系:

$$(\sigma_c)_{ij} = \left(\delta_{jk} + \frac{\partial u_j}{\partial x_k}\right)\sigma_{ik} \tag{3-7}$$

其中 δ_{ik} 是柯罗耐克(Kroneckor)符号,其值为

$$\delta_{ik} = \begin{cases} 1 & (j = k) \\ 0 & (j \neq k) \end{cases}$$

柯奇霍夫应力与格林应变之间的关系为

$$[\sigma] = [D][\varepsilon] \tag{3-8}$$

这同线弹性问题中应力应变关系形式一样。

3. 大变形问题的静力平衡方程

在静载荷作用下发生大变形的弹性体,其静力平衡方程应建立在变形后的位形上,有

$$\frac{\partial(\sigma_c)_y}{\partial x_j} + P'_i = 0 \qquad (3-9)$$
$$(i,j = 1,2,3)$$

该方程表达了柯西应力分量与微元变形后体力分量 P'_i 的关系,P'_i 一般是未知的。为了便于实际应用,应将上式转化为柯奇霍夫应力的平衡方程。

针对保守载荷情况,有

$$\frac{\partial}{\partial x_j}\left[\left(\delta_{ik} + \frac{\partial u_i}{\partial x_k}\right)\sigma_{kj}\right] + P_i = 0 \qquad (3-10)$$

式中 P_i 是变形前微元体力分量,一般是已知的。对外力已知的表面边界条件可写为

$$\left(\delta_{ik} + \frac{\partial u_i}{\partial x_k}\right)\sigma_{kj}\bar{n}_j = \bar{P}_i \qquad (3-11)$$

其中 $\bar{P}_i$ 是变形前位形状态下的单位表面力分量,$\bar{n}_i$ 为面元的外法线单位矢量。

4. 大变形问题的能量方程

同一个弹性平衡方程问题,可以有形式上全然不同而实质上是等价的数学提法。一种是通过静力平衡方程把问题提为边值问题,如上所述;而另一种则是通过能量原理加以描述。

1) 虚功原理

虚功原理是指外力在虚位移上所做的功等于内力在虚应变上所做的功,表达式为

$$\int P_i \delta u_i \mathrm{d}V + \int \bar{P}_i \delta u_i \mathrm{d}A = \int \delta \varepsilon_{ij} \sigma_{ij} \mathrm{d}V$$

或

$$\int \delta \varepsilon_{ij} \sigma_{ij} \mathrm{d}V - \int P_i \delta u_i \mathrm{d}V - \int \bar{P}_i \delta u_i \mathrm{d}A = 0 \qquad (3-12)$$

其中 δu_i 是虚位移,$\delta \varepsilon_{ij}$ 是与虚位移相应的虚应变。

2) 最小位能原理

若把虚位移 δu_{ij} 和虚应变 $\delta \varepsilon_{ij}$ 看成是实量的变分,就能按另一种形式写出虚功原理,即对式(3-12)的第一项,有

$$\int \delta \varepsilon_{ij} \sigma_{ij} \mathrm{d}A = \delta U$$

其中 U 是弹性体系的变形能。对于式(3-12)的第二、第三项,有

$$-\int P_i \delta u_i \mathrm{d}V - \int \bar{P}_i \delta u_i \mathrm{d}A = \delta W$$

式中 W 是外载荷的位能。因此,式(3-12)可写为

$$\delta(U + W) = \delta \Pi = 0 \qquad (3-13)$$

总位能 Π 为

$$\Pi = \int \frac{1}{2} \varepsilon_{ij} \sigma_{ij} \mathrm{d}V - \int P_i \delta u_i \mathrm{d}V - \int \bar{P}_i \delta u_i \mathrm{d}A$$

由上述可知,对弹性固体的大变形问题,用格林应变和 Kirchhoff 应力表达的两个能量方程,小变形问题的虚功方程及位能变分方程在形式上完全相似,其实质区别仅在于大变形问题采用的是非线性的应变与位移关系。

四、下部钻具组合大挠度分析的基本方程

下部钻具组合的大挠度分析是弹性固体系统大变形问题的一个典型实例。上述关于大变形的基本概念和方程同样是分析钻柱大挠度问题的理论基础。现在的任务是针对这一具体实

例写出有关方程在具体条件下的表达形式。

以二维井身条件下 BHA 的受力与变形分析为例,如图 3-2 所示。关于二维井身的定义和 BHA 的受力特征,读者可参考文献[1]。如同在本节三中所述那样,对于钻柱组合大挠度分析仍采用基本假设(3)即 Love-Kirchhoff 假设:变形前垂直于 BHA 轴线的截面,在变形后仍为平面且仍与轴线保持垂直。

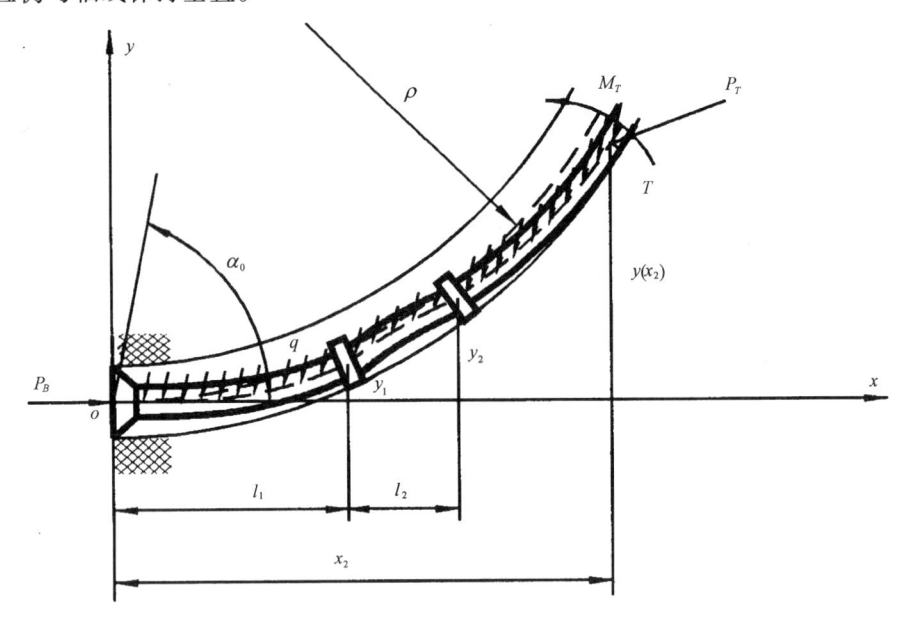

图 3-2 二维井身中 BHA 的受力与变形

在图 3-2 中,井眼曲率半径为 ρ,钻压 P_B 沿 x 轴方向,为简便起见暂设各跨钻铤为同种规格,以 q 表示钻铤在钻井液中的线重量(单位长度上的重量),q_x,q_y 分别是 q 在 x,y 方向上的分量。设 T 为上切点,M_T,P_T 分别为假想从 T 点将钻具断开后附加的内力素(附加内弯矩和附加轴力)。T 点位置待定。

BHA 变形的自由度有二,设 x 方向的位移为 u,y 方向位移为 v。应变 ε_x 可由式(3-6)写出

$$\varepsilon_x = u' - yv'' + \frac{1}{2}(v')^2 \tag{3-14}$$

对 BHA 列写虚功原理表达式为

$$\int_v \sigma_x \delta\varepsilon_x dv + \int_0^{y_2} q_x \delta u \, dx + \int_0^{y_2} q_y \delta v \, dx - P_B \delta u(0) + P_T \delta u(x_2) - M_T \delta v'(x_2) = 0 \tag{3-15}$$

将式(3-14)代入式(3-15),并引入应力合力,则横截面的轴力 N 和弯矩 M 可表达为

$$N = \iint_s \sigma_x dydz \tag{3-16}$$

$$M = \iint_s y\sigma_x dydz \tag{3-17}$$

可把式(3-15)变换为如下形式:

$$\int_0^{x_2} [N(\delta u' + v'\delta v') - M\delta v'' + q_x \delta u + q_y \delta v] dx - P_B \delta u(0) + P_T \delta u(x_2) - M_T \delta v'(x_2) = 0 \tag{3-18}$$

其中的独立变量是 δu 和 δv，而且 u,v 应分别满足几何边界条件和待定上切点 T 的几何条件

$$u(0) = 0 \tag{3-19}$$

$$v(0) = v'(0) = 0 \tag{3-20}$$

$$v(L_1) = y_1 \tag{3-21}$$

$$v(L_1 + L_2) = y_2 \tag{3-22}$$

$$v(x_2) = y_{x_2} \tag{3-23}$$

$$v''(x_2) = \frac{1}{\rho} \tag{3-24}$$

经推导和计算可从式(3-18)得到下述基本方程：

$$N' = q_x \tag{3-25}$$

$$M'' + (NV')' = q_y \tag{3-26}$$

和应力合力与位移的关系式

$$N = EA\left[u' + \frac{1}{2}(v')^2\right] \tag{3-27}$$

$$M = -EIv'' \tag{3-28}$$

以及在 $x=0, x=x_2$ 处的力学边界条件：

在 $x=0$ 处， 有 $N = -P_B$ \tag{3-29}

在 $x=x_2$ 处， 有 $N = -P_T$, $M = M_T$ \tag{3-30}

由上述诸式可知，在 BHA 的大挠度分析中，由于应变中保留了非线性项，从而使得伸长和弯曲相应耦合，因此应该同时进行研究。

第二节 BHA 大挠度分析的有限元法

有限元法是求解结构力学问题的一种十分有效的数值解法，它对于复杂结构特别是局部尺寸不规则或变化大的结构，尤其显示出特殊的优点。因此在下部钻具组合的受力变形分析中，有限元法是一种有代表性的基本方法。

在本章第一节中介绍了 BHA 小挠度分析的有限元法的特点。本节将给出 BHA 大挠度分析的有限元法。作为解法本身，无论是 BHA 的大挠度还是小挠度分析的有限元法，其求解思路和步骤都是相同的，即通过单元几何与受力分析，建立单元刚度矩阵，然后组装求取总体刚度矩阵，最后求解非线性方程组。差异之处在于，BHA 大挠度分析有限元法建立在上述的大变形理论基础上，在进行单元分析时考虑了应变和位移关系的非线性二次项，因而求出的单元刚度矩阵比小挠度分析的单元刚度矩阵要复杂（增加了反映大位移影响的内容），因而计算量更大，所用机时更长。

本节将以上节所述的二维井身中 BHA 的受力模型（见图 3-2）为例来阐述 BHA 大挠度分析的有限元法。这是因为二维分析具有普遍性和代表性，它是 BHA 三维分析的基础，三维问题可以化为两个二维（或二维与一维）问题求解，而且一维分析又是二维分析的特例。

本节将讨论 BHA 大挠度分析有限元法的单元分析、整体分析、求解非线性方程组的牛顿—拉斐逊(Newton-Raphson)方法，以及程序实现等有关内容。分析对象包括多种结构形式的下部钻具组合，包括转盘钻的 BHA（常规的稳定器钻具组合和跨内含有不等截面的 Gilligan 强造斜组合）与各种特殊类型的井下动力导向钻具。求解结果将给出钻头侧向力和钻头倾角

值,以及钻具组合的结构参数、工艺参数和已钻井眼几何参数对钻头侧向力和钻头倾角的影响。

一、单元分析

图 3-2 给出了二维井眼中 BHA 的受力变形模型。图中井眼曲率半径为 ρ,钻压 P_B 沿 x 轴方向。假想将钻具组合从待定切点 T 断开,将钻头到切点部分分成若干单元。由于 BHA 的切点位置也是一个待求解的变量,因此,单元划分在逼近切点的每次迭代过程中是各不相同的。这种动态的划分单元由计算机程序自动完成。

1. 单元几何

如图 3-3 所示,取等截面梁单元 ij,设其截面积为 A,惯性矩为 I。

为了提高精度和计算方便,选取 5 次拟协调单元。

梁单元的结点位移列阵表示如下:

$$\{\boldsymbol{\delta}\}^e = \begin{Bmatrix} \delta_i \\ \delta_j \end{Bmatrix} = [U_i, V_i, \theta_i, K_i, U_j, V_j, \theta_j, K_j]^\mathrm{T}$$

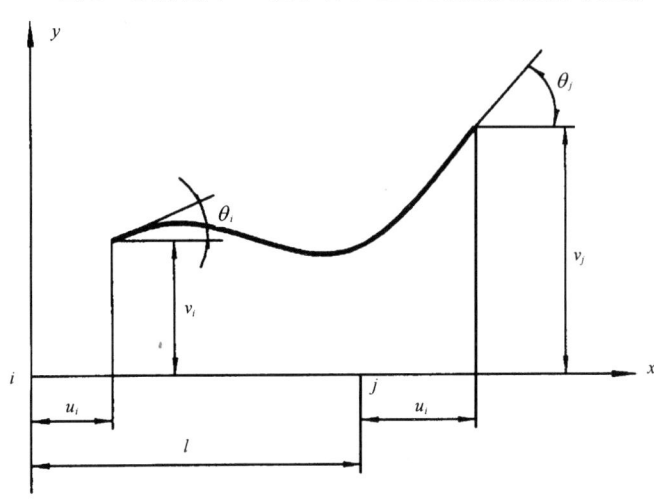

图 3-3 梁单元

取单元的位移插值型函数

$$\boldsymbol{N} = \begin{bmatrix} N_1 & 0 & 0 & 0 & N_2 & 0 & 0 & 0 \\ 0 & N_3 & N_4 & N_5 & 0 & N_6 & N_7 & N_8 \end{bmatrix}$$

其中

$$N_1 = 1 - \frac{x}{L} \qquad N_2 = \frac{x}{L}$$

$$N_3 = 1 - \frac{10x^3}{L^3} + \frac{15x^4}{L^4} - \frac{6x^5}{L^5} \qquad N_4 = x - \frac{6x^3}{L^2} + \frac{8x^4}{L^3} - \frac{3x^5}{L^4}$$

$$N_5 = \frac{1}{2}\left(x^2 - \frac{3x^3}{L} + \frac{3x^4}{L^2} - \frac{x^5}{L^3}\right) \qquad N_6 = \frac{10x^3}{L^3} - \frac{15x^4}{L^4} + \frac{6x^5}{L^5}$$

$$N_7 = -\frac{4x^3}{L^2} + \frac{7x^4}{L^3} - \frac{3x^5}{L^4} \qquad N_8 = \frac{1}{2}\left(\frac{x^3}{L} - \frac{2x^4}{L^2} + \frac{x^5}{L^3}\right)$$

则用结点位移表示的位移函数是

$$\begin{Bmatrix} U \\ V \end{Bmatrix} = [\boldsymbol{N}]\{\boldsymbol{\delta}\}^e \tag{3-31}$$

梁单元线应变可以分成两部分:ε_a 为拉压应变,ε_b 为弯曲应变。于是

$$[\varepsilon] = \begin{Bmatrix} \varepsilon_a \\ \varepsilon_b \end{Bmatrix} = \begin{Bmatrix} \dfrac{\mathrm{d}u}{\mathrm{d}x} + \dfrac{1}{2}\left(\dfrac{\mathrm{d}v}{\mathrm{d}x}\right)^2 \\ -y\dfrac{\mathrm{d}^2 v}{\mathrm{d}x^2} \end{Bmatrix} = \begin{Bmatrix} \dfrac{\mathrm{d}u}{\mathrm{d}x} \\ -y\dfrac{\mathrm{d}^2 v}{\mathrm{d}x^2} \end{Bmatrix} + \begin{Bmatrix} \dfrac{1}{2}\left(\dfrac{\mathrm{d}v}{\mathrm{d}x}\right)^2 \\ 0 \end{Bmatrix} = \begin{Bmatrix} \varepsilon_a^b \\ \varepsilon_b^b \end{Bmatrix} + \begin{Bmatrix} \varepsilon_a^1 \\ 0 \end{Bmatrix}$$

(3 – 32)

式中第一项表示线性项，第二项是二阶近似的非线性项。

把式(3-31)代入式(3-32)得

$$\{\varepsilon\} = [\widetilde{\boldsymbol{B}}]\{\boldsymbol{\delta}\}^e = ([\widetilde{\boldsymbol{B}}_0] + [\widetilde{\boldsymbol{B}}_L])\{\boldsymbol{\delta}\}^e \tag{3-33}$$

其中

$$[\widetilde{\boldsymbol{B}}_0] = \begin{bmatrix} N'_1 & 0 & 0 & 0 & N'_2 & 0 & 0 & 0 \\ 0 & -yN''_3 & -yN''_4 & -yN''_5 & 0 & -yN''_6 & -yN''_7 & -yN''_8 \end{bmatrix}$$

$$[\widetilde{\boldsymbol{B}}_L] = \frac{1}{2}\begin{bmatrix} [\boldsymbol{H}_v]^T\{\boldsymbol{\delta}\}^e[\boldsymbol{H}_v] \\ 0 \end{bmatrix}$$

此处 $\qquad [\boldsymbol{H}_v] = (0 \quad N'_3 \quad N'_4 \quad N'_5 \quad 0 \quad N'_6 \quad N'_7 \quad N'_8)$

由式(3-33)可以得到增量形式的几何方程

$$\begin{aligned} \mathrm{d}\{\varepsilon\} &= \mathrm{d}([\widetilde{\boldsymbol{B}}]\{\boldsymbol{\delta}\}^e) = \mathrm{d}([\widetilde{\boldsymbol{B}}_0]\{\boldsymbol{\delta}\}^e) + \mathrm{d}([\widetilde{\boldsymbol{B}}_L]\{\boldsymbol{\delta}\}^e) \\ &= [\widetilde{\boldsymbol{B}}_0]\mathrm{d}\{\boldsymbol{\delta}\}^e + \mathrm{d}([\widetilde{\boldsymbol{B}}_L]\{\boldsymbol{\delta}\}^e) + [\widetilde{\boldsymbol{B}}_L]\mathrm{d}\{\boldsymbol{\delta}\} \\ &= [\widetilde{\boldsymbol{B}}_0]\mathrm{d}\{\boldsymbol{\delta}\}^e + 2[\widetilde{\boldsymbol{B}}_L]\mathrm{d}\{\boldsymbol{\delta}\}^e = ([\widetilde{\boldsymbol{B}}_0] + 2[\widetilde{\boldsymbol{B}}_L]\mathrm{d}\{\boldsymbol{\delta}\}^e \end{aligned} \tag{3-34}$$

记

$$\begin{aligned} [\boldsymbol{B}_0] &= [\widetilde{\boldsymbol{B}}_0] \\ [\boldsymbol{B}_L] &= 2[\widetilde{\boldsymbol{B}}_L] \\ [\boldsymbol{B}] &= [\boldsymbol{B}_0] + [\boldsymbol{B}_L] \end{aligned} \tag{3-35}$$

则有

$$\mathrm{d}\{\varepsilon\} = [\boldsymbol{B}]\mathrm{d}\{\varepsilon\}^e = ([\boldsymbol{B}_0] + [\boldsymbol{B}_L])\mathrm{d}\{\boldsymbol{\delta}\}^e \tag{3-36}$$

$$[\boldsymbol{B}_L] = 2[\widetilde{\boldsymbol{B}}_L] = \begin{bmatrix} [\boldsymbol{H}_v]^T\{\boldsymbol{\delta}\}^e[\boldsymbol{H}_v] \\ 0 \end{bmatrix} = \begin{bmatrix} 0 & -\overline{A} & \overline{B} & \overline{C} & 0 & \overline{A} & \overline{D} & \overline{E} \\ & & & 0 & & & & \end{bmatrix} \tag{3-37}$$

其中

$$\overline{A} = A_1^2(v_j - v_i) + A_1 B_1 \theta_i + A_1 C_1 K_i + A_1 D_1 \theta_j + A_1 E_1 K_j$$

$$\overline{B} = A_1 B_1(v_j - v_i) + B_1^2 \theta_i + B_1 C_1 K_i + B_1 D_1 \theta_j + B_1 E_1 K_j$$

$$\overline{C} = A_1 C_1(v_j - v_i) + B_1 C_1 \theta_i + C_1^2 K_i + C_1 D_1 \theta_j + C_1 E_1 K_j$$

$$\overline{D} = A_1 D_1(v_j - v_i) + B_1 D_1 \theta_i + C_1 D_1 K_i + D_1^2 \theta_j + D_1 E_1 K_j$$

$$\overline{E} = A_1 E_1(v_j - v_i) + B_1 E_1 \theta_i + C_1 E_1 K_i + D_1 E_1 \theta_j + E_1^2 K_j$$

$$A_1 = -N'_3 = N'_6 = \frac{30x^2}{L^3} - \frac{60x^3}{L^4} + \frac{30x^4}{L^5}$$

$$B_1 = N'_4 = 1 - \frac{18x^2}{L^2} + \frac{32x^3}{L^3} - \frac{15x^4}{L^4}$$

$$C_1 = N'_5 = \frac{1}{2}\left(2x - \frac{9x^2}{L} + \frac{12x^3}{L^2} - \frac{5x^4}{L^3}\right)$$

$$D_1 = N'_7 = -\frac{12x^2}{L^2} + \frac{28x^3}{L^3} - \frac{15x^4}{L^4}$$

$$E_1 = N'_8 = \frac{1}{2}\left(\frac{3x^2}{L} - \frac{8x^3}{L^2} + \frac{5x^4}{L^3}\right)$$

2. 单元的切线刚度矩阵

应力与应变关系还是一般的线性弹性关系。

$$\{\sigma\} = [D]\{\varepsilon\} \tag{3-38}$$

由虚功原理:外力因虚位移 d$\{\boldsymbol{\delta}\}^e$ 所作的功等于结构"内力"因虚应变 d$\{\varepsilon\}$ 所做的功。

$$\int d\{\varepsilon\}^T \{\sigma\} dv - d[\{\boldsymbol{\delta}\}^e]^T \{R\}^e = 0 \tag{3-39}$$

式中 $\{R\}^e$ 表示单元载荷列阵。

将式(3-36)代入式(3-39),消去(d$\{\boldsymbol{\delta}\}^e$)^T,得到单元平衡方程

$$\int [\boldsymbol{B}]^T \{\sigma\} dv = \{R\}^e$$

由式(3-33)看出$\{\varepsilon\}$是$\{\boldsymbol{\delta}\}^e$的非线性函数,再由式(3-38),从而可知单元平衡方程是关于结点位移$\{\boldsymbol{\delta}\}^e$的非线性方程组。

单元平衡方程,即$\int [\boldsymbol{B}]^T \{\sigma\} dv - \{R\}^e = 0$,它表示了一个单元的"内力"与外力之和等于零。若以$\{\psi_e\}$表示这个和,即有

$$\{\psi_e\{\delta\}^e\} = \int [\boldsymbol{B}]^T \{\sigma\} dv - \{R\}^e = 0 \tag{3-40}$$

为采用 Newton-Raphson 法求解,现给出式(3-40)的微分式

$$d\{\psi_e(\{\boldsymbol{\delta}\}^e)\} = \int d[\boldsymbol{B}]^T \{\sigma\} dv + \int [\boldsymbol{B}]^T d\{\sigma\} dv \tag{3-41}$$

由式(3-38)和式(3-36)

$$d\{\sigma\} = [D]d\{\varepsilon\} = [D][\boldsymbol{B}]d\{\boldsymbol{\delta}\}^e \tag{3-42}$$

而由式(3-35)有

$$d[\boldsymbol{B}]^T = d[\boldsymbol{B}_L]^T \tag{3-43}$$

将式(3-42)、式(3-43)代入式(3-41)得

$$d\{\psi_e(\{\pmb{\delta}\}^e)\} = \int d[\pmb{B_L}]^T\{\sigma\}dv + \int [\pmb{B_0}]^T[D][\pmb{B_0}]d\{\pmb{\delta}\}^e dv$$

$$+ \int ([\pmb{B_0}]^T[D][\pmb{B_L}] + [\pmb{B_L}]^T[D][\pmb{B_0}] + [\pmb{B_L}]^T[D][\pmb{B_L}])d\{\pmb{\delta}\}^e dv \quad (3-44)$$

令

$$\int d[\pmb{B_L}]^T\{\sigma\}dv = [\pmb{K_\sigma}]d\{\pmb{\delta}\}^e$$

$$\int [\pmb{B_0}]^T[D][\pmb{B_0}]d\{\pmb{\delta}\}^e dv = [\pmb{K_0}]d\{\pmb{\delta}\}^e$$

$$\int ([\pmb{B_L}]^T[D][\pmb{B_0}] + [\pmb{B_0}]^T[D][\pmb{B_L}] + [\pmb{B_L}]^T[D][\pmb{B_L}])d\{\pmb{\delta}\}^e dv = [\pmb{K_L}]d\{\pmb{\delta}\}^e$$

则式(3-44)变为

$$d\{\psi_e(\{\pmb{\delta}\}^e)\} = ([\pmb{K_0}] + [\pmb{K_\sigma}] + [\pmb{K_L}])d\{\pmb{\delta}\}^e = [\pmb{K_t}]d\{\pmb{\delta}\}^e \quad (3-45)$$

其中

$[\pmb{K_t}]$ 称为当前位移上单元的切线刚度矩阵；

$[\pmb{K_0}] = \int [\pmb{B_0}]^T[D][\pmb{B}]dv$，即为通常小变形线性刚度矩阵；

$[\pmb{K_\sigma}]$ 称为几何刚度矩阵，它反映了由于单元几何形状变形，轴力对弯曲的影响；

$[\pmb{K_L}] = \int ([\pmb{B_0}]^T[D][\pmb{B_L}] + [\pmb{B_L}]^T[D][\pmb{B_0}] + [\pmb{B_L}]^T[D][\pmb{B_L}])dv$，称为大位移矩阵，它与当前位移有关，反映了由于大变形，单元体本身刚度矩阵的改变，即由于大变形，由未变形尺寸表示的刚度矩阵需要由大位移矩阵加以修正。

梁单元的 $[\pmb{K_0}]$、$[\pmb{K_\sigma}]$、$[\pmb{K_L}]$ 的显式表示如下

$$[\pmb{K_0}] = \frac{EI}{L^3} \begin{bmatrix} \frac{A}{I}L^2 & 0 & 0 & 0 & -\frac{A}{I}L^2 & 0 & 0 & 0 \\ & \frac{120}{7} & \frac{60}{70}L & \frac{3}{7}L^2 & 0 & -\frac{120}{7} & \frac{60}{7}L & -\frac{3}{7}L^2 \\ & & \frac{192}{35}L^2 & \frac{11}{35}L^3 & 0 & -\frac{60}{7}L & \frac{108}{35}L^2 & -\frac{4}{35}L^3 \\ & 对 & & \frac{3}{35}L^4 & 0 & -\frac{3}{7}L^2 & \frac{4}{35}L^3 & \frac{1}{70}L^4 \\ & & & & \frac{A}{I}L^2 & 0 & 0 & 0 \\ & & & & & \frac{120}{7} & -\frac{60}{7}L & \frac{3}{7}L^2 \\ & & & & & & \frac{192}{35}L^2 & -\frac{11}{35}L^3 \\ & & & 称 & & & & \frac{3}{35}L^4 \end{bmatrix} \quad (3-46)$$

如果设轴力在梁单元中是常数，在实际计算中，取单元中点轴力为 N，则

$$[\boldsymbol{K_\sigma}] = \frac{N}{L} \text{对} \begin{bmatrix} 0 & 0 & 0 & 0 & 0 & 0 & 0 & 0 \\ & \frac{10}{7} & \frac{3}{14}L & \frac{1}{84}L^2 & 0 & -\frac{10}{7} & \frac{3}{14}L & -\frac{1}{84}L^2 \\ & & \frac{8}{35}L^2 & \frac{1}{60}L^3 & 0 & -\frac{3}{14}L & -\frac{1}{70}L^2 & \frac{1}{210}L^3 \\ & & & \frac{1}{630}L^4 & 0 & -\frac{1}{84}L^2 & -\frac{1}{210}L^3 & \frac{1}{1260}L^4 \\ & & & & 0 & 0 & 0 & 0 \\ & & & & & \frac{10}{7} & -\frac{3}{14}L & \frac{1}{84}L^2 \\ & & & & & & \frac{8}{35}L^2 & -\frac{1}{60}L^3 \\ & \text{称} & & & & & & \frac{1}{630}L^4 \end{bmatrix} \quad (3-47)$$

$$[\boldsymbol{K_L}] = \frac{EA}{L} \left\{ \int_0^l \begin{bmatrix} 0 & \bar{A} & -\bar{B} & -\bar{C} & 0 & -\bar{A} & -\bar{D} & -\bar{E} \\ -\bar{A} & 0 & 0 & 0 & -\bar{A} & 0 & 0 & 0 \\ -\bar{B} & 0 & 0 & 0 & \bar{B} & 0 & 0 & 0 \\ -\bar{C} & 0 & 0 & 0 & \bar{C} & 0 & 0 & 0 \\ 0 & -\bar{A} & \bar{B} & \bar{C} & 0 & \bar{A} & \bar{D} & \bar{E} \\ -\bar{A} & 0 & 0 & 0 & \bar{A} & 0 & 0 & 0 \\ -\bar{D} & 0 & 0 & 0 & \bar{D} & 0 & 0 & 0 \\ -\bar{E} & 0 & 0 & 0 & \bar{E} & 0 & 0 & 0 \end{bmatrix} dx \right.$$

$$\left. + L\int_0^l \begin{bmatrix} 0 & 0 & 0 & 0 & 0 & 0 & 0 & 0 \\ 0 & \bar{A}^2 & -\bar{AB} & -\bar{AC} & 0 & -\bar{A}^2 & -\bar{AD} & -\bar{AE} \\ 0 & -\bar{AB} & \bar{B}^2 & \bar{BC} & 0 & \bar{AB} & \bar{BD} & \bar{BE} \\ 0 & -\bar{AC} & \bar{BC} & \bar{C}^2 & 0 & \bar{AC} & \bar{CD} & \bar{CE} \\ 0 & 0 & 0 & 0 & 0 & 0 & 0 & 0 \\ 0 & -\bar{A}^2 & \bar{AB} & \bar{AC} & 0 & \bar{A}^2 & \bar{AD} & \bar{AE} \\ 0 & -\bar{AD} & \bar{BD} & \bar{CD} & 0 & \bar{AD} & \bar{D}^2 & \bar{DE} \\ 0 & -\bar{AE} & \bar{BE} & \bar{CE} & 0 & \bar{AE} & \bar{DE} & \bar{E}^2 \end{bmatrix} dx \right\} \quad (3-48)$$

在计算式(3-48)的积分时,需用到一系列积分公式,参见附录。

二、整体分析

1. 整体平衡方程

类似单元分析,将虚功原理用于全部单元,从而得到表达整个离散化了的钻具组合上所有的节点力与所有节点位移的关系,即钻具组合各节点上内力和外力的平衡方程。记钻具组合全部节点位移为$\{\boldsymbol{\delta}\}$,全部载荷为$\{R\}$,ψ表示内力与外力矢量的总和,则整个平衡方程可以表示为

$$\{\psi(\{\boldsymbol{\delta}\})\} = \int [\boldsymbol{B}]^T\{\sigma\}dv - \{R\} = 0 \quad (3-49)$$

上式中的积分运算,事实上是各个单元的积分对于节点平衡所作贡献总合而成。参照式(3-45)于是有 $\frac{\mathrm{d}\{\psi\}}{\mathrm{d}\{\delta\}} = [\boldsymbol{K}_T]$,称为整体切线刚度矩阵。很显然,它由各个单元切线刚度矩阵 $[\boldsymbol{K}_t]$ 组装而成。

2. 解的方法

整体平衡方程式(3-49)是一个关于结点位移 $\{\delta\}$ 的非线性方程组,若采用 Newton-Raphson 迭代法,步骤如下:

(1) 用线弹性解作为 $\{\delta\}$ 的第一次近似值 $\{\delta\}$。

(2) 通过式(3-35)计算 $[\boldsymbol{B}]$,公式(3-38)给出应力 $\{\sigma\}$,利用公式(3-49),计算出 $\{\psi\}_0$。

(3) 确定切线刚度矩阵 $[\boldsymbol{K}_T]$。

(4) 通过迭代公式 $\{\psi\}_0 + [\boldsymbol{K}_T]\Delta\{\delta\}_1 = 0$,得到位移的修正量 $\Delta\{\delta\}_1$,从而得到第二次近似值 $\{\delta\}_1 = \{\delta\}_0 + \Delta\{\delta\}_1$。

(5) 重复(1)、(2)、(3)各步,直到 $\{\psi\}_n$ 足够小为止。

显然,这里以不平衡力作为收敛判据,实际程序设计时,选用相对位移收敛准则更为方便。其表达式

$$\text{MAX}\left|\frac{\Delta\delta_i}{\max\delta_i}\right|_j \leqslant \varepsilon \quad (i = 1,\cdots,4; j = 1,2,\cdots,N_j, N_j \text{ 为节点总数})$$

在方程中取 $\varepsilon = 0.05$。

关于 $\{\psi\}_n$ 可以有明确的物理解释:由于 $\{\delta\}_n$ 是第 n 次近似,此时平衡条件并不精确满足,即内力与外力并不精确平衡。所以 $\{\psi\}_n$ 对平衡方程未被满足提供了一个有意义的量度,可称为不平衡力。

3. 不平衡力

显然,不平衡力 $\{\psi\}_n$ 是逐个单元不平衡力 $\{\psi^e\}_n$ 组装而成的。

单元不平衡力 $\{\psi_e\{\delta\}\} = \int [\boldsymbol{B}]^\mathrm{T}\sigma\mathrm{d}v - R^e = 0$

式中第二项为外载下单元的节点力,第一项为当前变形下单元的实际反力,以 $\{\boldsymbol{P}\}$ 表示,并引入内力符号,轴力 N,弯矩 M,则

$$\{\boldsymbol{P}\} = \{P_1, P_2, \cdots, P_8\}^\mathrm{T}$$

式中

$$P_1 = \int_l N'_1 N\mathrm{d}x$$

$$P_2 = \int_l (N''_3 M - \bar{A}N)\mathrm{d}x$$

$$P_3 = \int_l (\bar{B}N + N''_4 M)\mathrm{d}x$$

$$P_4 = \int_l (\bar{C}N + N''_5 M)\mathrm{d}x$$

$$P_5 = -P_1 \quad P_6 = -P_2$$

$$P_7 = \int_l (\bar{D}N + N''_7 M)\mathrm{d}x$$

$$P_8 = \int_l (\bar{E}N + N''_8 M)\mathrm{d}x$$

4. 轴向位移的初值

在线性分析中不考虑轴向位移。而在 BHA 大挠度计算中,需确定 BHA 的最后位形,因此必须考虑轴向位移。对相应的非线性分析,确定节点轴向位移的初值则十分必要。

在线性分析基础上,由式(3-32)得

$$\varepsilon_a = \frac{\mathrm{d}u}{\mathrm{d}x} + \frac{1}{2}\left(\frac{\mathrm{d}v}{\mathrm{d}x}\right)^2$$

即

$$\frac{N}{EA} = \frac{\mathrm{d}u}{\mathrm{d}x} + \frac{1}{2}\left(\frac{\mathrm{d}v}{\mathrm{d}x}\right)^2$$

或

$$\frac{\mathrm{d}u}{\mathrm{d}x} = \frac{N}{EA} - \frac{1}{2}\left(\frac{\mathrm{d}v}{\mathrm{d}x}\right)^2$$

设单元内轴力 N 为常数,则有

$$U = U_0 + \frac{NL}{EA} - \int_l \frac{1}{2}\left(\frac{\mathrm{d}v}{\mathrm{d}x}\right)^2 \mathrm{d}x$$

由式(3-33)和式(3-37)用离散化以后的节点位移表示,有

$$U = U_0 + \frac{NL}{EA} - \frac{1}{2}\int_l [0 \quad -\bar{A} \quad \bar{B} \quad \bar{C} \quad 0 \quad \bar{A} \quad \bar{D} \quad \bar{E}]\mathrm{d}x\{\pmb{\delta}\}^e \quad (3-50)$$

三、程序实现

由前两节的理论分析可知,BHA 大挠度分析与小挠度分析相比,由于应变中保留了非线性项,从而导致伸长和弯曲的相应耦合。在大挠度分析中,单元的刚度矩阵可表达为

$$[\pmb{K}_t] = [\pmb{K}_0] + [\pmb{K}_\sigma] + [\pmb{K}_L] \quad (3-51)$$

其中$[\pmb{K}_0]$即为小挠度分析时的单元刚度矩阵;而反映轴力对弯曲影响的几何刚度矩阵$[\pmb{K}_\sigma]$和反映当前位形影响的大位移矩阵$[\pmb{K}_L]$则是小挠度分析时所没有的。由此可知,BHA 小挠度有限元分析是 BHA 大挠度分析的特例。

BHA 大挠度有限元分析在实际求解过程中,上切点位置也通过多次迭代,逐步逼近真正的上切点位置。在每次迭代时,都要对该切点位置相应的非线性方程组进行求解。因为与小挠度有限元计算相比,单元切线刚度矩阵增大了两项内容,因此导致计算规模加大。为适当减少运算机时,可用小变形纵横弯曲法程序对上切点初值进行求解,这是因为纵横弯曲法可确定上切点位置且计算机时短。求出上切点位置初值可在相当程度上减少了迭代次数。

在每次迭代逼近切点位置的过程中,单元的划分也是不同的。这种动态的单元划分是由计算机根据程序自动完成。

图 3-4 给出 BHA 大挠度分析有限元法程序框图。程序输出的最终结果将是钻头侧向力、钻头倾角、各稳定器处的支座反力、BHA 各点的内力与挠度,并附有对是否产生"失稳"和各跨是否产生"新接触点"的判断和提示。对井眼轨道控制而言,最重要的参数是钻头侧向力与倾角值。

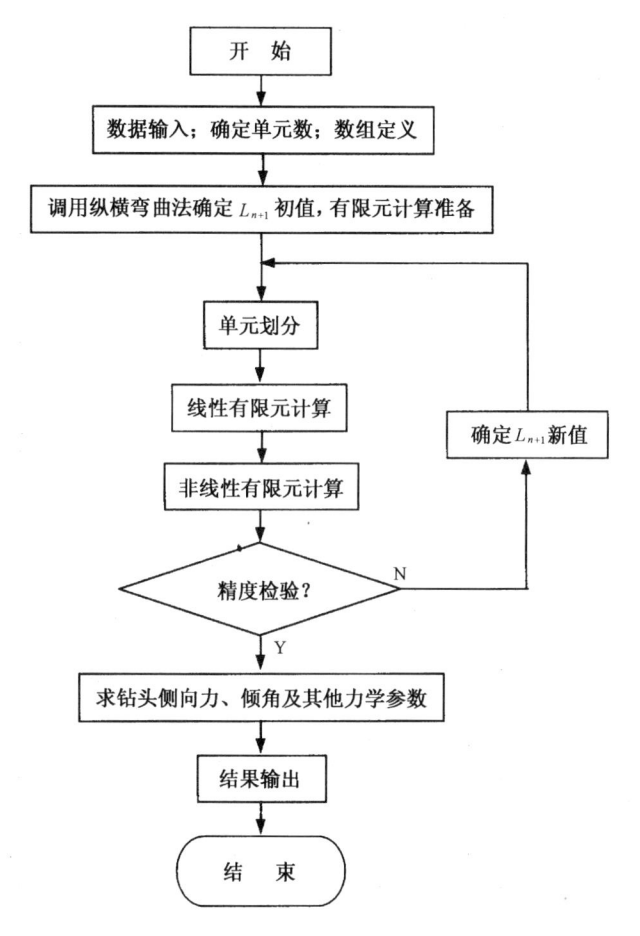

图 3-4 BHA 大挠度分析有限元法程序框图

第三节 BHA 大挠度分析的纵横弯曲法

在本章第一节中,对 4 种具有代表性方法之一的纵横弯曲法的基本思路作了简述。建立在纵横弯曲连续梁理论基础上的纵横弯曲法,经实践证明具有其突出优点:

其一,该方法从物理意义上说属于精确求解。纵横弯曲法建立三弯矩方程的依据是相邻两跨简支梁在同一支座处的转角连续条件。用弹性稳定理论直接给出了转角的精确公式。作为对比,笔者曾用三角级数构造逆解,然后用能量法求该转角,取三角级数的项数 $n<10$,其结果尚有明显误差,取 $n=50$ 项其误差缩小,取 $500<n<5000$ 项程序给出的结果与纵横弯曲法转角公式直接给出的计算结果相同。

其二,在纵横弯曲法的三弯矩方程中各参数地位明确。在钻头侧向力和钻头倾角公式中可清楚地看出各物理量的影响,这时分析和控制钻头侧向力及钻头倾角值,调整 BHA 的结构设计十分有利。而其他一些分析方法,由于不能直接给出这些有关公式而只能间接地从数值解法最后所给出的数据结果来分析和提取这些有用的信息。

其三,求解速度快。这是因为纵横弯曲法的数学模型是三弯矩方程组,它是以各支点处内弯矩值(M_i)为未知量的线性代数方程组,因而计算机时要比其方法(如有限元法)短得多。

其四,可在微机甚至袖珍机上运行,便于现场应用和普及推广。

BHA 小挠度分析的纵横弯曲法,从提出到现在经过了近 20 年的发展,已经基本上形成了相对完整的理论体系,并被实践证明是实用可靠的。从分析的对象和使用条件方面,纵横弯曲法已经由 BHA 小挠度分析发展到大挠度分析,从一维发展到二维和三维,从常规的转盘钻 BHA 发展到弯接头—井下动力钻具组合乃至带有稳定器或垫块的各种结构类型弯壳体的导向动力钻具组合。

本节阐述 BHA 大挠度分析的纵横弯曲法,其基本出发点在于:在小变形分析基础上把纵横弯曲法进行理论扩展,使之可用于 BHA 大挠度分析,而且要在计算中仍保留小挠度分析的上述优点。尽管这种扩展从大变形理论上来衡量并不十分严格,但只要能够满足工程计算所要求的精度,在实践上就是可行和必要的。

一、BHA 小挠度分析的纵横弯曲法简介

为便于给 BHA 大挠度分析的理论扩展提供基础,需要对 BHA 小挠度分析的纵横弯曲法加以简介。

1. 力学模型

基于本章第二节所述理由,现仍以二维分析为例。图 3-5 给出了二维井身中 BHA 的受力与变形。

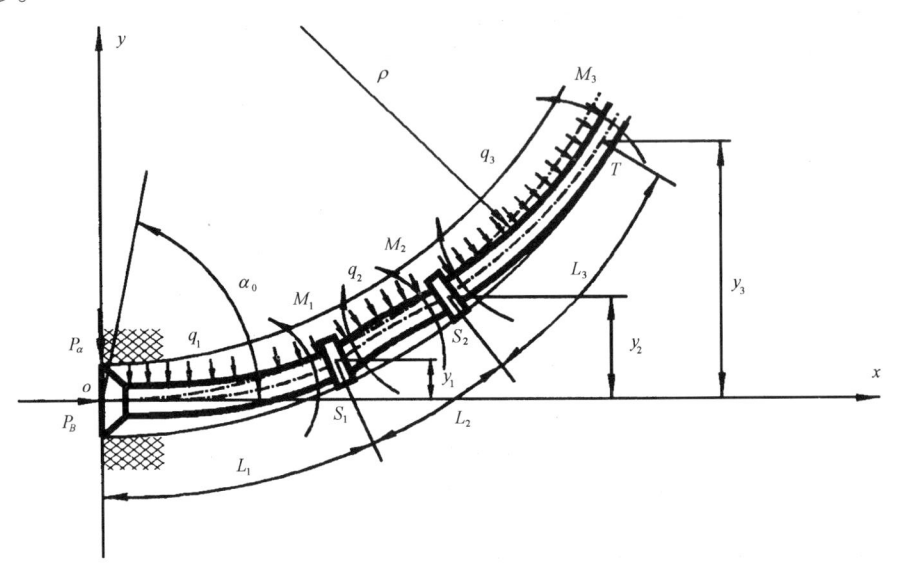

图 3-5 二维井身中 BHA 的受力与变形

1)二维井身的几何关系

二维井身是指井眼位于某铅垂平面内,只有井斜角变化而无方位角变化。若把井眼曲线简化为一条圆弧,则井眼曲率 K 和曲率半径 ρ 可由下式求出:

$$K = \frac{\Delta \alpha}{\Delta L} = \frac{\alpha_B - \alpha_A}{L_B - L_A} \tag{3-52}$$

和

$$\rho = \frac{1}{K} = \frac{L_B - L_A}{\alpha_B - \alpha_A} \tag{3-53}$$

其中 A,B 为井身曲线的两个上、下已知测点,α_A、L_A 和 α_B,L_B 分别是 A,B 两点的井斜角和

井深值。

考虑到井眼曲率 K 值较小,井眼轴线纵坐标 y 在小挠度条件下按如下近似公式计算而具有足够精确度:

$$y = \frac{x^2}{2\rho} = \frac{K}{2}x^2 \qquad (3-54)$$

2)钻头侧向力与钻头倾角

钻头侧向力 P_B 与钻头倾角 A_t

$$P_\alpha = -\left(\frac{P_B y_1}{L_1} + \frac{q_1 L_1}{2} + \frac{M_1}{L_1}\right) \qquad (3-55)$$

$$A_t = \frac{q_1 L_1^3}{24EI_1}X(u_1) + \frac{M_0 L_1}{3EI_1}Y(u_1) + \frac{M_1 L_1}{6EI_1}Z(u_1) - \frac{y_1}{L_1} \qquad (3-56)$$

各符号的意义将在后文给出(或参见文献[1])。P_α 的符号约定是:若 $P_\alpha > 0$,为造斜力;$P_\alpha < 0$,为降斜力。

2.连续条件和上边界条件

根据本章第一节所述的 BHA 小挠度分析的基本假设,稳定器与井壁之间的接触为刚性点接触,因此可处理为简单支座。把 BHA 这一受纵横弯曲载荷的连续梁假想从稳定器和上切点断开并附加内弯矩和轴力,从而得到 $n+1$ 跨受有纵横弯曲载荷的连续梁柱(n 为稳定器数目)。为不失一般性,考察图 3-6 所示的第 i、$i+1$ 跨梁柱的受力与变形,则稳定器 S_i 处的连续条件为

$$\theta_i^R = -\theta_{i+1}^L \qquad (3-57)$$

式中 θ_i^R 表示第 i 跨梁柱的右端转角,θ_{i+1}^L 表示第 $i+1$ 跨梁柱的左端转角。

上切点 T 处的边界条件为

$$\theta_T = \theta_{n+1}^R = \frac{1}{\rho}\sum_1^n L_i = K\sum_1^n L_i \qquad (3-58)$$

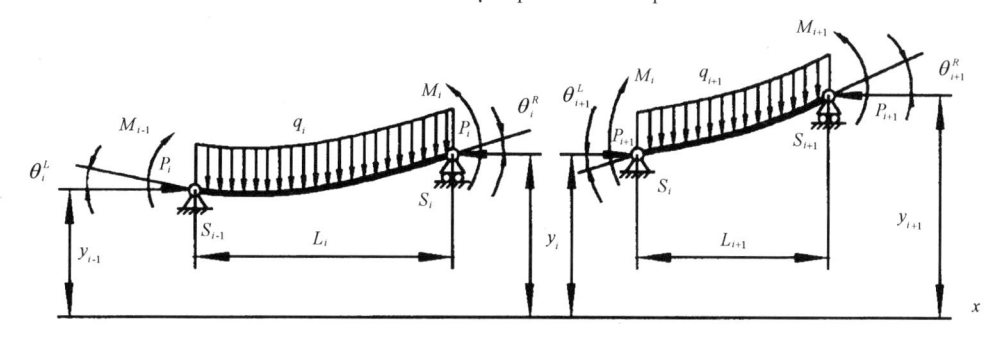

图 3-6 n 跨连续梁中第 i、$i+1$ 跨梁柱的受力与变形

连续条件和上切点处的边界条件是构成三弯矩方程的基础。要确定梁端转角值必须建立简支梁的微分方程。

3.微分方程及叠加原理

受有纵横弯曲载荷的简支直梁(即无初弯曲)的一般情况如图 3-7 所示,该梁受有轴向载荷 P($P>0$ 为受压,$P<0$ 为受拉)、均布载荷 q,左端力偶 M_A 和右端力偶 M_B,以及集中载荷 Q。先分析图 3-7(a)所示的横向载荷为 q 的情况,并对其建立小变形条件下的近似微分方程

$$EIy'' = m(x,y) \tag{3-59}$$

其中
$$m(x,y) = \frac{qL}{2}x - \frac{qx^2}{2} + Py \tag{3-60}$$

求该二阶线性非齐次微分方程的通解并结合边界条件定其特解,可得左、右端转角值为

$$\theta_a^L = \theta_a^R = \frac{qL^3}{24EL}X(u) \tag{3-61}$$

对图 3-7(b)所示的左端有力偶作用的梁柱建立微分方程并求解,可得

$$\theta_b^L = \frac{M_A L}{3EI}Y(u) \tag{3-62}$$

$$\theta_b^R = \frac{M_A L}{6EI}Z(u) \tag{3-63}$$

以上 u 为梁柱的稳定系数,$X(u)$、$Y(u)$、$Z(u)$ 为放大因子,其值如下:

当 $P \geqslant 0$ 时

$$u = \frac{1}{2}\sqrt{\frac{P}{EI}} \tag{3-64}$$

$$X(u) = \frac{3}{u^3}(\text{tg}u - u) \tag{3-65}$$

$$Y(u) = \frac{3}{2u}\left(\frac{1}{2u} - \frac{1}{\text{tg}2u}\right) \tag{3-66}$$

$$Z(u) = \frac{3}{u}\left(\frac{1}{\sin 2u} - \frac{1}{2u}\right) \tag{3-67}$$

当 $P<0$ 时,仍符合上述关系,但因涉及到虚数运算,会给编程造成麻烦。为此,可定义 $P<0$ 时的稳定系数为 u',相应的轴力为 $|P|$ 时稳定系数为 u,则

$$u' = \frac{L}{2}\sqrt{\frac{P}{EI}} = \frac{iL}{2}\sqrt{\frac{|P|}{EI}} = iu \tag{3-68}$$

由此可得 $P<0$ 情况下的放大因子 $X'(u)$、$Y'(u)$、$Z'(u)$ 为

$$X'(u) = \frac{3}{u^3}(u - \text{th}u) \tag{3-69}$$

$$Y'(u) = \frac{3}{2u}\left(\frac{1}{\text{th}2u} - \frac{1}{2u}\right) \tag{3-70}$$

$$Z'(u) = \frac{3}{u}\left(\frac{1}{2u} - \frac{1}{\text{sh}2u}\right) \tag{3-71}$$

$X(u)$、$Y(u)$、$Z(u)$ 和 $X'(u)$、$Y'(u)$、$Z'(u)$ 都是 u 的超越函数,反映了轴向力对梁端转角的影响。

当 $P=0$,则有
$$X(u) = Y(u) = Z(u) = X'(u) = Y'(u) = Z'(u) = 1$$
即材料力学中介绍的梁的横力弯曲情况。

对图 3-7(c)所示的右端有力偶作用的梁柱建立微分方程并求解,可得

$$\theta_c^L = \frac{M_B L}{6EI}Z(u) \tag{3-72}$$

$$\theta_c^R = \frac{M_B L}{3EI}Y(u) \tag{3-73}$$

对图 3-7(d)所示的受有集中横向力作用的梁柱建立微分方程并求解,可得

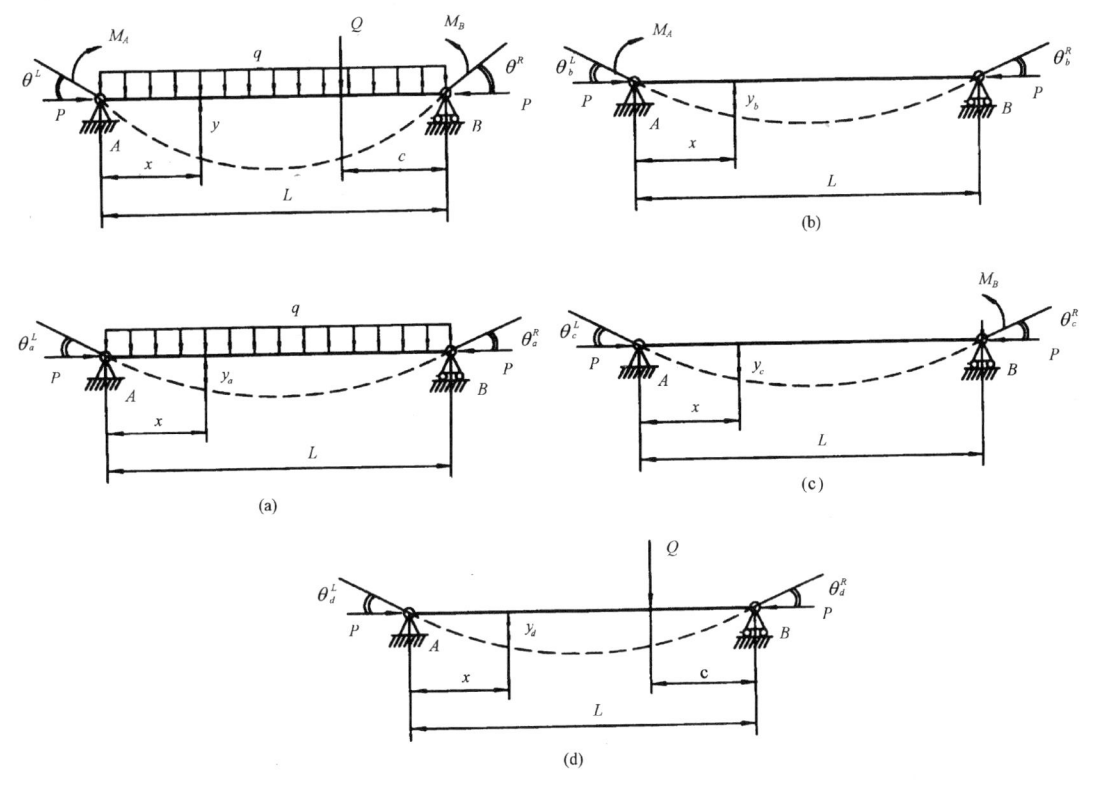

图 3-7 载荷分解与变形叠加

$$\theta_d^L = \frac{Q}{P} \frac{\sin(kc)}{\sin(kL)} - \frac{Qc}{PL} \tag{3-74}$$

$$\theta_d^R = \frac{Q}{P} \frac{\sin k(L-c)}{\sin(kL)} - \frac{Q(L-c)}{PL} \tag{3-75}$$

其中

$$k = \frac{2u}{L} \tag{3-76}$$

由上述诸式可知,由于梁端转角与轴力 P 呈非线性关系,因此对纵横弯曲连续梁,材料力学中的"线性叠加原理"不再成立。文献[1]给出了适用于这种情况的新叠加原理:

当有多个横向载荷同时作用于轴向受压的梁柱时,梁柱的总变形(挠度、转角)可由每个横向载荷分别与轴向载荷共同作所产生的变形(挠度、转角)线性叠加得到。

鉴于上述新叠加原理,图 3-6 所示的受多种横向载荷的纵横弯曲简支梁柱才可以分解为如(a)、(b)、(c)、(d)四种情况之和。由此可得梁端的总转角值为

$$\theta^L = \frac{qL^3}{24EI}X(u) + \frac{M_AL}{3EI}Y(u) + \frac{M_BL}{6EI}Z(u) + \frac{Q}{P}\frac{\sin(kc)}{\sin(kL)} - \frac{Qc}{PL} \tag{3-77}$$

$$\theta^R = \frac{qL^3}{24EI}X(u) + \frac{M_BL}{3EI}Y(u) + \frac{M_AL}{6EI}Z(u) + \frac{Q}{P}\frac{\sin[k(L-c)]}{\sin(kL)} - \frac{Q(L-c)}{PL} \tag{3-78}$$

4．三弯矩方程

针对图 3-5 所示的二维井眼中的 BHA 和图 3-6 所示的第 i 支座处两跨连续梁的转角值及上切点处的转角 θ_{n+1}^R，可写出

$$\theta_i^R = \frac{q_i L_i^3}{24EI_i}X(u_i) + \frac{M_i L_i}{3EI_i}Y(u_i) + \frac{M_{i-1}L_i}{6EI_i}Z(u_i) + \frac{y_i - y_{i-1}}{L_i} \qquad (3-79)$$

$$\theta_{i+1}^L = \frac{q_{i+1}L_{i+1}^3}{24EI_{i+1}}X(u_{i+1}) + \frac{M_i L_{i+1}}{3EI_{i+1}}Y(u_{i+1}) + \frac{M_{i+1}L_{i+1}}{6EI_{i+1}}Z(u_{i+1}) - \frac{y_{i+1} - y_i}{L_{i+1}} \qquad (3-80)$$

及

$$\theta_{n+1}^R = \frac{q_{n+1}L_{n+1}^3}{24EI_{n+1}}X(u_{n+1}) + \frac{M_{n+1}L_{n+1}}{3EI_{n+1}}Y(u_{n+1}) + \frac{M_n L_{n+1}}{6EI_{n+1}}Z(u_{n+1}) + \frac{y_{n+1} - y_n}{L_{n+1}} \qquad (3-81)$$

代入式(3-57)和式(3-58)所表达的连续条件与上边界条件，整理可得如下三弯矩方程组：

$$M_{i-1}Z(u_i) + 2M_i\left[Y(u_i) + \frac{L_{i+1}I_i}{L_i I_{i+1}}Y(u_{i+1})\right] + M_{i+1}\frac{L_{i+1}I_i}{L_i I_{i+1}}Z(u_{i+1})$$
$$= -\frac{q_i L_i^2}{4}X(u_i) - \frac{q_{i+1}L_{i+1}^3 I_i}{4L_i I_{i+1}}X(u_{i+1}) - \frac{6EI_i}{L_i}\left(\frac{y_i - y_{i-1}}{L_i} - \frac{y_{i+1} - y_i}{L_{i+1}}\right) \qquad (3-82)$$

$$q_{n+1}X(u_{n+1})L_{n+1}^4 + 4[2M_{n+1}Y(u_{n+1}) + M_n Z(u_{n+1})]L_{n+1}^2$$
$$= 24EI_{n+1}\left[L_{n+1}\left(\sum_{j=1}^{n+1}L_j\right)K - y_{n+1} + y_n\right] \qquad (3-83)$$

以上 $i = 1 \sim n$。三弯矩方程组中各物理量的意义及求法如下：

M_i——第 i 个支点处的内弯矩；

q_i——第 i 跨梁柱的横向重力载荷集度；

$$q_i = W_i \sin(\alpha_i)_m \qquad (3-84)$$

W_i——第 i 跨梁柱的线重量；

$(\alpha_i)_m$——第 i 跨梁柱中点处的井斜角；

$$(\alpha_i)_m = \alpha_0 - K\sum_{j=1}^{i-1}L_j - \frac{K}{2}L_i \qquad (3-85)$$

E——钻柱材料的弹性模量；

I_i——第 i 跨梁柱的截面轴惯性距；

$$I_i = \frac{\pi}{64}(D_{ci}^4 - d_{ci}^4) \qquad (3-86)$$

L_i——第 i 跨梁柱的跨长；

M_{n+1}——上切处的内弯矩；

$$M_{n+1} = M_T = KEI_{n+1} \qquad (3-87)$$

$u_i, X(u_i), Y(u_i), Z(u_i)$——第 i 跨梁柱的稳定系数和放大因子；

$$u_i = \frac{L_i}{2}\sqrt{\frac{P_i}{EI_i}} \qquad (3-88)$$

$u_i, X(u_i), Y(u_i), Z(u_i)$ 的求法(包括 $P<0$ 时)可见式(3-64)~式(3-71)。

P_i——第 i 跨梁轴力；

$$P_i = P_{i-1} - \frac{1}{2}w_{i-1}L_{i-1}\cos(\alpha_{i-1})_m - \frac{1}{2}w_i L_i \cos(\alpha_i)_m \tag{3-89}$$

y_i——第 i 个支点处的 y 坐标；

$$y_i = \frac{K}{2}\Big(\sum_{j=1}^{i} L_j\Big)^2 \pm e_i \tag{3-90}$$

$$e_i = \frac{1}{2}(D_0 - D_{si}) \tag{3-91}$$

D_0——井眼直径；

D_{si}——第 i 个稳定器的外径。

在式(3-90)中的"±"号处，"+"号用于上井壁接触，"-"号用于下井壁接触。

三弯矩方程组是一个超越函数构成的代数方程组，但对 M_i 则是线性的，而且很有规律性，用二分法和追赶法很易求解。求得 M_i 后，则可由式(3-55)、式(3-56)给出 P_a 和 A_t 值。

二、BHA 大挠度分析相对于小挠度分析的两点扩展

考察 BHA 小挠度分析的微分方程和求解结果可知，梁的纵横弯曲问题在推导过程中已具有一定的非线性，而且已考虑了轴向力对分析截面的弯矩(Py)，这是针对变形后位形给出的。但在列写微分方程时采用了近似曲率公式

$$K_B = y''$$

因此简化了求解过程。这对小挠度分析是可行的，但对大挠度分析，则必须采用精确曲率公式

$$K_B = \frac{y''}{(1+y'^2)^{\frac{3}{2}}}$$

再者，在 BHA 小挠度分析中计算支座 y 坐标的式(3-54)是近似的，对 BHA 大挠度分析应重新推导。因此，现对 BHA 的小挠度分析中的"小弹性变形体系"假设予以取消，并作如下两点扩展。

1. 支座位移

根据井眼轴线及井壁接触情况可导出下式：

$$y_i = \frac{1}{K}\Big[1 - \cos\Big(K\sum_1^i L_i\Big)\Big] \pm \frac{1}{2}(D_0 - D_{si})\cos\Big(K\sum_1^i L_i\Big) \tag{3-92}$$

该式既可用于大挠度分析，又可用于小挠度分析。式中"±"号处"+"号用于上井壁接触，"-"号用于下井壁接触。

2. 微分方程

用精确曲率公式去代替近似曲率公式列微分方程，得

$$\frac{EIy''}{(1+y'^2)^{\frac{3}{2}}} = m(x,y) \tag{3-93}$$

它是对 BHA 小挠度分析的一点重要扩展。

式(3-93)所给出的微分方程属二阶非线性非齐次微分方程，目前在数学上还没有精确的解析解。可供考虑的是数值解法(如有限差分法、加权余量法等等)，但所得结果是近似的，而

且失掉了纵横弯曲法本身的优点。另外可供考虑的有逆解法、能量法和曲梁法,但仔细考察,逆解法即使构造出满足方程的通解,但边界条件很难满足;用能量法可把微分方程的解构造成一个三角级数,这样很容易满足边界条件,再由功能原理和三角函数的正交法去确定三角级数各项系数,但求解工作量大(精确度依赖于取项的多少),且仍然为近似解;曲梁法是把非线性问题化为几个线性步的叠加来逼近结果,采用两个线性步(相当于用两次纵横弯曲法)其结果也仍然是近似的。

既然求解该微分方程都避免不了近似结果,则现给出一种最简单的并具有较高精度的近似方法,称为转化法,或称等效载荷法,它是在一定的条件下把大变形微分方程转化成小变形微分方程,从而不改变 BHA 小挠度分析的固定程式即可求解,从而在保留纵横弯曲法优点的前提下来获得满足工程需要精度的解答。

三、等效载荷法

考察微分方程(3-93),其非线性是由左端分母$(1+y'^2)^{\frac{3}{2}}$引起的。y'表示曲线斜率,与曲率 K 值有关。BHA 小挠度分析的微分方程是把 y' 取为零值化简的结果。严格来讲,即是小曲率,因 y' 并非零值,用小挠度微分方程所导出的结果也是近似的,只不过是其误差在工程问题允许范围之内。现进行大挠度分析应计及 y' 的影响。

令

$$A(K) = (1 + y'^2)^{\frac{3}{2}} \tag{3-94}$$

则式(3-93)所示微分方程可改写为

$$EIy'' = A(K) \cdot m(x, y) \tag{3-95}$$

BHA 在中曲率井眼内的最后位移可处理为两步变形之和:第一步,BHA 在轴力和弯矩作用下变形至井眼轴线;第二步,BHA 在轴力和其他载荷作用下达到最终位置。在这里,第一步的变形是主要的。如果能把 $A(K)$ 数值化,则式(3-95)就变成了可解的线性微分方程。

现采用每跨梁柱的端部转角值来估算 $A(K)$。图 3-8 示出了当 $K = (0°\sim30°)/30\text{m}$ 时的 $A(K)$ 值曲线。在有曲率的井眼中,对某一曲率 K,$A(K)$ 是个恒大于 1 的数,称为载荷放大系数。

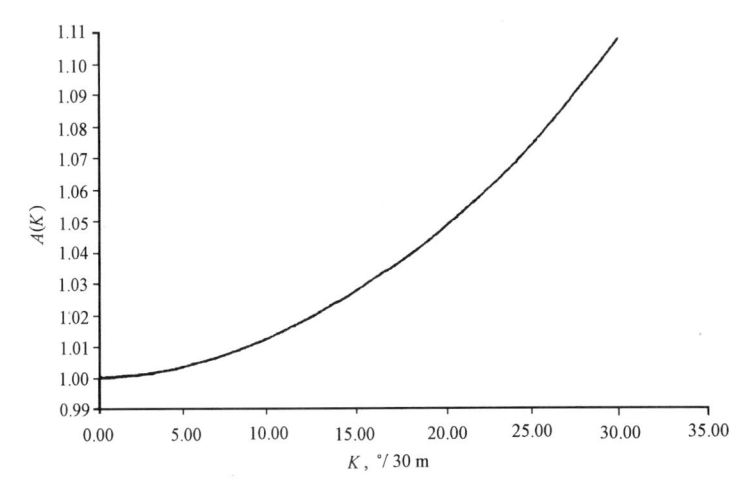

图 3-8 $A(K)$ 曲线

式(3-95)中的 $m(x,y)$ 是轴力和各种横向载荷(包括均布载荷、集中力、端部力偶等)对计算截面所产生的弯矩的总和。式(3-95)右端 $A(K)\cdot m(x,y)$ 可处理为：把梁柱所受的各种实际载荷先扩大 $A(K)$ 倍，定义为等效载荷，再对截面求其弯矩并求总和 $M(x,y)$（即等效总弯矩）：

$$M(x,y) = A(K)\cdot m(x,y) \quad (3-96)$$

则 BHA 大挠度微分方程(3-95)就改写为

$$EIy'' = M(x,y) \quad (3-97)$$

这是一个等效载荷作用下的小挠度微分方程。由于等效载荷作用下的小挠度微分方程与实际载荷下的大挠度微分方程一致，故可用上述 BHA 小挠度分析的求解方法和公式来求解 BHA 大挠度问题。

用 $p°$、$q°$、$M°$、$Q°$ 等分别表示梁柱所受的实际外载荷(轴力、横向均布力集度、力偶、集中力等)，则当井眼曲率为 K 时等效载荷与实际载荷的关系为

等效轴力　　　　　　　$P = A(K)\cdot P°$ 　　　　　　　　(3-98)
等效横向均布力集度　　$q = A(K)\cdot q°$ 　　　　　　　　(3-99)
等效力偶　　　　　　　$M = A(K)\cdot M°$ 　　　　　　　　(3-100)
等效集中力　　　　　　$Q = A(K)\cdot Q°$ 　　　　　　　　(3-101)

凡与载荷有关的中间计算参量，在大挠度分析中均采用相应的等效参量，其求法就是用等效载荷代入小挠度分析的中间参量公式，即计算公式不变。例如等效稳定系数 u 为

$$u = \frac{1}{2}\sqrt{\frac{P}{EI}} = \frac{1}{2}\sqrt{\frac{A(K)P°}{EI}} \quad (3-102)$$

而不是 $A(K)u°$。与 u 有关的梁柱放大因子 $X(u)$、$Y(u)$、$Z(u)$ 的求法和小挠度分析完全相同。

四、纵横弯曲法大挠度分析的三弯矩方程组及其解答

纵横弯曲法大挠度分析的梁端转角计算、连续条件及边界条件和小变形分析相同。在此基础上，可导出具有几个稳定器的转盘钻 BHA 的三弯矩方程组通式如下(仍以二维分析为例)：

$$M_{i-1}Z(u_i) + 2M_i\left[Y(u_i) + \frac{L_{i+1}I_i}{L_iI_{i+1}}Y(u_{i+1})\right] + M_{i+1}\frac{L_{i+1}I_i}{L_iI_{i+1}}Z(u_{i+1})$$
$$= -\frac{q_iL_i^2}{4}X(u_i) - \frac{q_{i+1}L_{i+1}^3I_i}{4L_iI_{i+1}}X(u_{i+1}) - \frac{6EI_i}{L_i}\left(\frac{y_i - y_{i-1}}{L_i} - \frac{y_{i+1} - y_i}{L_{i+1}}\right) \quad (3-103)$$

$$q_{n+1}X(u_{n+1})L_{n+1}^4 + 4[2M_{n+1}Y(u_{n+1}) + M_nZ(u_{n+1})]L_{n+1}^2$$
$$= 24EI_{n+1}\left[L_{n+1}(\sum_{j=1}^{n+1}L_j)K - y_{n+1} + y_n\right] \quad (3-104)$$

钻头侧向力 P_α 和钻头倾角 A_t 的解答如下：

$$P_\alpha = -\left(\frac{P_B y_1}{L_1} + \frac{q_1L_1}{2} + \frac{M_1 - M_0}{L_1}\right) \quad (3-105)$$

$$A_t = \frac{q_1 L_1^3}{24EI_1}X(u_1) + \frac{M_0 L_1}{3EI_1}Y(u_1) + \frac{M_1 L_1}{6EI_1}Z(u_1) + \frac{y_0 - y_1}{L_1} \quad (3-106)$$

在式(3-103)、式(3-104)中,$i = 1 \sim n$。该三弯矩方程组的形式与小挠度分析完全相同,只是其中外载荷(力、力偶矩、横向载荷集度等)和与外载有关的导出参数均为等效载荷和等效参数。此外,在计算 y_i 时须采用式(3-92)。

求解钻头侧向力和钻头倾解的式(3-105)和式(3-106)式,计入了钻头的力偶矩 M_0 即地层力偶的作用,以及井眼的扩大量。在对 BHA 的分析中一般假设 $M_0 = 0$。式(3-105)和式(3-106)两式与式(3-55)和式(3-56)本质上是完全相同的。

除了钻头侧向力、钻头倾角值等解答外,利用大挠度分析的三弯矩方程组还可进一步确定 BHA 上任一截面的挠度值,各稳定器处的支反力值,判断钻柱是否失稳,确定是否产生新接触点以及进行强度分析等。这些分析计算均由计算机完成。只要在小挠度分析程序的基础上增加等效载荷子程序,即可用来进行 BHA 的大挠度分析计算。

当进行小挠度分析时,取 $A(K) = 1$,等效载荷即为实际载荷,三弯矩方程组形式不变。因此,小挠度分析是大挠度分析的特例。这对转盘钻 BHA 和下述的导向钻具组合均成立。

五、纵横弯曲法大挠度分析在导向钻具组合中的应用

广泛采用导向动力钻具,是水平钻井的重要特点。本书所指的导向动力钻具,是指区别于常规定向钻井中所普遍采用的弯接头—井下动力钻具组合的各种特殊的动力钻具,其明显特征是自身带有结构弯角或稳定器(同心稳定器、偏心稳定器或垫块等)这类"导向部件";弯角(一般在万向轴壳体上)范围一般为 0°~3°左右,当角度较小时可在开动转盘下工作(即通常所称的 steerable motor),而角度较大时鉴于强度问题则不允许开动转盘。

导向钻具因其组合结构特征的区别又分为多种类型,例如,以结构弯角的数目不同可分为单弯、双弯,甚至三弯组合;在双弯组合中,以上、下弯角是否同向又可分为同向双弯和反向双弯组合;另外,又以是否带稳定器或垫块、稳定器的数目(1 个或 2 个)、下稳定器位置(在传动轴上还是在万向轴壳体上)等又可进一步细分为多种不同组合。

纵横弯曲法用于 BHA 的受力与变形分析时,隐含了两点基本要求:即一跨内钻具管材的 I 值(轴惯性矩)为一常数;一跨内管材不存在结构弯角。由于这两个假设条件的存在,在很大程度上限制了该方法的应用范围。因此纵横弯曲法在发展过程中通过"等效抗弯刚度"定义和"等效钻铤"假设使其可用于动力钻具;又通过对"初弯曲的处理"方法使纵横弯曲法扩展应用到带有弯角的结构[1]。这在 BHA 小挠度分析中已作过论述。但当 BHA 大挠度分析的三弯矩方程用于各种导向钻具时,因其结构的多样性,还需要做一些补充和扩展工作。

1. 跨内结构弯角的处理与附加等效集中力

按照文献[1]的"等效钻铤"假设,用于井下动力钻具的 EI 值是通过实验方法求出的"等效抗弯刚度"值。

如上所述,导向动力钻具在两个稳定器构成的一跨中可有单弯(一个弯角)、同向双弯(两个弯角同向共面)、同向三弯(三个弯角同向共面)、反向双弯(两个弯角反向共面)之分,如图 3-9 所示。按照文献[1]关于"初弯曲问题的处理"方法对这种结构上存在的初始弯曲,可用一当量横向集中载荷 Q_d 代替它对梁柱挠度的影响,如图 3-10 所示。根据弯矩等效,Q_d 所产生的弯矩图,应与轴向力 P 由于初弯曲所产生的弯矩图相同。由弯矩相等条件

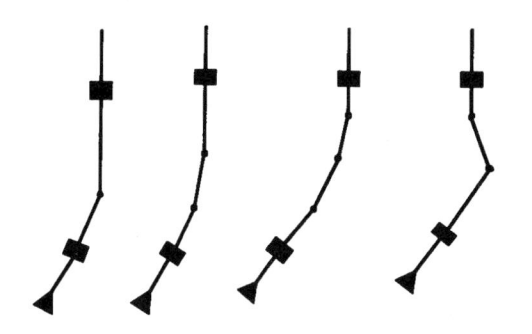

图 3-9　导向钻具几种不同的弯角形式

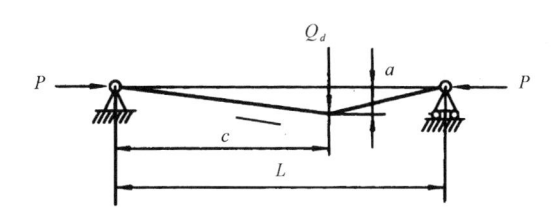

图 3-10　初弯曲及处理方法

$$Pa = \frac{Q_d c(L-c)}{L}$$

解得

$$Q_d = \frac{PaL}{c(L-c)} \tag{3-107}$$

把求出的当量横向集中载荷 Q_d 附加作用在直梁柱上(作用点在原来的弯点处,作用线位于弯角平面内且与直梁柱垂直),即可取代原来的曲梁进行变形分析。

针对图 3-9 所示的几种弯角形式,可把当量横向集中载荷 Q_d 的值与其作用处的弯角 γ 值挂起钩来,而且可证明存在如下关系:

$$Q_{di} = P\gamma_i \tag{3-108}$$

下面举例进行验证。

对图 3-11(a)中所示的单弯情况,由式(3-107)知

$$Q_d = \frac{Pa(l_1 + l_2)}{l_1 l_2}$$

而 $a = l_1 \sin\alpha_1 = l_2 \sin\alpha_2$,因导向钻具的结构弯角通常不大于 3°,则有

$$a = l_1 \alpha_1 = l_2 \alpha_2 = l_2 (\gamma - \alpha_1)$$

和

$$\alpha_1 = \frac{l_2 \gamma_2}{l_1 + l_2} \qquad a = \frac{l_1 l_2 \gamma}{l_1 + l_2}$$

代入 Q_d 并化简可得

$$Q_d = P\gamma$$

对图 3-11(b)所示的同向双弯,在弯角 γ_1, γ_2 处分别虚加当量横向集中载荷 Q_{d1} 和 Q_{d2}, a_1, a_2 处相应的轴力弯矩分别为 P_{a1} 和 P_{a2},由图示几何关系

$$\begin{cases} \dfrac{a_1}{a_2 + l_1 \gamma_1} = \dfrac{l_1}{l_1 + l_2} \\ \dfrac{a_2}{a_1 + l_2 \gamma_2} = \dfrac{l_3}{l_2 + l_3} \end{cases}$$

可求出 a_1, a_2 值为

$$a_1 = \frac{l_1[(l_2 + l_3)\gamma_1 + l_3\gamma_2]}{l_1 + l_2 + l_3}$$

$$a_2 = \frac{l_3[(l_2 + l_1)\gamma_2 + l_1\gamma_1]}{l_1 + l_2 + l_3}$$

可求出左、右两端的支反力 N_1 和 N_2 为

$$N_1 = \frac{Q_{d2}l_3 + Q_{d1}(l_3 + l_2)}{l_1 + l_2 + l_3}$$

$$N_2 = \frac{Q_{d1}l_1 + Q_{d2}(l_2 + l_1)}{l_1 + l_2 + l_3}$$

根据弯矩相等条件,有

$$\begin{cases} N_1 l_1 = P a_1 \\ N_2 l_3 = P a_2 \end{cases}$$

将 a_1, a_2, N_1, N_2 值代入并解得

$$\begin{cases} Q_{d1} = P\gamma_1 \\ Q_{d2} = P\gamma_2 \end{cases}$$

仿此,对图 3-11(c)也可求出类似关系

$$Q_{di} = P\gamma_i \quad (i = 1, 2, 3)$$

对图 3-11(d)所示的反向双弯情况,作者在文献[1]中已作过证明(第 10 章,P351、P352)。实际上,若用 $(-a_2)$、$(-\gamma_2)$ 分别取代图 3-11(b)中的 a_2 和 γ_2,即可由同向双弯的结果导出反向双弯的结果。

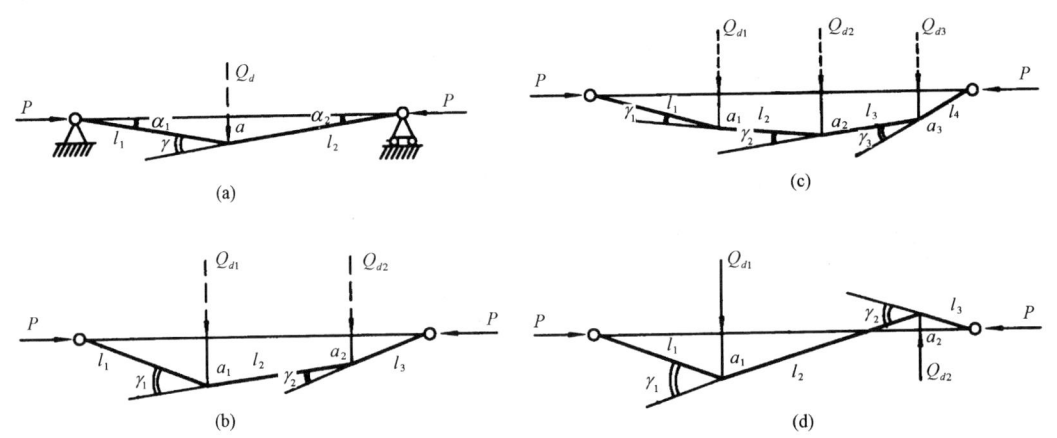

图 3-11 弯角处当量横向集中载荷的确定

综上所述,只要在一跨内的结构弯角 γ_i 处附加当量横向集中载荷 $Q_{di} = P\gamma_i$,即可用纵横弯曲法对弯壳体导向动力钻具进行受力与变形分析。

注意,弯角 γ_i 取代数值,即对同向双弯,γ_i 均为正;对反向双弯组合,下弯角 γ_1 取正值,上弯角 γ_2 取负值。Q_{di} 会产生附加的梁端转角 $\delta\theta_i$。Q_{di} 的正负号表明了该力在坐标系中的方向并影响 $\delta\theta_i$ 的转向(实际上 Q_{di} 的方向均与 γ_i 顶点对跨内梁柱轴线的偏离位移一致)。

2. 导向钻具的三弯矩方程组及其解答

以下给出适合于各种导向钻具组合二维分析的三弯矩方程通式:

$$M_0 Z(u_1) + 2M_1 \left[Y(u_1) + Y(u_2) \frac{I_1 L_2}{I_2 L_1} \right] + M_2 \frac{I_1 L_2}{I_2 L_1} Z(u_2)$$
$$= -\frac{q_1 L_1^2}{4} X(u_1) - \frac{q_2 L_2^2}{4} \cdot \frac{L_2 I_1}{L_1 I_2} X(u_2) + \frac{6EI_1}{L_1} \left[\frac{H_1}{L_1} - \frac{H_2 - H_1}{L_2} - (\delta\theta_1^R + \delta\theta_2^L) \right] \tag{3-109}$$

$$M_1 Z(u_2) + 2M_2 \left[Y(u_2) + Y(u_3) \frac{I_2 L_3}{I_3 L_2} \right] + M_3 \frac{I_2 L_3}{I_3 L_2} Z(u_3)$$
$$= -\frac{q_2 L_2^2}{4} X(u_2) - \frac{q_3 L_3^2}{4} \cdot \frac{L_2 I_3}{L_3 I_2} X(u_3) + \frac{6EI_2}{L_2} \left[\left(\frac{H_2 - H_1}{L_2} - \frac{H_3 - H_2}{L_3} \right) - \delta\theta_2^R \right] \tag{3-110}$$

$$q_3 X(u_3) L_3^4 + 4[M_2 Z(u_3) + 2M_3 Y(u_3)] L_3^2$$
$$= 24 EI_3 \left[(H_3 - H_2) + L_3 K \sum_1^3 L_i - L_3 \cdot (\theta_3^R)_0 \right] \tag{3-111}$$

钻头侧向力和钻头倾角通式为

$$P_a = -\frac{1}{L_1} \left(P_{B} y_1 + \frac{q_1 L_1^2}{2} + M_1 - M_0 \right) \tag{3-112}$$

$$A_t = \frac{q_1 L_1^3}{24 EI_1} X(u_1) + \frac{M_0 L_1}{3EI_1} Y(u_1) + \frac{M_1 L_1}{6EI_1} Z(u_1) + \frac{H_1}{L_1} \tag{3-113}$$

在式(3-112)中

$$y_1 = \frac{1}{K}[1 - \cos(KL_1)] - \frac{1}{2}(D_0 - D_{s1}) \tag{3-114}$$

在式(3-106)~(3-114)中,所有的载荷量均为大变形规定的等效载荷。其他符号意义同小变形分析。在推导以上诸式时,采用了文献[1]中的第 2 种弯角处理办法。H_i 的意义是变形前后梁柱右端的位移值(包括变形位移和刚体位移)。$(\theta_3^R)_0$ 是切点处截面在变形前的转角初值。

3. 几种导向钻具组合的参数计算

对各种不同类型的导向钻具组合,其 H 值和 $\delta\theta$、$(\theta_3^R)_0$ 值求法公式各异,在计算时应首先确定。

1)单弯双稳导向钻具组合

该钻具组合由单弯钻具加钻柱稳定器构成,其结构特征是万向轴壳体有一结构弯角 γ,一般 $\gamma < 3°$;传动轴壳体上带有一个接近满眼的稳定器(即近钻头稳定器);在钻具旁通阀以上装有一个钻柱稳定器。如图 3-12 所示,m_1 是钻头底面至下稳定器中点的距离,m_2 是从下稳定器中点至弯点的距离,m_3 是从弯点到上稳定器中点的距离。在受力变形分析中,取钻头、下稳定器、上稳定器和待定的上切点为支点把钻具组合分成三跨,其长度分别为 L_1、L_2 和 L_3,由几何关系可知

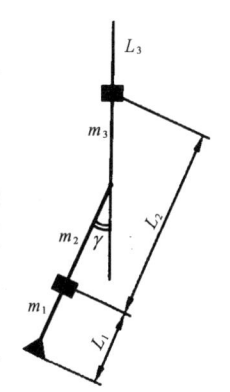

图 3-12 单弯双稳钻具几何关系图

$$L_1 = m_1$$
$$L_2 = m_2 + m_3 \tag{3-115}$$

L_3 由计算确定。

可求出

$$H_1 = \frac{1}{2}(D_B - D_{s1}) - \frac{1}{K}[1 - \cos(KL_1)] \tag{3-116}$$

$$H_2 = m_3\gamma - \frac{1}{K}\{1 - \cos[K(L_1 + L_2)]\} \pm \frac{1}{2}(D_B - D_{s2}) \tag{3-117}$$

$$H_3 = (m_3 + L_3)\gamma - \frac{1}{K}\{1 - \cos[(\sum_1^3 L_i)K]\} \pm \frac{1}{2}(D_B - D_{s3}) \tag{3-118}$$

其中关于"±"号的约定仍然是：上井壁接触为"+"，下井壁接触为"-"，下同。

在弯角处附加的当量横向集中载荷 $Q_{di} = P\gamma_i$ 产生的附加梁端转角对不同的导向钻具结构形式而有区别，可由式(3-74)、式(3-75)计算确定。对单弯双稳组合，$\delta\theta_i$ 和上切点转角初值 $(\theta_3^R)_0$ 为

$$\delta\theta_1^R = 0 \tag{3-119}$$

$$\delta\theta_2^L = \gamma\left(\frac{\sin\dfrac{2m_3 u_2}{L_2}}{\sin 2u_2} - \frac{m_3}{L_2}\right) \tag{3-120}$$

$$\delta\theta_2^R = \gamma\left(\frac{\sin\dfrac{2m_2 u_2}{L_2}}{\sin 2u_2} - \frac{m_2}{L_2}\right) \tag{3-121}$$

$$(\theta_3^R)_0 = \gamma \tag{3-122}$$

2) 同向双弯双稳导向钻具组合

该钻具组合由单弯钻具(带有近钻头稳定器)和上弯接头与上钻柱稳定器构成，其特征是弯接头装在动力钻具的旁通阀之上，与万向轴弯壳体的弯角共面且同向，在上、下两个稳定器间有两个弯角 γ_1 和 γ_2，几何关系如图 3-13 所示，m_1 是从钻头底面至下稳定器中点的距离，m_2 是从下稳定器中点至下弯点的距离，m_3 是从下弯点至上弯点的距离，m_4 是从上弯点到上稳定器中点的距离。在受力变形分析中，钻头和上、下稳定器以及上切点为4个支点，把钻具组合分成三跨，其长度 L_1，L_2 和 L_3 为

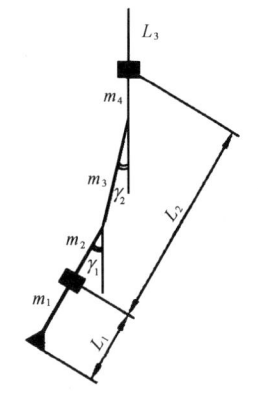

图 3-13 同向双弯双稳钻具组合几何关系图

$$L_1 = m_1$$
$$L_2 = m_1 + m_2 + m_3$$

L_3 由计算确定。可求出其 H_i 为

$$H_1 = -\frac{1}{K}[1 - \cos(KL_1)] + \frac{1}{2}(D_B - D_{s1}) \tag{3-123}$$

$$H_2 = (m_3 + m_4)\gamma_1 + m_4\gamma_2 - \frac{1}{K}\{1 - \cos[K(L_1 + L_2)]\} \pm \frac{1}{2}(D_B - D_{s2}) \tag{3-124}$$

$$H_3 = (m_3 + m_4 + L_3)\gamma_1 + (m_4 + L_3)\gamma_2 - \frac{1}{K}\{1 - \cos[K(\sum_1^3 L_i)]\} \pm \frac{1}{2}(D_B - D_{s2}) \tag{3-125}$$

其当量横向集中载荷 Q_{d1} 和 Q_{d2} 的附加梁端转角 $\delta\theta_i$ 和上切点转角初值 $(\theta_3^R)_0$ 为

$$\delta\theta_1^R = 0 \tag{3-126}$$

$$\delta\theta_2^L = \gamma_1\left[\frac{\sin\dfrac{2u_2(m_3+m_4)}{L_2}}{\sin 2u_2} - \frac{m_3+m_4}{L_2}\right] + \gamma_2\left[\frac{\sin\dfrac{2u_2 m_4}{L_2}}{\sin 2u_2} - \frac{m_4}{L_2}\right] \tag{3-127}$$

$$\delta\theta_2^R = \gamma_1\left[\frac{\sin\dfrac{2u_2 m_2}{L_2}}{\sin 2u_2} - \frac{m_2}{L_2}\right] + \gamma_2\left[\frac{\sin\dfrac{2u_2(m_2+m_3)}{L_2}}{\sin 2u_2} - \frac{m_2+m_3}{L_2}\right] \tag{3-128}$$

$$(\theta_3^R)_0 = \gamma_1 + \gamma_2 \tag{3-129}$$

3)同向双弯带垫块(下)导向钻具组合

这种钻具组合和同向双弯双稳组合的区别仅在于把近钻头稳定器用垫块(Pad)取代即垫块在弯点之下,并取消上稳定器,以适应高造斜率的需要。其几何关系如图 3-14 所示,m_i(i=1,2,3)的定义如上述,上弯点视为一个支点,则

$$L_1 = m_1$$
$$L_2 = m_2 + m_3$$

L_3 仍由实际计算确定。

可求出

$$H_1 = -\frac{1}{K}[1-\cos(KL_1)] + \frac{1}{2}(D_B - D_{s1}) \tag{3-130}$$

$$H_2 = m_3\gamma_1 - \frac{1}{K}\{1-\cos[K(L_1+L_2)]\} + \frac{1}{2}(D_B - D_{s2}) \tag{3-131}$$

$$H_3 = (m_3+L_3)\gamma_1 + L_3\gamma_2 - \frac{1}{K}\left[1-\cos\left(K\sum_1^3 L_i\right)\right] \pm \frac{1}{2}(D_B - D_{s3}) \tag{3-132}$$

和

$$\delta\theta_1^R = 0 \tag{3-133}$$

$$\delta\theta_2^L = \gamma_1\left(\frac{\sin\dfrac{2u_2 m_3}{L_2}}{\sin 2u_2} - \frac{m_3}{L_2}\right) \tag{3-134}$$

$$\delta\theta_2^R = \gamma_1\left(\frac{\sin\dfrac{2u_2 m_2}{L_2}}{\sin 2u_2} - \frac{m_2}{L_2}\right) \tag{3-135}$$

$$(\theta_3^R)_0 = \gamma_1 + \gamma_2 \tag{3-136}$$

4)同向双弯带垫块(中)导向钻具组合

这种钻具组合与上述 3)即同向双弯带垫块(下)钻具组合的区别仅在于垫块不是在传动轴上即弯点以下,而是在万向轴壳体弯点以上,由此引起几何关系及参数计算结果的改变,如图 3-15 所示,可求出

$$L_1 = m_1 + m_2 \tag{3-137}$$

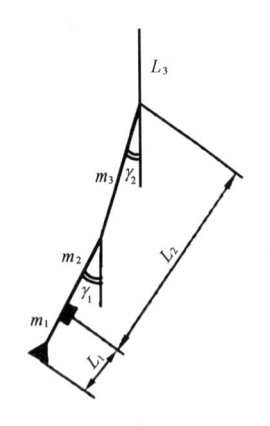

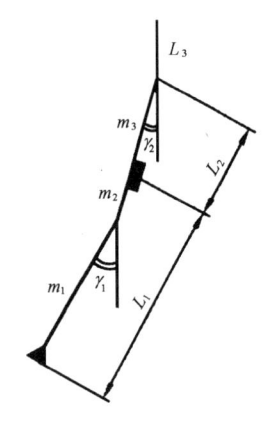

图 3-14 同向双弯带垫块(下)钻具几何关系图　　图 3-15 同向双弯带垫块(中)钻具几何关系图

$$L_2 = m_3 \tag{3-138}$$

及

$$\delta\theta_1^R = \gamma\left(\frac{\sin\frac{2u_1 m_1}{L_1}}{\sin 2u_1} - \frac{m_1}{L_1}\right) \tag{3-139}$$

$$\delta\theta_2^L = 0 \tag{3-140}$$

$$\delta\theta_2^R = 0 \tag{3-141}$$

$$(\theta_3^R)_0 = \gamma_1 + \gamma_2 \tag{3-142}$$

5)反向双弯双稳(下)导向钻具组合

这种钻具组合的结构特征是万向轴壳体上有两个反向共面弯角,下弯角 γ_1 大于上弯角 γ_2(国外称为 DTU—Double Tilt Angle Unit),下稳定器为近钻头稳定器,因装在传动轴壳体上,因而位于下弯点之下,在旁通阀之上装有一个钻柱稳定器,如图 3-16 所示。由几何关系可知

$$L_1 = m_1 \tag{3-143}$$

$$L_2 = m_2 + m_3 + m_4 \tag{3-144}$$

并可求得

$$H_1 = -\frac{1}{K}[1 - \cos(KL_1)] \pm \frac{1}{2}(D_B - D_{s1}) \tag{3-145}$$

$$H_2 = (m_3 + m_4)\gamma_1 - m_4\gamma_2 - \frac{1}{K}[1 - \cos(K\sum_1^3 L_i)] \pm \frac{1}{2}(D_B - D_{s2}) \tag{3-146}$$

$$H_3 = (m_3 + m_4 + L_3)\gamma_1 - (m_4 + L_3)\gamma_2 - \frac{1}{K}[1 - \cos(K\sum_1^3 L_i)] \pm \frac{1}{2}(D_B - D_{s3}) \tag{3-147}$$

和

$$\delta\theta_1^R = 0 \tag{3-148}$$

$$\delta\theta_2^L = \gamma_1 \left[\frac{\sin\dfrac{2u_2(m_3 + m_4)}{L_2}}{\sin 2u_2} - \frac{m_3 + m_4}{L_2} \right] - \gamma_2 \left[\frac{\sin\dfrac{2u_2 m_4}{L_2}}{\sin 2u_2} - \frac{m_2}{L_2} \right] \quad (3-149)$$

$$\delta\theta_2^R = \gamma_1 \left[\frac{\sin\dfrac{2u_2 m_2}{L_2}}{\sin 2u_2} - \frac{m_2}{L_2} \right] - \gamma_2 \left[\frac{\sin\dfrac{2u_2(m_2 + m_3)}{L_2}}{\sin 2u_2} - \frac{m_2 + m_3}{L_2} \right] \quad (3-150)$$

$$(\theta_3^R)_0 = \gamma_1 - \gamma_2 \quad (3-151)$$

6) 反向双弯双稳(中)导向钻具组合

这种钻具组合与5)即反向双弯双稳(下)组合的区别在于下稳定器不是装在传动轴壳体上,而是装在万向轴壳体上,位于两个弯点之间。由图3-17所示的几何关系,有

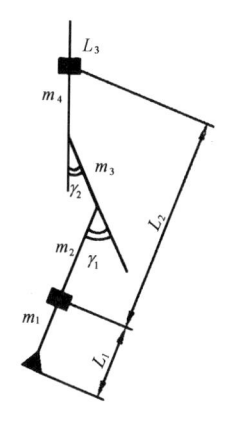

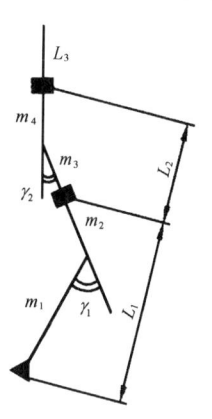

图3-16 反向双弯双稳(下)钻具几何关系图　　图3-17 反向双弯双稳(中)钻具几何关系图

$$L_1 = m_1 + m_2 \quad (3-152)$$

$$L_2 = m_3 + m_4 \quad (3-153)$$

并可求得

$$\delta\theta_1^R = \gamma_1 \left(\frac{\sin\dfrac{2u_1 m_1}{L_1}}{\sin 2u_1} - \frac{m_1}{L_1} \right) \quad (3-154)$$

$$\delta\theta_2^L = -\gamma_2 \left(\frac{\sin\dfrac{2u_2 m_4}{L_2}}{\sin 2u_2} - \frac{m_4}{L_2} \right) \quad (3-155)$$

$$\delta\theta_2^R = -\gamma_2 \left(\frac{\sin\dfrac{2u_2 m_3}{L_2}}{\sin 2u_2} - \frac{m_3}{L_2} \right) \quad (3-156)$$

$$(\theta_3^R)_0 = \gamma_1 - \gamma_2 \quad (3-157)$$

六、纵横弯曲法大挠度分析在变截面钻具组合中的应用

在水平钻井中,常用到一种变截面的转盘钻下部组合,秒为 Gilligan 组合,如图 3-18 所示。该钻具组合的特征是有两个稳定器,在近钻头稳定器和上稳定器之间有两根截面尺寸及抗弯刚度相差悬殊的钻铤相连接。分析和掌握这种钻具组合的力学特性是水平钻井的需要。

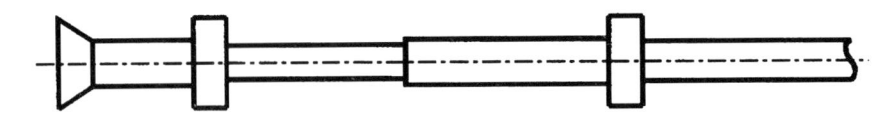

图 3-18 Gilligan 钻具组合示意图

如前所述,用纵横弯曲法对 BHA 进行求解时,其前提条件是每跨内的钻柱截面和刚度保持不变。要想用于 Gilligan 组合的分析,则必须把纵横弯曲法本身加以扩展。

笔者曾在文献[1]中提出了这种方法:把钻柱从变截面的台阶处切开,与相邻的两个稳定器构成两跨纵横弯曲简支梁柱,即把台阶截面视为一个支座。这样处理的结果使任意两个支座间均为等截面梁柱,可仍用原有方法求解。但因增加一跨便多出了两个未知量,即截面处内弯矩和挠度(作为支座位移),因此须用截面处的几何条件(转角相等)和力的条件(剪力相等)建立两个补充协调方程。

笔者在文献[1]中给出了变截面组合的纵横弯曲法小挠度一维分析。以下将给出变截面组合的纵横弯曲法大挠度二维分析,结合后面讨论的三维分析方法,不难写出三维分析关系式。对以下力学模型的分析思路和方法适合于任意个变截面结构的钻具组合。

1. 力学模型和变截面处理

图 3-19 是三维井眼中变截面组合的结构与变形示意图(为突出变截面,略去了其上、下段)。根据前述的等效载荷法,把本小节中的所有外载荷均视为由实际载荷经 $A(K)$ 系数转化得到的等效载荷,而几何关系则按实际井眼的几何尺寸和式(3-92)所给出的精确支座位移算式,可按小挠度分析方程求解结果和轴力作用前提下的横向载荷产生的变形叠加原理来处理变截面的大挠度问题。

以图示的第 k、$k+1$ 号稳定器间的阶梯梁柱为分析对象,其上作用有均布载荷 q_a、q_b,内弯矩 M_k、M_{k+1} 及轴力 P_{k+1}。假想把台阶截面断开,附加内弯矩 M_{ab}、剪去 Q,并设阶梯截面中心的刚体位移与挠度之和为 Δ,则变截面处的连续条件为

$$\theta_a^R = -\theta_b^L \tag{3-158}$$

$$Q_a = Q_b \tag{3-159}$$

通过 a 梁左端和 b 梁右端求矩,可得

$$Q_a = \frac{M_k - M_{ab}}{L_a} + \frac{q_a L_a}{2} - \frac{(y_{ab} - y_k)}{L_a} P_{k+1} \tag{3-160}$$

$$Q_b = \frac{M_{ab} - M_{k+1}}{L_b} + \frac{q_b L_a}{2} - \frac{(y_{k+1} - y_{ab})}{L_b} P_{k+1} \tag{3-161}$$

另可写出

$$\theta_a^R = \frac{q_a L_a^3}{24 E_a I_a} X(u_a) + \frac{M_{ab} L_a}{3 E_a I_a} Y(u_a) + \frac{M_k L_a}{6 E_a I_a} Z(u_a) + \frac{y_{ab} - y_k}{L_a} \tag{3-162}$$

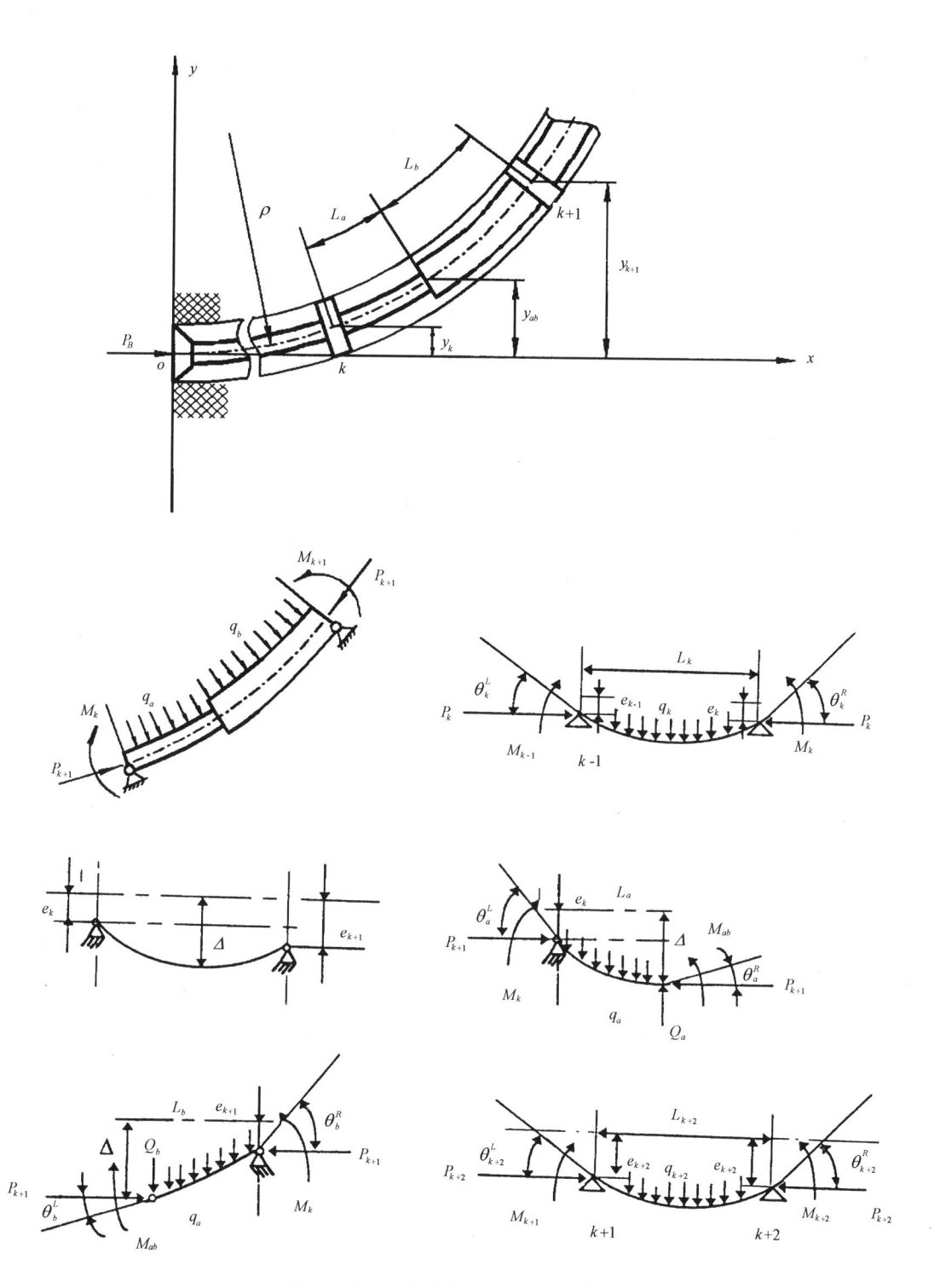

图 3-19 变截面组合二维分析示意图

$$\theta_b^L = \frac{q_b L_b^3}{24 E_b I_b} X(u_b) + \frac{M_{ab} L_b}{3 E_b I_b} Y(u_b) + \frac{M_{k+1} L_b}{6 E_b I_b} Z(u_b) + \frac{y_{k+1} - y_{ab}}{L_b} \tag{3-163}$$

把式(3-162)和式(3-163)代入(3-158),式(3-160)和式(3-161)代入式(3-159),即可得到两个补充方程。

2. 连续条件、上边界条件和三弯矩方程组

对支座 $i = 1 \sim k, k+1 \sim n$,其连续条件仍为

$$\theta_i^R = -\theta_{i+1}^L \tag{3-164}$$

上切点处的边界条件

$$\theta_T = \theta_{n+1}^R = K \sum_{i=1}^{n+1} L_i \tag{3-165}$$

$$M_{n+1} = E_{n+1} I_{n+1} K \tag{3-166}$$

将式(3-166)和

$$\theta_i^R = \frac{q_i L_i^3}{24 E_i I_i} X(u_i) + \frac{M_i L_i}{3 E_i I_i} Y(u_i) + \frac{M_{i-1} L_i}{6 E_i I_i} Z(u_i) + \frac{y_i - y_{i-1}}{L_i}$$

$$\theta_{i+1}^L = \frac{q_{i+1} L_{i+1}^3}{24 E_{i+1} I_{i+1}} X(u_{i+1}) + \frac{M_i L_{i+1}}{3 E_{i+1} I_{i+1}} Y(u_{i+1}) + \frac{M_{i+1} L_{i+1}}{6 E_{i+1} I_{i+1}} Z(u_{i+1}) - \frac{y_{i+1} - y_i}{L_{i+1}}$$

$$\theta_k^R = \frac{q_k L_k^3}{24 E_k I_k} X(u_k) + \frac{M_k L_k}{3 E_k I_k} Y(u_k) + \frac{M_{k-1} L_k}{6 E_k I_k} Z(u_k) + \frac{y_k - y_{k-1}}{L_k}$$

$$\theta_{k+1}^L = \frac{q_{k+2} L_{k+2}^3}{24 E_{k+2} I_{k+2}} X(u_{k+2}) + \frac{M_{k+2} L_{k+2}}{3 E_{k+2} I_{k+2}} Y(u_{k+2}) + \frac{M_{k+2} L_{k+2}}{6 E_{k+2} I_{k+2}} Z(u_{k+2}) - \frac{y_{k+2} - y_{k+1}}{L_{k+2}}$$

$$\theta_{n+1}^R = \frac{q_{n+1} L_{n+1}^3}{24 E_{n+1} I_{n+1}} X(u_{n+1}) + \frac{M_{n+1} L_{n+1}}{3 E_{n+1} I_{n+1}} Y(u_{n+1}) + \frac{M_n L_{n+1}}{6 E_{n+1} I_{n+1}} Z(u_{n+1}) + \frac{y_{n+1} - y_n}{L_{n+1}}$$

代入式(3-164)、式(3-165),并整理上述的两个补充方程,考虑到一般钻铤(钻杆)均为同一种材质,即取

$$E_a = E_b = E_i = E$$

得到如下的三弯矩方程组:

$$M_{i-1} Z(u_i) + 2 M_i \left[Y(u_i) + \frac{L_{i+1} I_i}{L_i I_{i+1}} Y(u_{i+1}) \right] + M_{i+1} \frac{L_{i+1} I_i}{L_i I_{i+1}} Z(u_{i+1})$$
$$= -\frac{q_i L_i^2}{4} X(u_i) - \frac{q_{i+1} L_{i+1}^3 I_i}{4 L_i I_{i+1}} X(u_{i+1}) - \frac{6 E I_i}{L_i} \left(\frac{y_i - y_{i-1}}{L_i} - \frac{y_{i+1} - y_i}{L_{i+1}} \right) \tag{3-167}$$

$$M_{k-1} Z(u_k) + 2 M_k \left[Y(u_k) + \frac{L_a I_k}{L_k I_a} Y(u_a) \right] + M_{ab} \frac{L_a I_k}{L_k I_a} Z(u_a) + \frac{6 E I_k}{L_k I_a} \Delta$$
$$= -\frac{q_k L_k^2}{4} X(u_k) - \frac{q_a L_a^3 I_k}{4 L_k I_a} X(u_a) - \frac{6 E I_k}{L_k^2} (y_k - y_{k-1}) + \frac{6 E I_k}{L_a L_k} (A - y_k) \tag{3-168}$$

$$M_k Z(u_a) + 2 M_{ab} \left[Y(u_a) + \frac{L_b I_a}{L_a I_b} Y(u_b) \right] - \frac{6 E I_a}{L_a} \left(\frac{1}{L_a} + \frac{1}{L_b} \right) \Delta + M_{k+1} \frac{L_b I_a}{L_a I_b} Z(u_b)$$
$$= -\frac{q_b L_b^2}{4} X(u_a) - \frac{q_b L_b^3 I_a}{4 L_a I_b} X(u_b) + \frac{6 E I_a}{L_a^2} (y_k - A) + \frac{6 E I_a}{L_a L_b} (y_{k+1} - A) \tag{3-169}$$

$$M_{ab}Z(u_b) + 2M_{k+1}\left[Y(u_b) + \frac{L_{k+2}I_b}{L_bI_{k+1}}Y(u_{k+2})\right] + M_{k+2}\frac{L_{k+2}I_b}{L_bI_{k+2}}Z(u_{k+2})$$
$$= -\frac{q_bL_b^2}{4}X(u_a) - \frac{q_{k+2}L_{k+2}^3I_b}{4L_aI_{k+2}}X(u_{k+2}) + \frac{6EI_b}{L_bL_{k+2}}(y_{k+2} - y_{k+1}) - \frac{6EI_b}{L_b^2}(y_{k+1} - A) \quad (3-170)$$

$$M_k\frac{1}{L_a} - M_{ab}\left(\frac{1}{L_a} + \frac{1}{L_b}\right) + P_{k+1}\left(\frac{1}{L_a} + \frac{1}{L_b}\right)\Delta + M_{k+1}\frac{1}{L_b}$$
$$= P_{k+1}\left(\frac{A - y_k}{L_a} + \frac{A - y_{k+1}}{L_b}\right) - \frac{q_aL_a + q_bL_b}{2} \quad (3-171)$$

$$q_{n+1}X(u_{n+1})L_{n+1}^4 + 4[2M_{n+1}Y(u_{n+1}) + M_nZ(u_{n+1})]L_{n+1}^2$$
$$= 24EI_{n+1}\left[L_{n+1}\left(\sum_{j=1}^{n+1}L_j\right)K - y_{n+1} + y_n\right] \quad (3-172)$$

其中,y_i 由式(3-92)确定,$i = 1 \sim n+1$。

另外

$$y_{ab} = A - \Delta \quad (3-173)$$

$$A = \frac{1}{K}\left\{1 - \cos\left[K\left(\sum_{i=1}^{k}L_i + L_a\right)\right]\right\} \quad (3-174)$$

其他参数如 P_i、q_i 的求法不变。

在有 n 个稳定器,m 个变截面的组合中,共有 $(n+1+2m)$ 个未知参数;当不计变截面而只考虑稳定器的 $(n+1)$ 跨结构中,有 $(n+1)$ 个常规的三弯矩方程和 $2m$ 个补充方程。因此,未知数与方程数目相当,定解。

对 Gilligan 组合这种有 2 个稳定器和 1 个变截面的典型结构,其三弯矩方程的数目有 4 个,上述式(3-167)~(3-172)构成的三弯矩方程组的形式有所简化(上述讨论的实际是有 n 个稳定器,在第 k、$k+1$ 个稳定器间有一个变截面的情况),当 $M_0 = 0$ 时,可得

$$2M_1\left[Y(u_1) + \frac{L_aI_1}{L_1I_a}Y(u_a)\right] + M_{ab}\frac{L_aI_1}{L_1I_a}Z(u_a) + \frac{6EI_1}{L_1L_a}\Delta$$
$$= -\frac{q_1L_1^2}{4}X(u_1) - \frac{q_aL_a^3I_1}{4L_1I_a}X(u_a) - \frac{6EI_1}{L_1^2}y_1 + \frac{6EI_1}{L_aL_1}(A - y_1) \quad (3-175)$$

$$M_1Z(u_a) + 2M_{ab}\left[Y(u_a) + \frac{L_bI_a}{L_aI_b}Y(u_b)\right] - \frac{6EI_a}{L_a}\left(\frac{1}{L_a} + \frac{1}{L_b}\right)\Delta + M_2\frac{L_bI_a}{L_aI_b}Z(u_b)$$
$$= -\frac{q_aL_a^2}{4}X(u_a) - \frac{q_bL_b^3I_a}{4L_aI_b}X(u_b) + \frac{6EI_a}{L_a^2}(y_1 - A) + \frac{6EI_a}{L_aL_b}(y_2 - A) \quad (3-176)$$

$$M_1\frac{1}{L_a} - M_{ab}\left(\frac{1}{L_a} + \frac{1}{L_b}\right) + P_2\left(\frac{1}{L_a} + \frac{1}{L_b}\right)\Delta + M_2\frac{1}{L_b}$$
$$= P_2\left(\frac{A - y_1}{L_a} + \frac{A - y_2}{L_b}\right) - \frac{q_aL_a + q_bL_b}{2} \quad (3-177)$$

$$M_{ab}Z(u_b) + 2M_2\left[Y(u_b) + \frac{L_3 I_b}{L_b I_3}Y(u_3)\right] + M_3\frac{L_3 I_b}{L_b I_3}Z(u_3)$$
$$= -\frac{q_b L_b^2}{4}X(u_b) - \frac{q_3 L_3^3 I_b}{4L_a I_3}X(u_3) + \frac{6EI_b}{L_b L_3}(y_3 - y_2) - \frac{6EI_b}{L_b^2}(y_2 - A) \tag{3-178}$$

$$q_3 X(u_3)L_3 + 4[2M_3 Y(u_3) + M_2 Z(u_3)]L_3^2$$
$$= 24EI_3[L_3(L_1 + L_a + L_b + L_3)K - y_3 + y_2] \tag{3-179}$$

钻头侧向力 P_a 和钻头倾角 A_t 的解答如式(3-105)和(3-106)。

七、三维分析与程序实现

在本章第二、第三节中,分别介绍了二维井眼中对 BHA 大挠度分析的有限元和纵横弯曲法。这种二维分析适用于只有井斜角变化而无方位角变化的井眼轨道,钻头上的侧向力只有变井斜力而无变方位力。在二维分析中,井眼轨道通常简化为某铅垂平面内的一条圆弧。这是钻井作业中的一种基本情况。

在实际钻井过程中,特别是在复杂地层中,井眼轨道不仅有井斜角的变化,也同时伴随着方位角的变化。由于钻具组合的弹性变形,钻头上不仅作用有变井斜力,同时还作用有变方位力。在这种情况下钻出的井眼轨道一般是一条很不规则的空间曲线。在分析 BHA 的受力与变形时,由于关注的对象仅是自井底向上的几十米长的一段井身,故为了便于分析,往往把井身曲线简化为空间某一倾斜平面上的一条圆弧轨道,相应的 BHA 受力分析即为三维分析。

如前所述,三维分析问题可以分解为两个二维问题或二维与一维问题的组合,即把空间斜平面 R(井身平面)内的受力变形问题分解为井斜平面 P、方位平面 Q 的二维受力变形问题[1,6]。因此,三维分析的关键在于对空间几何量的描述和处理。

笔者在文献[1]和[6]中给出了小曲率井眼条件下的 BHA 小挠度三维分析方法。计算结果表明,这种把三维分析化为二维分析的方法,同样适用于中曲率条件下的 BHA 大挠度三维分析。

1. 三维分析的几何关系及其处理

根据文献[1]和[6],三维分析的要点是确定空间斜平面 R 和井斜平面 P 间的夹角 θ,从而确定 P 平面和 Q 平面的井身曲率 K_P 和 K_θ,以及弯壳体钻具组合的结构弯角 γ_i($i=1$ 或 $i=1,2$ 或 $i=1,2,3$)在 P,Q 平面内的设计弯角 γ_{iP} 和 γ_{iQ}。

图 3-20 示出了 R,P,Q 三平面的关系。$A(\alpha_A,\phi_A,L_A)$ 和 $B(\alpha_B,\phi_B,L_B)$ 为井身曲线 $\overline{AB}$ 上的两点,$\overline{AB}$ 位于空间斜平面 R 内。R 平面的法向量 $\vec{n}_R$ 和 P 平面的法向量 $\vec{n}_P$ 的夹角 θ 即为 R 和 P 两平面的夹角(规定 θ 为锐

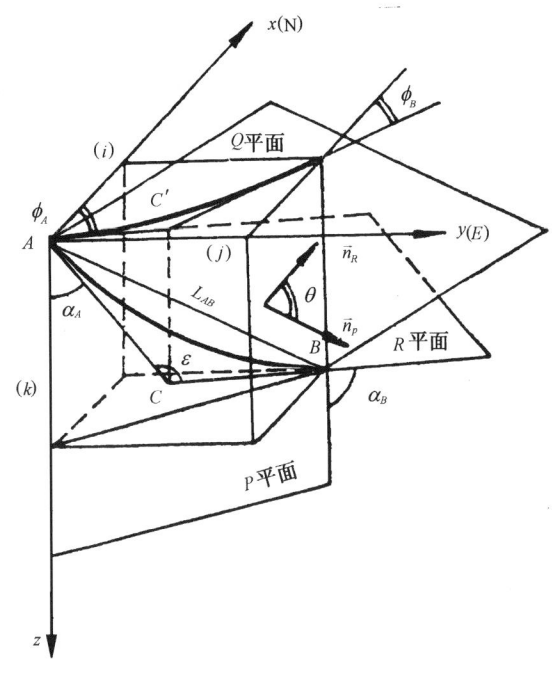

图 3-20 平面 R,P 及 Q 的相互关系

角)。

将 A 点取为图 3-20 的坐标原点,则根据空间矢量的几何关系,有

$$\cos\theta = \frac{\vec{n}_R \cdot \vec{n}_P}{|\vec{n}_R| \cdot |\vec{n}_P|} \qquad (3-180)$$

或

$$\theta = \arccos\frac{\vec{n}_R \cdot \vec{n}_P}{|\vec{n}_R| \cdot |\vec{n}_P|} \qquad (3-181)$$

其中

$$\vec{n}_R = \begin{vmatrix} \vec{i} & \vec{j} & \vec{k} \\ \sin\alpha_A\cos\phi_A & \sin\alpha_A\sin\phi_A & \cos\phi_A \\ \sin\alpha_B\cos\phi_B & \sin\alpha_B\sin\phi_B & \cos\phi_B \end{vmatrix} \qquad (3-182)$$

$$\vec{n}_P = \begin{vmatrix} \vec{i} & \vec{j} & \vec{k} \\ 0 & 0 & 1 \\ x_B & y_B & z_B \end{vmatrix} \qquad (3-183)$$

B 点的直角坐标 (x_B, y_B, z_B) 可近似取为

$$x_B = L_{AB} \cdot \sin\frac{\alpha_A + \alpha_B}{2}\cos\frac{\phi_A + \phi_B}{2} \qquad (3-184)$$

$$y_B = L_{AB} \cdot \sin\frac{\alpha_A + \alpha_B}{2}\sin\frac{\phi_A + \phi_B}{2} \qquad (3-185)$$

$$z_B = L_{AB} \cdot \cos\frac{\alpha_A + \alpha_B}{2} \qquad (3-186)$$

在 BHA 的小挠度分析中,曾取如下的近似公式:

$$K_P \approx K\cos\theta \qquad (3-187)$$

$$K_Q \approx K\sin\theta \qquad (3-188)$$

来确定 P,Q 平面的二维井身轨道。在小曲率井眼中,这组近似公式具有很高的精确度,完全满足工程计算要求。现需考察在中曲率井眼中上述近似关系还能否满足工程需要。

很显然,R 平面上的井眼曲率值 K 愈大,则 K_P,K_Q 的计算误差就愈大,这是因为 $K\cos\theta$、$K\sin\theta$ 实际上是 R 平面内曲率为 K 的圆弧在 P,Q 两平面上投影后所得椭圆的顶点曲率(参见图 3-21)。由于椭圆是变曲率的,用其顶点曲率来作为顶点附近一段弧线的近似曲率,必然会有误差,而且其误差随 K 值的增大和计算点离椭圆顶点距离的增加而增大。在小曲率井眼中,如 $K=3°/30\text{m}$,相应的曲率半径 $\rho=573.0\text{m}$,BHA 所占的井底段长(如 30~60m)与 ρ 相比甚小。现取 K 值为中曲率上限即 $K=20°/30\text{m}$,取 $\theta=45°$,并取 $L=30\text{m}$ 长的井段为分析对象,椭圆的顶点位于 L 弧段的中点,以 P 平面为例,$x'_A \approx 15\text{m}$,$x'_B \approx -15\text{m}$,则可求出椭圆顶点 C' 处的曲率半径 $\rho_{C'}=121.552\text{m}$,$A'$ 点处的曲率半径 $\rho_{A'}=118.786\text{m}$,其相对误差半径为 2.3%,可见满足工程需要。

由此可知,在中曲率井眼内作 BHA 大挠度分析时,仍可采用式(3-187)、式(3-188)所示

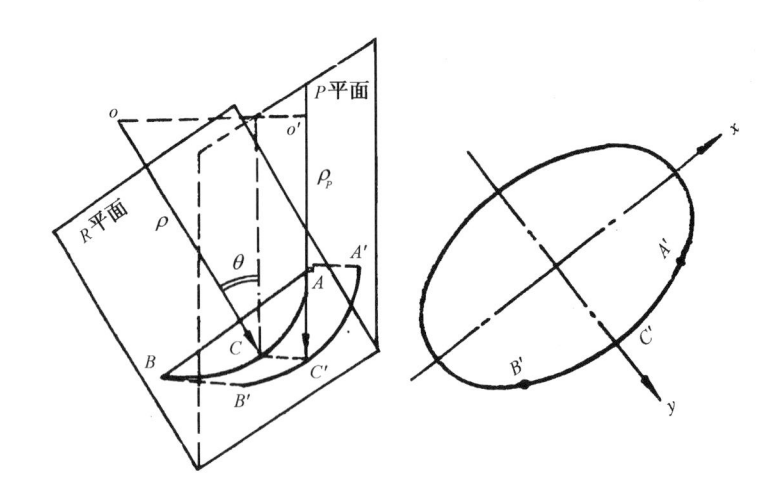

图 3-21 空间曲率关系的处理

的曲率公式。

附录Ⅱ中给出了分析方法、计算结果和有关曲线,可供进一步参考。

对带有结构弯角 $\gamma_i(i=1\sim3)$ 的导向动力钻具,因存在装置角(即工具面角)Ω 的影响($0°\leq\Omega\leq360°$),则使 BHA 的分析普遍具有三维性质,在三维问题化为双二维(或三维与一维)问题时,必须考虑结构弯角 γ_i(在工具面内)向 P,Q 的分解问题,即要确定 P,Q 平面内的计算弯角 γ_{iP} 和 γ_{iQ}。由几何关系可得

$$\gamma_{iP} = \text{arctg}\,(\text{tg}\gamma_i\cos\Omega) \tag{3-189}$$

$$\gamma_{iQ} = \text{arctg}\,(\text{tg}\gamma_i\sin\Omega) \tag{3-190}$$

因 γ_i 一般很小($\gamma_i\leq3°$),故有如下近似公式:

$$\gamma_{iP} \approx \gamma\cos\Omega \tag{3-191}$$

$$\gamma_{iQ} \approx \gamma\sin\Omega \tag{3-192}$$

2. P,Q 平面内的二维问题

1)P 平面二维问题的主要参数

已知:钻头处井斜角 α_B,井身曲率 $K_P=K\cos\theta$,各段的横向载荷 $q_i=A(K_P)\cdot q°_i$,各段的纵向载荷 $P_B=A(K_P)\cdot P°_B$;各段的抗弯刚度 EI_i;上切点处弯矩 $M_{TP}=A(K_P)EI_{n+1}K_P$。

将上述参数代入二维分析的三弯矩方程组,即可求出 P 平面内的钻头侧向力 P_α(变井斜力)和钻头倾角 $A_{t\alpha}$。

2)Q 平面二维问题的主要参数

因重力效应全集中在 P 平面内考虑,因而与 α_B 和 q_i 无关,即 $q_i=0$,各段轴力不变,即 $P_i=A(K_Q)P_B$,以及井身曲率 $K_Q=K\sin\theta$,各段的抗弯刚度 EI_i,上切点处弯矩 $M_{TQ}=A(K_Q)EI_{n+1}K_Q$。

同样将上述参数代入二维分析的三弯矩方程组,即可求出 Q 平面内的钻头侧向力 P_ϕ(变井斜力)和钻头倾角 $A_{t\phi}$。

有关三维分析的其他具体细节问题,读者可进一步参考笔者所著的文献[1]和[6],此处不予赘述。

3. BHA 大挠度三维分析的程序实现

图 3-22 给出了对 BHA 进行大挠度三维分析的程序示意框图。虚线框之内的部分是纵横弯曲法的核心部分。在此基础上加入了 P,Q 两个平面的顺序分析(以 A_3 标识),以及三维分析的几何量处理和大挠度分析的等效载荷计算部分。输出结果除了 P,Q 平面的钻头变井斜力 P_α、变方位力 P_ϕ 及钻头倾角 A_{tP},A_{tQ} 外,还可输出上切点位置、各跨挠度、各支点反力和内力矩等力学量。

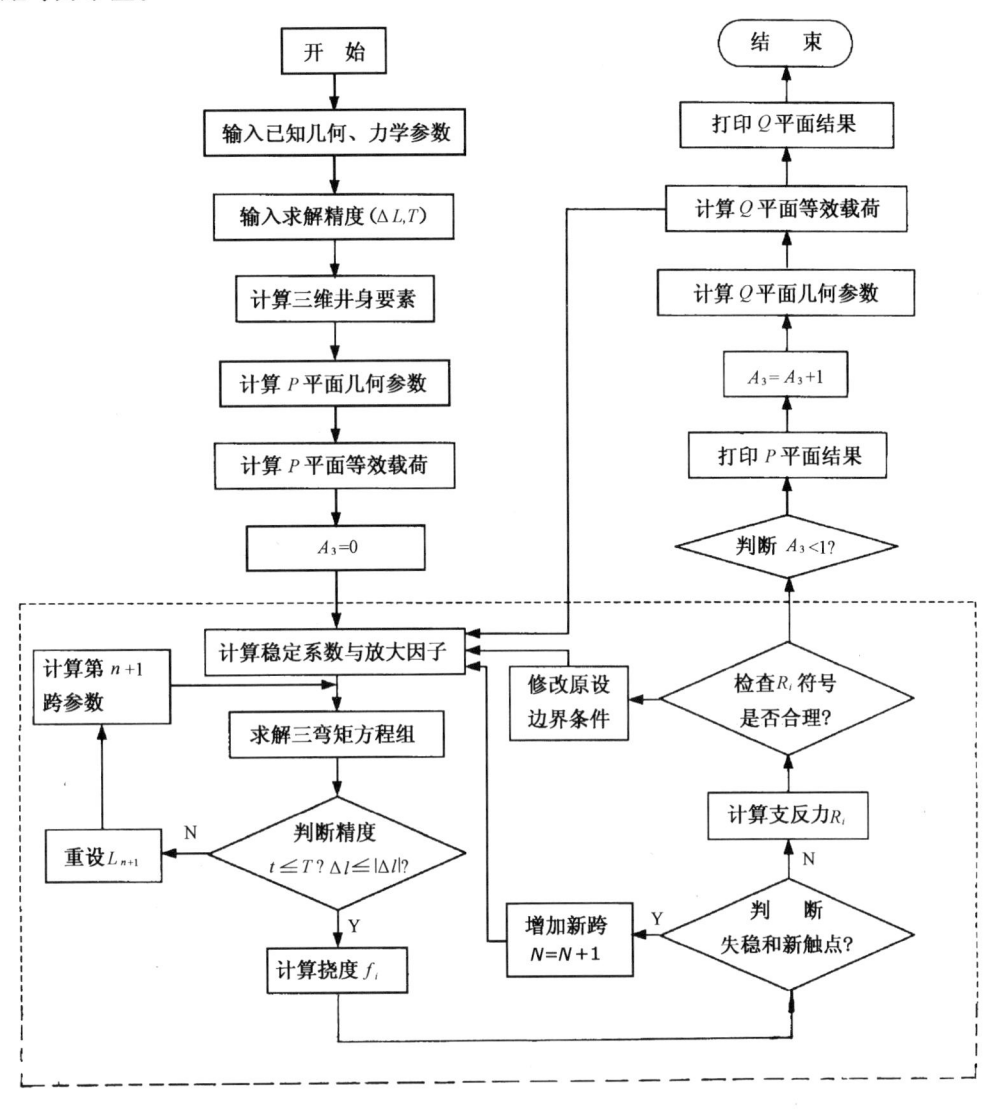

图 3-22 BHA 大挠度三维分析程序示意框图

第四节 中曲率井眼内下部钻具组合的理论特性和参数敏感性分析

本节将运用前述的下部钻具组合大挠度分析方法和软件,求解中曲率井眼内 BHA 的理论特性,对钻具结构、井眼几何条件和工艺操作 3 方面有关参数对钻头侧向力和钻头倾角的影响,进行定量的敏感性分析。

一、常规转盘钻 BHA 在中曲率条件下的理论特性

图 3-23 给出了 3 种用于常规定向钻井的典型增斜组合。一般而言,当井眼曲率 $K<3°/30m$ 时,这些增斜组合均表现出明显的增斜特性。但在中曲率条件下其力学特性则发生了显著变化。

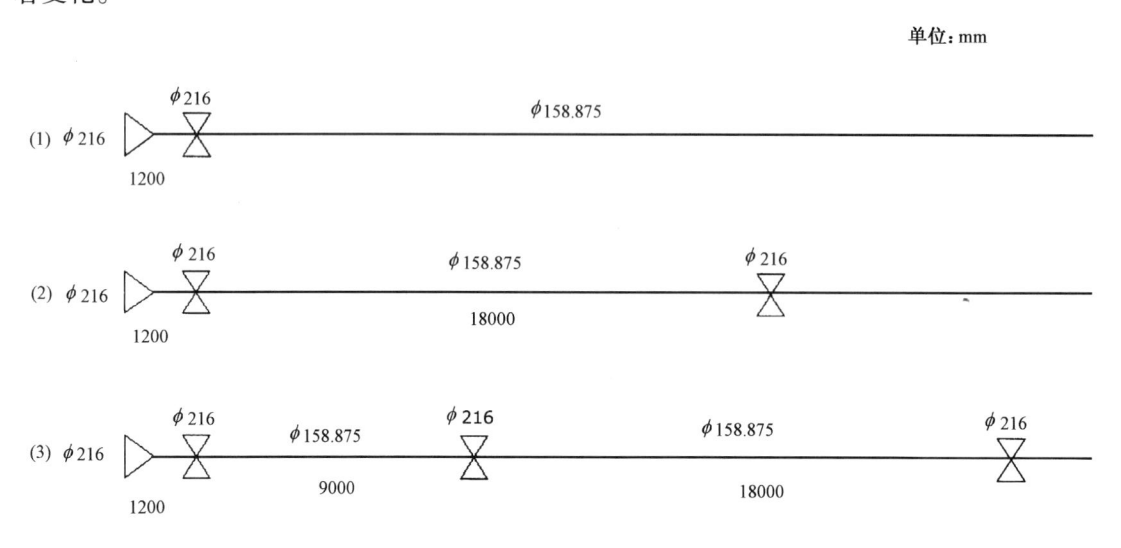

图 3-23 常规定向井中的 3 种典型增斜组合

在图 3-23 中,BHA(1)、(2)、(3)中的稳定器均取满眼尺寸($\phi215.9mm$)。为简便起见,以下仅给出二维计算的单因素敏感性分析结果。

1. 井斜角对钻头侧向力和钻头倾角的影响

由图 3-24 可知,在中曲率井眼中,常规的增斜组合表现出很强的降斜特性。井斜角 α 对钻头侧向力 P_α 的影响不甚明显。

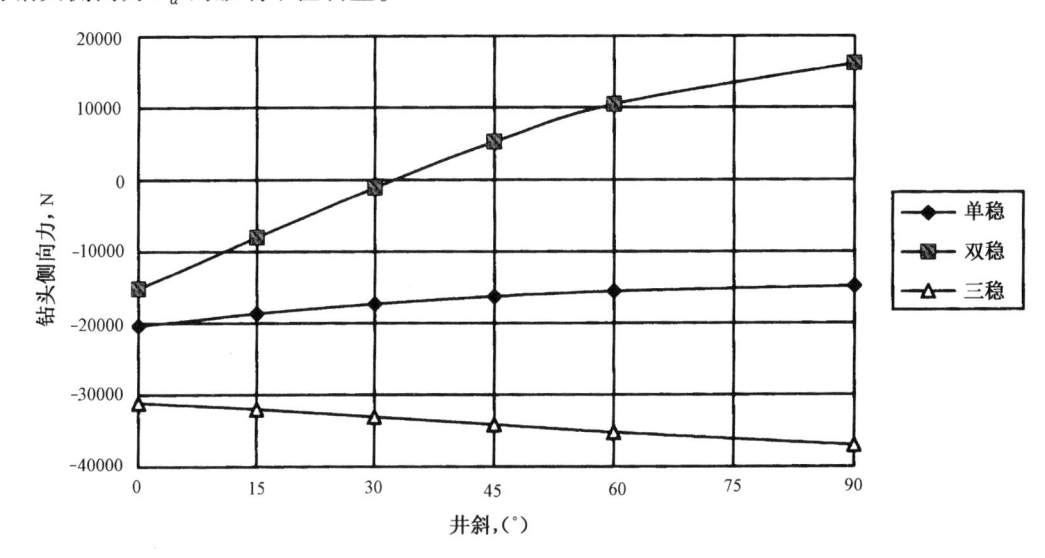

图 3-24 钻头侧向力与井斜角的关系
井眼直径 $\phi215.9mm$,钻压 $12×9.8kN$,井眼曲率 $10°/30m$,钻井液密度 $1.2g/cm^3$

图 3-25 给出了钻头倾角 A_t 与井斜角 α 间的变化关系。

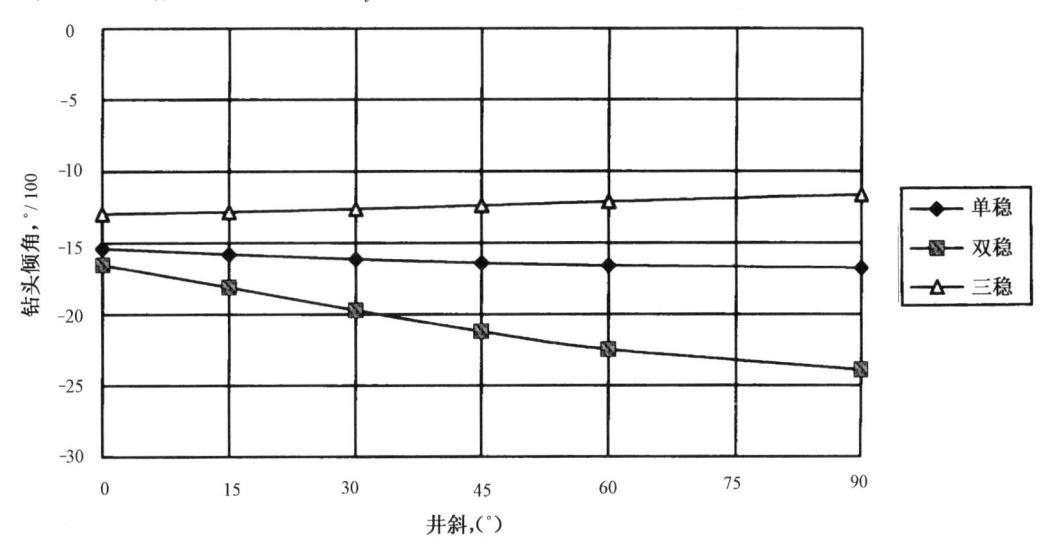

图 3-25 钻头倾角与井斜角的关系

井眼直径 ϕ215.9mm,钻压 12×9.8kN,井眼曲率 $10°/30$m,钻井液密度 1.2g/cm³

2. 钻压对钻头侧向力与钻头倾角的影响

图 3-26 给出了钻头侧向力 P_α 与钻压 P_B 间的变化关系,表明钻压对钻头侧向力影响不大。

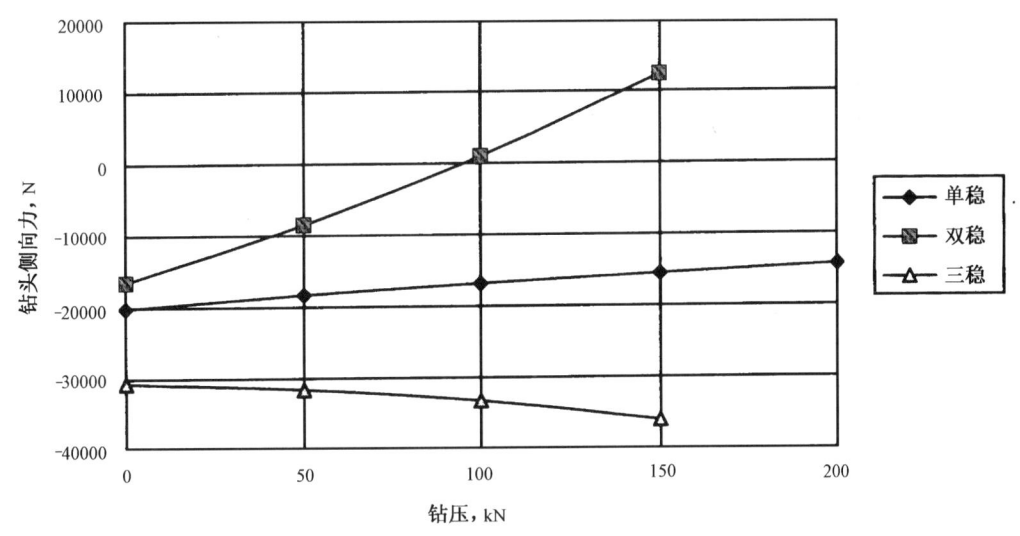

图 3-26 钻头侧向力与钻压的关系

井眼直径 ϕ215.9mm,井眼曲率 $10°/30$m,井斜角 $45°$,钻井液密度 1.2g/cm³

图 3-27 给出了钻头倾角 A_t 与钻压 P_B 间的变化关系。

3. 稳定器与井眼间隙对钻头侧向力和钻头倾角的影响

由 BHA 力学分析的经验可知,近钻头稳定器与井眼的间隙值 $e_1(e_1=\frac{1}{2}(D_0-D_{s1}))$ 对钻头侧向力 P_α 影响甚大。图 3-28 给出了 P_α 与 e_1 间的变化关系。

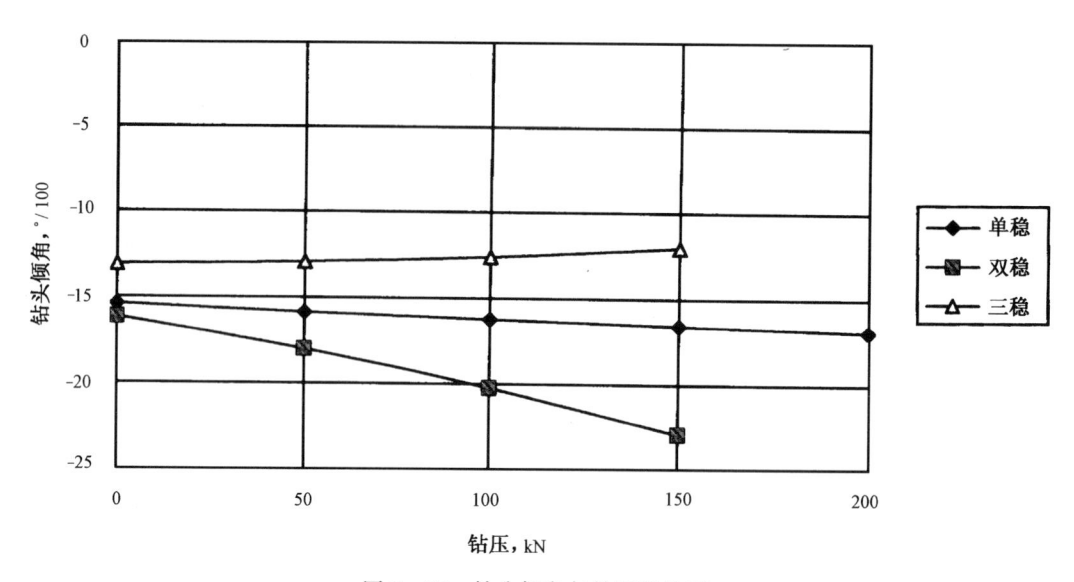

图 3-27 钻头倾角与钻压的关系

井眼直径 ϕ215.9mm,井眼曲率 10°/30m,井斜角 45°,钻井液密度 1.2g/cm³

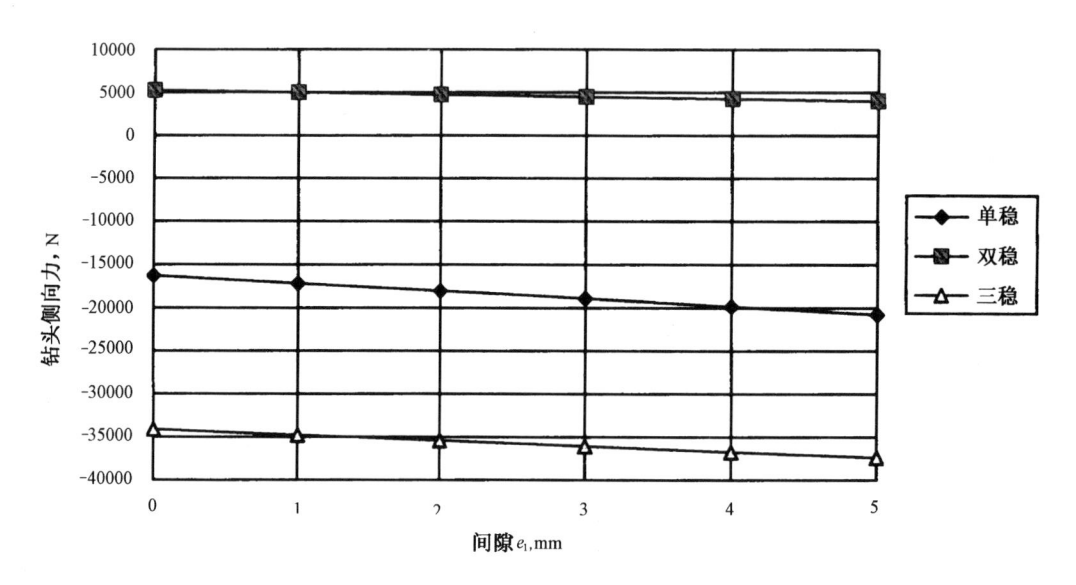

图 3-28 钻头侧向力与间隙 e_1 的关系

井眼直径 ϕ215.9mm,井眼曲率 10°/30m,井斜角 45°,钻压 12×9.8kN,钻井液密度 1.2g/cm³

图 3-29 给出了钻头倾角 A_t 和 e_1 的变化关系。

4. 井眼曲率对钻头侧向力与钻头倾角的影响

图 3-30 给出了钻头侧向力 P_α 与井眼曲率 K 的关系,可知井眼曲率明显影响钻头侧向力。对 BHA(1)和(3),在较大的井眼曲率下已根本改变了原有的造斜属性。在增斜井眼中($K>0$),K 值使造斜力减小即产生降斜增量;K 值越大(即井身越弯),此降斜增量越大。

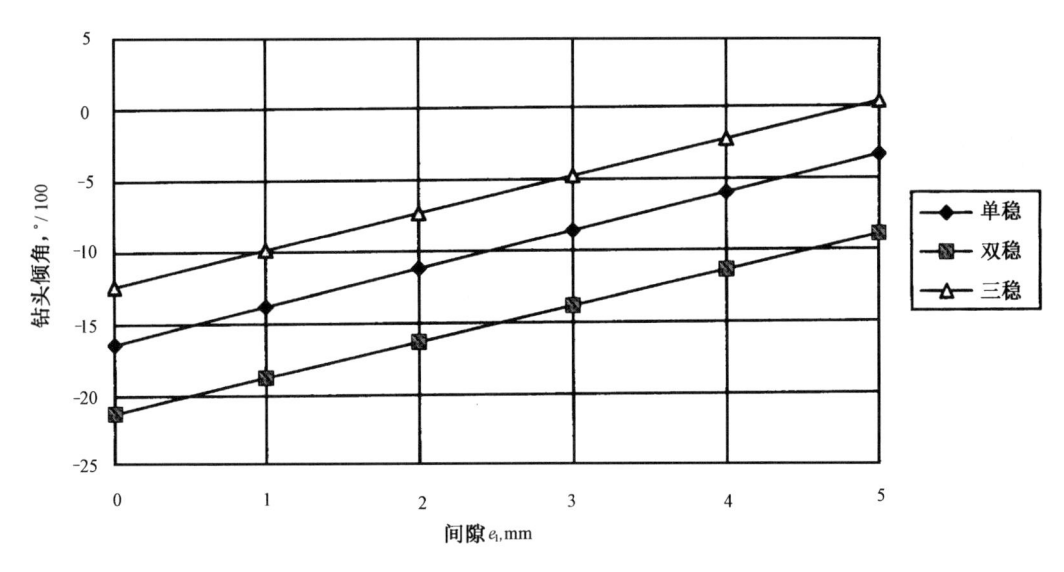

图 3-29 钻头倾角与间隙 e_1 的关系

井眼直径 ϕ215.9mm,井眼曲率 10°/30m,井斜角 45°,钻压 12×9.8kN,钻井液密度 1.2g/cm³

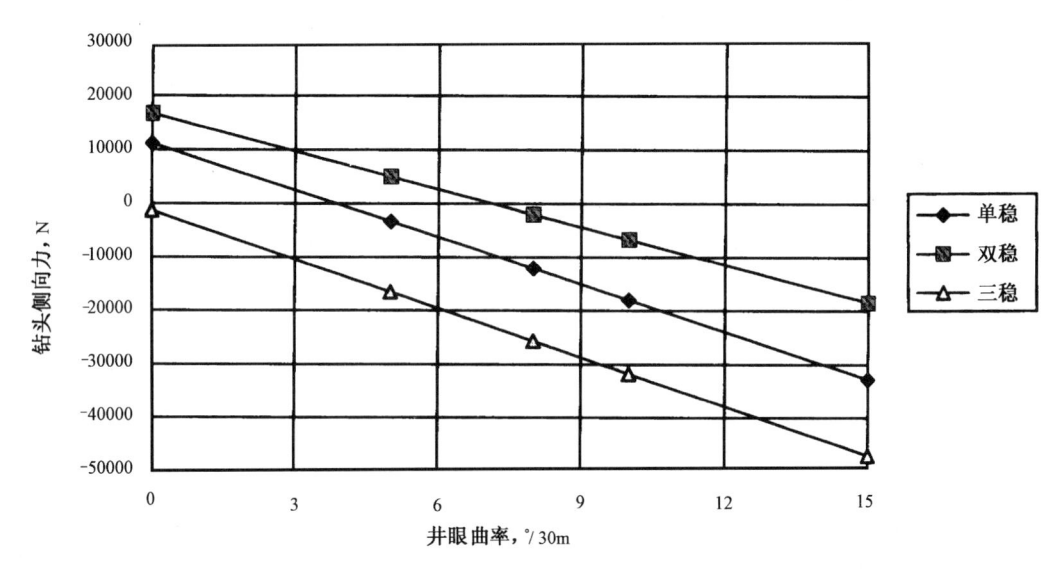

图 3-30 钻头侧向力与井眼曲率的关系

钻压 6×9.8kN,井眼直径 ϕ215.9mm,井斜角 45°,钻井液密度 1.2g/cm³

图 3-31 给出了钻头倾角 A_t 与井眼曲率 K 的关系。

二、Gilligan 组合在中曲率条件下的理论特性

图 3-32 是一种用于 8½in 井眼的变截面转盘钻钻具组合(Gilligan)。实践证明,这种钻具组合的造斜率远远高于图 3-23 所列的 BHA(1)~(3),因此适合用于钻中曲率水平井。以下给出其理论特性,为便于同上述的 3 种常规组合进行对比,其他参数的取值保持对应不变。

1. 井斜角对钻头侧向力与钻头倾角的影响

图 3-33 和图 3-34 分别给出了井斜角对 Gilligan 钻具的钻头侧向力(P_α)和钻头倾角

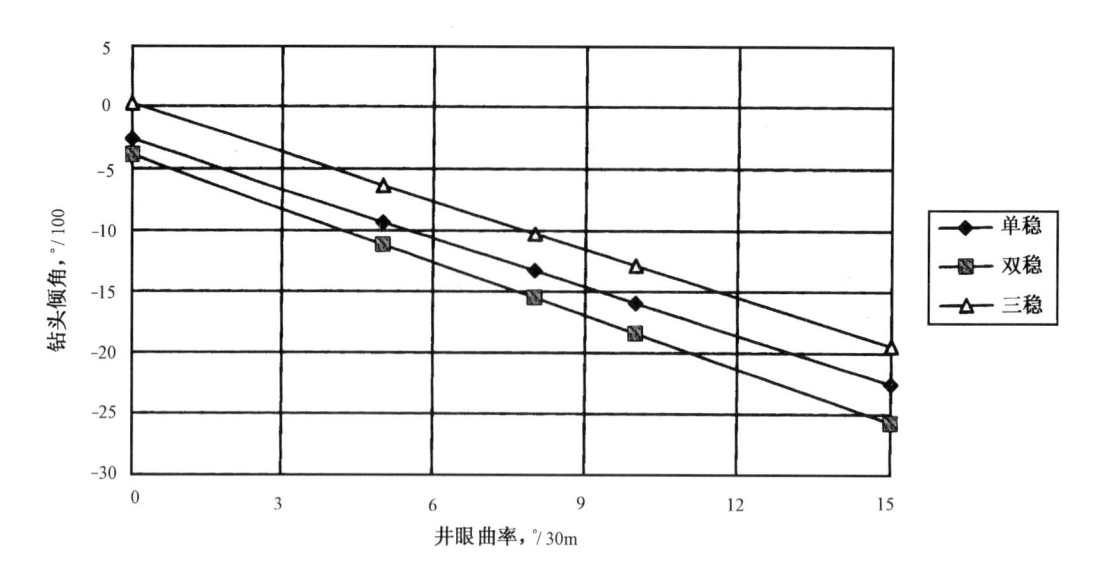

图 3－31 钻头倾角与井眼曲率的关系

钻压 6×9.8kN，井眼直径 ϕ215.9mm，井斜角 45°，钻井液密度 1.2g/cm³

单位：mm

图 3－32 Gilligan 组合示例

(A_{tP})的影响。由图看出，钻头侧向力受井斜角影响十分明显，井斜角增大导致钻头侧向力增大；井斜角增大同时导致钻头倾角增大（负倾角的绝对值减小）。两者的综合效果表明该钻具在大井斜条件下造斜作用增强。

2．钻压对钻头侧向力与钻头倾角的影响

图 3－35 和图 3－36 分别给出了钻压（P_B）对 Gilligan 钻具钻头侧向力（P_a）和钻头倾角（A_{tP}）的影响。由图可以看出，钻头侧向力随钻压的增加而显著增加，其影响程度远远大于其他类型钻具，而且在较小的钻压下钻头侧向力会呈负值（产生降斜）；钻头倾角随钻压的增加而减小（负倾角的绝对值增大）。因此在用 Gilligan 钻具进行强力造斜时要用大钻压。

3．近钻头稳定器与井眼间隙对钻头侧向力和钻头倾角的影响

图 3－37 和图 3－38 分别给出了近钻头稳定器间隙值（e_1）对钻头侧向力（P_a）和钻头倾角（A_{tP}）的影响。可以看出，e_1 值明显影响钻头侧向力，e_1 值增大导致钻头侧向力下降，但影响幅度小于一般转盘钻增斜组合，即使在 e_1 较大时（近钻头稳定器外径严重磨损变小）仍具有很大的侧向造斜力和增斜特性。同时，e_1 值的增加导致钻头倾角增大。

4．井眼曲率对钻头侧向力与钻头倾角的影响

图 3－39 和图 3－40 分别给出了井眼曲率（K）对钻头侧向力（P_a）和钻头倾角（A_{tP}）的影响。可以看出，井眼曲率明显影响钻头侧向力，而且钻头侧向力随井眼曲率的增大而增大，这一特点和常规转盘钻组合有很大区别，甚至呈现相反物性，有助于钻出较高的井眼曲率。钻头倾角（A_{tP}）随井眼曲率的增大而减小（负倾角的绝对值变大）。

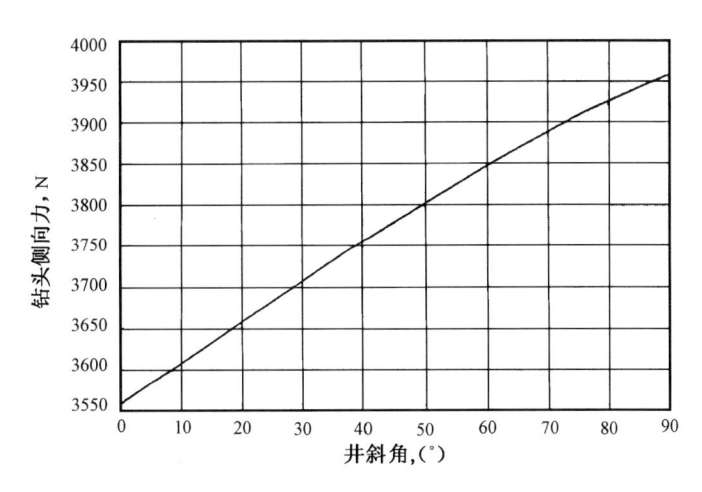

图 3-33 钻头侧向力与井斜角的关系

井眼直径 ϕ215.9mm,钻压 12×9.8kN,井眼曲率 10°/30m,钻井液密度 1.2g/cm³

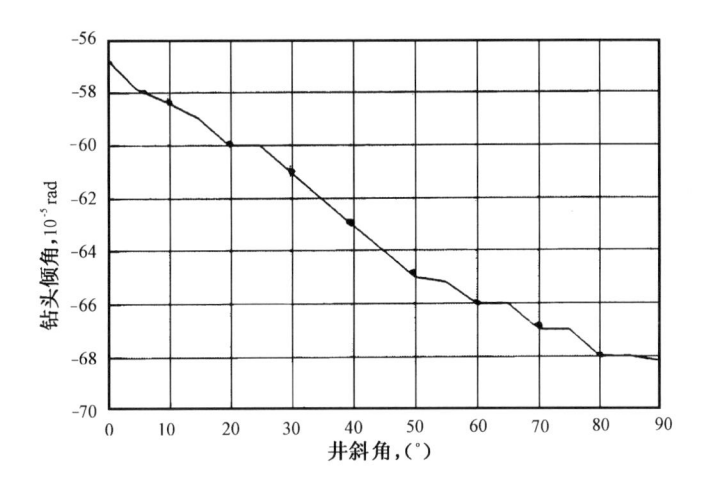

图 3-34 钻头倾角与井斜角的关系

井眼直径 ϕ215.9mm,钻压 12×9.8kN,井眼曲率 10°/30m,钻井液密度 1.2g/cm³

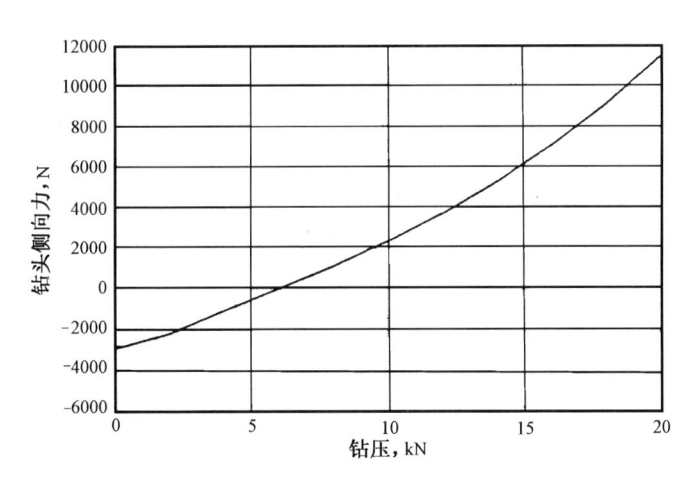

图 3-35 钻头侧向力与钻压的关系

井眼直径 ϕ215.9mm,井眼曲率 10°/30m,井斜角 45°,钻井液密度 1.2g/cm³

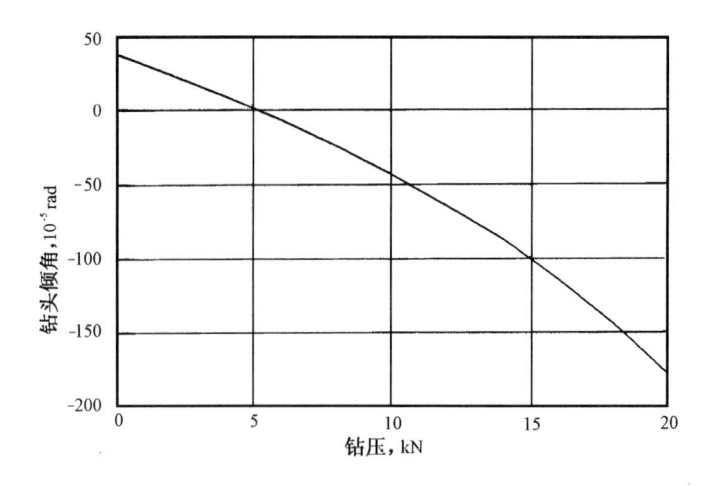

图 3-36 钻头倾角与钻压的关系

井眼直径 ϕ215.9mm,井眼曲率 10°/30m,井斜角 45°,钻井液密度 1.2g/cm³

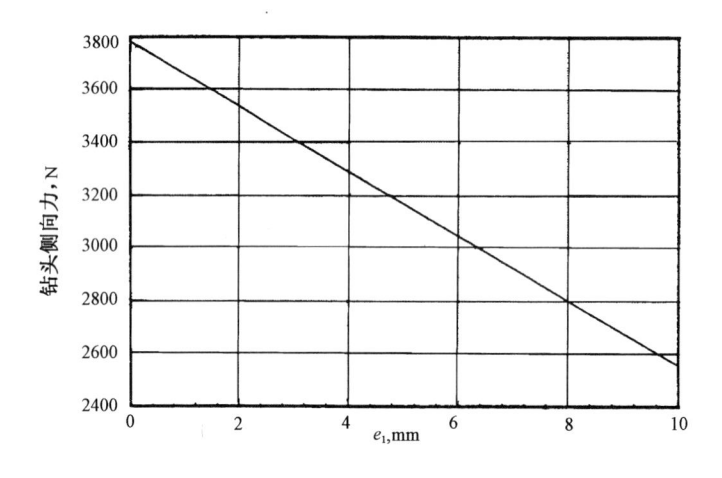

图 3-37 钻头侧向力与 e_1 的关系

井眼直径 ϕ215.9mm,井眼曲率 10°/30m,井斜角 45°,钻压 12×9.8kN,钻井液密度 1.2g/cm³

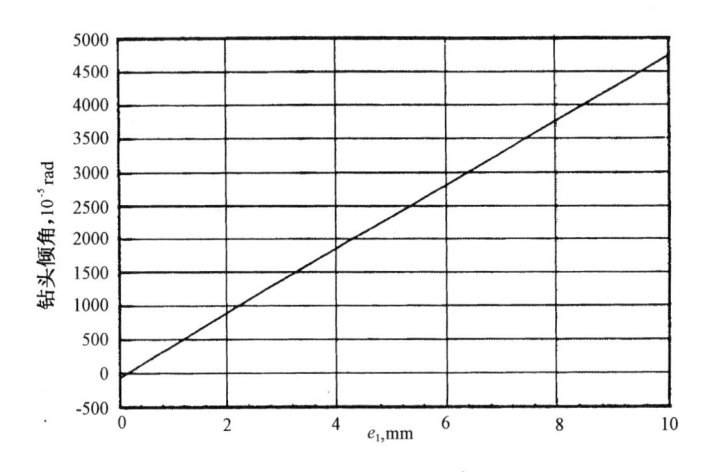

图 3-38 钻头倾角与 e_1 的关系

井眼直径 ϕ215.9mm,井眼曲率 10°/30m,井斜角 45°,钻压 12×9.8kN,钻井液密度 1.2g/cm³

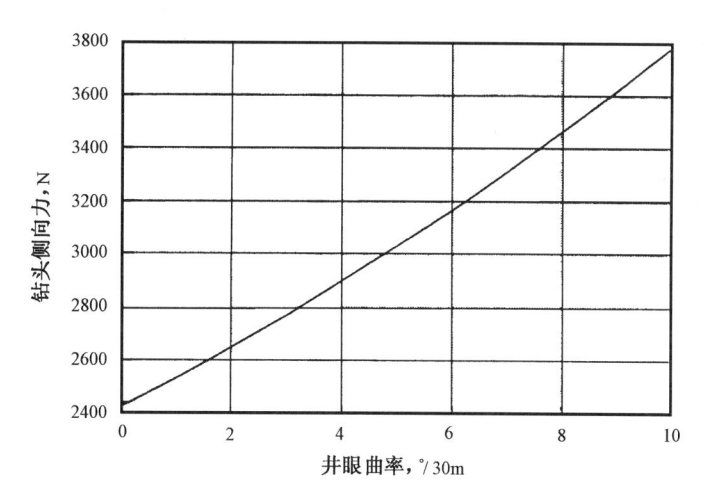

图 3-39 钻头侧向力与井眼曲率的关系

钻压 6×9.8kN,,井眼直径 ϕ215.9mm,井斜角 45°,钻井液密度 1.2g/cm³

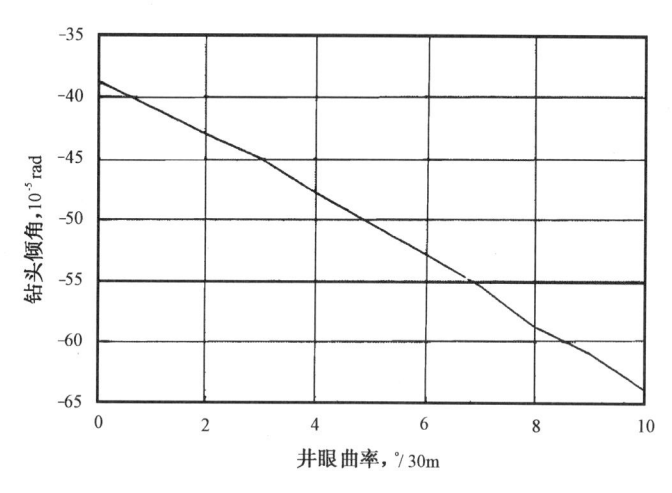

图 3-40 钻头倾角与井眼曲率的关系

钻压 6×9.8kN,,井眼直径 ϕ215.9mm,井斜角 45°,钻井液密度 1.2g/cm³

5.上稳定器与井眼间隙 e_2 和钻头侧向力、钻头倾角的关系

图 3-41 和图 3-42 给出了 e_2 对钻头侧向力(P_a)和钻头倾角(A_{tP})的影响。上稳定器与井眼间隙半值 e_2 增大,钻头造斜力下降,这一特性与导向钻具组合不同,而且在间隙 e_2 较大时仍有很大的侧向造斜力。但钻头倾角(A_{tP})随 e_2 的增大而略有上升,基本可认为保持不变。

6.变截面位置对钻头侧向力和钻头倾角的影响

在图 3-32 中,$L_a = L_b = 10$m。现考察当变截面位置移动时,P_a 和 A_{tP} 的相应变化。令 $m = L_a/L_b$,当 $L_a = 0, 4, 8, 10, 16, 20$m 时,相应 $L_b = 20, 16, 12, 10, 4, 0$ 和 $m = 0, 0.25, 0.75, 1, 4, \infty$。图 3-43 和 3-44 分别示出了钻头侧向力和钻头倾角随变截面位置(以 m 表征)的变化关系。

图 3-43 和 3-44 表明了变截面位置对钻头侧向力(P_a)和钻头倾角(A_{tP})的影响。当 m 值由小变大,即变截面的柔性细杆件(5in钻杆)逐渐加长和其后的刚性粗杆件(6¼in钻铤)相

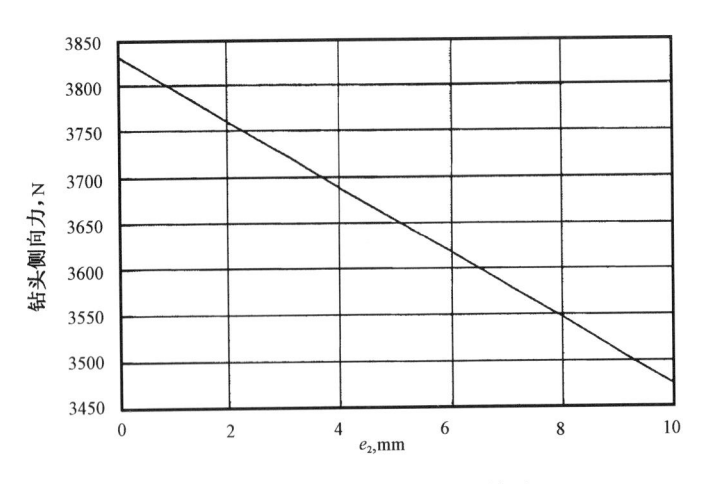

图 3-41　钻头侧向力与 e_2 的关系

井眼直径 ϕ215.9mm,井眼曲率 10°/30m,井斜角 45°,钻压 12×9.8kN,钻井液密度 1.2g/cm³

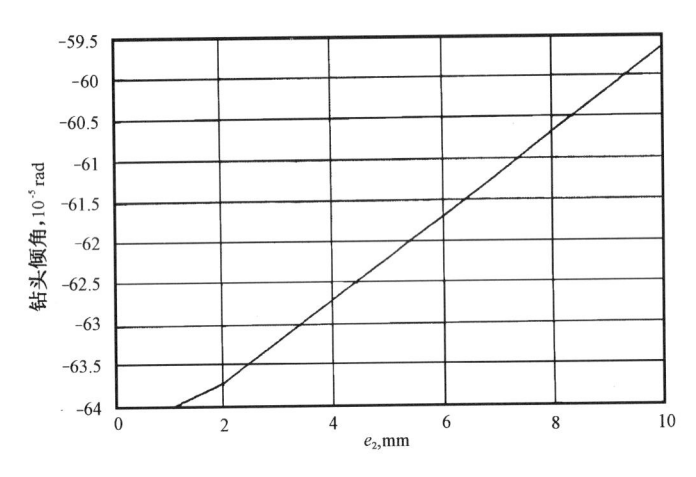

图 3-42　钻头倾角与 e_2 的关系

井眼直径 ϕ215.9mm,井眼曲率 10°/30m,井斜角 45°,钻压 12×9.8kN,钻井液密度 1.2g/cm³

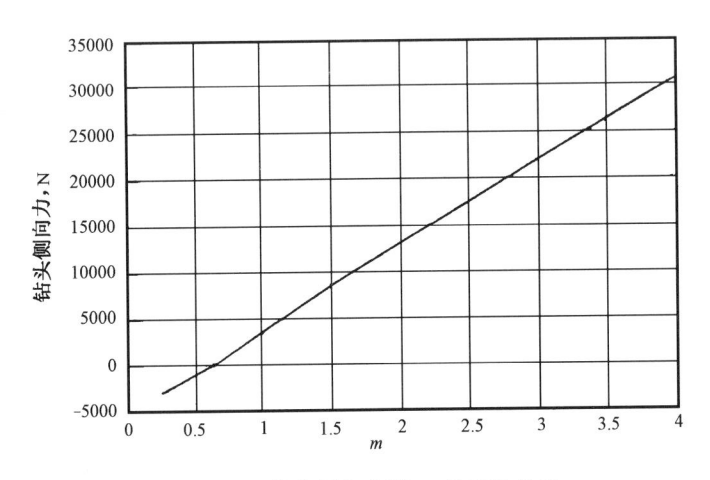

图 3-43　钻头侧向力随 m 的变化关系

井眼直径 ϕ215.9mm,井眼曲率 10°/30m,井斜角 45°,钻压 12×9.8kN,钻井液密度 1.2g/cm³

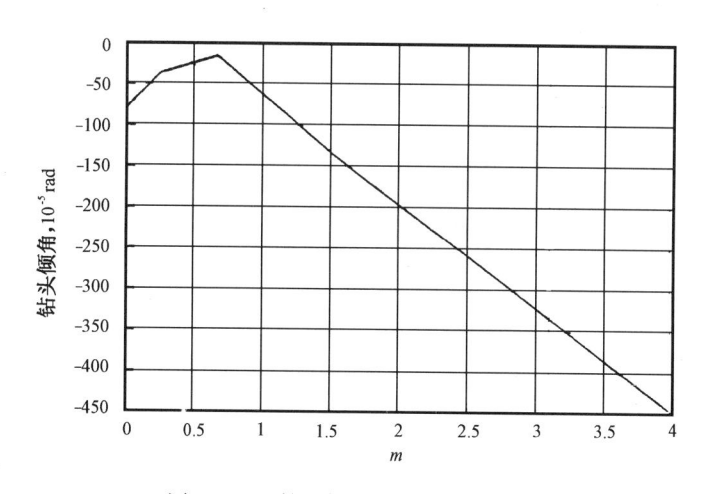

图 3-44 钻头倾角随 m 的变化关系

井眼直径 $\phi 215.9$mm，井眼曲率 10°/30m，井斜角 45°，钻压 12×9.8kN，钻井液密度 1.2g/cm³

应缩短时，理论上钻头侧向力有逐渐增加的趋势。同时，钻头倾角有先增后减的趋势。在 $m=0.7$(即 $I_a \approx 8.2$m)时钻头倾角有极大值(负倾角的绝对值最小)。当 $m > 0.7$，钻头倾角逐渐减小(负倾角的绝对值逐渐增大)。但实际工程设计范围较小(常取 $m \approx 1$)，而钻头倾角的绝对值也较小，因此可基本认为钻头倾角无大的变化。

7. 刚度比对钻头侧向力和钻头倾角的影响

令 $n = I_a/I_b$，在图 3-32 中，I_b 是 6¼in 钻铤的轴惯性矩($I_b = 3065.268$cm⁴)。现以 I_b 固定不变，I_a 变化($I_b = n I_b$)，取 $n = 0.1, 0.2, 0.4, 0.6, 0.8, 1, 1.2, 1.4, 1.6, 1.8, 2$ 等值，来考察相应的 P_a、A_t 的变化情况。图 3-45、图 3-46 分别给出了钻头侧向力和钻头倾角随刚度比值 n 的变化曲线。

图 3-45 和图 3-46 给出了变截面前后杆件刚度比 $n = I_a/I_b$ 值对钻头侧向力(P_a)和钻头倾角(A_{tP})的影响。随着 n 值增大，钻头侧向力呈现下降趋势，而且由正值(增斜力)变为负值(降斜力)。这一结果有重要的工程实际意义：要想使设计的组合具有增斜特性，则一般应取 $n < 0.4$。要想使其有较强的增斜特性且具有实现的可能性，则一般可取 $n \approx 0.2$。本例即为

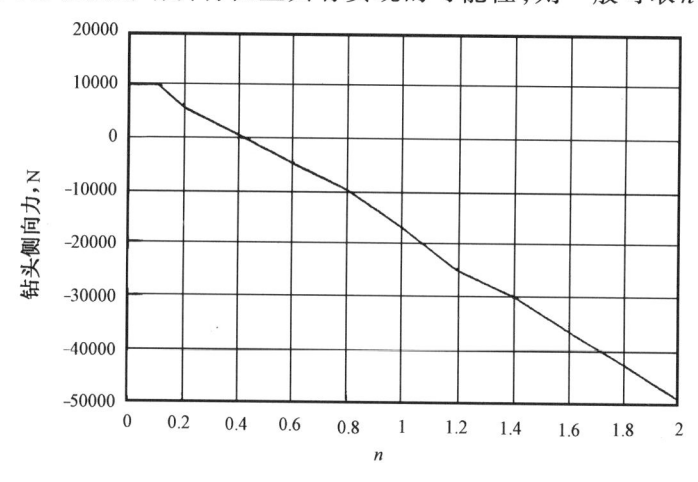

图 3-45 钻头侧向力随 n 的变化关系

井眼直径 $\phi 215.9$mm，井眼曲率 10°/30m，井斜角 45°，钻压 12×9.8kN，钻井液密度 1.2g/cm³

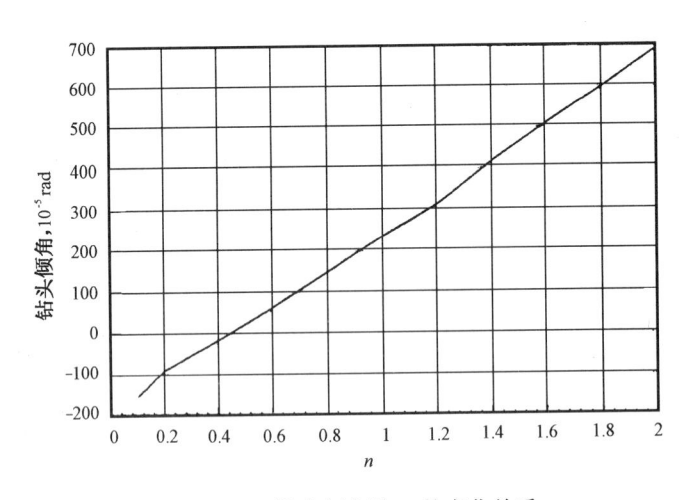

图 3-46 钻头倾角随 n 的变化关系

井眼直径 ϕ215.9mm,井眼曲率 10°/30m,井斜角 45°,钻压 12×9.8kN,钻井液密度 1.2g/cm³

现场实际使用的增斜组合,变截面前后分别为 5in 和 6¼in 钻铤。验算可知,当取 5in 薄壁钻杆,$I_a=584$cm⁴,而 $I_b=3065$cm⁴,则 $n=0.191$;当取 5in 厚壁钻杆,$I_a=680$cm⁴,则 $n=0.222$。

另外,随着 n 值的增大,钻头倾角呈现增加趋势,且由负值变为正值。

综合上述对 Gilligan 钻具参数敏感性分析结果可以发现,同一参数的变化对钻头侧向力和钻头倾角的影响效果往往相反,亦即对增斜(或降斜)特性的作用结果是相互抑制的。由于钻头倾角绝对值很小,故一般设计时可不予考虑,而应重点根据钻头侧向力的响应来设计下部组合。

三、弯壳体导向螺杆钻具的理论特性

先以 P5LZ165 型单弯角双稳定器导向动力钻具(其结构形式参见 3-12)组合为例,计算导向动力钻具组合的理论特性,主要包括结构参数(如弯角的大小和位置,下稳定器的位置和直径,上稳定器直径,钻具刚度等)、井眼几何参数(井斜角、井眼曲率等)和工艺操作参数(如钻压)对钻头侧向力和钻头倾角的影响。在单弯双稳组合分析基础上,再进一步计算同向双弯导向动力钻具上弯角的变化对钻头侧向力和钻头倾角的影响,以及反向双弯动力钻具的不同的弯角组合对钻头侧向力与钻头倾角的相应影响。

计算所取的基本参数如下:

井眼直径 215.9mm　　　　　　　　　井眼曲率 6°/30m
井斜角 45°　　　　　　　　　　　　钻压 6×9.8kN
下稳定器直径 213mm　　　　　　　　上稳定器直径 210mm
下稳定器中点距钻头底面距离 90cm　　钻井液密度 1.2g/cm³

上稳定器位于钻具旁通阀之上,再往上是测斜用无磁钻铤和普通钻铤(ϕ165.1mm)。在分析计算中每次仅变化一个参数,其余不变的参数按上述取值。

1. 单弯双稳组合的弯角对钻头侧向力和钻头倾角的影响

图 3-47 和图 3-48 给出了单弯双稳组合的结构弯角(γ)对钻头侧向力和钻头倾角的影响。由图可知,钻头侧向力随弯角增加而显著增加,而钻头倾角随弯角的增加而下降,二者基本上呈线性关系。由于算例中取 $K=6°/30$m,故当 γ 较小时钻头侧向力为负值。在本例中,弯点至钻头底面距离为 2.231m,弯点至上稳定器中点距离为 5.311m。

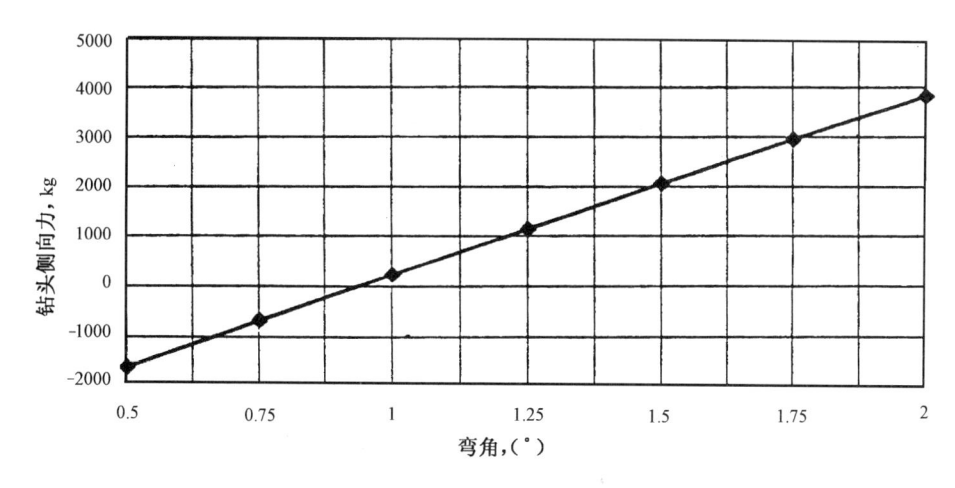

图 3-47 钻头侧向力随弯角的变化关系

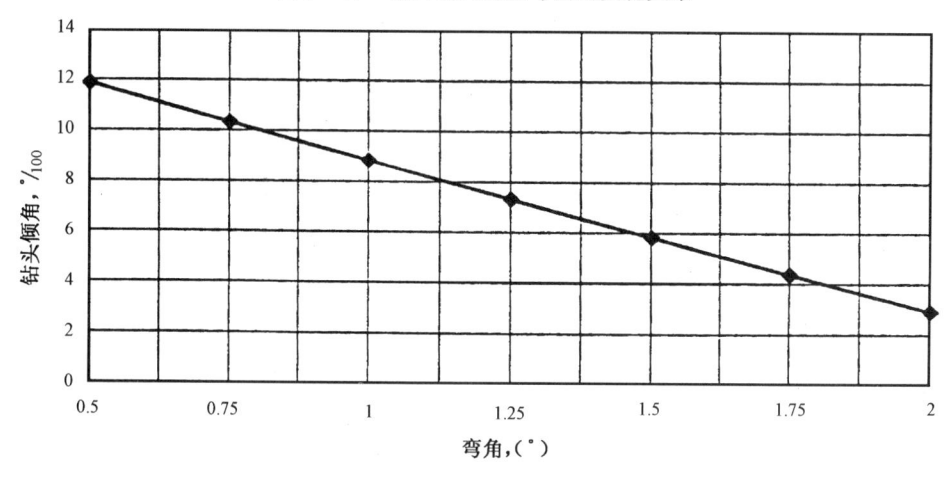

图 3-48 钻头倾角随弯角的变化关系

2. 单弯双稳组合的弯点位置对钻头侧向力和钻头倾角的影响

图 3-49 和图 3-50 分别给出了弯点位置(即弯点到下稳定器中点的距离)对钻头侧向力和钻头倾角的影响(计算中取 $\gamma=1.5°$)。由图可知,弯点位置显著影响侧向力,随着弯点位置上移,钻头侧向力近乎呈直线下降,但在计算范围内仍保持较大的正值(造斜力)。钻头倾角为正值(起增斜作用),且随着弯点位置上移而渐增;但由于其绝对值较小,故一般可认为影响不大。

3. 单弯双稳组合的下稳定器位置对钻头侧向力和钻头倾角的影响

图 3-51 和图 3-52 分别给出了下稳定器位置对钻头侧向力和钻头倾角的影响。由图可知,下稳定器位置对钻头侧向力和钻头倾角影响显著。随着下稳定器上移,钻头侧向力和钻头倾角的值均明显下降,即造斜能力下降。

4. 单弯双稳组合的下稳定器直径对钻头侧向力和钻头倾角的影响

图 3-53 和图 3-54 分别给出了下稳定器直径变化对钻头侧向力和钻头倾角的影响。由图可知,当下稳定器直径由小变大时,钻头侧向力显著增加,而钻头倾角显著下降。同样也说明了间隙值 $e_1(e_1=\frac{1}{2}(D_0-D_{s1}))$ 对钻头侧向力和钻头倾角的影响。如果近钻头稳定器外径发生磨损,e_1 增加,可引起钻头侧向力显著下降,相反引起钻头倾角值上升。前者导致造斜能力下降(后者可增加造斜能力,但影响相对较小),因此下稳定器的磨损会降低造斜率。

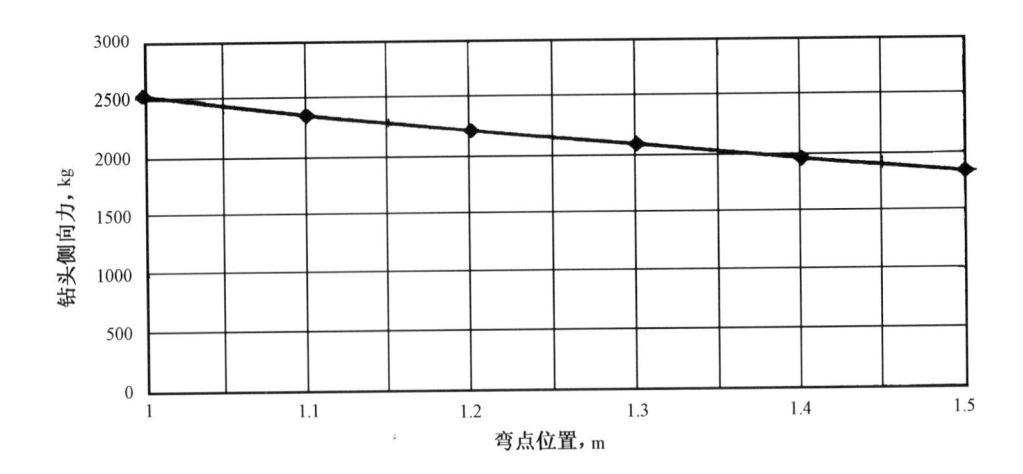

图 3-49 钻头侧向力随弯点位置的变化关系

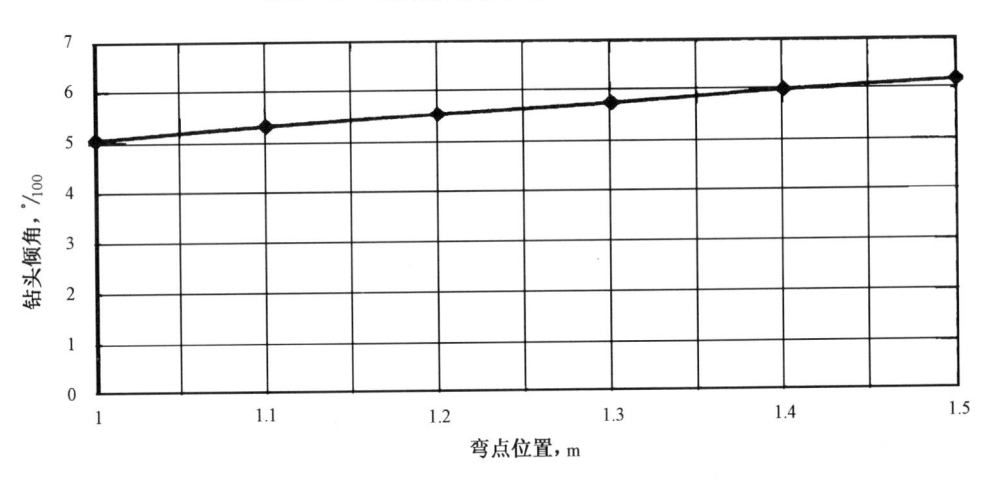

图 3-50 钻头倾角随弯点位置的变化关系

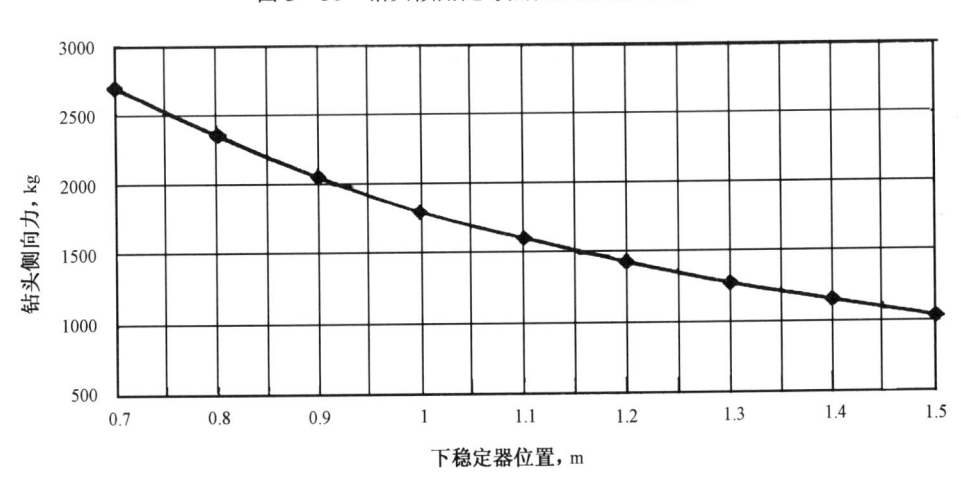

图 3-51 钻头侧向力随下稳定器位置(L_1)的变化关系

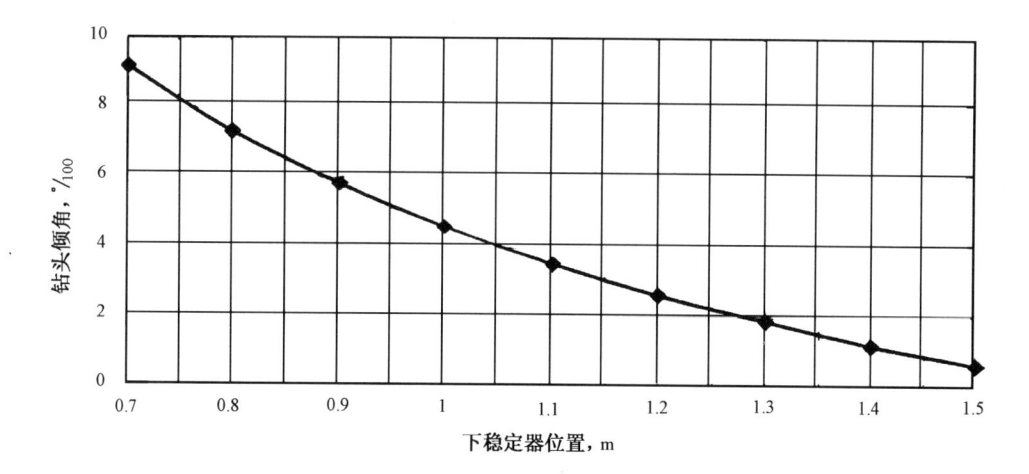

图 3－52　钻头倾角随下稳定器位置(L_1)的变化关系

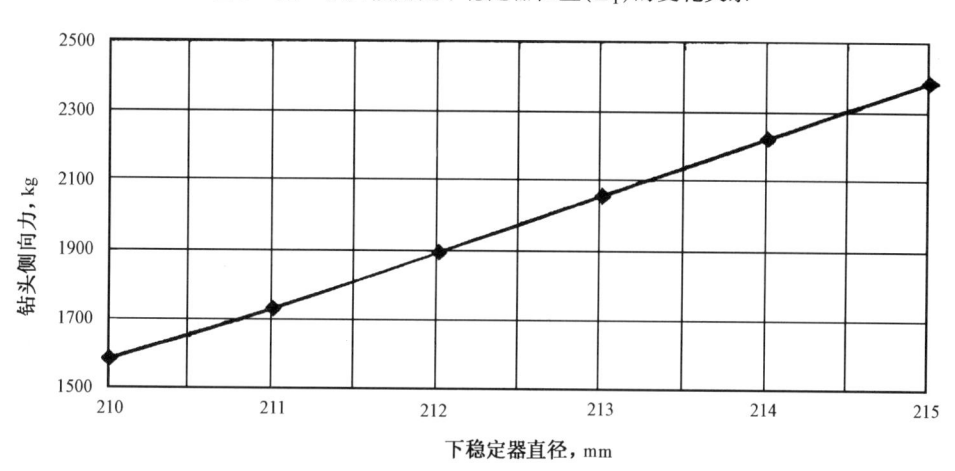

图 3－53　钻头侧向力随下稳定器直径的变化关系

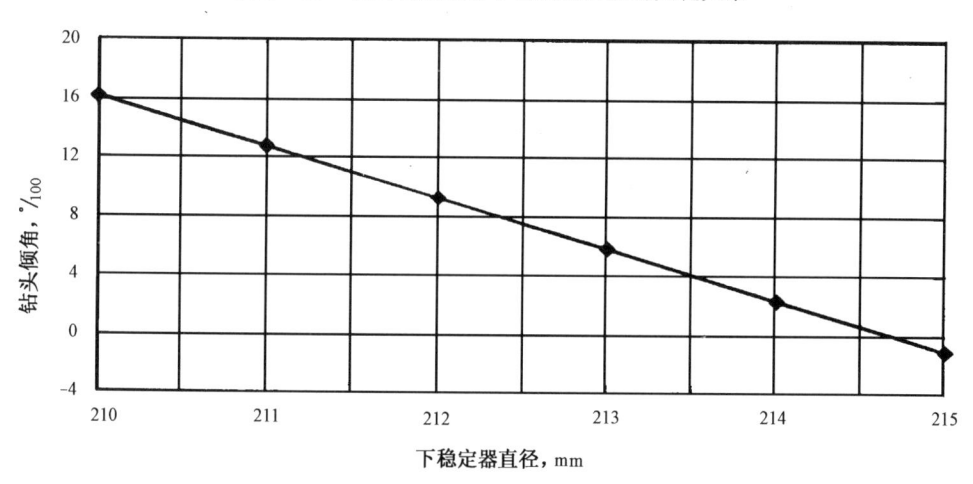

图 3－54　钻头倾角随下稳定器直径的变化关系

5. 单弯双稳组合的上稳定器直径对钻头侧向力和钻头倾角的影响

图 3-55 和图 3-56 分别给出了上稳定器直径对钻头侧向力和钻头倾角的影响。由图可知,加大上稳定器直径使钻头侧向力下降,同时使钻头倾角上升,这种变化基本呈线性关系。但与图 3-53 和图 3-54 对比分析,上稳定器直径变化远不及下稳定器直径变化对钻头侧向力、钻头倾角值的影响显著,而且这两种影响是相反的。由于上稳定器往往是外接的钻柱稳定器,所以这一结论对现场选择上稳定器以调节 BHA 的造斜能力十分有用。

6. 单弯双稳组合的钻具刚度对钻头侧向力和钻头倾角的影响

图 3-57 和图 3-58 分别给出了螺杆钻具的当量轴惯性矩(间接反映了等效抗弯刚度)对钻头侧向力和钻头倾角的影响。由图可知,增加钻具的轴惯性矩(抗弯刚度),可使钻头侧向力增加,亦使钻头倾角增加,有助于提高工具的造斜能力。这种变化关系对导向动力钻具的设计人员有重要参考价值。

7. 井斜角对单弯双稳组合的钻头侧向力和钻头倾角的影响

图 3-59 和图 3-60 分别给出了井斜角对钻头侧向力和钻头倾角的影响。由图可知,随着井斜角的增加,单弯双稳组合的钻头侧向力增加(变化幅度不大),钻头倾角相应减小。这一结论表明,在钻水平井的过程中,特别是在大井斜情况下,该钻具组合一直具有一种相对稳定的造斜能力,并不因为井斜角的增加而使造斜率下降。

8. 井眼曲率对单弯双稳组合的钻头侧向力和钻头倾角的影响

图 3-61 和图 3-62 分别给出了井眼曲率对钻头侧向力和钻头倾角的影响。由图可知,在直井眼($K=0$)中,钻头侧向力最大(这是因为单弯钻具的弹性变形最大),同时钻头倾角最小。随着井眼曲率增加,钻头造斜力(P_a)逐步下降,当井眼曲率达到工具的极限曲率值(K_c)时,钻头侧向力为零;当 $K>K_c$ 时,则有 $P_a<0$,钻头侧向力为降斜力。相应地,钻头倾角随井眼曲率的增加而增加。很显然,井眼曲率变化对钻头侧向力和钻头倾角的影响十分显著。

9. 钻压对单弯双稳组合的钻头侧向力和钻头倾角的影响

图 3-63 和图 3-64 分别给出了钻压对钻头侧向力和钻头倾角的影响。由图可知,钻压增加可引起钻头侧向力上升,同时引起钻头倾角下降。但这种影响并不显著。也就是说,当钻压变化幅度较大时,钻头侧向力的增值较小,钻头倾角的下降也较小。而且由于这两种参数变化对造斜率的作用是相互抑制的,因此对钻压而言,该工具有比较稳定的造斜能力响应。这一特点对实际钻井作业中的轨道控制有重要意义。

10. 同向双弯双稳组合的上弯角对钻头侧向力和钻头倾角的影响

此种钻具组合的结构型式如图 3-13 所示,其下弯角为 γ_1,上弯角为 γ_2,两弯角同向且共面。在以下的计算中取 $\gamma_1=1.5°$,上弯角 γ_2 的取值范围为 $\gamma_2=0\sim2°$,其他参数不变。

上弯角值对同向双弯钻具的钻头侧向力和钻头倾角的影响是一个比较复杂的问题。详细深入的分析研究表明,这种影响与钻具的结构尺寸密切相关,包括上、下弯角的大小和位置关系,对不同的结构,上弯角值增大可能引起钻头侧向力增加,也可能引起钻头侧向力减小。本书对此不做全面讨论(笔者将在有关论文中予以分析),仅对图 3-65、图 3-66 所针对的钻具结构,表明上弯角值增加导致钻头侧向力明显减小和钻头倾角的增大。这一结论的重要意义在于说明了过去普遍认为同向双弯组合的造斜能力一定大于相应的单弯组合(γ_1 不变,$\gamma_2=0$)的看法并不成立。

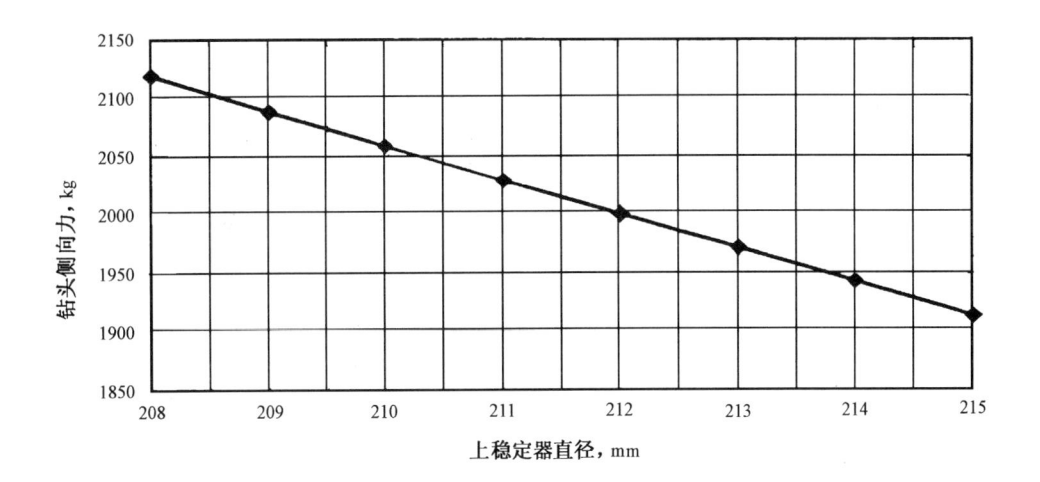

图 3-55 钻头侧向力随上稳定器直径的变化关系

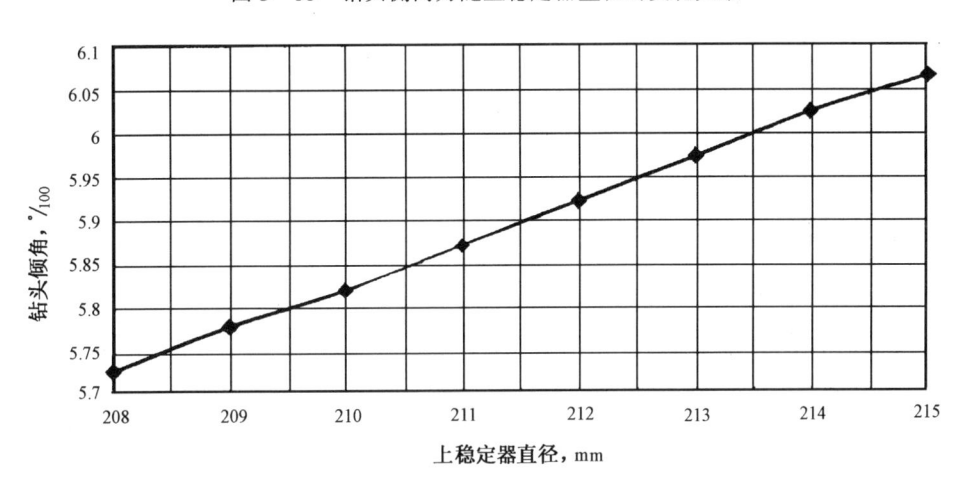

图 3-56 钻头倾角随上稳定器直径的变化关系

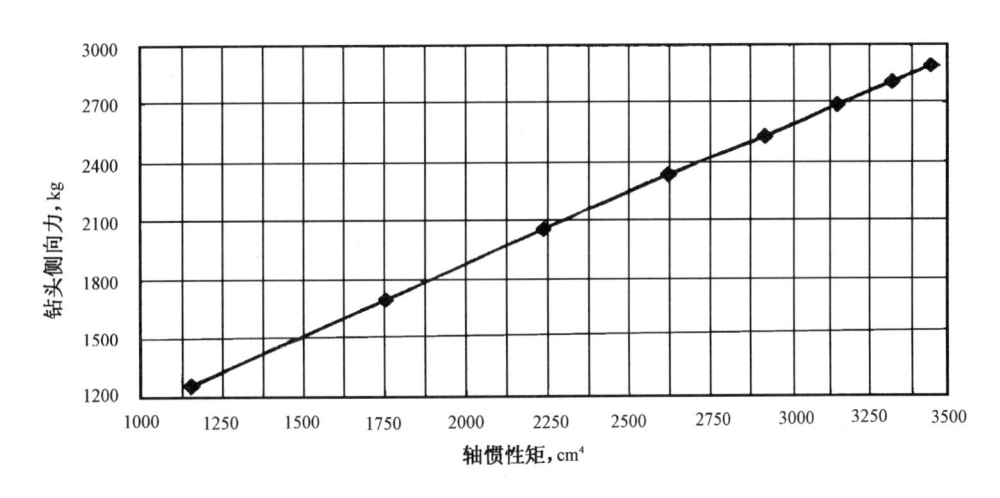

图 3-57 钻头侧向力随钻具刚度(轴惯性矩)的变化关系

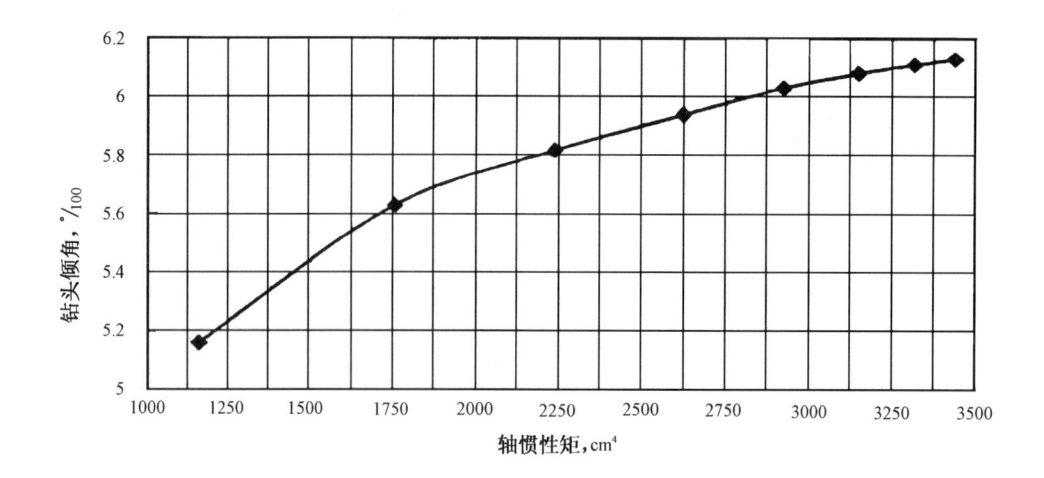

图 3-58 钻头倾角随钻具刚度(轴惯性矩)的变化关系

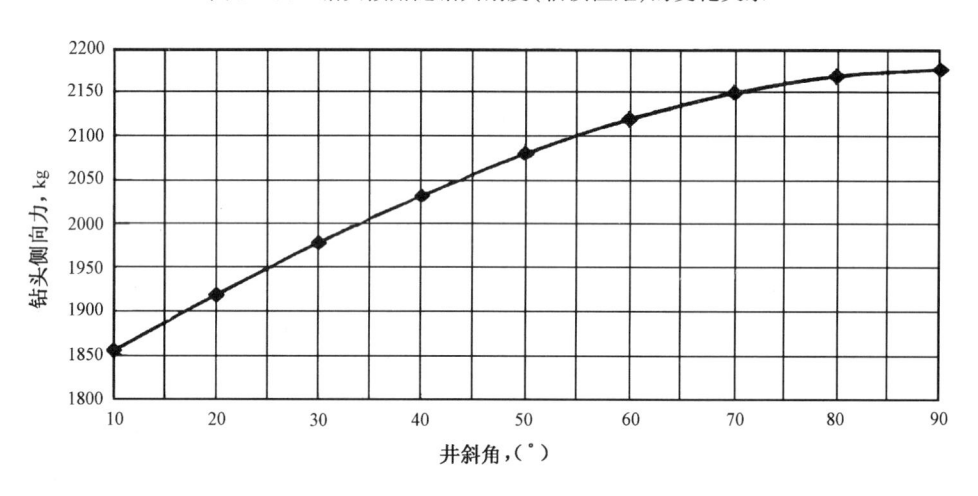

图 3-59 钻头侧向力随井斜角的变化关系

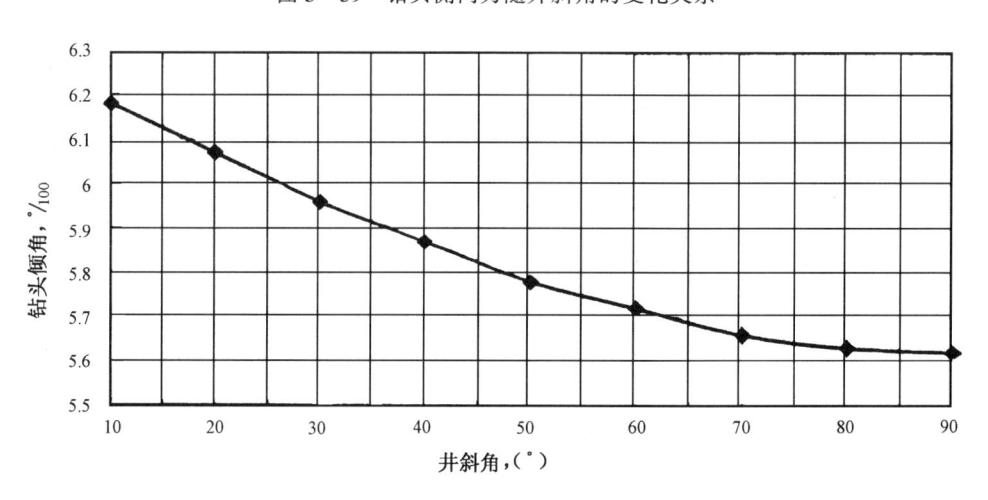

图 3-60 钻头倾角随井斜角的变化关系

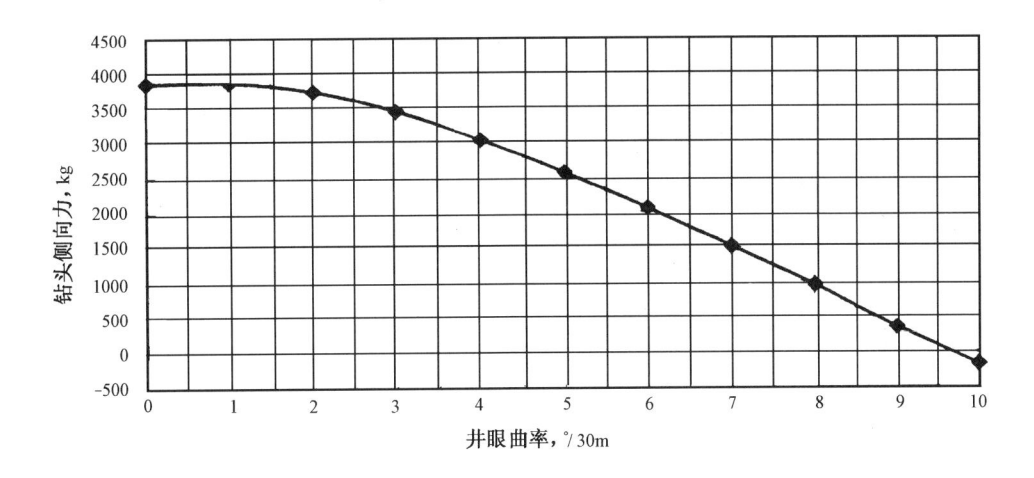

图 3-61　钻头侧向力随井眼曲率的变化关系

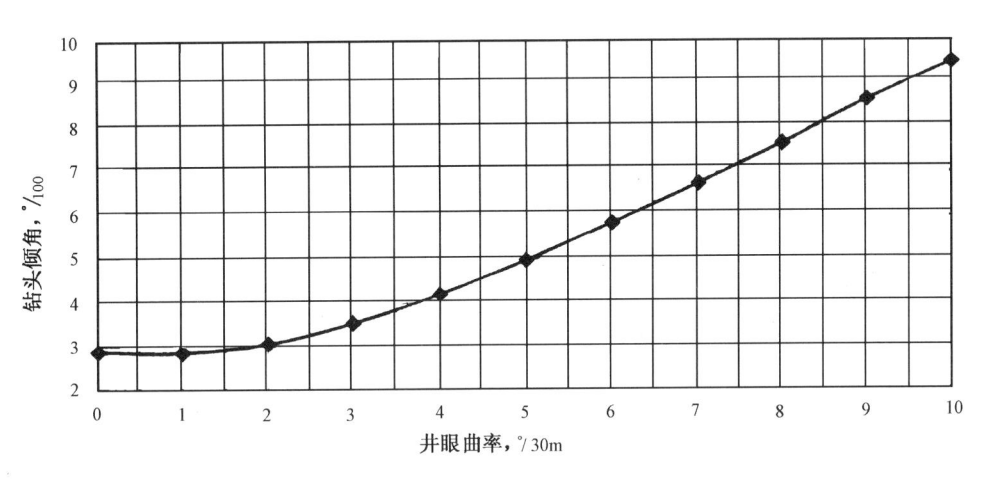

图 3-62　钻头倾角随井眼曲率的变化关系

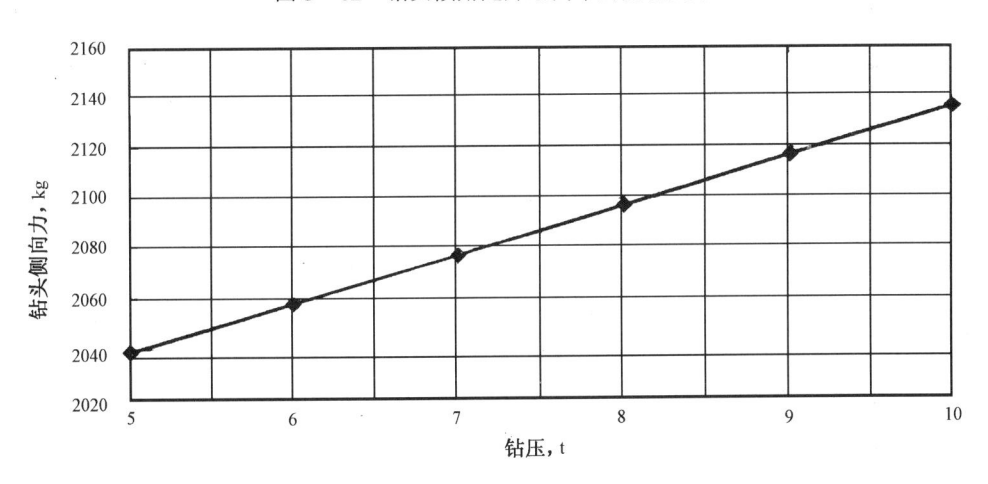

图 3-63　钻头侧向力随钻压的变化关系

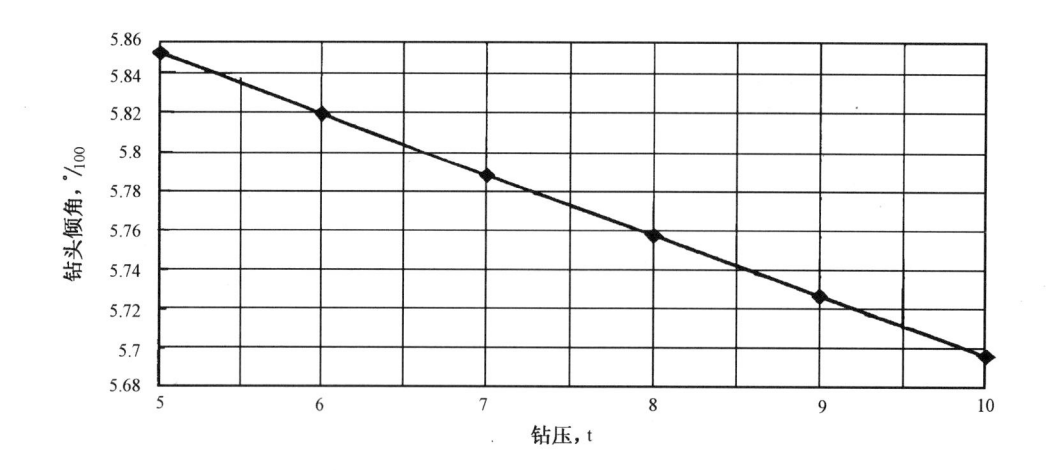

图 3-64 钻头倾角随钻压的变化关系

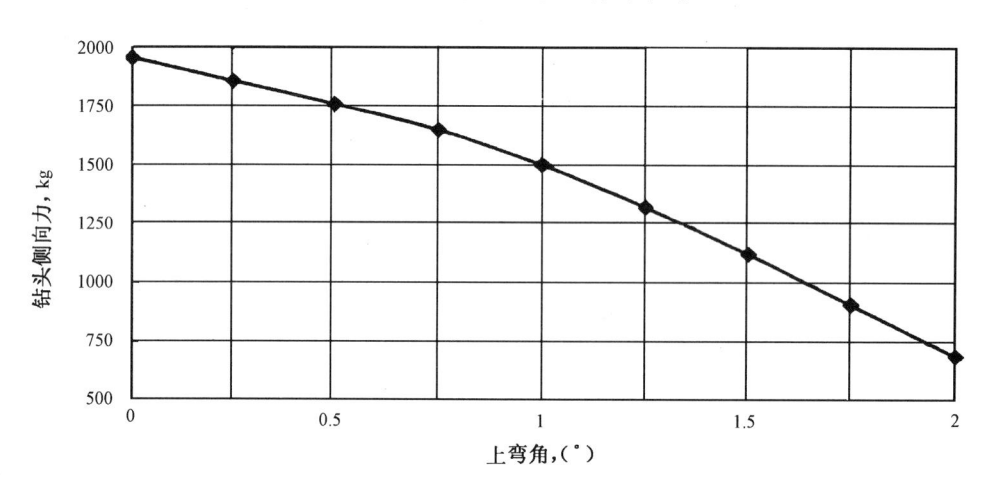

图 3-65 钻头侧向力随上弯角的变化关系

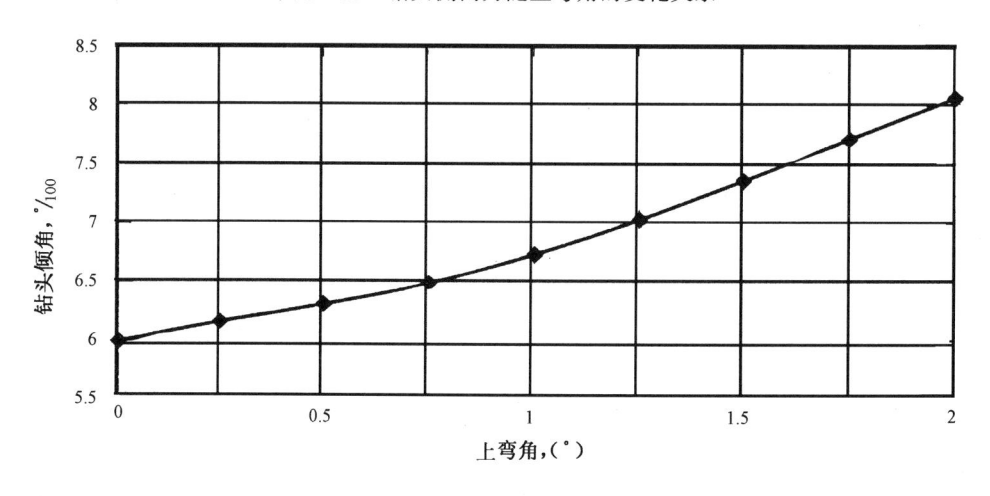

图 3-66 钻头倾角随上弯角的变化关系

11. 反向双弯双稳组合的弯角对钻头侧向力和钻头倾角的影响

这种钻具的结构型式如图3-16所示，下稳定器位于传动轴上，两个弯角反向共面，在一般的设计中，常取 $\gamma_1 = \gamma_2$。在以下的计算中取 $\gamma_2 = 0 \sim 2°$，其余参数不变。

反向双弯钻具的钻头侧向力与钻头倾角值随弯角组合的变化关系，是与同向双弯类似的较复杂的问题（笔者将在有关论文中专门讨论和分析）。针对图3-67和图3-68依据的钻具结构，当上弯角值增加时，导致钻头侧向力增加和钻头倾角减小。这种变化关系基本呈线性。

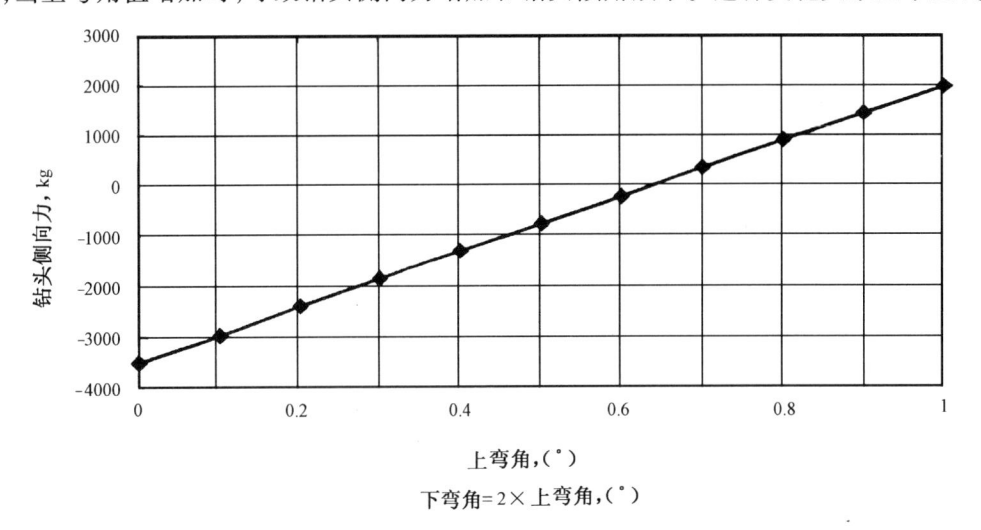

图3-67 钻头侧向力随弯角组合的变化关系

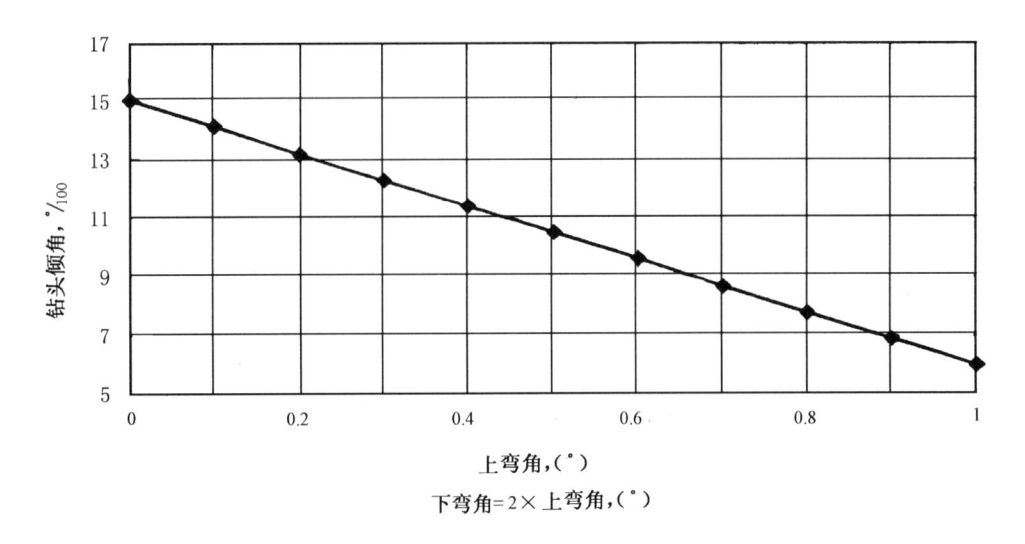

图3-68 钻头倾角随弯角组合的变化关系

四、参数敏感性分析的基本理论

本节对3类钻具组合（常规转盘钻增斜组合，Gilligan组合和导向动力钻具组合）结合中、小曲率水平井的应用条件，进行了参数敏感性分析，并给出了参数关系曲线。概括起来可得出以下一些主要的和基本的结论，供工具设计、应用时参考。

1. 常规转盘钻增斜组合

(1)适用于一般定向井的常规转盘钻增斜组合已不能应用于中曲率钻井,主要是因为在中曲率条件下,这些组合已不再是增斜组合,而且表现出很强的降斜特性。在钻中曲率水平井时,应考虑采用具有较强造斜能力的导向动力钻具和 Gilligan 钻具。

(2)井眼曲率对常规转盘钻增斜组合的力学特性影响甚大,甚至改善了其原有的造斜性能。井眼曲率越大,降斜性能愈强。

(3)钻压对常规转盘钻增斜组合的钻头侧向力影响不大;近钻头稳定器外径变化(即反映间隙值 e_1)对钻头侧向力影响显著。这些特性与在常规定向井中($K<4°/30m$)无太大变化。

2. Gilligan 钻具

Gilligan 具有特殊的力学特性,影响其力学特性的主要参数有钻压(P_B)、下稳定器间隙(e_1)和井眼曲率(K)。另外,柔性与刚性两段的配比长度也很重要。

(1)Gilligan 钻具的钻头侧向力随钻压的增加而显著增加,其影响程度远远大于其他钻具,且具有临界值(在钻压小于临界值时,钻头侧向力为负值)。因此对 Giliigan 钻具要用大钻压,而且在实钻过程中可以通过调整钻压来调控井眼轨道。

(2)井眼曲率(K)显著影响 Gilligan 钻具组合的钻头侧向力,且钻头侧向力随井眼曲率增大而增大。这一特性和常规转盘钻增斜钻具及导向动力钻具相反,因此有助于在较高曲率的井眼内进行增斜。

(3)e_1 值明显影响钻头侧向力,e_1 增大导致钻头侧向力下降,但影响幅度却小于一般的转盘钻增斜组合。即使在 e_1 值较大(近钻头稳定器外径严重磨损变小已超出常规增斜组合的允许范围)时仍具有较大的侧向造斜力和增斜特性。这也是 Gilligan 组合的特点和优点。

(4)e_2 值(上稳定器与井眼间隙之半)上升导致钻头侧向力下降,这一点与导向动力钻具正好相反。但影响幅度小,即 e_2 有较大变化时仍有很大的钻头造斜力。这也有助于在中曲率条件下进行增斜。

(5)参数 m(长度比 $m=L_a/L_b$)和 n(刚度比 $n=I_a/I_b$)是钻具设计时要考虑的,它们的理论取值对钻头侧向力有一定的影响,即增大 m 值,可使钻头侧向力上升;增大 n 值,会使钻头侧向力下降。但由于实际工程条件限制,一般取 $m\approx1$;而对 n 值,常取 $n\approx0.2$。

(6)各参数对 Gilligan 钻具钻头倾角的影响正好与对钻头侧向力的影响相反,即二者的变化有一定的抑制作用。但因钻头倾角绝对值小,其影响就小,因此在工程应用中一般可忽略钻头倾角的变化,即钻头侧向力的变化主要代表 Gilligan 的特性。

3. 弯壳体导向动力钻具

对弯壳体导向动力钻具性能影响显著的主要因素是结构参数和井眼曲率。结构参数主要是弯角的大小和位置,近钻头稳定器的外径和位置。

(1)单弯双稳导向动力钻具的结构弯角(γ)显著影响钻头侧向力和造斜率。随着 γ 的增加,钻头侧向力几乎呈线性增加。由于其他结构参数在系列产品中基本是固定的或变化不大,因此该种钻具组合的主要变化参数就是弯角,以弯角的分级变化形成规格组成系列。在水平钻井中,应用者主要是根据弯角值来选择相应的工具。

(2)弯角位置明显影响钻头侧向力和造斜率。弯角位置上移造成钻头侧向力近乎按线性下降。在设计导向钻具时要综合考虑多种因素(如造斜性能、结构性和加工工艺等)来确定弯角位置。

(3)下稳定器直径大小(或间隙值 e_1)显著影响钻头侧向力和造斜率。下稳定器直径由大变小(即 e_1 由小变大)会导致钻头侧向力近乎呈线性下降,导致造斜率降低,当超出一定允许范围会丧失造斜能力。因此,应在设计过程中合理选择外径尺寸,并在使用过程中经常检查实际外径尺寸,以防磨损超过限定范围。

(4)下稳定器的位置显著影响钻头侧向力和造斜率。随着下稳定器的上移,钻头侧向力明显下降,造斜能力降低。因此在设计钻具总体结构时,下稳定器位置是重点考虑的参数。

(5)井眼曲率显著影响导向动力钻具的钻头侧向力。在直井眼中($K=0$)中,弯壳体导向动力钻具因变形最大而钻头造斜力最大;在井眼曲率超过临界值 K_c(又称极限曲率,将在第四章详加论述)时,钻头侧向力为负值。因此,导向动力钻具的实际造斜能力和 K_c 值有一定的关系。实际工作中常利用这一关系来设计和选择工具及预测井眼造斜率。

(6)钻压对钻头侧向力影响不大,这与转盘钻组合和弯接头—动力钻具组合特性类似。随着钻压上升,单弯双稳导向钻具的钻头侧向力略有变化,呈增加趋势。这一关系表明使用该种钻具一般均可得到较大的造斜力并在钻压有一定的变化时,仍保持较为稳定的造斜能力。这一特性对轨道控制是有用的。

(7)井斜角增加时引起单弯双稳导向动力钻具钻头侧向力增加,但影响并不显著。这表明该种钻具在钻水平井时有一种相对稳定的造斜能力。

(8)上稳定器外径减小可使钻头侧向力增加但影响并不显著,且近乎呈线性关系。由于上稳定器往往是外接的钻柱稳定器,属于可在现场加以调整的结构参数,因此可作为一种补充的控制手段,通过选用不同直径的上稳定器达到控制井眼轨道的目的。

(9)对同向双弯组合和反向双弯组合,可通过改变上弯角大小来改变造斜率。特别是当用特制的弯接头形成上弯角(FAB)时,上弯角值对钻头侧向力和造斜率的影响往往可被用作一种补充调控手段。由于这一问题比较复杂,应根据软件计算确定上弯角值。笼统地认为增加上弯角或同向双弯组合的造斜率一定大于相应的单弯组合,这种观点是不对的。

(10)对导向动力钻具组合,上述参数变化对钻头倾角的影响与对钻头侧向力的影响往往是相反的,即当引起钻头侧向力增加时,同时则引起钻头倾角值减小,反之亦然,除了近钻头稳定器位置变化这一种情况例外:近钻头稳定器上移引起钻头侧向力增加且同时引起钻头倾角增加。而且在本节的数例分析范围内,钻头倾角基本均为正值(有助于造斜)。因钻头倾角值相对为小量,故在工程应用中一般只考虑钻头侧向力对轨道控制的影响即可。

参 考 文 献

[1] 白家祉,苏义脑著.井斜控制理论与实践.北京:石油工业出版社,1990
[2] Lubinshki A A. Study of Buckling of Rotary Drilling String. DPP,1950
[3] Millherm K K, et al. Bottom-Hole Assembly Analysis Using the Finite-Element method. JPT,1978,2
[4] Walker B H. Some Technical and Economic Aspects of Stabilizer Placement. JPT,1973,6
[5] 白家祉.应用纵横弯曲连续梁理论求解钻具组合的受力与变形.SPE,10561
[6] 苏义脑,白家祉.用纵横弯曲法对弯接头—井下动力钻具组合的三维分析.石油学报,1991,12(3)
[7] Писаренко Г С 等,范钦珊,朱祖成译.材料力学手册.北京:中国建筑工业出版社,1981
[8] 陈至达.有理力学(非线性连续力学).北京:中国矿业大学出版社,1988
[9] 苏义脑,张海.水平井钻组合大变形有限元分析.石油钻探技术,1995,23(1)
[10] Timoshenko S,张福范译.弹性稳定理论.北京:科技出版社,1958
[11] Su Yinao, and Zhang Guohong. Performance Analysis and Design of Gilligan BHA. 西部探矿工程,1996,8(5)

第四章 井眼轨道预测方法

第一节 概 述

在钻井过程中,预测是控制的基础。如果没有精确的井眼轨道参数预测,要想实现准确的控制是不可能的。因水平钻井包含着陆控制和水平控制,如前所述,其控制难度一般要高于定向井,故水平井的井眼轨道预测就显得更加必要和重要。

在20世纪80年代,国内外钻井界对定向井井眼轨道预测的研究,取得了明显进展,出现了多种预测理论和方法,主要有以下几种[1]:

(1)根据经验评选钻具组合的造斜率并以此预测井斜变化。

(2)把钻头侧向力作为定量指标来预测井斜变化[2]。

(3)把钻头合力方向作为实际钻进方向[3,4]。

(4)把钻头轴线方向作为实际钻进方向。

(5)把"平衡曲率"作为钻进曲率以确定钻进方向[5,6]。

(6)用岩石—钻头的相互作用模型确定钻进方向[7,8,9]。

(7)用力—位移模型来确定钻进方向[1,10]。

定向井的钻井实践表明:方法(1)因建立在经验基础上,在同一地区使用具有一定的准确性和可靠性,但在不同地区往往误差甚大,因而使其应用范围受到很大限制;对方法(2)、(3)、(4)来说,因未考虑地层因素的影响,一般情况下其预测效果常带来明显误差;方法(6)、(7)均建立在一系列理论模型的基础上,可以作为较精确的预测方法和手段,但预测程序中要用到地层、钻头等一些特征参数,增加了应用的工作量和难度。但总的来说,这两种方法仍可作为井眼轨道预测的普遍方法。

水平井井眼的轨道预测是定向井井眼轨道预测的进一步扩展,预测方法本质上并无根本区别。除上述的两种普遍方法可直接应用到水平井外,由于水平井钻井本身的特殊性,有可能把上述几种不同的方法加以综合研究和发展,以形成在水平井中实用的预测新方法。

在长、中半径水平井的钻井过程中,有两个突出特点值得注意:

其一,在钻井过程中较普遍地采用各种弯壳体导向动力钻具。弯壳体弯点离钻头距离远远小于常规的弯接头—井下动力钻具,因而钻头侧向力大,造斜率高。尤其对中半径水平井,弯壳体的弯角较大,其钻头侧向力往往是常规定向井中所用的弯接头—井下动力钻具的几倍甚至10倍以上。

其二,在井斜角由0°到90°的渐增过程中,地层力经历了由正变负(跨越零值)的过程。因动力钻具允许使用的钻压较小,则与钻压成正比的地层力和钻具组合弹性变形产生的钻头侧向力相比是个小量。

基于上述特点可知,在水平钻井中,钻具组合的造斜能力基本上确定了井眼曲率。因此对工具和下部钻具组合造斜能力的研究,成为水平井井眼轨道预测方法研究的重要内容。在这方面的代表性方法有国外流行的三点定圆法(Three point geometry[12])和国内提出的极限曲率法[16](又称 K_c 法)。

本章将主要介绍预测井眼轨道的力—位移模型、预测工具造斜能力的三点定圆法和极限曲率法及其极限曲率法在工具设计、选型和水平井井眼轨道预测、控制方面的应用。

第二节　预测井眼轨道的力—位移模型法

一、力—位移模型法及其重点简述[1,10]

力—位移模型法是以力—位移模型为基础和求解思路,以计算机电算程序为求解手段的一种预测井眼参数的基本方法。要了解和掌握力—位移模型法,必须首先了解力—位移模型的基本思路和所含的主要环节。

1. 力—位移模型

钻头上的作用力可沿 3 个正交的坐标轴分解成 3 个三维分力,三维分力在 3 个坐标轴方向产生相应的三维分位移。只要确定了 3 个分位移,即可确定合位移,即钻头轨迹(亦即井眼轨道)。这就是力—位移模型。如图 4-1 所示。

钻头上的合力 $\vec{R_B}$ 可按图 4-1 所示的空间正交坐标系分解为 3 个三维分力:

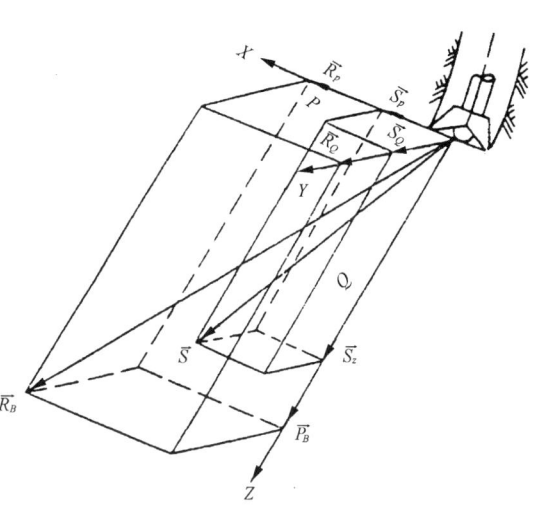

$$\vec{R_B} = \vec{R_P} + \vec{R_Q} + \vec{P_B} \quad (4-1)$$

图 4-1　预测井眼轨道的力—位移模型

式中　$\vec{R_P}$——变井斜力,作用在井斜平面 P 内,如前所述 P 平面通过井眼轴线与铅垂线;

$\vec{R_Q}$——变方位力,作用在方位平面 Q 内,Q 平面通过井眼轴线且与 P 平面正交;

$\vec{P_B}$——钻压,通过钻头处的井眼轴线切线即 P 平面和 Q 平面的交线。

进一步还可对 $\vec{R_P}$、$\vec{R_Q}$ 作如下分解:

$$\vec{R_P} = \vec{P_\alpha} + \vec{F_\alpha} \quad (4-2)$$

$$\vec{R_Q} = \vec{P_\phi} + \vec{F_\phi} \quad (4-3)$$

式中　$\vec{P_\alpha}$——钻具变井斜力;
　　　$\vec{P_\phi}$——钻具变方位力;
　　　$\vec{F_\alpha}$——地层变井斜力;
　　　$\vec{F_\phi}$——地层变方位力。

钻头上的合位移 $\vec{S}$ 可沿图 4-1 的坐标轴 X,Y,Z 分解为相应的三维分位移,即

$$\vec{S}=\vec{S_P}+\vec{S_Q}+\vec{S_Z} \qquad (4-4)$$

式中 $\vec{S_P}$——P 平面内的分位移;

$\vec{S_Q}$——Q 平面内的分位移;

$\vec{S_Z}$——轴向进尺(轴向分位移)。

2. 力—位移模型法的主要环节和程序框图

由力—位移模型可知,力是影响钻头轨迹的本质要素。钻头上的三维分力是下部钻具组合的结构(包括钻头)、井身几何形状、钻井工艺参数和地层特性等 4 类因素综合作用的结果,是钻具组合力、钻压与地层的合力的分量。钻头倾角反映钻压在工作时的姿态,它影响钻头合力对三维分力的分配关系。但力不是影响井眼轨道的唯一要素。位移不仅决定于力,而且还决定于钻头和岩石间的综合切削效果(轴向进尺和侧向切削量)。通过建立力向位移转化的模型(侧向切削模型和轴向切削模型即钻速模型),即可确定三维分位移,并按空间几何关系进一步确定出井斜角和方位角、井斜变化率和方位变化率。在此基础上,按一定井段由预测模型逐点外推,即可定量预测井眼轨道。

力—位移模型提出了一种预测、判断和控制井眼轨道的途径,把力与位移及其关系作为求解问题的关键。力—位移模型法的主要构成环节如下:

(1)钻具分析模型→确定 $\vec{P_\alpha}$ 和 $\vec{P_\phi}$;

(2)地层力分析模型→确定 $\vec{F_\alpha}$ 和 $\vec{F_\phi}$;

(3)侧向切削模型→确定 $\vec{S_P}$ 和 $\vec{S_Q}$;

(4)轴向切削模型→确定 $\vec{S_Z}$ 和机械钻速值 R;

(5)轨道参数计算模型→确定 $\hat{\alpha},\dot{\phi},\Delta\hat{\alpha}/\Delta L,\Delta\phi/\Delta L$(即预报井斜角、方位角、井斜变化率和方位变化率)。

图 4-2 是力—位移模型法井眼轨道预测与控制系统的示意框图。

本书第三章已经详细论述了中半径水平井下部钻具组合的钻具力分析模型和方法(即 BHA 大挠度分析的有限元法和纵横弯曲法);关于轴向切削模型即钻速方程,很多教材与论文均有介绍,本书不再赘述。以下将对地层力分析、侧向切削及轨道参数计算的模型和方法加以简介。

二、地层力的定量计算[10]

地层作用是造成井斜和方位漂移的重要原因。国内外在这一方面的大量研究成果基本可分为定性理论和定量理论两大类[10],笔者提出的地层力理论和方法属于一种定量理论[10,11]。

地层力是把地层对钻头的偏斜作用归结为宏观的力效应,它包括地层变井斜力和地层变方位力。地层力理论和方法就是综合考虑地层各向异性和钻头各向切削异性、地层倾角和走向、钻进方向和钻压等因素的影响,对地层力进行定量的分析计算。

1. 地层变井斜力 $\vec{F_\alpha}$ 和地层变方位力 $\vec{F_\phi}$

在定向钻井中,普遍的情况是钻压 $\vec{P_B}$ 并不位于地层剖面内,钻进方位和地层上倾方位存在夹角,因此地层力同时既有变井斜效应也有变方位效应,即存在地层变井斜力 $\vec{F_\alpha}$ 和地层变

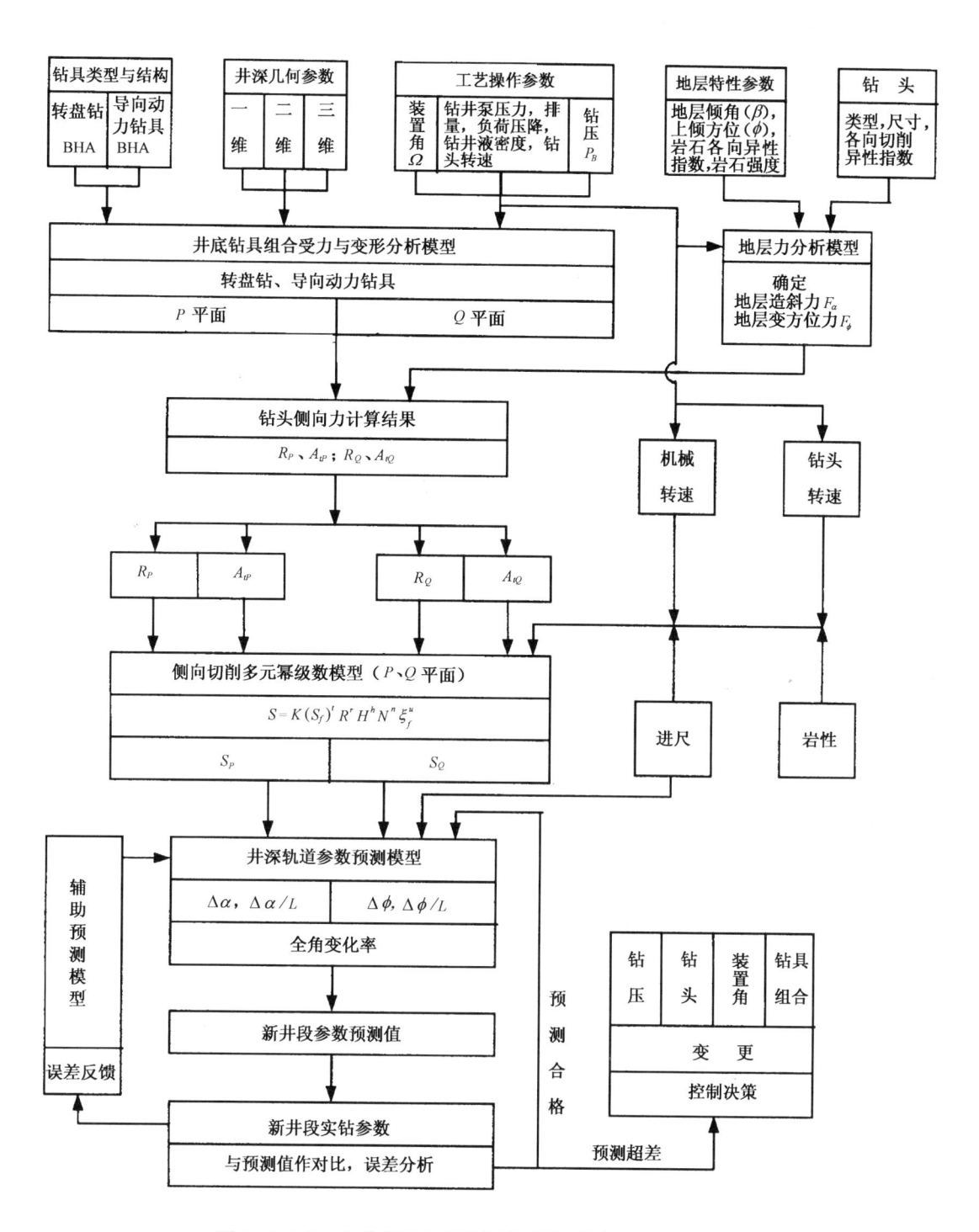

图 4-2 力—位移模型法井眼轨道预测与控制系统的示意框图

方位力 $\vec{F_\phi}$。

由图 4-3 所示的钻压圆锥(其半顶角为井斜角 α，钻压 $\vec{P_B}$ 为圆锥的一条母线，$\vec{P_B}$ 所在的铅垂面即 P 平面与地层剖面的夹角为 $\Delta\phi$，则

$$\vec{P_B}' = \vec{P_B}' + \vec{P_B}'' \tag{4-5}$$

地层剖面内的 $\vec{P_B'}$ 引起的地层力 F_f' 为

$$F_f' = \frac{H\mathrm{tg}(\beta-\alpha)\cdot P_B'}{1-H\mathrm{tg}^2(\beta-\alpha)} \tag{4-6}$$

其中

$$P_B' = \frac{\cos\alpha}{\cos\alpha'}P_B \tag{4-7}$$

$$\alpha' = \mathrm{arctg}(\mathrm{tg}\alpha \cdot \cos\Delta\phi) \tag{4-8}$$

$$\Delta\phi = \phi_w - \phi_s \tag{4-9}$$

以上 ϕ_w 是井身方位角，ϕ_s 是地层上倾方位角，H 是综合切削异性指数，β 是地层倾角。

由图 4-4 所示的几何关系可知

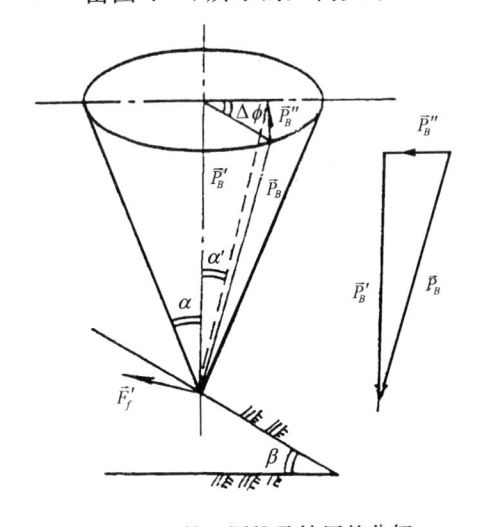

图 4-3 钻压圆锥及钻压的分解

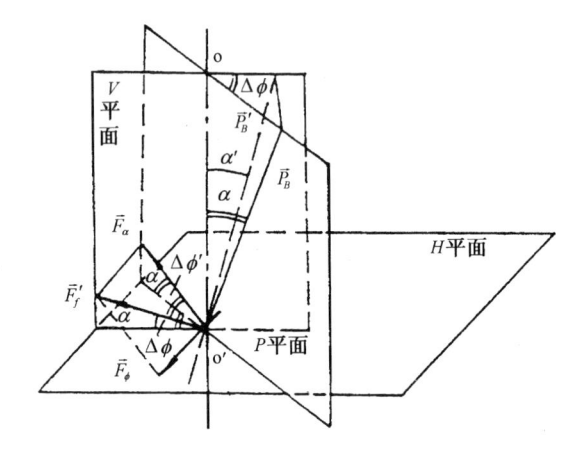

图 4-4 地层变井斜力 F_α 和地层变方位力 F_ϕ 的分析

$$\vec{F_f}' = \vec{F_\alpha} + \vec{F_\phi} \tag{4-10}$$

并可推出

$$F_\alpha = F_f'\cos\Delta\phi' \tag{4-11}$$

$$F_\phi = -F_f'\sin\Delta\phi' \tag{4-12}$$

$$\Delta\phi' = \arccos[\cos\Delta\phi\cos\alpha\cos\alpha' + \sin\alpha\sin\alpha'] \tag{4-13}$$

因 $\alpha' < \alpha$，当 α 较小时，可推出 $\Delta\phi' \approx \Delta\phi$，则 F_α，F_ϕ 可简化为如下的近似公式：

$$F_\alpha \approx F_f'\cos\Delta\phi \tag{4-14}$$

$$F_\phi \approx F_f'\sin\Delta\phi \tag{4-15}$$

F_f' 的符号规定是指向上倾为正,指向下倾为负。

关于 F_α,F_ϕ 的符号、性质及 $\Delta\phi$ 所在象限的关系参见表 4-1 和表 4-2。

表 4-1　F_α,F_ϕ 的符号和性质的关系

符号	+	-	0
F_α	造斜(↑)	降斜(↓)	不变井斜(—)
F_ϕ	增方位(→)	减方位(←)	不变方位(∣)

表 4-2　F_α,F_ϕ 的符号和 $\Delta\phi$ 所在象限的关系

F_f'	上　倾		下　倾	
$\Delta\phi$ 所在象限	F_α	F_ϕ	F_α	F_ϕ
Ⅰ	+	-	-	+
Ⅱ	-	-	+	+
Ⅲ	-	+	+	-
Ⅳ	+	+	-	-

关于地层力理论的详细内容以及地层自然造斜力的分析和计算,读者可自行参阅文献[10,11]。

2.综合切削各向异性指数 H 的求法

综合切削各向异性指数 H 是计算地层力的重要参数,它包括了岩石各向异性、钻头类型和结构状态、钻头和地层的相对位置、地层倾角、钻头倾角的影响,可由计算公式求出[10,11]。但计算 H 值时所涉及的参数很多,其中某些参数还需靠室内实验确定(如 K_{90},m 值等),因此在实际工作中,H 值通常是由实钻资料统计反求。

可利用转盘钻稳斜组合在稳斜状态时,钻具力 $\vec{P_\alpha}$ 和地层变井斜力 $\vec{F_\alpha}$ 达到平衡状态这一条件来求 H 值。

实钻过程中的平衡状态是指钻进 100m 以上,井斜角起伏变化在 0.5° 以内的情况,如果 α 逐步递增或递减,则不为平衡状态。

H 值可由下式求出:

$$H = \frac{P_\alpha[1 + \text{tg}^2(\beta - \alpha')]}{P_\alpha + P_B'\text{tg}(\beta - \alpha')\cos\Delta\phi'} \qquad (4-16)$$

3.地层倾角 β 和地层上倾方位 ϕ_s 的解析计算

地层倾角 β 和地层上倾方位 ϕ_s(反映地层走向)是地层的产状要素,也是地层力分析计算的基本输入参数,应由井的地质设计部分提供。但在生产实际中,一口井的设计书缺省这些参数是常有的事,并且有时提供的地层倾角存在明显误差。在这种情况下,可通过下述的计算方法来求解 β 和 ϕ_s。

从所需计算 β,ϕ_s 的区块找 3 口相邻近的井,并要求这 3 口井的海拔 s 标高相同且 3 口井间无断层穿过,则有

$$\beta = \arccos\frac{c}{\sqrt{b^2 + c^2 + 1}} \qquad (4-17)$$

$$\phi_s = \text{arctg}\left(\frac{1}{b}\right) + 180° \qquad (4-18)$$

其中

$$b = -\frac{\begin{vmatrix} x'_1 & h_1 & 1 \\ x'_2 & h_2 & 1 \\ x'_3 & h_3 & 1 \end{vmatrix}}{\begin{vmatrix} y'_1 & h_1 & 1 \\ y'_2 & h_2 & 1 \\ y'_3 & h_3 & 1 \end{vmatrix}} \qquad c = -\frac{\begin{vmatrix} y'_1 & x'_1 & 1 \\ y'_2 & x'_2 & 1 \\ y'_3 & x'_3 & 1 \end{vmatrix}}{\begin{vmatrix} y'_1 & h_1 & 1 \\ y'_2 & h_2 & 1 \\ y'_3 & h_3 & 1 \end{vmatrix}}$$

以上 x'_i, y'_i, h'_i 分别表示在计算层面上第 i 口井的层点横坐标(东西)、纵坐标(南北)和垂深(取负值),$i=1,2,3$。

为减少原始数据带来的误差,可选 r 口井($r>3$),从其中任选 3 口进行组合计算,再求平均值:

$$\overline{\beta} = (\sum_{i=1}^{c_r^3} \beta_i)/c_r^3$$

$$\overline{\phi}_s = [\sum (\phi_s)_i]/c_r^3$$

三、侧向切削的多元幂积模型

确定钻头上的变井斜力 R_ρ、变方位力 R_ϕ 所产生的分位移即侧向位移 S_ρ, S_Q 的值,也是力—位移模型法的关键环节。本书给出如下的侧向切削多元幂积模型,由于该模型是建立在理论分析和以实钻数据为样本的多元理论统计基础上,所以用于实际预测时具有较高的准确性和可靠度。

1. 多元幂积模型

经理论研究与实际结果分析,建立如下的多元幂积切削模型

$$S_c = K(S_f)^t R^r (\Delta H)^h N^n (\xi_f)^u \tag{4-19}$$

式中　S_c——侧向切削量(即 S_ρ 或 S_Q);

S_f——侧向切削力(即 R_ρ 或 R_Q);

R——机械钻速;

ΔH——轴向进尺;

N——钻头转速;

ξ_f——岩石强度指标;

K——系数,与上述所列因素之外的其他因素有关,诸如钻头类型、井底状况、井下水力条件等。

由于在实际钻井过程中有些因素可能是相对不变的,如岩性、钻头转速等,则实际应用中上述模型还可以进一步简化为

四元模型　　　　　　　$S_4 = K_4(S_f)^t R^r (\Delta H)^h N^n$ 　　　　　　(4-20)

三元模型　　　　　　　$S_3 = K_3(S_f)^t R^r (\Delta H)^h$ 　　　　　　　　(4-21)

须指出,在简化处理中,去掉的参数仅是从形式上被忽略,它们的实际影响还将存在,体现在模型系数和指数的取值上。

为确定模型中的指数和系数,可对原模型取对数(自然对数或常用对数),则得

$$Y = b_0 + \sum_{i=1}^{m} b_i x_i \tag{4-22}$$

其中 m 是所选变量个数(元数)。

原模型中指数与 b_i 相对应,且不因所取对数类型改变而改变;b_0 依赖于所取对数的类型,但最终不影响系数 K 的值。

依式(4-22)对实钻样本数据进行多元线性回归以确定 b_0 和 $b_i(i=1\sim m)$,进而确定多元幂积模型的指数与系数。对这一中间处理环节须进行统计检验,如 F_s(F 比)、R_s(复相关系数)、S_s(剩余标准差)检验,用以判断回归精度。

上述多元幂积模型对井斜平面和方位平面内的侧切问题均适用。在运用式(4-19)~(4-21)确定 S_p 或 S_Q 时,相应的钻头侧向力 R_p 或 R_Q 由式(4-2)或式(4-3)式确定。

2. 侧向切削计算的程序化

图 4-5 是多元幂积模型建模计算与预测的程序框图,程序中含有数据预处理(对数化)、计算回归方程、检验回归精度、实值预测和打印输出、拟合值打印与样本数据更新等主要环节。由中间过程打印的 Q_s(剩余平方和),U_s(回归平方和),F_s、R_s 及 S_s 等,可判断回归精度。该程序可对选定的样本组建立侧向切削模型,并预测未钻井段的侧向切削量,可以自动进行数据更新,淘汰远期样本并补充最新样本,保证新建模型更精确地反映当前钻进过程。

应注意,在确定自变量个数 m 和样本组数 N_s 时,须保证

$$N_s > m + 1 \tag{4-23}$$

四、轨道参数预测模型

$$\hat{\alpha}_{i+1} = \alpha_i + \Delta\hat{\alpha}_{i,i+1} \tag{4-24}$$

$$\Delta\hat{\alpha}_{i,i+1} = \frac{2(\hat{S}_p)_{i,i+1}}{\Delta H_{i,i+1}} \tag{4-25}$$

$$(\Delta\hat{\alpha}_{10})_{i,i+1} = 1146 \frac{(\hat{S}_p)_{i,i+1}}{\Delta H_{i,i+1}} \tag{4-26}$$

$$\hat{\phi}_{i+1} = \phi_i + \Delta\hat{\phi}_{i,i+1} \tag{4-27}$$

$$\Delta\hat{\phi}_{i,i+1} = \mathrm{arctg} \frac{(\hat{S}_Q)_{i,i+1}}{(\Delta H_{i,i+1})\sin\frac{\alpha_i + \hat{\alpha}_{i+1}}{2}} \tag{4-28}$$

$$(\Delta\hat{\phi}_{10})_{i,i+1} = \frac{573}{\Delta H_{i,i+1}} \cdot \mathrm{arctg} \frac{(\hat{S}_Q)_{i,i+1}}{(\Delta H_{i,i+1})\sin\frac{\alpha_i + \hat{\alpha}_{i+1}}{2}} \tag{4-29}$$

式中 α_i,ϕ_i——实测点 i 处的井斜角值和方位角值;

$\hat{\alpha}_{i+1},\hat{\phi}_{i+1}$——预测点 $i+1$ 处的井斜角、方位角的预测值;

$\Delta\hat{\alpha}_{i,i+1},\Delta\hat{\phi}_{i,i+1}$——从点 i 到 $i+1$ 间井段即预测井段上井斜角、方位角增量的预测值,rad;

$(\Delta\hat{\alpha}_{10})_{i,i+1},(\Delta\hat{\phi}_{10})_{i,i+1}$——预测井段上的 10m 造斜率与 10m 变方位率的预测值,°/10m;

$(\hat{S}_p)_{i,i+1},(\hat{S}_Q)_{i,i+1}$——预测井段上相应的井斜平面和方位平面内的侧切量预测值;

$\Delta H_{i,i+1}$——预测井段长,m。

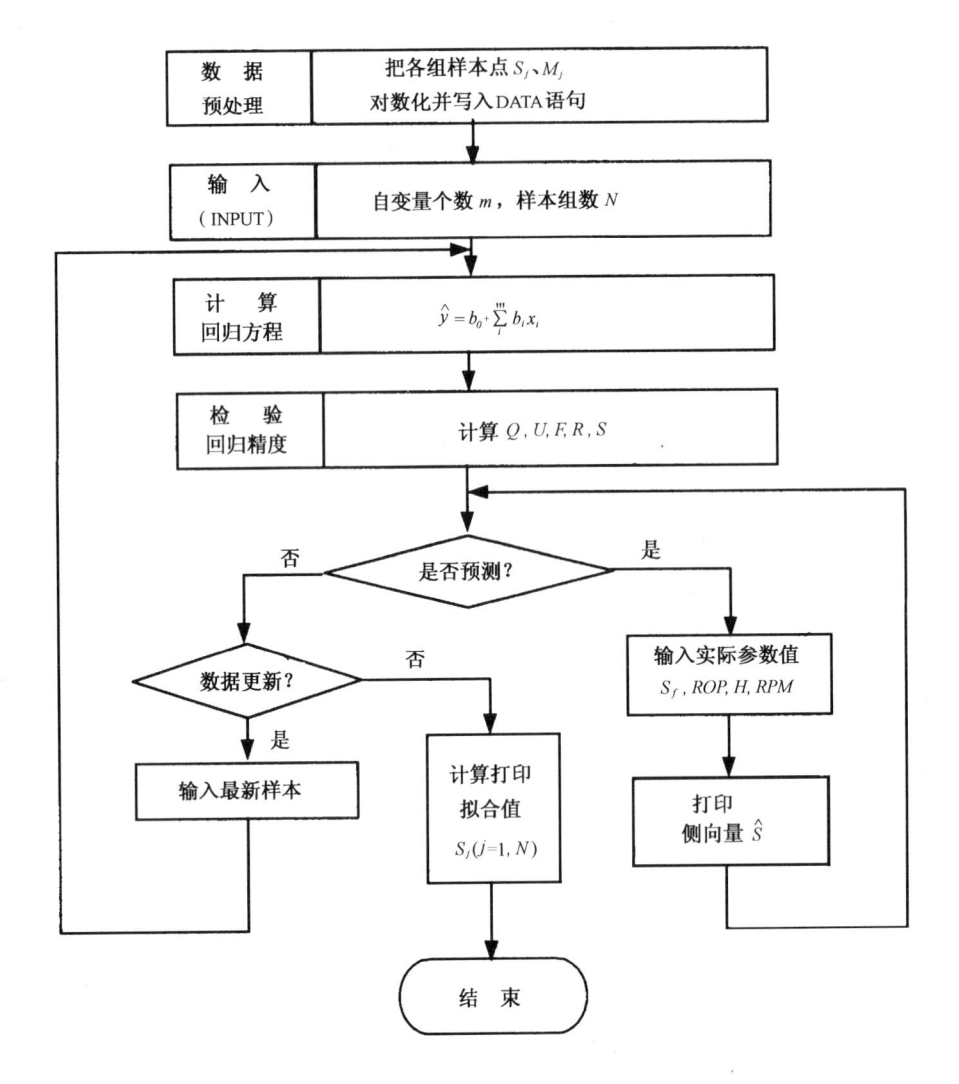

图 4-5 多元幂积模型建模计算与预测框图

在上述计算公式中，$(\hat{S}_p)_{i,i+1}$，$(\hat{S}_Q)_{i,i+1}$由侧向切削模型预测决定，一般常用三元(或四元)模型。侧切建模所需的机械钻速(R)可由钻速方程计算或由现场实测确定。

综上所述可知，力—位移模型法是以图 4-2 所示的 BHA 受力变形分析模型、地层力分析模型、侧向切削多元幂积模型和轨道参数预测模型为基础，来揭示钻头上的作用力、位移与 BHA 结构参数、钻井工艺参数、已钻井眼几何参数和地层特性参数间的内在联系，从而对待钻井段进行轨道预测和控制。这一预测方法对探讨钻井机理、指导现场施工均有重要作用。若调用钻井数据库，这一预测方法可定量描述不同油田、不同地区、不同层段、不同组合和不同措施下的井眼轨道参数变化规律，为远程的井眼轨道控制决策提供依据。因此，力—位移模型预测法是一种普遍的预测方法，它不仅可以用于定向井，也可以用于水平井以及其他特殊工艺井的井眼轨道预测。

笔者曾把上述的力—位移模型法作为预测水平井井眼轨道的一种基本方法，证明效果颇佳。文献[14]也曾用多元幂积侧切模型预测某水平井，统计检验指标和实测与预测的对比结果均表明具有很好的应用效果。

第三节 预测工具造斜能力的三点定圆法

本节介绍目前在国外普遍采用的、计算带有双稳定器的单弯壳体动力钻具组合造斜率的"三点定圆法",以及计算同向双弯组合造斜率的"双半径法"和对这些方法的分析评价。

一、三点定圆法

1985年,美国Norton Christensen公司的H.Karisson等人,提出了计算带有双稳定器单弯壳体动力钻具组合性能的三点定圆法(Tree point geomety)[12],认为钻头和两个稳定器这3点确定的圆弧即为可钻出的井眼轨道,如图4-6所示,并可导出如下关系:

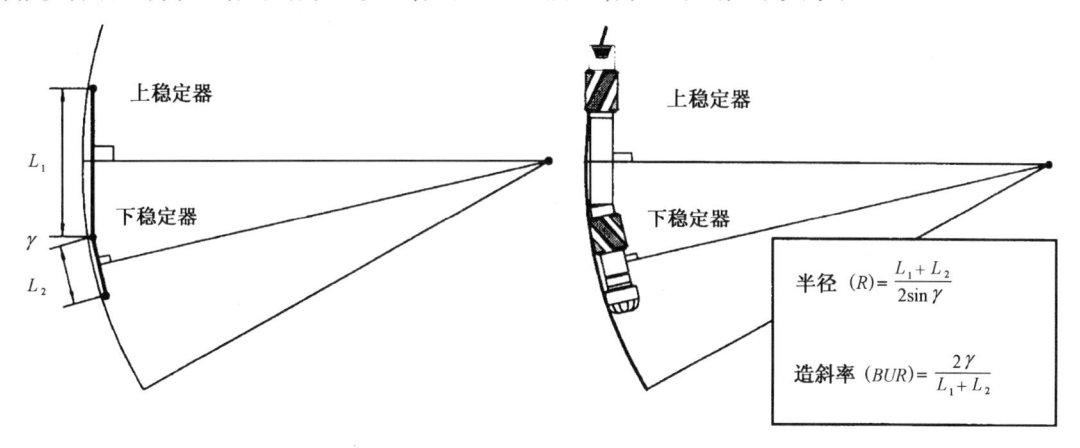

图 4-6 三点定圆法示意图

$$K = \frac{2\gamma}{L_1 + L_2} \quad (4-30)$$

和

$$R = \frac{L_1 + L_2}{2\gamma} \quad (4-31)$$

式中 K——工具造斜率或井眼曲率;
R——井眼曲率半径;
γ——工具的结构弯角;
L_1——下稳定器中心至钻头底面的距离;
L_2——上、下两个稳定器的中心距。

二、双半径法

对于不带稳定器的同向双弯组合,三点定圆法因找不到"三点"而无法应用。针对这种情况,美国AEC油气公司的B.R.Hassen等人在三点定圆法的基础上提出了"双半径法"[13],如图4-7所示。

因为同向双弯钻具往往是由一个单弯壳体(Bent Housing)动力钻具在其马达上方加装一个共面的造斜弯接头(Kick off Sub,即图中的 KS 构成的组合,因此 Hassen 等人认为当下部钻具组合的几何形状一定时,两段弧线的曲率半径 R_1 和 R_2 为

$$R_1 = \frac{L_1}{2\sin(KS)} \quad (4-32)$$

$$R_2 = \frac{L_2}{2\sin(BH-KS)} \quad (4-33)$$

即等于井眼的曲率半径 R,也就是

$$R = \frac{L_1}{2\sin(KS)} = \frac{L_2}{2\sin(BH-KS)} \quad (4-34)$$

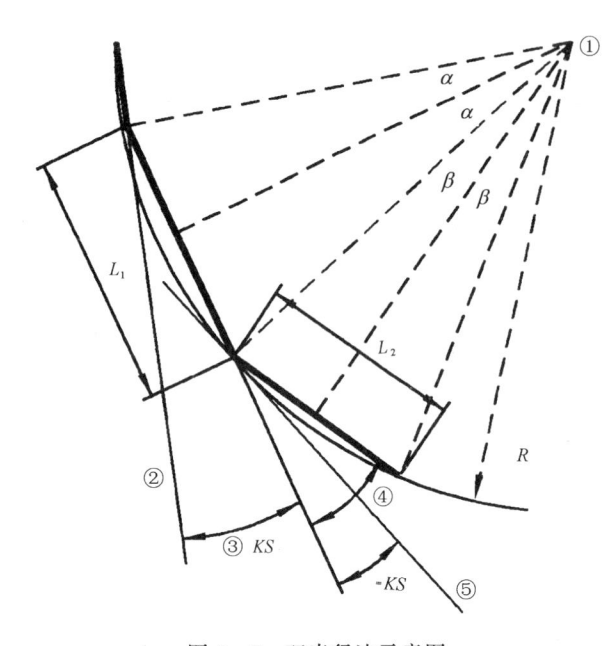

图 4-7 双半径法示意图
①曲率中心;②弯接头处井身曲线的切线;③造斜短节的角度;④弯外壳的角度;⑤弯外壳处井身曲线的切线

式中　KS——上弯接头角度;
　　　BH——弯壳体角度;
　　　L_1——上、下两弯点间的距离;
　　　L_2——弯壳体弯点至钻头底面的距离。

三、对三点定圆法和双半径法的分析和评价[16]

三点定圆法及由此演变而来的双半径法的优点在于计算简单,强调了结构弯角对工具造斜能力的影响,并在一定程度上反映了稳定器位置的影响。但其缺点也十分突出,例如:

(1)这种简单的造斜率计算方法,未考虑钻具的受力与变形对造斜率的影响,即把造斜率计算建立在绝对刚性条件下的几何关系基础上。

(2)未考虑钻具刚度对造斜率的影响,用三点定圆法计算 γ,L_1,L_2 等参数对应相等但直径、刚度却不相同的工具时所得的造斜率相同。

(3)未考虑近钻头稳定器位置(L_1)对造斜率的影响,由式(4-30)可得出,在上稳定器固定的前提下(L_1+L_2=常量),若移动近钻头稳定器(L_1 变化)而不会改变工具的造斜率,这一结论与钻井实践明显相悖。

(4)未考虑井眼扩大对工具造斜率的影响。

(5)由式(4-30)可推出转盘钻 BHA(无结构弯角即 $\gamma=0$)不会变更井斜的推论(由 $\gamma=0$ $\Rightarrow K=0 \Rightarrow$ 必然稳斜),但实际上转盘钻的 BHA 有降斜、增斜和稳斜之分。

(6)当不接上稳定器时,三点定圆法因找不到"三点"而无法用式(4-30)计算造斜率。

(7)双半径法对钻具结构尺寸提出了过于严格的限制,即满足式(4-34)时才会有确定的造斜率;当实际结构尺寸使 $R_1 \neq R_2$ 时,则无法确定工具的造斜率;实际上应用的工具绝大多数都不满足这种人为的限制,但它们都具有一定的造斜率。

(8)双半径法规定 KS 角即弯接头以上的钻柱沿井身切线,这是缺乏实际与理论依据的。

(9)钻井实践表明,用三点定圆法和双半径法进行预测计算的结果,与实测结果相比往往

存在十分明显的误差,以致不便用作决策参考的依据。

Smith Internationl 公司也曾指出:上述方法过于简单化;由上述公式可知增大 L_2 必然降低造斜率,而现场经验与 Smith Internationl 公司的计算机程序则表明,它会增大造斜率。

第四节 预测工具造斜能力的极限曲率法[16]

一、基本概念

现提出以下几个基本概念,以作为极限曲率法的基础:

(1)极限曲率(K_c):是指下部钻具组合的侧向力为零时所对应的井眼曲率值。

(2)工具造斜能力($\overline{K}_T$):是指工具在钻井过程中,改变井斜和方位的平均综合能力,即指全角变化率而非单指井斜角变化率。

(3)工具造斜率($\overline{K}_{T\alpha}$):又称工具实际造斜能力,是指工具在钻进过程中的实际造斜率。

二、极限曲率法(K_c)

根据理论分析和钻井实践,K_c,$\overline{K}_T$,$\overline{K}_{T\alpha}$ 间存在如下关系:

$$\overline{K}_T = AK_c \tag{4-35}$$

$$\overline{K}_{T\alpha} = B\overline{K}_T \tag{4-36}$$

或

$$\overline{K}_{T\alpha} = (A \cdot B)K_c \tag{4-37}$$

一般情况下系数 A 可取 0.70~0.85,地层造斜能力强时取上限。当使用随钻测斜仪 MWD 或 SST 测量时,由于工具对准度高,则实钻井眼的井斜变化率基本接近 $\overline{K}_T$ 值,即可用式(4-35)来预测井斜变化率 K_α。当用单点测斜仪时,因工具面对准度低而使工具的造斜能力不能全部发挥,因此实钻的井斜变化率 K_α 低于 $\overline{K}_T$ 值。此时可用式(4-36)或式(4-37)来预测井斜变化率 K_α,折减系数 B 按经验取为 $B=0.8~0.9$。

在一般计算与粗略预测中往往采用下式:

$$\overline{K}_{T\alpha} = 0.7K_c \tag{4-38}$$

经对大庆油田树平 1 井多种工具和多个井段的数据处理表明,$\overline{K}_{T\alpha}/K_c \approx 0.68$。

K_c 值是下部钻具组合或造斜工具的一项重要力学指标,它是工具结构参数、井眼几何条件和工艺操作参数的函数。K_c 值可由求解下部钻具组合受力与变形的计算软件确定。本书将在后面的"极限分析"中介绍 K_c 值的求法。

由上述可知,极限曲率法是建立在下部钻具组合受力与变形的基础上,综合考虑了工具或下部钻具组合的诸多结构参数(如结构弯角的大小及位置,上、下稳定器的位置和外径,钻具的刚度等),工艺操作参数(如钻压)和井身几何参数(如井斜、井径等)对工具或下部钻具组合造斜能力的影响,基本确定了它与极限曲率(K_c)值的比例关系。进一步考虑到实钻过程中地层因素和工艺参数(主要是工具面角的对正程度)的影响,再次对造斜率系数加以修正。

极限曲率法和平衡曲率法有着本质的区别。平衡曲率法是 M. Birades 和 R. Fenoul 首先提出的一预测井眼曲率的方法[15]。按照这一方法,井眼轨道的曲率将等于下部钻具组合的

"平衡曲率"(Balance curvature),即当钻头侧向力值为零时的井眼曲率,达到一种平衡状态。实际表明,实钻井眼曲率值小于这一"平衡曲率",对钻进机理的研究也可证明这一点。本书用"极限曲率"这一概念取代平衡曲率,反映了这两种方法在认识上的根本差别;进一步采用系数(小于1)加以定量化,从而确定了工具造斜能力和实钻曲率与极限曲率 K_c 间的关系。因此可以说,与平衡曲率相比,极限曲率法体现了对钻井机理认识的深化和预测技术的进步。

极限曲率法与三点定圆法也存在着本质的不同。极限曲率法地建立在下部钻具组合受力与弹性变形基础上,正是因为 BHA 的受力变形产生了钻头侧向力和钻头倾角,侧向力造成侧向切削位移,从而才能发生井斜和方位的变化。而三点定圆法仅是从几何关系上来简单地估算工具的造斜率,其隐含的前提是工具的刚度无穷大,即工具在井下不产生任何弹性变形,这是不符合造斜机理的。因此,采用三点定圆法来预测实钻井眼曲率值必然会存在较大误差;反之,用三点定圆法指导工具设计也必然会有较大误差,而且很重要的结构参数(如稳定器外径、第一稳定器的位置、弯点位置、钻具的刚度等)因无法反映在三点定圆法公式中从而使钻具设计无法进行。

三、K_c 值的求法——极限分析

BHA 的钻头侧向力计算是先给出井眼曲率 K 值及其他参数值,然后求出相应的钻头侧向力,这一问题是 BHA 受力与变形分析的正演问题。极限曲率的计算则是求当钻头侧向力为零时的井眼曲率值 K_c,这一问题则是 BHA 受力变形的反演问题。

现假定除井身曲率 K 和钻头侧向力 R 外,其他参数如钻具结构参数、井眼几何条件参数和工艺操作参数均为固定不变,则上述正演问题可归结为一函数关系 $R=F(K)$,R 是自变量 K 的函数。反之,反演问题可归结为函数 $R=F(K)$ 的反函数 $K=f(R)$。极限分析就是求当 $R=0$ 时的井身曲率值 K_c,限

$$K|_{R=0} = K_c$$

由于 BHA 受力变形分析的复杂性,实际上并不能直接写出 $K=f(R)$ 的表达式。要确定 K_c 值,一种方法是用常规的 BHA 分析程序即正演程序,通过累试法逐步逼近 K_c 值;而另一种方法则是寻求一个适当的插值函数 $\phi(R)$,通过求解插值问题来定出 K_c 值。

按照数学上的定义,插值函数 $\phi(R)$ 非常逼近函数 $f(R)$,且对于插值节点 R_i,有

$$\phi(R_i) = f(R_i)$$

插值问题可归结为两点:一是根据实际问题选择恰当的函数类,因为寻找插值函数 $\phi(R)$ 的方法很多,$\phi(R)$ 有多种类型可供选择,如有理分式、三角多项式和代数多项式等,但类别不同则逼近 $f(R)$ 的效果就不同;二是对选定的类型构造具体的 $\phi(R)$ 表达式。

计算分析表明,对极限分析问题采用多项式插值函数类型和用 Aitken 插值法构造 $\phi(R)$ 表达式,具有便于程序实现、节约机时和精度高等优点,而且选四个节点进行插值,就能得到较好的插值结果。

BHA 极限分析的 Aitken 插值计算程序(反演程序)框图如图 4-8 所示。

这种插值计算的主要步骤如下:

(1)利用 BHA 受力变形程序(正演程序)进行 4 次循环计算,依次求出 $K=0,5,10,15$(°/30m)时对应的钻头侧向力 $R=R_1,R_2,R_3,R_4$。

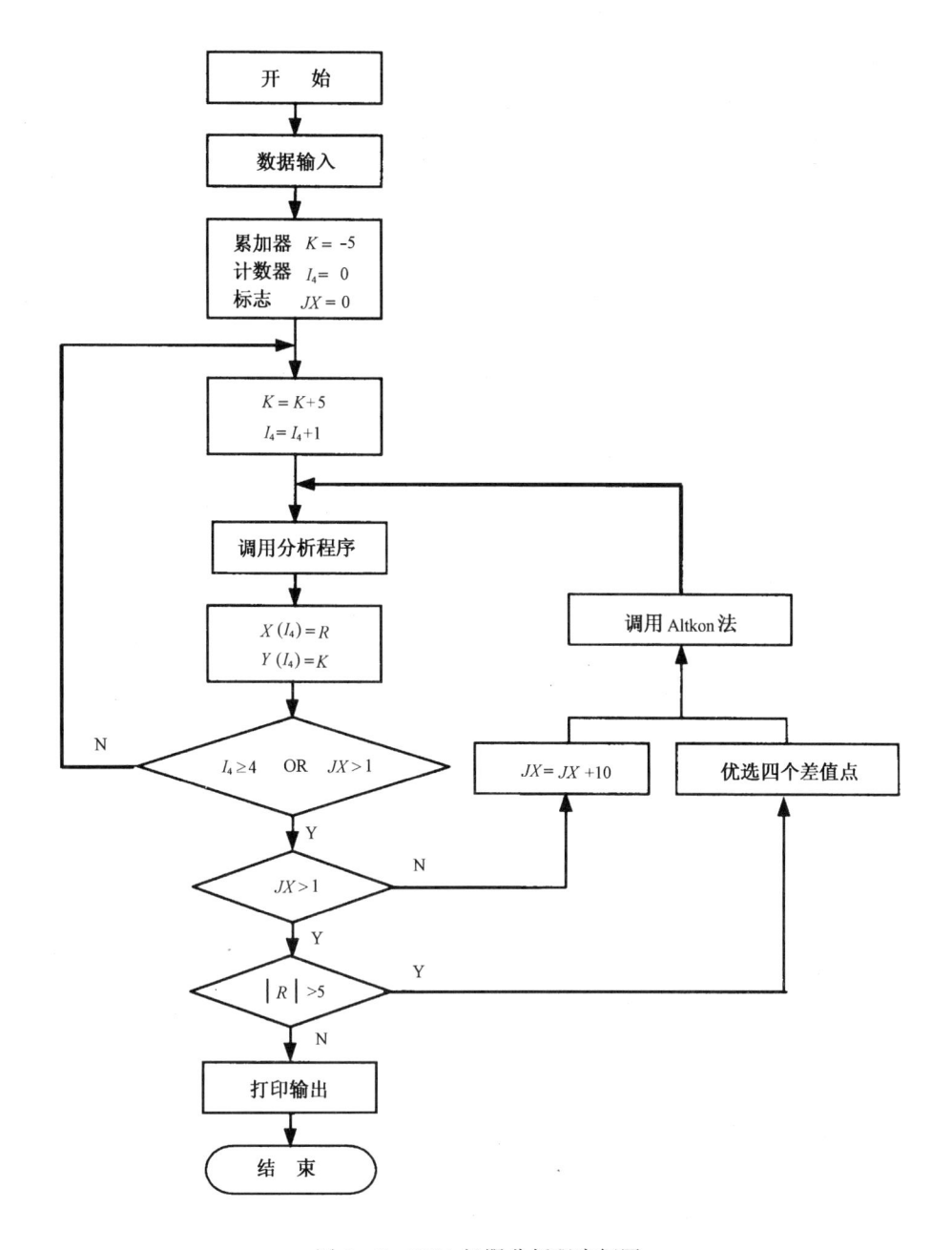

图 4-8 BHA 极限分析程序框图

(2)将 R_1,R_2,R_3,R_4 作为 4 个插值节点,调用 Aitken 法插值程序,即可求出 $R=0$ 时 K 的近似值。

(3)用所得 K 的近似值,代入 BHA 受力变形分析程序进行正演验算,即判断 R 值是否接近于 0。一般情况下 $|R|<5(\text{kgf})$,已认为满足工程要求,停机。

(4)若不满足要求,可将上述计算所得的侧向力值 R 作为新插值节点 R_5。在 $R_1 \sim R_5$ 中选取最接近 $R=0$ 的 4 个插值节点,再次调用 Aitken 插值法程序,来求 $R=0$ 时对应的新的 K 值。

(5)再次调用 BHA 受力变形分析程序进行正演验算,求出新 K 值对应的侧向力 R 值,验

证精度。实际计算表明,第二次插值结果必定满足$|R|<5$(kgf),停机。

现举例说明极限分析的插值精度。例如:对某一带双稳定器的转盘组合,经一次插值得$K'_c=4.179°/30m$,正演验证$R=1.08$kgf;对单弯、双弯导向钻具进行两次插值,正演验证R一般小于0.5(kgf)。

还需补充说明,BHA的极限曲率K_c值不仅与钻具结构有关,而且还与井眼几何条件(井斜)和工艺操作参数(钻压)有关。当钻具结构或使用条件发生变化时,都会使极限曲率K_c发生变化,并影响实际造斜率。

四、极限曲率法的应用

极限曲率法在实际中的应用主要有以下3个方面,即用于工具的选型和钻具组合设计,导向钻具的总体设计,井眼轨道的预测和控制。

1. 工具的选型和钻具组合设计

在钻井过程中经常遇到这种情况,当井身设计造斜率确定以后应当选购何种类型和规格的井下工具才能满足要求,或应当如何设计下部钻具组合。此时首先根据井身设计造斜率K_α来确定所需的工具造斜$\overline{K}_{T\alpha}$(在水平钻井中一般要求导向钻具的$\overline{K}_{T\alpha}$比K_α大$10\%\sim20\%$),再按由K_c法计算的工具类型和规格对应的造斜率$\overline{K}_{T\alpha}$来进行选型。

【**实例1**】 图4-9给出了P5LZ120型导向螺杆钻具的极限曲率(K_c)、工具造斜率($\overline{K}_{T\alpha}=0.7K_c$)与弯壳体弯角$\gamma$的对应关系。此图是用极限曲率法计算所得的结果。根据此图为某油田侧钻井所需的一批导向钻具提出了弯角选型。

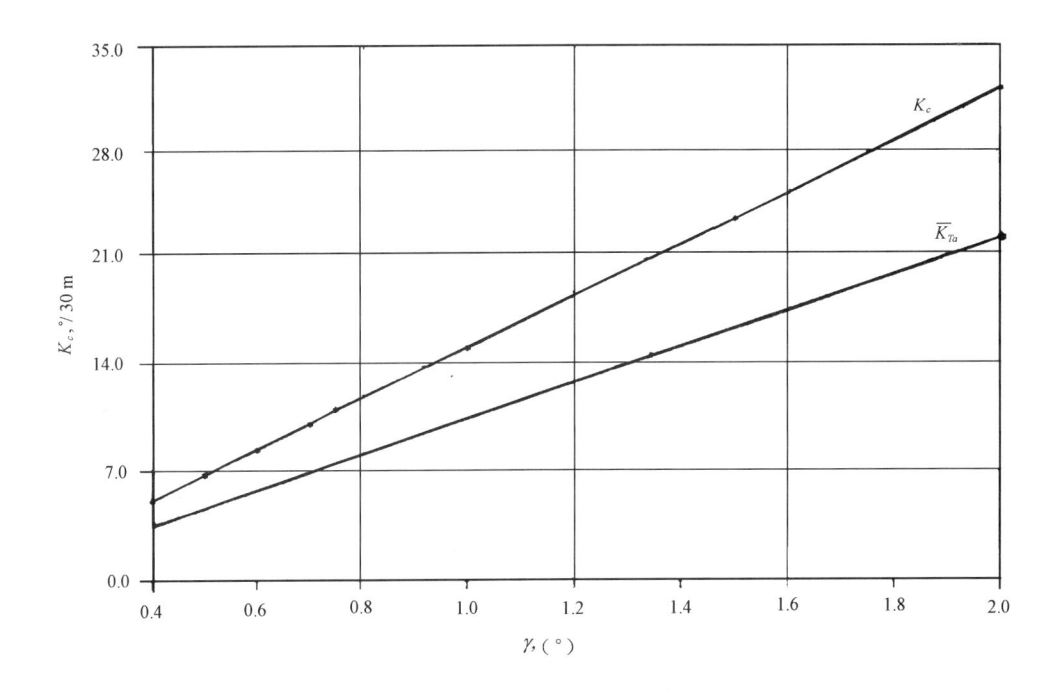

图4-9 P5LZ120系列钻具的极限曲率、工具造斜率与弯角间的关系

【**实例2**】 图4-10是为某油田水平实验井设计的变截面强造斜转盘钻组合(Gilligan组合)。它由$\phi216$mm钻头($8½$in)、$\phi213$mm稳定器、$\phi120$mm钻铤($4¾$in)、$\phi158.75$mm钻铤(6

¼in)、ϕ210mm 稳定器和 ϕ165mm 钻铤(6½in)组成。其长度尺寸如图 4-10 所示。表 4-3 列出了当井斜角 $\alpha=60°$ 时，其极限曲率 K_c 与工具造斜率($\overline{K}_{T\alpha}$)在不同钻压下的计算值，变化曲线如图 4-11 所示。表 4-4 列出了当钻压 $P_B=98\text{kN}(10t)$ 时，其极限曲率 K_c 与工具造斜率($\overline{K}_{T\alpha}$)在不同井斜角下的计算值，变化曲线如图 4-12 所示。

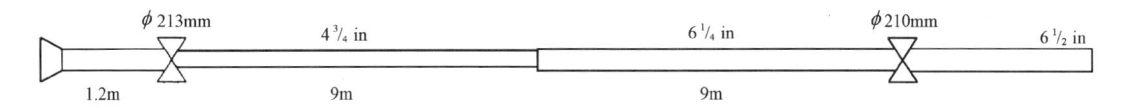

图 4-10 变截面强造斜转盘钻组合(Gilligan 组合)

表 4-3 Gilligan 组合的 $K_c(\overline{K}_{T\alpha})$ 与 P_B 的对应值($\alpha=60°$)

P_B,9.8kN	2	4	6	8	10	12
K_c,°/30m	5.46	6.02	6.74	7.35	8.79	10.22
$\overline{K}_{T\alpha}$,°/30m	3.82	4.21	4.72	5.27	6.15	7.15

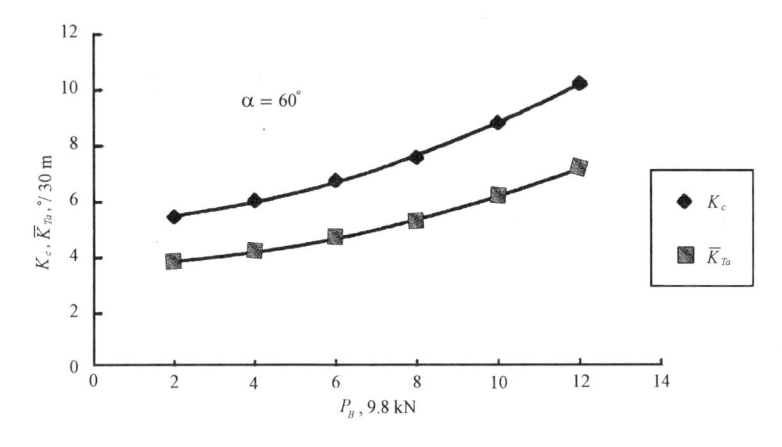

图 4-11 Gilligan 钻具的 $K_c(\overline{K}_{T\alpha})$—$P_B$ 曲线

表 4-4 Gilligan 组合的 $K_c(\overline{K}_{T\alpha})$ 与 P_B 的对应值($P_B=98\text{kN}$)

α,(°)	20	30	40	50	60	70	80	90
K_c,°/30m	6.59	7.22	7.76	8.29	8.79	9.01	9.21	9.33
$\overline{K}_{T\alpha}$,°/30m	4.61	5.05	5.43	5.80	6.15	6.31	6.45	6.53

【实例 3】 冀东油田北 9-1 定向井拟采用 BW5Z165 型可调弯外壳导向螺杆钻具进行连续控制钻进。该井设计造斜率 2°/30m。为保证工具具有足够的能力以应付扭方位，计算确定选用弯角 $\gamma=0.6°$，其 $K_c=5.4°/30\text{m}$，$K_{T\alpha}=3.8°/30\text{m}$。实际钻井过程中其造斜率 $K_a=(3.5°\sim4.1°)/30\text{m}$。该工具在 $H=690\text{m}$ 处下井，开转盘钻出 10m 直井段(井身设计造斜点在 700m)；经单点测斜仪测得的实际井斜角 $\alpha=1°$，方位角 $\phi=175°$(设计方位 344°)。在钻进中采用逐步定向、扭方位；当扭方位完成后定向钻进；井斜超出预定值后开动转盘导向钻进，定向与导向方式交替进行，连续钻出直井—定向—增斜—稳斜井段，进尺 377m(进入稳斜段 100m)。测量表明井身质量优良。由于采用连续控制技术，提高了机械钻速，减少了几次起下钻，降低钻井成本 4.1 万元。

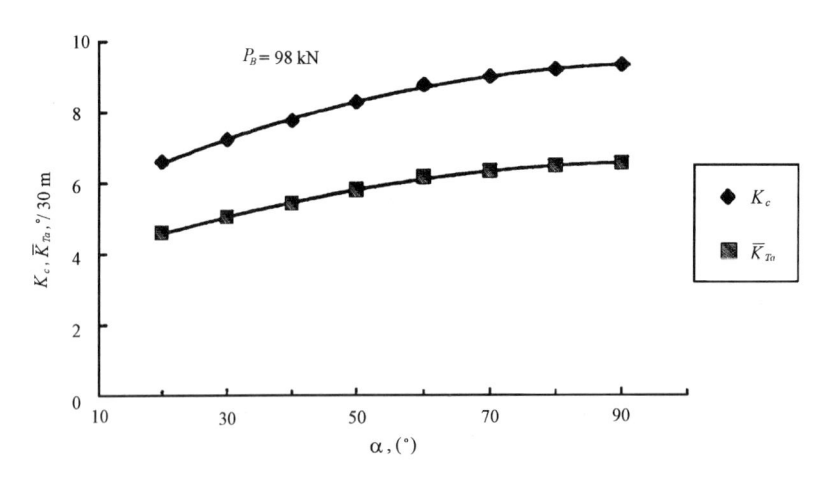

图 4-12　Gilligan 钻具的 $K_c(\overline{K}_{T\alpha})$—$P_B$ 曲线

【实例 4】 对常规定向井增斜 BHA(双稳定器)，求其 K_c 值为 $K_c=1.3°/30\mathrm{m}$。运用 K_c 法可知其造斜能力为 $0.91°/30\mathrm{m}$。经大量资料分析，实际造斜率与此非常接近。

2. 导向钻具组合的整体设计

导向钻具整体设计的主要内容包括对钻具结构类型的选择(如是单弯钻具还是双弯钻具，是同向双弯还是反向双弯；是否带稳定器，是带稳定器还是带垫块)，结构参数的选择(如稳定器的外径和位置；近钻头稳定器离钻头的距离，是在传动轴外壳上还是在万向轴壳体上；弯点的位置，钻具总体尺寸和各部件长度)和系列化设计(根据钻井需要须划分几个钻具外径系列；针对某一外径系列，需划分多少弯角规格)。这些工作都是建立在掌握钻具造斜能力的基础上。

针对钻井设计提出的造斜率 K_α，确定工具的极限曲率值 K_c，然后调整各结构参数，使之满足要求。

取 $K_{T\alpha}=K_\alpha$，由式(4-37)可得

$$K_c=\frac{K_\alpha}{A\cdot B} \qquad (4-39)$$

笔者根据这一方法，设计了 P5LZ165，P5LZ197，P5LZ120 三种尺寸系列、多种弯角规格和不同结构类型的弯壳体导向动力钻具。这些钻具已广泛用于国内多个油田的水平井、定向井和老井侧钻作业。

3. 井眼轨道的预测和控制

在确定了工具的实际造斜能力 $\overline{K}_{T\alpha}$ 后，可利用外推法对井眼轨道参数进行预测：

$$\begin{aligned}\hat{\alpha}_{i+1}&=\alpha_i+\Delta\hat{\alpha}_{i,i+1}\\ \Delta\hat{\alpha}_{i,i+1}&=\frac{\Delta L}{30}\overline{K}_{T\alpha}\end{aligned} \qquad (4-40)$$

式中　α_i——已测点井斜值，(°)；

$\Delta\hat{\alpha}_{i,i+1}$——由已测点 i 到预测点 $i+1$ 的井斜角增量；

ΔL——预测井段长，m；

$\overline{K}_{T\alpha}$——工具实际造斜能力，°/30m。

【实例 5】 在大庆树平 1 井、茂平 1 井、朝平 1 井等水平井及大庆油田的高 147-斜 48、杏 1-3-斜 171、杏 4-1-斜丙水 340、杏 4-1-斜 2331 和杏 4-1-1 斜 2332、冀东油田北 9-

1 等定向井上均采用这种预测方法,预测结果与实钻结果相符较好。

【实例 6】 表 4-5 列出了用极限曲率法求解的 P5LZ165 系列钻具的理论造斜率和实际造斜率,可见相符程度较好。

表 4-5　P5LZ165 系列钻具的理论造斜率与实际造斜率

γ,(°)	0.75	1.0	1.25	1.5	1.75	2.0
K_c,°/30m	7.12	10.40	13.68	16.93	20.16	23.20
$\bar{K}_{Ta}$,°/30m	4.98	7.28	9.58	11.85	14.11	16.32
K_a,°/30m	4.5~6	7~8	9~10	11~12	12~13	14~15

【实例 7】 大庆树平 1 井着陆进靶段的分析计算表明,若命中靶中线,所需造斜率为 13.2°/30m,地质师要求中靶点宜不低于靶中线。可选工具为 $\gamma=1.75°$ 的 P5LZ165 单弯钻具。该工具曾加上稳定器而构成单弯双稳钻具,在增斜段钻出的井身增斜率 $K_a=12.08°/30$m,要着陆点不低于靶中线,应要求其造斜率大于 13.2°/30m。为此考虑去掉上稳定器(ϕ210mm),可提高造斜率。经 K_c 法计算后选用此方案。经钻后 MWD 测斜数据可知,实钻造斜率为 13.87°/30m,着陆点在靶中线以上 0.14m,创出了较高精度的控制指标。

参 考 文 献

[1] 苏义脑,周煜辉.定向井井眼轨道预测方法研究及其应用.石油学报,1991,12(3)
[2] Millheim K K.Eight Part Series on Directional Drilling.OGJ.,1978.11~1979.2
[3] Sutko A A.Directional Drilling—A Comparison of Measured and Predicted Changes in Hole Angle.SPE 8336,1981
[4] Brakel J D and Azar J J.Prediction of Wellbore Trajectory Considering Bottomhole and Drill bit Dynamics.New Orleans:SPE/IADC Conf.,SPE 16172,1987
[5] Merphey C E and Cheatham J B.Hole Deviation and Drill String Behavior.SPE J.,1966.3
[6] Callas N P and Callas R L.Boundary Value Problem Is Solved.(Stabilizer Placement—3),OGJ.,1980.12.15
[7] Ho H S.Prediction of Drilling Trajectory in Directional Wells via a New Rock-Bit Interaction Model.SPE 16658,1987
[8] Lubinski A and Woods H B.Factors Affecting the Angle of Inclination and Dog-Legging in Rotary Bore Holes.DPP.,1953
[9] Williamson J S and Lubinski A.Predicting Bottomhole Assembly Performance.IADC/SPE 14764,1986
[10] 白家祉,苏义脑著.井斜控制理论与实践.北京:石油工业出版社,1990
[11] 苏义脑,白家祉.定向井轨道控制中的地层力分析与验证.石油学报,1991,12(3)
[12] Karlsson H,et al.Performance Drilling Optimization.SPE/IADC 13474,1985
[13] Hassen B R and MacDonald A J.Field Comparison of Medium- and Long Radius Horizontal Wells Drilled in the Same Reservoir.IADC/SPE 19986
[14] 齐林等.利用井眼偏移量模式预测井眼轨道.石油学报,1996,17(2)
[15] Birades M and Fenoul R.A Microcomputer Program for Prediction of Bottomhole Assembly Trajectory.SPE 15285
[16] 苏义脑.极限曲率法及其应用.石油学报,1997,18(3)

第五章 中、长半径水平井常用的井下控制工具及其设计

广泛地采用特殊类型的井下控制工具,如各种不同的结构特征和规格的螺杆钻具,是中、长半径水平井尤其是中半径不平井井眼轨道控制作业的重要特征。因此了解和掌握这些常用工具的种类、结构、规格、性能、选型方法和设计原则,对于正确使用和合理设计这些控制工具以便更好地用于水平井,都是十分必要的。

本章主要介绍中、长半径水平井所用的特殊类型螺杆钻具的结构类型和工作特性、作业时的受力特征,以及选型方法和总体设计要考虑的若干问题。另外,对两种特殊的螺杆钻具,即地面可调弯外壳螺杆钻具和用于大排量钻井的中空转子螺杆钻具的有关问题,都做了专节介绍。

第一节 水平井各种常用动力钻具的分类与结构特征

图 5-1 示出了长、中半径水平井钻井和井眼轨道控制作业的几种井下动力钻具的结构型式。

在常规的定向井中,一般采用直动力钻具(螺杆钻具或涡轮钻具)加配小角度弯接头(弯角多在 2°以下)进行定向造斜,这种钻具组合称为弯接头—井下动力钻具组合[1](在文献[1]中以 BS-DHM 表示)。与此不同的是,图 5-1 所给出的长、中半径水平井常用的动力钻具组合的结构特征是带有特殊的导向结构,如稳定器、垫块、弯壳体以及大角度弯接头等。

这些水平井常用动力钻具可作如下分类。

1.按功能分类

根据使用场合和主要作业功能,可分为造斜动力钻具组合和稳斜动力钻具组合,分别用于造斜井段钻进(着陆控制)和水平段钻进(水平控制)。对于长半径水平井,因其造斜率较低($K<6°/30m$),这两种功能的钻具可采用同样的结构型式,或一台钻具组合具有两种功能:当定向钻进时,可钻出小曲率井段;当开动转盘导向钻进时,又可钻出稳斜井段和水平井段。相应的钻具结构如图 5-1 的 D,F 和 B(当单弯壳体弯角较小时);对于中半径水平井,因其造斜率较高[$K=(6°\sim20°)/30m$],这两种功能的钻具一般不再具有相同的结构型式:用于造斜的钻具组合都采用定向钻进状态,其弯角值较大(弯壳体弯角值一般在 1°以上),如图 5-1 的 B,C,E,G 等。稳斜动力钻具已如上所述。

2.按主机种类分类

根据主机是螺杆钻具还是涡轮钻具又可把水平井常用井下动力钻具分为两类,但使用最广的是螺杆钻具。这两种钻具在导向结构方面往往差异很大:涡轮钻具因自身结构特点一般不易形成本体上的结构弯角,而且轴向结构尺寸长,故其导向部件常为偏心稳定器加同心稳定器(如图 5-1 中 F)或垫块(图 5-1 中 G),也有经特殊设计的带有结构弯角短节的涡轮,但应用较少;螺杆钻具因自身的万向轴总成很容易产生弯角,故弯壳体、稳定器是其最常见的导向结构(如图 5-1 中 B,C,D,E),在特殊情况下也采用垫块作为导向结构(如图 5-1 中 G)。

3.按导向结构型式分类

根据导向结构型式不同,水平井常用动力钻具可分为弯壳体动力钻具、弯接头加短直动力

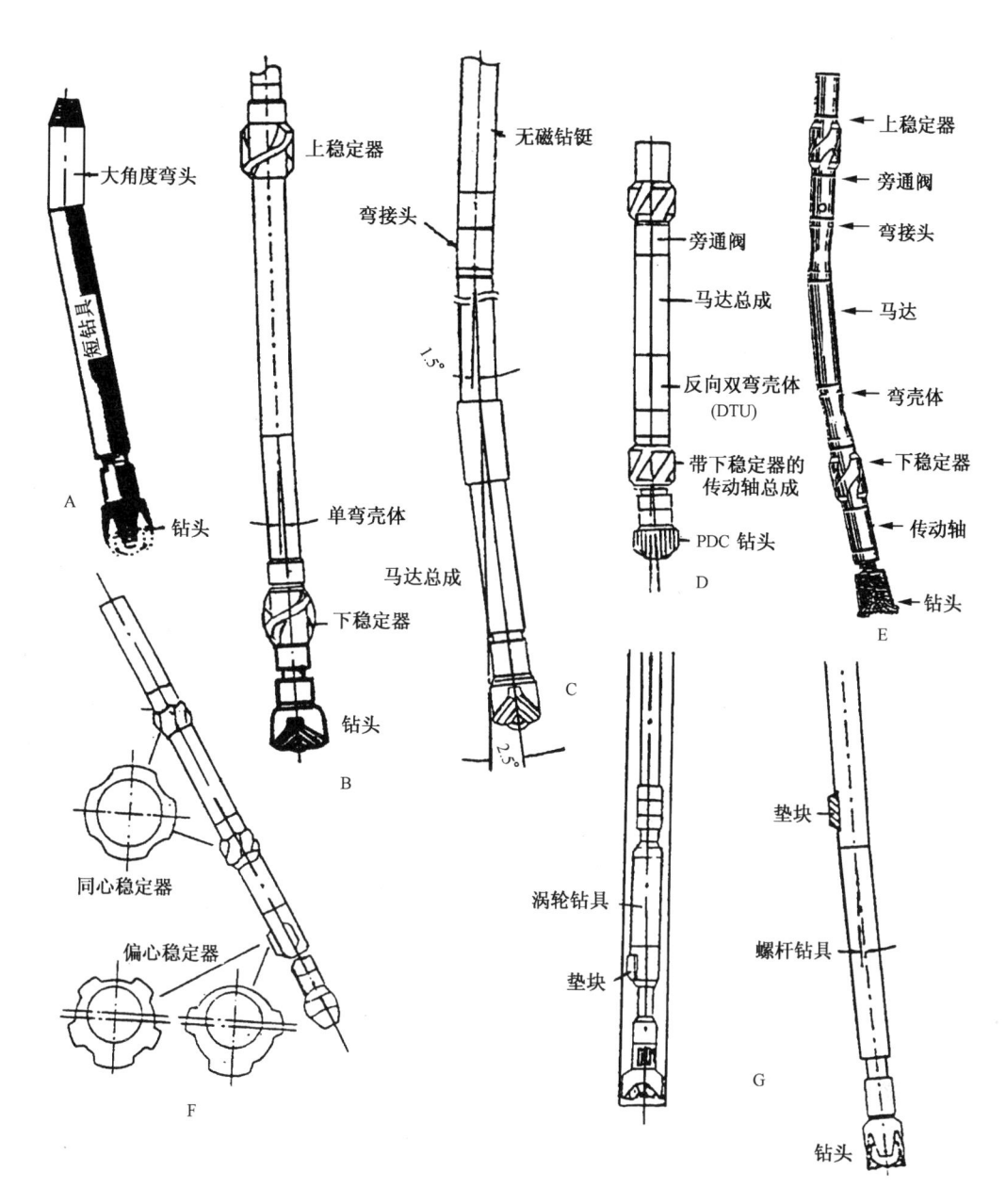

图 5-1　长、中半径水平井常用的动力钻具的几种典型结构

钻具(如图 5-1 中 A)及偏心稳定器加直动力钻具(一般是涡轮钻具)多种。这种导向结构旨在造成钻具在井眼中的弹性变形,产生工具面和钻头侧向力,以满足定向和中、小曲率造斜的需要。

图 5-1 中 A 所示的弯接头加短直钻具结构,其弯接头度数较大(一般在 2°以上),但其下的直动力钻具则要求很短(一般 5m 以下),否则会因钻头偏移量(off set)过大而难于入井,同时也会降低造斜率。据资料介绍,国外某公司曾用 2.5°弯接头加配 3m 长的短螺杆,钻出曲率为 14°/30m 的中半径井眼[8]。

另外,根据是否加装稳定器或垫块,稳定器或垫块的位置(在传动轴壳体上还是在万向轴壳体上)以及稳定器的个数(单稳或双稳),又可把水平井动力钻具细分为多种。加装稳定器有助于增加钻井过程中工具面的稳定性。

4. 按弯角大小与组配方式分类

对弯壳体动力钻具,可因其角度是固定不变还是可以调节而分为固定弯壳体动力钻具和可调弯弯壳体动力钻具(AKO)。对固定式弯壳体钻具,又因其弯角的个数(一个,二个)可分为单弯、双弯钻具;可根据两个弯角的方向组配方式分为同向双弯(如图5-1C,E)和反向双弯动力钻具两类(如图5-1D)。

对每一种结构型式的弯壳体钻具,针对不同造斜率要求,又往往把弯壳体的结构弯角分为若干档次(如 $\gamma=0\sim2°$,按 $0.25°$ 分级);无论是同向双弯还是反向双弯钻具,均要求两个弯角共面(即在同一个平面内),否则会引起钻具组合力学特性紊乱,严重影响造斜率。对反向双弯钻具,下弯角(γ_1)大于上弯角(γ_2),在实际结构中,常取 $\gamma_2=-\frac{1}{2}\gamma_1$,并集中在一个被称为 DTU(Double Tilted U—joint Housing)的万向轴弯壳体上。对同向双弯钻具,有两种不同的结构方式:一种是万向轴壳体上有两个同向共面的弯角,称为 DKO(Double Kock—off),一种是在单弯钻具的旁通阀上方加装一个与之同向共面的弯接头,称为 FAB。

需要说明,上述分类方法都仅是强调水平井动力钻具在某一方面的结构特征,而实际上要把这几种分类特点综合起来,才能准确地描述某一钻具。

上述这些动力钻具在国内外水平井钻井中应用十分普遍和广泛。尤其是钻中半径水平井,这些工具占主导地位。根据多年来的应用实践,可归纳出如下几点认识:

(1)工具类型和结构型式显著影响造斜率;反之,造斜率是选择工具类型和确定工具结构参数的关键指标。

(2)图5-1列出了中、长半径水平井着陆控制和水平控制常用的动力钻具典型结构,其中应用最普遍的是带有稳定器的反向双弯(D)、带有稳定器的单弯(B)和同向双弯(C)螺杆钻具组合。

(3)反向双弯螺杆钻具用于小曲率(长半径)水平井的造斜和稳斜段、水平段钻进,其造斜率一般在 5°/30m 以下。这种钻具普遍带有两个稳定器,下稳定器位于传动轴壳体(或万向轴壳体)上,上稳定器均为另加装的钻柱稳定器。

(4)单弯螺杆钻具主要用于中曲率(中半径)下半段[(6°~13°)/30m]的定向造斜作业,在实际使用中可用稳定器,也可以不用稳定器。

(5)同向双弯螺杆钻具主要是 FAB 类型(DKO 型在实际中很少应用),其造斜率范围是中曲率的上半段[(13°~20°)/30m]。这种钻具都不加装稳定器,以避免钻进过程中影响造斜能力的发挥并减少钻进阻力。

为便于读者更进一步定量了解同向双弯(FAB)、反向双弯(DTU)和单弯螺杆钻具的造斜性能,现给出国外有关公司的产品结构与性能参数表[8](表5-1~表5-3)和相应的钻具结构(图5-2)。

表 5-1 反向双弯(DTU)钻具结构与性能参数

工具外径		井眼直径		近钻头稳定器外径		钻头至上稳定器距离		DTU壳体偏角	钻头偏移量	理论造斜率 °/30m	
						MACH1	MACH2			MACH1	MACH2
in	mm	in	mm	in	mm	m	m	(°)	mm		
4¾	120	5⅞~7⅞	149~200	-⅛	-3.175	6.6	7.9	0.25	4.0	2.3	1.9
								0.39	5.0	3.6	3.0
								0.52	6.9	4.8	4.0

续表

工具外径		井眼直径		近钻头稳定器外径		钻头至上稳定器距离		DTU壳体偏角	钻头偏移量	理论造斜率 °/30m	
in	mm	in	mm	in	mm	MACH1	MACH2	(°)	mm	MACH1	MACH2
						m	m				
6¾	171	8⅜~9⅞	213~251	-⅛	-3.175	7.7	9.7	0.32	4.9	2.5	2.0
								0.48	9.9	3.8	3.0
								0.64	10.9	5.1	4.0
8	203	9⅞~12¼	251~311	-⅛	-3.175	9.1	10.2	0.30	5.9	2.5	1.8
								0.64	12.9	4.3	3.8
								0.74	14.8	5.0	4.4
9½	241	12¼~17½	311~444	-⅛	-3.175	9.3	11.9	0.38	7.9	2.5	2.0
								0.59	11.9	3.8	3.0
								0.62	10.9	4.1	3.2
11¼	285	17½~26	444~660	-¼	-6.35	10.8	12.5	0.41	11.9	2.0	2.0
								0.61	14.8	3.5	3.0
								0.78	18.8	4.4	3.8

表5-2 单弯钻具结构与性能参数

工具外径		井眼直径		长度	下部稳定器外径		弯角	最大钻头偏移量	理论造斜率(最大值)
in	mm	in	mm	m	in	mm	(°)	mm	°/30m
4¾	120	6	152	7.6	-⅛	-3.175	0~1.7	18.0	11.6(带上部稳定器) 12.9(不带上部稳定器)
6¾	171	8½	216	8.5	-⅛	-3.175	0~1.5	22.2	9.0(带上部稳定器) 10.5(不带上部稳定器)
8	203	12¼	311	9.1	-⅛	-3.175	0~2	41.6	10.0(带上部稳定器) 12.5(不带上部稳定器)

表5-3 同向双弯(FAB)钻具结构与性能参数

工具外径		井眼直径		下部稳定器外径		长度	最大造斜率时钻头偏移量	理论造斜率(最大值)
in	mm	in	mm	in	mm	m	mm	°/30m
3¾	95	4½~4¾	114~120	-⅛	-3.175	6.9	41.7	13~20
4¾	120	5⅞~6¾	149~171	-⅛	-3.175	7.2	48.0	6~20 13~20
6¾	171	8½~9⅞	216~251	-⅛	-3.175	8.1	84.8	6~20 13~20
8	203	12¼	311	-⅛	-3.175	10.0	73.4	12.5

1987年,笔者及其同事们研制了国内第一台导向螺杆钻具(CNS)[1],在随后的"八五"(1991~1995)水平井钻井技术攻关中,又研制成功P5LZ165、P5LZ197、P5LZ120三个系列多种规格的长、中半径水平井导向螺杆钻具产品,以及地面可调型弯壳体导向螺杆钻具(BW5LZ165)[2,8]。这些工具有单弯壳体、同向双弯、反向双弯,带稳定器、带垫块和无稳定器(垫块),稳定器在传动轴壳体上,以及稳定器在万向轴壳体上等多种不同结构特征的组合型式,弯角规格为在0~2°范围内按0.25°进行分级(固定弯外壳)和0~2°范围内的基本无级调整(或调弯外壳)[3,5]。这些工具在水平井攻关中发挥了重要作用,目前已推广应用于国内近20个油田及其他部门,成为水平钻井、定向钻井、老井侧钻的重要工具[4,5,6,7]。

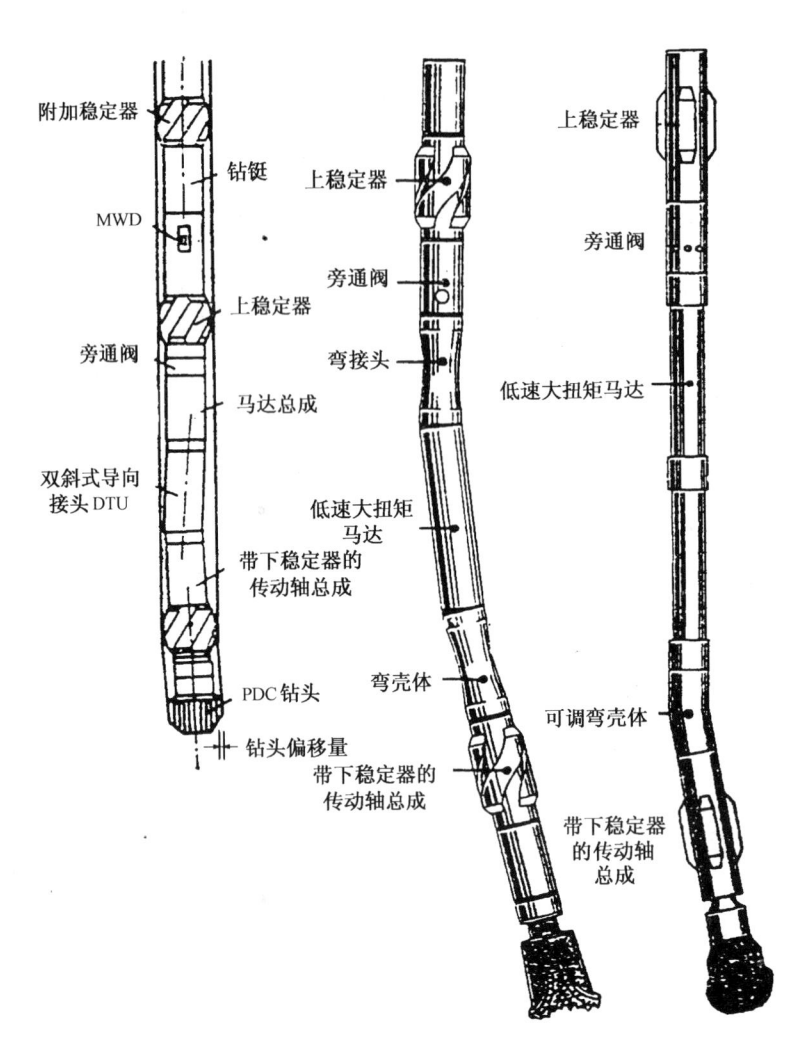

图 5-2 单弯、反向双弯和同向双弯钻具组合结构示意图

表 5-4 列出了这 3 种系列螺杆钻具的主要参数。

表 5-4 国产 P5LZ 型弯壳螺杆钻具技术参数表

技术参数 \ 钻具型号	P5LZ165-7.0 系列	P5LZ197-7.0 系列	P5LZ120-7.0 系列	BW5LZ165 可调弯壳体钻具 (0~2°)
钻具外径,mm	165	197	120	165
钻具长度,m	6.5	6.8	5	6.5
适用井眼,mm	216	311	152	216
钻头水眼压降,MPa	7.0	7.0	7.0	7.0
马达流量范围,L/s	11.5~28	23~36(55)(中空)	6.7~16	11.5~28
钻头转速范围,r/min	82~207	95~150	66~145	82~207
马达压降,MPa	3.2	3.2	2.4	3.2
额定工作扭矩,N·m	3200	5000	1300	3200
最大扭矩,N·m	5600	8750	2275	5600
输出功率,kW	26~65	49.5~78.5	8~19	26~65
推荐钻压,kN	80	120	55	80
最大钻压,kN	160	240	72	160
造斜率,°/30m	0~20	0~20	0~32	0~20
重量,kg	830	1270	400	830

第二节 螺杆钻具的工作特性

如上所述,中、长半径水平井常用的动力钻具组合,绝大多数是以螺杆钻具为主机构成的。因此,了解和掌握螺杆钻具的结构和工作特性,对于正角使用和设计这些特殊动力钻具组合,是必须的。

一、螺杆钻具的构成和工作原理

如图5-3所示,螺杆钻具由4个部件组成,从上至下依次是:旁通阀总成;马达总成;万向轴总成;传动轴总成。其作用是把钻井液的水力能转化为机械能供给钻头,螺杆钻具是一台容积式井下动力机械。

1. 旁通阀

旁通阀是螺杆钻具的辅助部件,它的作用是在停泵时使钻柱内空间与环空沟通,以避免起下钻和接换单根时钻柱内钻井液溢出,污染钻台,影响正常工作。

旁通阀由阀体、阀芯、弹簧、筛板和阀座组成,如图5-4所示。在开泵时,钻井液压力迫使阀芯向下运动,造成弹簧压缩并关闭阀体上的通道(一般有5个沿圆周均布的通道孔,内装筛板过滤异物),此时螺杆钻具可循环钻井液或正常钻进。当停泵时,钻井液动压力消失,被压缩的弹簧上举阀芯,旁通阀开启。

显然,旁通阀不是螺杆钻具工作时的必需部件。在水平钻井中,为了防止停泵时环空钻井液内的岩屑从旁通阀的筛板内进入马达,往往不装旁通阀,或把旁通阀的弹簧取出,使旁通阀呈常闭状态,而在直井段的钻柱上安装一个钻柱旁通阀,来代替钻具旁通阀的作用。

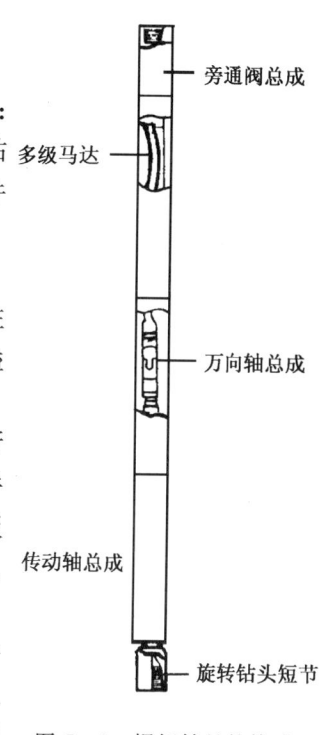

图5-3 螺杆钻具的构成

2. 马达总成

马达是螺杆钻具的动力部件,马达总成实际上是由转子和定子两个基本部分组成的单螺杆容积式动力机,如图5-5所示。

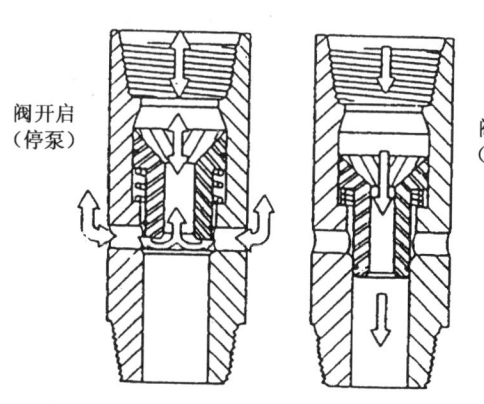

图5-4 旁通阀结构和工作原理

转子是一根表面镀有耐磨材料的钢制螺杆,其上端是自由端,下端与万向轴相连。定子包括钢制外筒和硫化在外筒内壁的橡胶衬套,橡胶衬套内孔为一个螺旋曲面的型腔。图5-5中示出了马达转子和定子在某一横截面上的线型关系。根据马达线型理论研究结论可知[9],转子线型和定子线型应是一对摆线类共轭曲线副,常用的马达转子若为 N 头摆线线型,则定子必为 $N+1$ 头摆线线型;转子和定子曲面的螺距相同,导程之比为 $N/(N+1)$。由于万向轴约束了转子的轴向运动,所以高压钻井液在

— 111 —

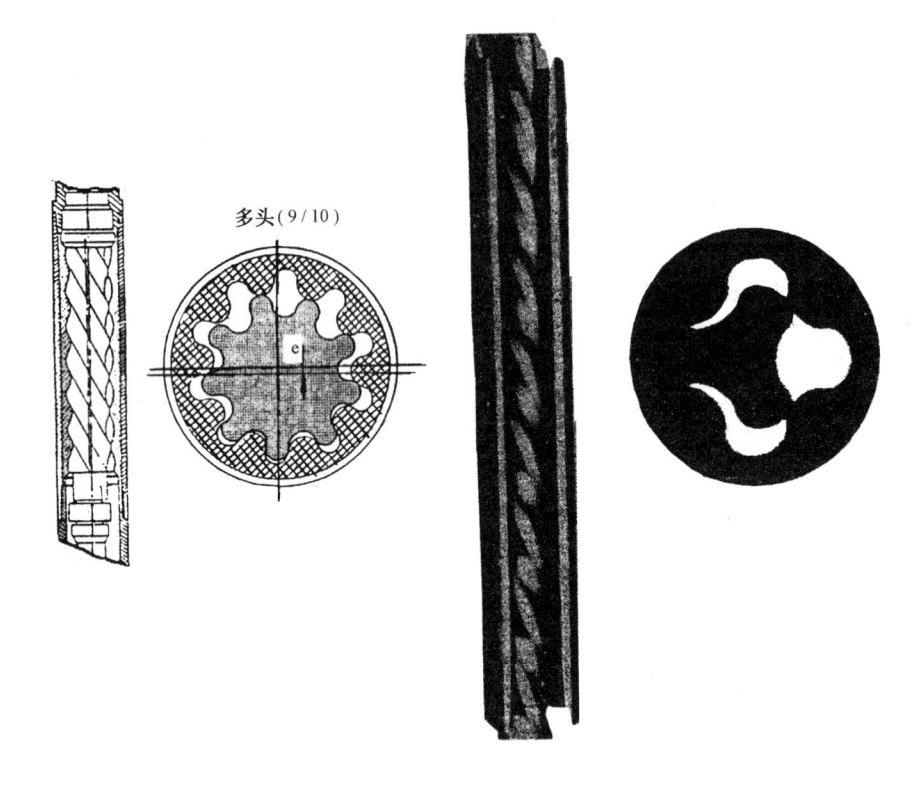

图 5-5 马达的结构和工作原理

流过马达副时,不平衡水压力则驱动转子作平面行星运动,转子的自转转速和力矩经万向轴传给传动轴和钻头。转子轴线和定子轴线间有一距离,称为偏心距(一般以 e 表示)。

定子橡胶衬里有一定的耐温性能和抗油性能。现在绝大多数的马达衬里都采用丁腈橡胶,这在一般的水基钻井液和水包油钻井液中使用良好。但因水平井常用油基钻井液,会造成橡胶膨胀,影响螺杆钻具的工作性能和寿命。这在设计水平井用螺杆钻具时是一个要认真研究的问题,选择合适的油基品类和牌号可减轻膨胀。另外,对于深井和地温梯度高的水平井,设计螺杆钻具时要考虑橡胶的耐温性能,必要时要选用特殊的抗高温橡胶。

3. 万向轴总成

万向轴总成由两个元件组成:壳体和万向轴。壳体通过上、下锥螺纹分别和马达定子壳体下端和传动轴壳体上端相连接。直螺杆钻具的万向轴壳体无结构弯角,而弯壳体螺杆钻具的万向轴壳体则是一个带有结构弯角的弯壳体。万向轴有几种不同的结构型式,例如应用最普遍的瓣型连接轴(如图 5-6 所示)和挠性连接轴(一根有一定柔度、上下两端为连接螺纹的光轴),以及其他型式的万向轴。万向轴的上端和马达转子下端相连,而其下端则和传动轴上端的导水帽相连。万向轴的作用是把马达转子的平面行星运动转化为传动轴的定轴转动,同时把马达的工作转矩传递给传动轴和钻头。

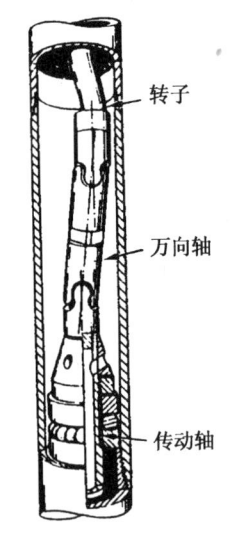

图 5-6 万向轴总成和工作原理

螺杆钻具在工作或循环钻井液时,从马达内流出的钻井液穿过万向轴壳体内壁与万向轴间的空间,通过传动轴上端导水帽的通道进入传动轴的内部通道,然后从钻头水眼流出。

4.传动轴总成

传动轴总成的结构如图 5-7 所示。它由壳体、传动轴、上部推力轴承、下部推力轴承、径向轴承组及其他辅助零件总装组成。上、下推力轴承分别用来承受钻具在各种工况下产生的轴向力。径向轴承组则用于对传动轴进行扶正,保证其正常工作位置。早期的螺杆钻具传动轴不采用滚动径向轴承组而是用一个套筒型的滑动轴承,它是在钢制圆筒内壁压铸耐磨橡胶构成的,在橡胶内壁刻有沿圆周均布的轴向沟槽,用于对分流润滑和冷却轴承的钻井液进行限流,因此通常称限流器。

如上所述,流经万向轴壳体的钻井液从导水帽进入传动轴的中间流道,同时又有一小部分钻井液(约7%以内)流经轴承组进行润滑和冷却,自传动轴壳体下部排向环空。

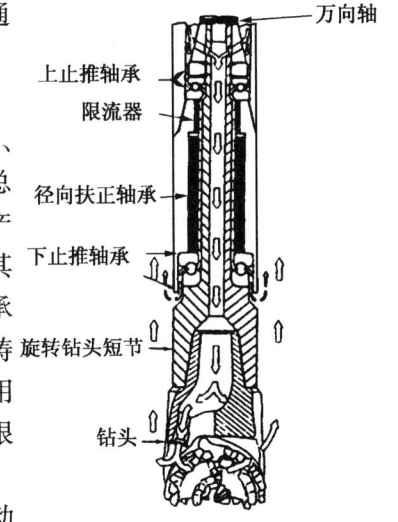

图 5-7 传动轴总成结构和工作原理

传动轴总成是螺杆钻具最易损坏的部位,因为螺杆钻具在恶劣的井底环境中工作时,轴承组负荷重,且为幅度很大的交变载荷,很易造成滚珠、滚道磨损,甚至碎裂。理论分析和现场使用经验表明,这种情况常发生在上推力轴承[10]。因此对轴承组结构与材质的改进一直是螺杆钻具设计研究的重点,例如把轴承材质改为优质的 TC 硬质合金,把滑动扶正轴承换为径向轴承组等。

常规的螺杆钻具的传动轴外壳上不带稳定器。用于水平井的螺杆钻具,一般在传动轴壳体上带有稳定器。对于中曲率造斜用的螺杆钻具,为了保证有足够的造斜率,往往要求压缩万向轴壳体弯点至钻头的距离,这就需要设计轴向尺寸较小的传动轴总成。

二、螺杆钻具的工作特性

1.理论特性

单螺杆马达是典型的容积式机械。下面来简要分析螺杆钻具的理论工作特性。在不计损失时,根据容积式机械工作过程中的能量守恒,在单位时间内,钻头输出的机械能($M_T\omega_T$)应等于单螺杆马达输入的水力能(ΔpQ),则有

$$M_T\omega_T = \Delta pQ \tag{5-1}$$

根据容积式机械的转速关系,有

$$n_T = \frac{60Q}{q} \tag{5-2}$$

由以上两式及 $\omega_T = \frac{\pi n_T}{30}$ 可得出

$$M_T = \frac{1}{2\pi}\Delta pq \tag{5-3}$$

和

$$N_T = \Delta pQ \tag{5-4}$$

式中　M_T——马达理论转矩;

ω_T——钻头理论角速度;

n_T——钻头理论转速,即马达输出的自转转速;

Δp——马达进出口的压力降;

q——马达每转排量,它是一个结构参数,仅与线型和几何尺寸有关;

Q——流经马达的流量,又称排量;

N_T——理论功率。

分析式(5-2)、式(5-3)可得如下重要结论:

(1)螺杆钻具的转速只与排量 Q 和结构有关而与工况(钻压、扭矩等)无关。

(2)工作扭矩与压降 Δp 和结构有关而与转速无关。

(3)转速和力矩是各自独立的两个参数。

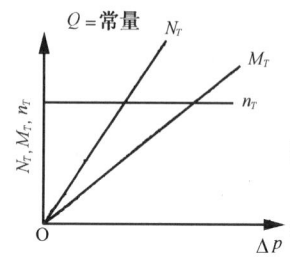

(4)螺杆钻具有硬转速特性(不因负载 M 增大而降低转速)和良好的过载能力(Δp 增大可导致工作转矩 M 变大)。

(5)泵压表可作为井底工况的监视器,由 Δp 变化来判断和显示井下工况(M 和钻压 P_B)。

(6)转速 n 随排量 Q 的变化而线性变化,因此可通过调节排量 Q 很容易地进行转速调节。

(7)工作扭矩 M 与转速 n 均与结构(q)有关。增大马达的每转排量,可获得适合于钻井作业的低速大扭矩特性。

图 5-8 给出了螺杆钻具(单螺杆马达)的理论工作曲线。

图 5-8 螺杆钻具的理论工作曲线

2. 实际特性

事实上,螺杆马达内存在转子与定子间的摩擦阻力和密封腔间的漏失,其他部分(如传动轴的轴承节)也存在机械损失和水力损失,因此螺杆钻具存在机械效率 η_m 和水力效率 η_v,其总效率为

$$\eta = \eta_m \eta_v \tag{5-5}$$

其实际转矩 M、钻头实际转速 n 和实际输出功率 N_0 为

$$M = M_T \eta_m = \frac{1}{2\pi}\Delta p q \eta_m = \frac{1}{2\pi}\Delta p_2 q C \tag{5-6}$$

$$n = n_T \eta_v = \frac{60Q}{q}\eta_v \tag{5-7}$$

$$N_0 = N_T \eta = \Delta p Q \eta \tag{5-8}$$

其中,C 为马达的转矩系数,$C = \eta_m\left(1 + \frac{\Delta p_1}{\Delta p_2}\right) = \eta_m \frac{\Delta p}{\Delta p_2}$,而 $\Delta p, \Delta p_1, \Delta p_2$ 的意义将在下文提及。

图 5-9 是某型螺杆钻具由实验台架做出的实际工作特性曲线。图中 Δp_1 称为马达起动压降,一般为 0.5~1MPa 左右,视转子和定子间的配合松紧程度而定;Δp_2 称为负荷压降,又称工作压降;Δp 称为总压降。三者之间的关系为

$$\Delta p = \Delta p_2 + \Delta p_1 \tag{5-9}$$

或

$$\Delta p_2 = \Delta p - \Delta p_1 \tag{5-10}$$

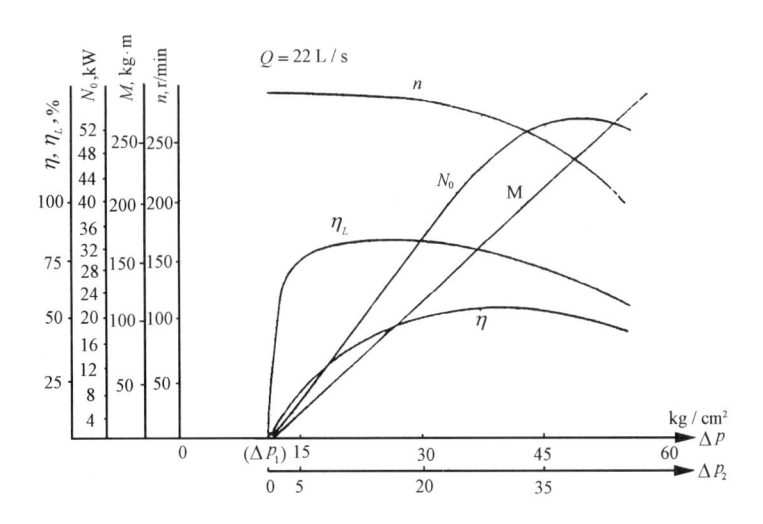

图 5-9 某型螺杆钻具的实际工作特性曲线

当把螺杆钻具提离井底循环钻井液时与加上钻压钻进时地面泵压表的差值就是 Δp_2。图中的 η_L 曲线称为负荷效率曲线。负荷效率是不计马达起动阶段的压降和有关损失,只计工作阶段输出机械能与有用水力能($\Delta p_2 Q$)间比值关系的一种计算效率。

$$\eta_L = \eta \frac{\Delta p_2}{\Delta p} \qquad (5-11)$$

对比图 5-8 和图 5-9,可发现螺杆钻具实际特性与理论特性间的差异:由于容积效率 η_v 的影响,导致实际钻速 n 随 Δp 的增大而降低,$\Delta n = n_T - n$ 是由于马达定子橡胶衬套在 Δp 作用下的变形和漏失所引起的;同时,转发矩 M 仍与 Δp 成线性关系,M 随 Δp 的增大而线性增加,表明螺杆钻具实际上仍有良好的过载能力;当钻压 P_B 变大时导致钻头阻力矩增加,此时马达压降 Δp 增大,导致马达转矩 M 增大以克服阻力矩,但同时引起相应的转速降低。当 Δp 逐渐增大达到临界值 Δp_c 时,$n = 0$,钻头转速为零,出现制动,此时转矩 M 达到 M_{max},称为制动力矩;当钻具出现制动时,进入马达的钻井液排量 Q 全部由转子和变形了的定子橡胶衬里间的缝隙漏失,$\eta_v = 0$,转子停转,总效率 $\eta = 0$。制动工况使钻具的转子、万向轴和传动轴承受最大扭矩 M_{max},密封线承受最大压差 Δp_c,对工具危害较大,因此应于避免。在操作时应缓慢施加钻压。如果一旦发生制动工况(此时钻台上压力表数值突增)应立即将钻具提离井底循环钻井液,待泵压表上的压力值下降后再下放钻具缓慢施加钻压。

由上述分析可知,螺杆钻具的实际转速特性与 Δp 有关而变得比理论特性要"软"。但是,转速曲线 $n—\Delta p$ 的前面部分相对平缓,下降速率相对较小,所对应的负荷效率 η_L 值较大。定义负荷效率最大的工况为螺杆钻具的工作点,工作点对应的工况参数应是钻具工作的最优参数,如产品说明书上推荐的额定排量、额定钻压、额定扭矩、额定转速和额定功率。按照规定,用户在现场应用中应尽量使螺杆钻具工作在其工作点附近。在这一范围内,螺杆钻具仍具有很强的转速硬特性。这一点是涡轮钻具无法与之相比的。

第三节　水平井螺杆钻具的受力特征

本节将分析水平井螺杆钻具组合在总体上的受力特征,分为定向钻进和导向钻进(开动转盘)两种工况进行讨论。这对于正确设计和使用螺杆钻具具有重要意义。

一、定向钻进时的受力特征

1. 螺杆钻具组合的弯曲

带有弯壳体的螺杆钻具组合,在井眼中受有钻压和自重作用,将发生弯曲弹性变形。本书第三章已详细讨论了在长、中曲率半径井眼中各种导向钻具组合的受力与变形分析。利用相应的计算软件可定量求解钻头处的侧向力,各稳定器处的支反力和内弯矩,上切点位置,钻具组合在任意轴向截面上的弯矩值和挠度值,从而为导向钻具组合的强度计算和总体设计提供依据。

图 5-10 给出了单弯双稳导向钻具组合在斜直井眼中总体上的弯曲与变形的示意图。

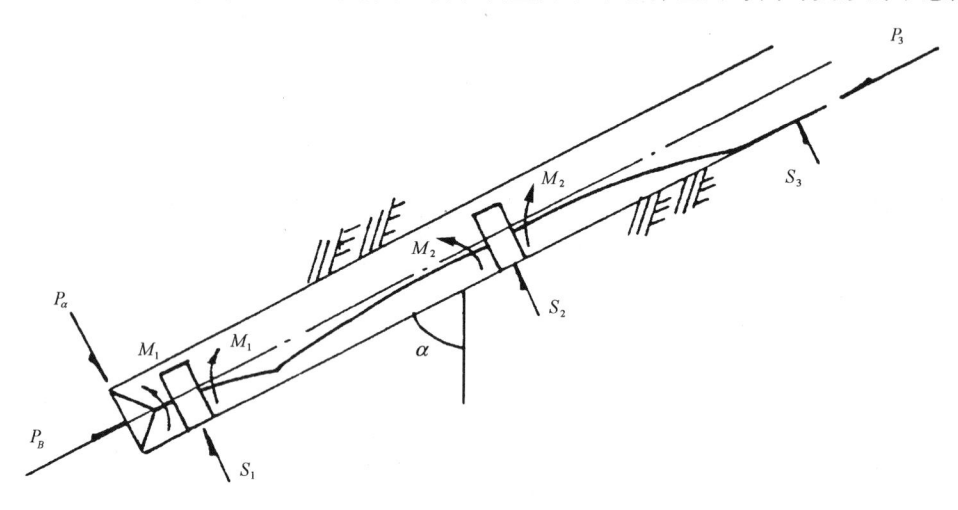

图 5-10 螺杆钻具组合的弯曲

由各截面弯矩值可绘出弯矩图,确定最大弯矩截面,进而确定各截面的弯曲应力值。

【算例1】 以结构弯角 $\gamma = 0.75°$ 的 P5LZ165-7.0 单弯双稳导向钻具组合为例,各部分结构尺寸、输入的工艺参数和井眼几何条件数据为

$L_1 = 0.9\text{m}$ $L_2 = 6.642\text{m}$ $DS_1 = 213\text{mm}$ $DS_2 = 210\text{mm}$ $D_0 = 215.9\text{mm}$
$D_1 = 165.1\text{mm}$ $D_2 = 165.1\text{mm}$ $D_3 = 165.1\text{mm}$ $\gamma = 0.75°$ $\gamma_m = 1.2\text{g/m}^3$
$\alpha = 45°$ $K = 3°/30\text{m}$ $W_1 = 1058\text{N/m}$ $P_B = 60\text{kN}$

计算结果为

钻头侧向力 $P_a = 9840\text{N}$

各稳定器处支反力 $S_1 = 14050\text{N}, S_2 = 5010\text{N}$

各稳定器处内弯矩 $M_1 = 9034\text{N·m}, M_2 = 2381\text{N·m}$

可绘出该钻具组合沿轴向的弯矩图,如图 5-11 所示。

2. 螺杆钻具组合各部分的扭转和扭矩

1) 马达转矩的形成

如上节所述,马达转子和定子间存在着偏心距 e,转子和定子曲面是头数差值为1、螺距相同、旋向相同(左)的共轭曲面,从而形成一系列相互隔离的密封腔。当高压钻井液从上端入口流入马达时,不平衡水压力产生驱使转子相对于定子转动的力矩,即驱动转矩。若转子轴向无

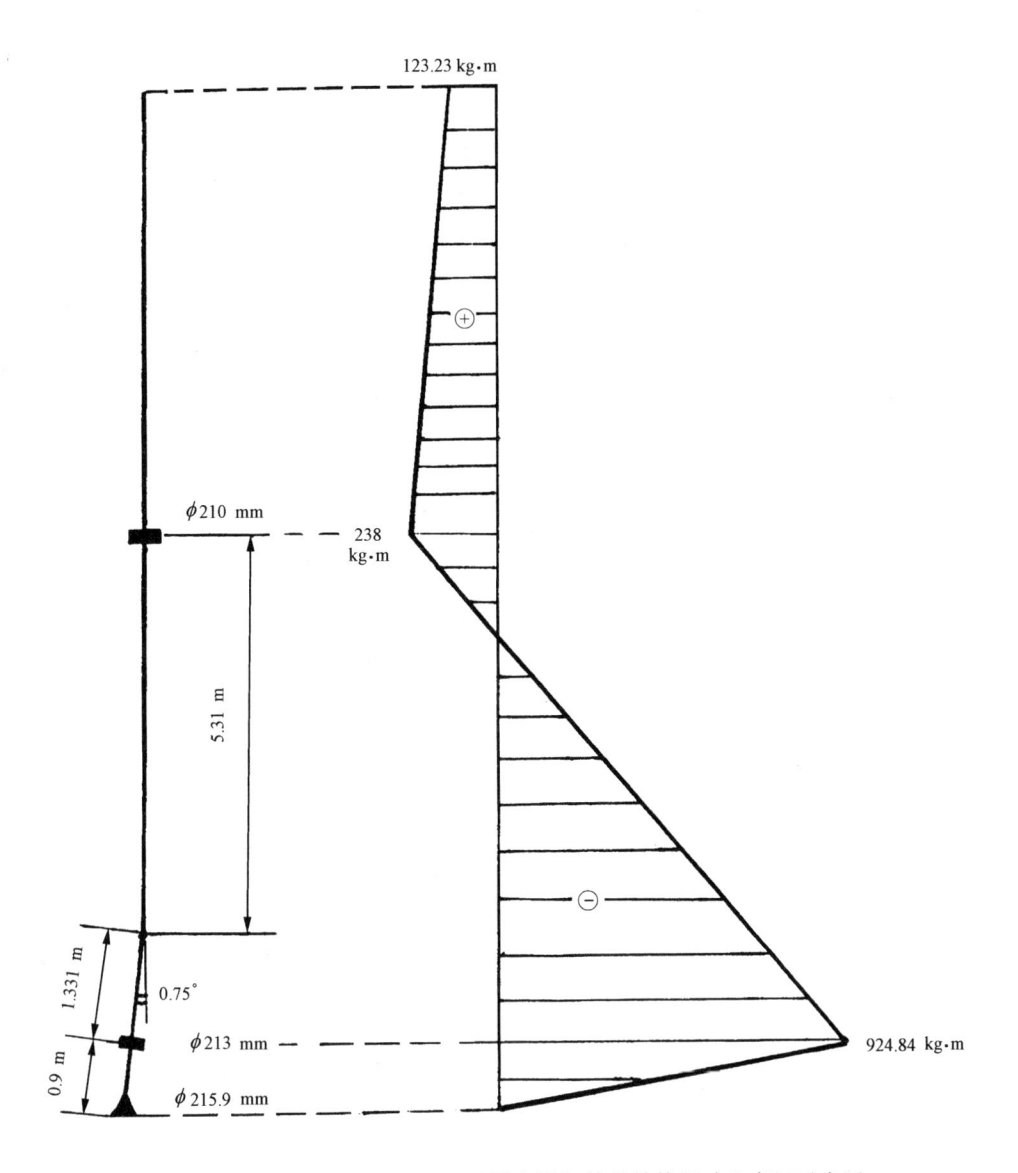

图 5-11 P5LZ165-7.0×0.75°导向螺杆钻具结构尺寸和弯矩示意图

约束,则在转动过程中转子还要轴向移动;由于转子下端和万向轴相连,即轴向运动被限制,转子就在钻井液作用下作相对于定子的平面行星运动。

为了保证马达的连续工作,实际上钻具马达的级数都大于1[9],如 P5LZ165 系列螺杆钻具马达为4级。为简化分析,假设每级间的钻井液压降相等,一般可认为在沿转子和定子的配合工作长度上每单位长度的转矩值相等(即转矩分布集度为定值),因此扭矩沿转子长度从上至下均匀增加(即呈三角载荷形式线性增加);在转子下端,其转矩值即为马达驱动力矩值 M,如图 5-12 所示。

2)转动部件的扭矩分析

为分析螺杆钻具各部分的扭矩分布,可把组合简化为如图 5-12 所示的模型,该模型分为内、外两部分:内部自上而下是转子—万向轴—传动轴—钻头,依次连接;外部自下而上依次是传动轴外壳(下稳定器)—万向轴壳体—马达定子壳体—旁通阀—(上稳定器)—钻铤。

由于外部壳体与上部钻柱串固联(由转盘锁定),可视为固定,则内部的转动部件在钻井液

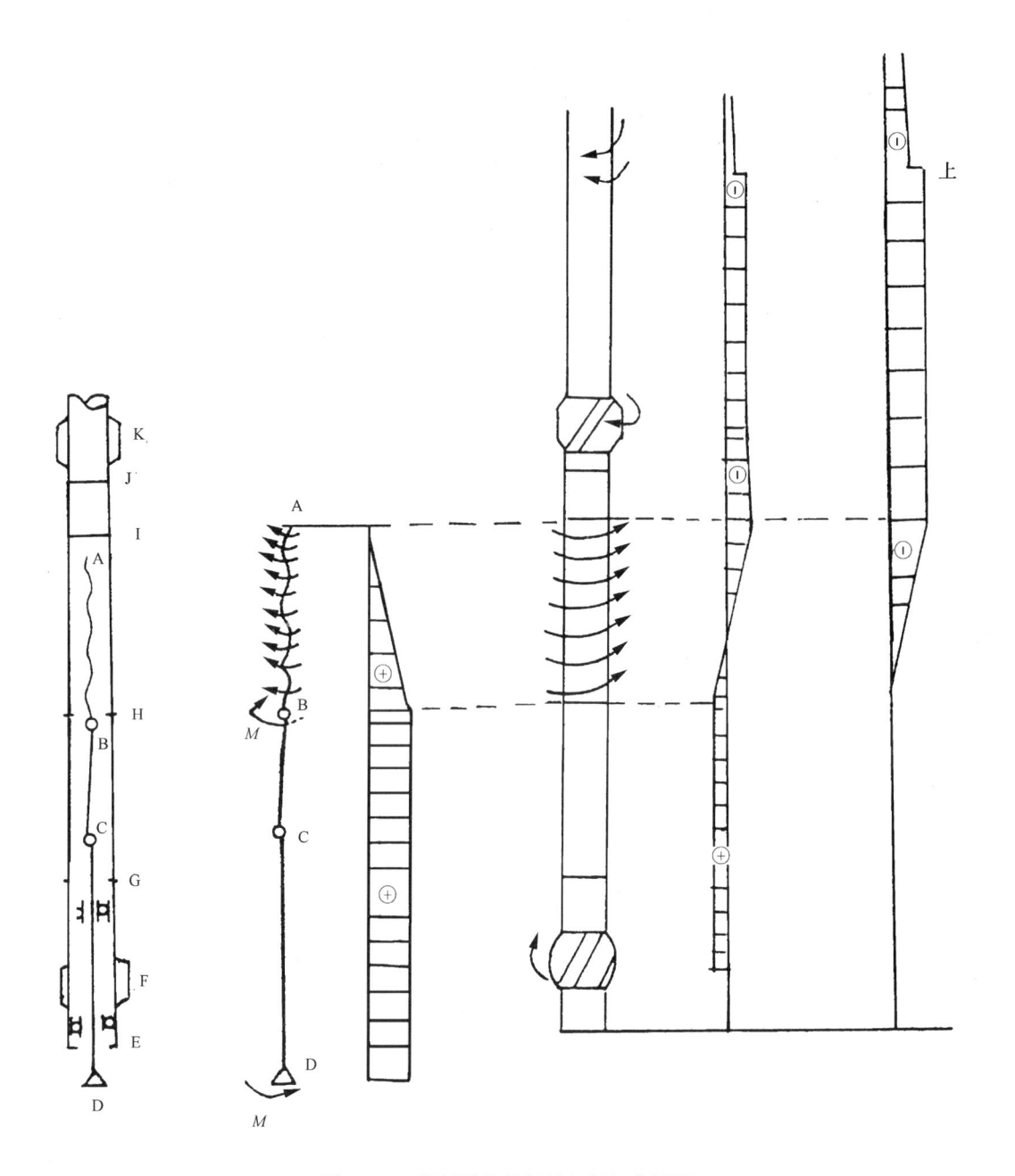

图 5-12 螺杆钻具的扭转与扭矩分析图

压力驱动下发生转动,输出转子的自转运动转速 n,同时万向轴把马达转矩 M 传递给传动轴和钻头(力矩方向以从上往下看顺时针为正,反之为负)。

应该注意,马达产生有效转矩的前提条件应是钻头上作用有阻力矩,这是容积式机械"负载决定压力"的体现,否则转子上即无有效转矩。在作简化分析时,可不计传动轴上轴承组的效率和阻力矩,此时马达转矩与钻头切削阻力矩相等(反向),其扭矩示意图如图 5-12。若作详细分析而计及轴承组的阻力矩,则驱动力矩 M 应略大于钻头阻力矩,在传动轴 CD 段扭矩值自上而下略有降低。

上述内部转动部分各连接螺纹 B、C、D 均为右旋螺纹,转子的自转运动是正转(即从上向下看作顺时针转动),在工作过程中转矩起上扣的作用。

考虑到螺杆钻具的具体结构,从强度分析来看,扭矩转子和传动轴均无问题,而万向轴则是薄弱环节,尤其是小尺寸螺杆钻具瓣型万向轴的瓣齿。

3)壳体部分的扭矩分析

根据作用与反作用原理,视为固定的马达定子通过高压钻井液对转子施加正向转矩 M 的同时,转子也对定子施加一个等值反向的转矩,通常称为定子的"反转力矩"。反转力矩将引起钻柱串的反向扭转,导致螺杆钻具定向时的"反扭角"问题[1]。反转力矩的分布与转子驱动力矩一样,沿定子长度均匀分布,其扭矩则相反,由马达定子下端至上端线性增加。

钻具组合与井壁接触部分,作用有阻碍钻柱扭转的阻力矩,即钻柱在该处的井壁支反力产生的摩擦力矩。这些接触部分,包括钻具传动轴上的下稳定器,旁通阀上方的上稳定器,上切点以上躺在下井壁上的钻铤等。

图 5-12 给出了壳体及钻柱各部分沿轴向的扭矩分布图,分为两种情况讨论:钻具组合带有上、下稳定器和不带稳定器。由于壳体和钻柱串上各连接螺纹均为右旋螺纹,凡扭矩图上为正扭矩处的螺纹,均有松扣趋向;凡扭矩图上为负扭矩处的螺纹,均有紧扣趋向。

对壳体和钻柱串而言,马达定子的反转力矩即为主动力矩,其余各处的阻力矩的绝对值均不会大于反转力矩值 M。在上切点以上部分,摩擦力矩自下而上逐步增大,相应截面的扭矩值逐渐减小;在某一位置,其扭矩值为零,即该截面以下摩擦力矩与定子反力转矩平衡,该位置以上的钻柱将不受扭矩和扭转。该截面以下至钻头的钻柱长度,就是钻柱反扭角计算中的所谓"临界长度"。

【算例2】 结合算例1对 P5LZ165-7.0×0.75° 的受力变形分析结果,取稳定器与井壁作用处的摩擦系数为 $f=0.3$,并设马达为额定工况 $M=3200\text{N·m}$(参见表 5-4),可计算并绘出 P5LZ165-7.0×0.75° 导向钻具的扭矩图,如图 5-13。

上述理论分析为壳体扭转计算、强度分析、反扭角确定提供了依据。根据摩擦阻力矩值小于马达定子反转力矩这一结论,壳体设计一般不存在强度不足问题,可不必考虑,算例2结果也说明了这一点。

关于松扣力矩的分析对钻具合理设计和正确使用具有重要的指导意义。带有下稳定器的导向螺杆钻具组合,稳定器的摩擦阻力矩对螺纹 G(传动轴壳体与万向轴壳体)和 H(万向轴壳体与马达壳体)均有卸扣作用。对不带稳定器的导向钻具,虽然理论上不存在这种松扣力矩(即不考虑轴承的摩擦力矩),但钻具在使用过程中若因轴承损坏(这种情况经常发生)或其他原因造成传动轴与壳体卡阻时,将会产生一定的甚至是很大的卸扣力矩。

根据最小耗功原理,连接螺纹 G、H 中哪个连接质量差,哪个就会先被卸开。由于这两个螺纹均为锥螺纹,而且动力钻具在工作过程中承受载荷(如钻压波动和相应的扭矩动载荷,以及马达、万向轴的离心惯性力)更容易造成松扣,所以在钻井现场曾发生过多起传动轴与万向轴脱扣和万向轴与马达壳体脱扣的实例。

为防止发生上述松扣和脱扣事故,操作规程规定螺杆钻具在出厂装配或管子站维修时,均应对连接螺纹涂抹粘结剂,并按规定上扣力矩上紧。在特别重要的使用场合,甚至采用特殊的保护措施(如对螺纹两边部分用小块连板点焊连接)。

3. 马达转子的离心惯性力

根据马达线型研究的结论[11,12,13]和上述关于转子运动特征的描述,马达转子在定子内作偏心距为 e 的平面行星运动这一事实,可以归结为半径为 Ne 的动圆沿半径为 $(N+1)e$ 的定

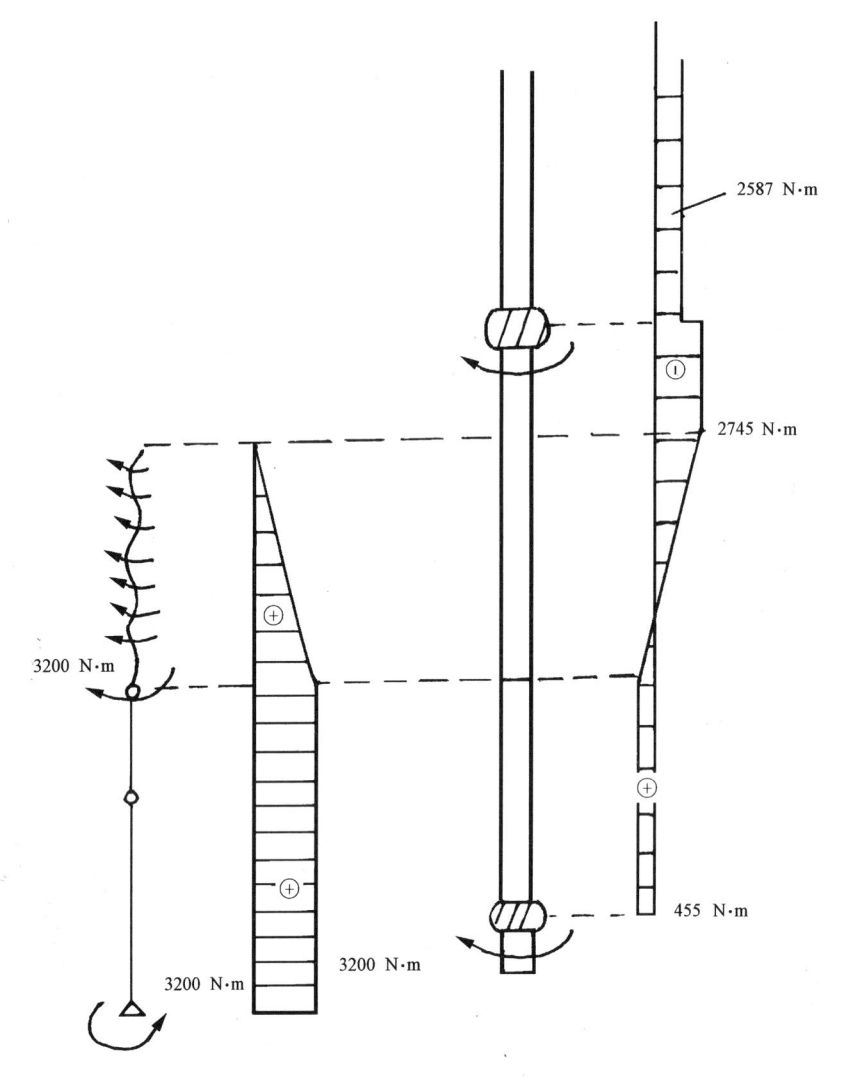

图 5-13　P5LZ165-7.0×0.75°扭矩示意图

圆内侧作纯滚动。如图 5-14 所示(以 $N=5$ 为例),动圆 Ne 称为转子线型的发生圆,定圆($N+1$)e 称为定子线型的发生圆。当动圆 Ne 带动它平面上的转子线型(例中为 5 头普通内摆线等距线型)在定圆($N+1$)e 的内侧作纯滚动时,转子线型即在定圆平面上包络出共轭线型,也就是定子线型(例中为 6 头普通内摆线等距线型)。

以定圆作为基准来观察动圆,它的纯滚动可分解为角速度为 $\omega_{自}$ 的自转和角速度为 $\omega_{公}$ 的公转,二者之间的关系为

$$\omega_{公} = -N\omega_{自} \tag{5-12}$$

亦即公转与自转方向相反,且公转角速度是自转角速度的 N 倍(倍数比为转子头数)。

现来求转子在运动过程中产生的离心惯性力 F_g。

如图 5-15 所示,对多头螺杆转子($N \geqslant 2$),设其长度为 L,O' 为其质心,依质心运动定理,转子螺杆因作行星运动而形成的离心惯性力

$$F_g = M\omega_{公}^2 e = MN^2\omega_{自}^2 e \tag{5-13}$$

其中,M 为转子质量。

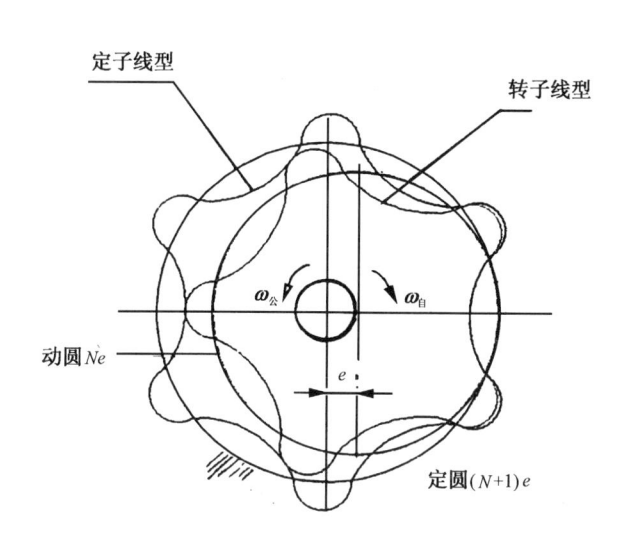

图 5-14 转子的平面行星运动分析

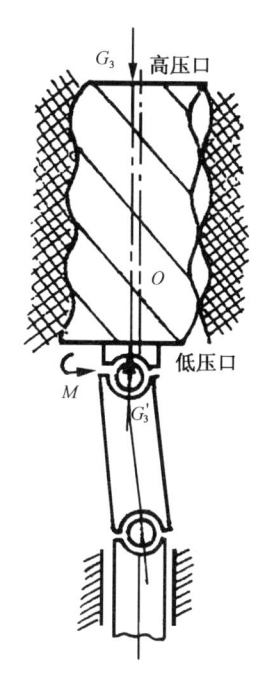

图 5-15 转子轴向力示意图

对多头螺杆转子,因各截面形心均在其轴线上,故惯性力的合成结果仅为通过其质心的一个力,不形成合成力偶。而对于单头螺杆,由于其各横截面形心不在螺杆的轴线上,故以上结果并不适用。

由式(5-13)可知,转子离心惯性力 F_g 与转子头数的平方成正比。转子头数越多,离心惯性力则迅速增大。同时,F_g 与自转角速度的平方成正比。当排量增加时,会因钻具转速的增加[式(5-7)]而造成离心惯性力的迅速增加。

离心惯性力对螺杆钻具的工作不利,它会使转子压向定子,破坏了理论啮合状况,同时引起螺杆钻具的横向振动。

【算例3】 P5LZ165 型导向螺杆钻具的转子质量为 150kg,马达偏心距 $e=0.7$cm,马达流量范围为 11.5~28L/s,钻头转速范围为 82~207r/min。根据式(5-13),可求出转子离心惯性力范围为 1936.94~12334.66N。

4. 转子轴向力与轴承载荷

1)马达转子轴向力[9]

当螺杆马达转子在其定子中工作时,受到高压钻井液和定子橡胶衬套施加的力。这些作用力的轴向分力之和,就是转子所受到的轴向力 G:

$$G = G_1 + G_2 + G_3 \qquad (5-14)$$

其中,G_1 是单螺杆马达高压腔液体向低压腔内漏失时作用于转子轴向的力;G_2 是转子和衬套间摩擦接触(局部为半干或干摩擦)时有按其螺旋面沿轴向运动趋势而产生的那部分轴向力;G_3 是高压口和低压口间因液体压力降 Δp 所造成的那部分轴向力(包括定子反力的轴向分量在内)。因 G_1 取决于马达内部密封腔的密封质量状况,G_2 取决于马达螺杆副的润滑情况、配合盈隙状况且与转速有关,G_1 和 G_2 在钻具工作过程中会发生改变,难以准确确定。G_3 则可由理论分析准确得到如下：
$$G_3 = \Delta p[A_R + (N+1)A_G] \quad (5-15)$$

或
$$G_3 = \Delta p(A_S + NA_G) \quad (5-16)$$

式中　A_R——转子截面积；

　　　A_S——定子截面积（定子线型包围的曲线内部面积）；

　　　N——转子头数；

　　　A_G——马达过流面积。

$$A_G = A_S - A_R \quad (5-17)$$

式(5-15)和式(5-16)适用于 $i = N/(N+1)$ 的螺杆马达。

鉴于上述，通常把式(5-15)改写为
$$G = uG_3 \quad (5-18)$$

其中 u 称为轴向力系数，大小要由实验确定，一般接近于1。在进行理论计算、设计万向轴和选用钻具轴承时，一般可取 $u=1$，即认为
$$G = \Delta p[A_R + (N+1)A_G] \quad (5-19)$$

当把钻具提离井底循环钻井液时，$\Delta p = \Delta p_1$（起动压降），代入式(5-19)即可得到空载条件下的转子轴向力 G_0：
$$G_0 = \Delta p_1[A_R + (N+1)A_G] \quad (5-20)$$

轴向力 G, G_3, G_0 的方向均向下，如图5-15所示。轴向力将由万向轴传递到传动轴总成，构成推力轴承的一种载荷。

2）传动轴推力轴承的载荷分析[10]

图5-16是传动轴总成的结构示意图。传动轴由上、下推力轴承双向约束其轴向位置。推力轴承是螺杆钻具的薄弱环节，这是由于它的受载特点决定的。

以传动轴为分析对象，在正常钻进过程中作用在传动轴上的轴向力有：转子、万向轴和传动轴及钻头总重量 W 的轴向分量 $W\cos\alpha_B$（α_B 为钻头处的井斜角），转子轴向力 G（经万向轴传递施加，方向向下），传动轴活塞力 P_D（由钻头水眼压降引起，方向向下）和钻压 P_B（井底施加给钻头，方向向上）。取向下方向为正，则传动轴的总轴向力 P_T 为
$$P_T = G + P_D - P_B + W\cos\alpha_B \quad (5-21)$$

若 $P_T > 0$，则总轴向力向下，此时上推力轴承受载而下推力轴承不受力；反之，若 $P_T < 0$，则总轴向力向上，此时下推力轴承受载而上推力轴承不受力；若 $P_T = 0$，则表示钻压 P_B 与 G 和 P_D 等相抵，上、下推力轴承不受力，即理想的平衡状态。

转子轴向力 G 可由式(5-19)确定。传动轴活塞力 P_D 由下式确定：

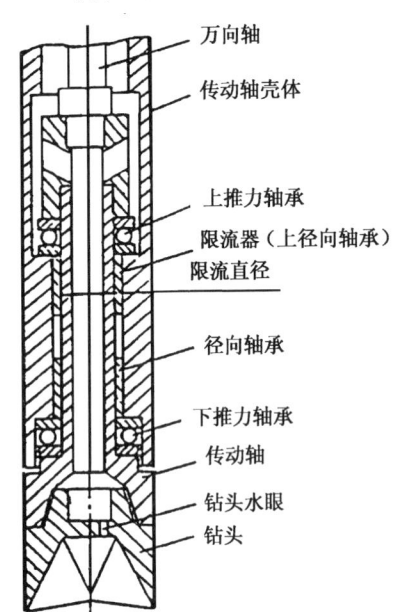

图5-16　传动轴总成的轴承组结构示意图

$$P_D = \frac{\pi D^2 \Delta p_S}{4} \quad (5-22)$$

式中 D——限流直径(通常为上径向轴承的工作直径);

Δp_S——钻头水眼压降,可由下式求出:

$$\Delta p_S = \frac{899.27\mu Q^2}{(d_1^2 + d_2^2 + d_3^2)^2} \text{ MPa} \quad (5-23)$$

式中 μ——钻井液相对密度(无量纲);

Q——工作排量,L/s;

d_1, d_2, d_3——3个钻头水眼直径,mm。

Δp_S 也可由下式求出:

$$\Delta p_S = 5651\rho_m \left(\frac{Q}{A_n}\right)^2 \text{ kgf/cm}^2 \quad (5-24)$$

式中 ρ_m——钻井液密度,g/cm³;

Q——工作排量,L/s;

A_n——水眼面积,mm²。

式(5-23)、式(5-24)两式计算结果相近,相对误差在4%以内。

在式(5-21)中,活塞力 P_D 与钻具结构尺寸(D)、钻头水眼尺寸(A_n)、钻井液密度(ρ_m)和钻具的工作排量(Q)有关而与钻具的工况和钻压无关;转子轴向力 G 与 Δp 有关,因而与钻压 P_B 有关,这是因为钻压直接影响钻头的阻力矩,从而影响马达的压降 Δp。钻具内部转动部件自重的轴向分量 $W\cos\alpha_B$ 依井眼的井斜角而发生变化。

现以实例来说明在不同工况(提离井底循环钻井液和正常钻进)下式(5-21)中各量的大小,这对于正确认识螺杆钻具的轴力特性很有帮助。

【算例4】 LZ198 螺杆钻具 $N=5$, $A_R=84.7\text{cm}^2$, $A_G=31.9\text{cm}^2$,其转子、万向轴和传动轴、钻头总重 $W=3000\text{N}$,额定工作排量 $Q=28\text{l L/s}$,钻井液密度 $\rho_m=1.2\text{g/cm}^3$,钻头水眼直径为 $d_1=11.9\text{mm}$, $d_2=d_3=12.7\text{mm}$,限流器直径 $D=12\text{cm}$,取马达的空载压降 $\Delta p_1=0.5\text{MPa}$。则可求出:

(1)提离井底循环时:

转子轴向力 $G=G_0=1380.5\text{kgf}=13.529\text{kN}$;

钻头水眼压降按式(5-24)求出为 $\Delta p_S=4.000\text{MPa}$;

传动轴活塞力 $P_D=4523.89\text{kgf}=44.334\text{kN}$;

当 $\alpha_B=0°$

自重 W 的轴向分量 $W\cos\alpha_B=3000\text{N}$;

当 $\alpha_B=90°$

自重 W 的轴向分量 $W\cos\alpha_B=0$;

总轴向力 $P_T = \begin{cases} 60.863 \text{ kN} & (\alpha_B=0°) \\ 57.863 \text{ kN} & (\alpha_B=90°) \end{cases}$

此时 P_T 向下,表示上轴承受力。

(2)加钻压钻进时:

设加钻压 $P_B=100\text{kN}$,负荷压降 $\Delta p_2=2.5\text{MPa}$,可求出转子轴向力

$$G = \Delta p[A_R + (N+1)A_G] = (\Delta p_1 + \Delta p_2)[A_R + (N+1)A_G]$$

$$= \Delta p_1[A_R + (N+1)A_C] + \Delta p_2[A_R + (N+1)A_G]$$
$$= G_0 + \Delta p_2[A_R + (N+1)A_G]$$
$$= 13.529 + 67.6$$
$$= 81.129 \quad \text{kN}$$

$$P_T = \begin{cases} 28.463 \quad \text{kN} & (\alpha_B = 0°) \\ 25.463 \quad \text{kN} & (\alpha_B = 90°) \end{cases}$$

此时 P_T 向下,仍为上轴承受力。

在钻井过程中,立管压力表上反映的压差变化是负荷压降 Δp_2(而空载压降 Δp_1 无法直接观察得到)。为了揭示钻压(P_B)对总轴向力 P_T 的影响,将式(5-21)改写为如下形式是有益的:

$$P_T = P_{T0} + G_P - P_B \tag{5-25}$$

其中 P_{T0}——空载轴向力:

$$P_{T0} = G_0 + P_D + W\cos\alpha \tag{5-26}$$

G_P——负荷压降引起的轴向力:

$$G_P = \Delta P_2[A_R + (N+1)A_G] \tag{5-27}$$

在式(5-25)中,P_{T0} 不变,G_P 随 P_B 的增大而增大。文献[10]给出了总轴向力 P_T 与钻压 P_B 间的关系式

$$P_T = P_{T0} + (K_B - 1)P_B \tag{5-28}$$

其中

$$K_B = \frac{2\pi\lambda D_B}{T_R}\left[\frac{A_R}{(N+1)} + 1\right] \tag{5-29}$$

此处 λ 为比例常数,其值受钻头类型和地层软硬影响而与钻具结构无关;D_B 为钻头直径,T_R 为转子导程。例如对上述算例3,式(5-28)可具体写为(在水眼压降 $\Delta p_S = 4\text{MPa}$ 的工况下)

$$P_T = 62 - 0.31P_B \quad \text{kN} \tag{5-30}$$

由式(5-30)可知,要想达到上、下轴承均不受力的理想"平衡"钻井状态,要求 $P_B = 200\text{kN}$,这对常规的螺杆钻具来说一般是不允许的,它会导致万向轴、马达的超载而容易产生破坏;在正常要求的钻压范围内(推荐 $P_B = 130\text{kN}$,$P_{max} = 210\text{kN}$),一般总有 $P_T > 0$,表示上轴承总处于受力状态,因此常见上轴承出现损坏。

由式(5-30)式还可以看出,并非钻压越小越好,钻压小反而使上轴承受力更为恶化。若增大钻头水眼压降,这一问题则更为突出,而且还会降低机械钻速。

综上所述,在满足工艺要求的前提下,尽量增大钻头水眼尺寸,并尽量按制造厂家提供的推荐值来选用钻压,对减轻螺杆钻具的轴承负荷是有利的。

5. 稳定器处的卸扣力矩

环空液流在通过螺旋稳定器时,在稳定器肋翼作用下被迫改变流向和流速值,同时液流也对稳定器施加作用力和力矩。现分析液流对右旋稳定器造成的松扣力矩。

为便于分析,现作如下简化假设:

(1)井眼规则,无扩眼。

(2)稳定器尺寸满眼,即外径等于井眼直径(钻头直径)。

(3)不考虑液流冲击稳定器端部引起的湍流现象。

如图 5-17 所示,取圆柱 ABCD 为控制体积,进入该控制体积的钻井液流速为 $\vec{v}_1$,方向为轴向;流出该控制体积的钻井液流速为 $\vec{v}_2$,方向沿螺旋筋槽流道切向,这是由于稳定器的结构迫使钻井液流受力而改变方向,由于螺旋筋槽的总过流面积小于圆柱 ABCD 的截面积,故 $\vec{v}_2$ 的绝对值大于 $\vec{v}_1$ 的绝对值,并产生如图所示的速度差 $\Delta \vec{v}$。

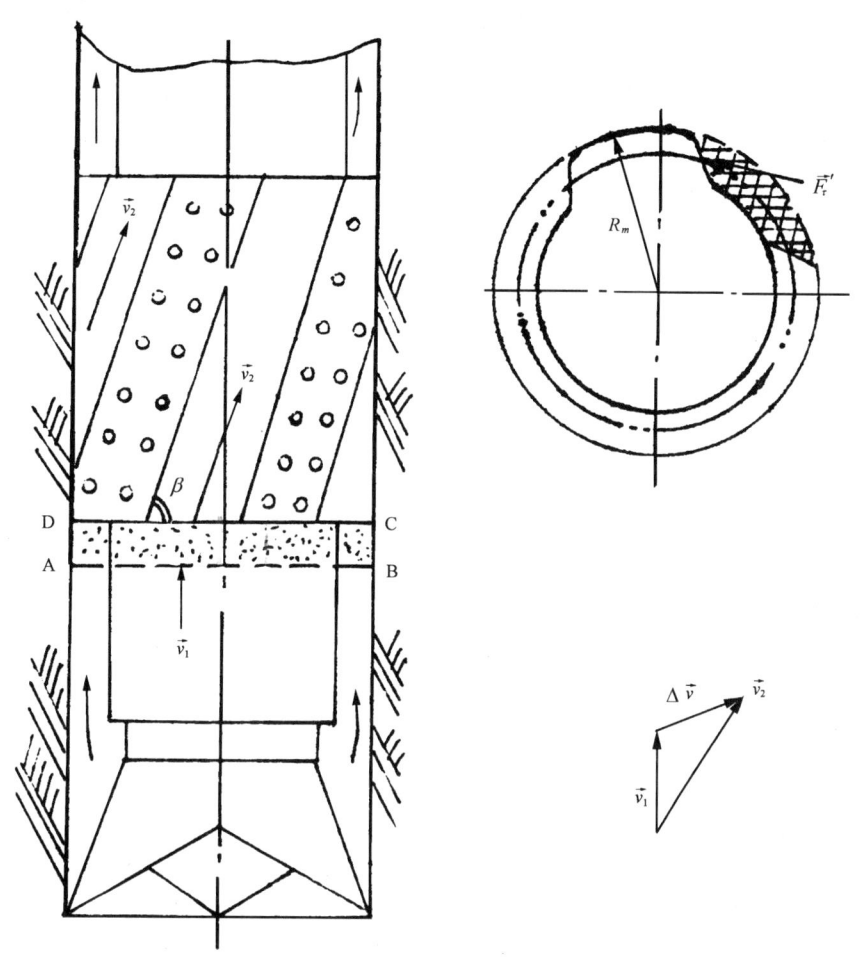

图 5-17 稳定器对液流作用示意图

根据液流的动量定理,稳定器对液流的作用力 $\vec{F}$ 为

$$\vec{F} = \rho_m Q(\alpha_{02}\vec{v}_2 - \alpha_{02}\vec{v}_1) \tag{5-31}$$

其中 α_{02},α_{01} 为相应断面的动量修正系数,由于 v_1,v_2 已达到率流流速值,$\alpha_{02} = \alpha_{01} = 1$,即

$$\vec{F} = \rho_m Q(\vec{v}_2 - \vec{v}_2) = \rho_m Q \Delta \vec{v} \tag{5-32}$$

作用力 $\vec{F}$ 的横向分量为

$$\vec{F}_\tau = \rho_m Q(\vec{v}_2 \cos\beta) \tag{5-33}$$

其中 ρ 为钻井液密度,β 为稳定器螺旋升角。

根据作用力与反作用力原理,钻井液对稳定器的切向反作用力 $\vec{F}_\tau' = -\vec{F}_\tau$,即

$$\vec{F}_\tau' = -\rho_m Q \vec{v}_2 \cos\beta \tag{5-34}$$

$\vec{F}_\tau'$ 对稳定器形成反转力矩(卸扣力矩),其值为

$$M_{st}' = \rho_m Q R_m v_2 \cos\beta \tag{5-35}$$

其中 R_m 为切向力 $\vec{F}_\tau'$ 的作用半径，一般可取

$$R_m = \frac{1}{2}(D_s - h) \tag{5-36}$$

此处 D_s 为稳定器外径，h 为筋条高度。

对于直筋板稳定器，$\beta = 90°$，由以上诸式可看出，$F_\tau = \vec{F}_\tau' = 0$，$M_{st}' = 0$ 即不存在切向作用力和反转力矩。

为了确定螺旋稳定器上受液流作用的切向力与反转力矩的量级，下面给出计算实例。

【算例5】 在图 5-17 中，$D_B = D_s = 216$mm，螺杆钻具为上述的 P5LZ165 型（6½ in），工具外径 $D_T = 165$mm，工作排量 $Q = 28$L/s，钻井液密度 $\rho_m = 1.2$g/cm³，螺旋升角 $\beta = 71°$。

v_1 对应的通流面积 $S_1 = \frac{\pi}{4}(D_B^2 - D_T^2) = 152.61\text{cm}^2$

$$v_1 = \frac{Q}{S_1} = 183.47 \quad \text{cm/s}$$

$$R_m = \frac{1}{2}(D_s - h) = \frac{1}{4}(D_s + D_T) = 95.25 \quad \text{mm}$$

设稳定器螺旋通道总面积 $S_2 = \frac{1}{2}S_1$，根据连续流原理可求出

$$v_2 = 2v_1 = 366.94 \quad \text{cm/s}$$

由式(5-35)、式(5-36)可求出

$$F_\tau' = 40.14 \quad \text{N}$$

$$M_\tau' = 3.823 \quad \text{N·m}$$

由上述结果可以看出液流对螺旋稳定器的切向反作用力和反转力矩的值都很小，当实际井眼略有扩眼，稳定器直径并不"满眼"（一般所谓的满眼稳定器外径要比钻头直径小 $\frac{1}{16} \sim \frac{1}{8}$in（即 1.588～3.175mm）时，其值还会更小，因此在通常的分析和设计时可以不予考虑。

二、导向钻进时的受力特征

在井下动力钻具组合运转的同时又开动转盘，钻柱带动井下动力钻具的外壳旋转，这种方式称为导向钻进方式。在导向钻进方式下，动力钻具以及钻柱组合存在着一些和定向方式以及单纯的转盘钻进方式所不同的运动学和动力学性质。以弯壳体导向动力钻具组合为例，如图 5-18 所示，弯角使钻头底面中心偏离钻具马达中心，其偏距以 S_B(off set)表示；由于钻具本体外壳在转盘下带动旋转，将使井眼产生扩眼现象。考虑到钻具强度和扩眼量的限制，都要求弯壳体的结构弯角 γ 不能过大，一般 $\gamma \leq 1°$，而且转盘转速通常在 65r/min 以下。

1.导向钻进时的运动学分析

1)钻头的绝对转速

在导向钻进时，钻具本身因工作排量使钻头产生转速 n_1，同时转盘又使钻具产生转速 n_2。根据运动学关系，前者是钻头的相对运动，其角速度为 $\vec{\omega}_1(\omega_1 = \pi n_1/30)$；后者是钻头的牵连运动，其角速度为 $\vec{\omega}_2(\omega_1 = \pi n_2/30)$。钻头的绝对角速度（或称合成角速度）$\vec{\omega}$ 应是牵连角速度 $\vec{\omega}_2$ 与相对角速度 $\vec{\omega}_1$ 的叠加，如图 5-19 所示，有

$$\vec{\omega} = \vec{\omega}_1 + \vec{\omega}_2 \tag{5-37}$$

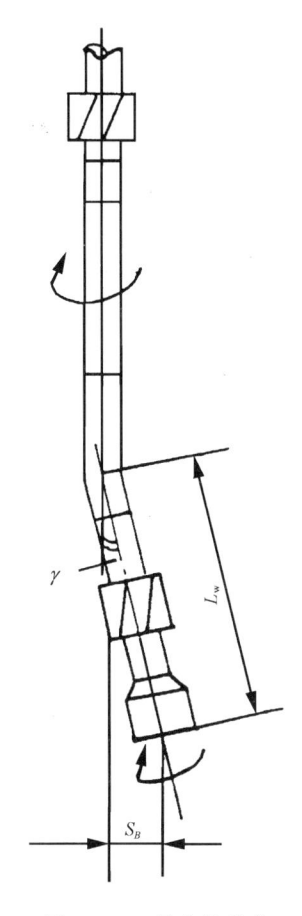

图 5-18 导向钻进方式示意图

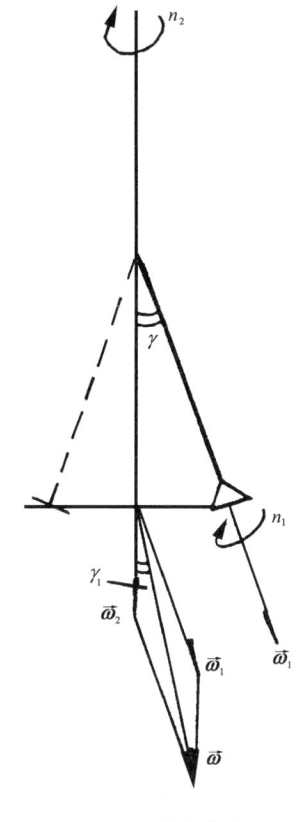

图 5-19 导向方式下的钻头转速

绝对角速度 $\vec{\omega}$ 位于 $\vec{\omega}_1$ 与 $\vec{\omega}_2$ 之间，与钻具本体轴线的夹角为 $\gamma_1(\gamma_1 < \gamma)$。图示的 $\vec{\omega}$ 是钻具位于所示位置的绝对角速度。当钻具以 $\vec{\omega}_2$ 旋转时，绝对角速度的方向在变化，画出了以钻具本体轴线为轴，以 γ_1 为半锥角的圆锥面，其大小为

$$\omega = \sqrt{\vec{\omega}_1^2 + \vec{\omega}_2^2 + 2\vec{\omega}_1\vec{\omega}_2\cos\gamma} \tag{5-38}$$

显然，钻头的合成转速 n 为

$$n = \sqrt{n_1^2 + n_2^2 + 2n_1n_2\cos\gamma} \tag{5-39}$$

由于导向钻具的结构角 $\gamma \leqslant 1°$，$\cos\gamma \approx 1$，则式(5-38)、式(5-39)可近似简化为

$$\omega = \omega_1 + \omega_2 \tag{5-40}$$

$$n = n_1 + n_2 \tag{5-41}$$

下面通过实例来分析式(5-40)和式(5-41)的误差。取结构弯角 $\gamma = 1°$，$n_1 = 200\text{r/min}$，$n_2 = 60\text{r/min}$，按式(5-39)求出 $n = 259.9718828\text{r/min}$，和式(5-41)所求结果 $n = 260\text{r/min}$ 相比较，其相对误差仅为 1.08×10^{-4}，可见精度很高。因此，在实际应用中可以认为钻头的绝对速度即为钻具转速与转盘转速之和。

对直动力钻具应用于导向钻进方式时,因 $\gamma=0$,则式(5-41)精确成立而无误差。

2)钻头上点的速度分析

如图5-20,现以钻头上 A 点为例,来分析 A 点的速度。

图中 O 为螺杆马达定子中心;忽略钻头底面与螺杆钻具横截面的夹角(γ)不计,O' 为钻头底面中心,圆 O、O' 分别表示钻具本体和钻头的投影,OO' 即为钻头偏距。过 O 点取定坐标系,过 O' 取动坐标系。根据运动学,则 A 点的绝对速度 $\vec{v}_{绝}$ 等于牵连速度 $\vec{v}_{牵}$ 与相对速度 $\vec{v}_{相}$ 的矢量和,即

$$\vec{v}_{绝} = \vec{v}_{牵} + \vec{v}_{相}$$

而

$$\vec{v}_{牵} = \overrightarrow{OA} \times \vec{\omega}_2 = (\vec{r}_1 + \vec{r}_2) \times \vec{\omega}_2 = \vec{v}_2$$
$$\vec{v}_{相} = \vec{r}_1 \times \vec{\omega}_1 = \vec{v}_1$$

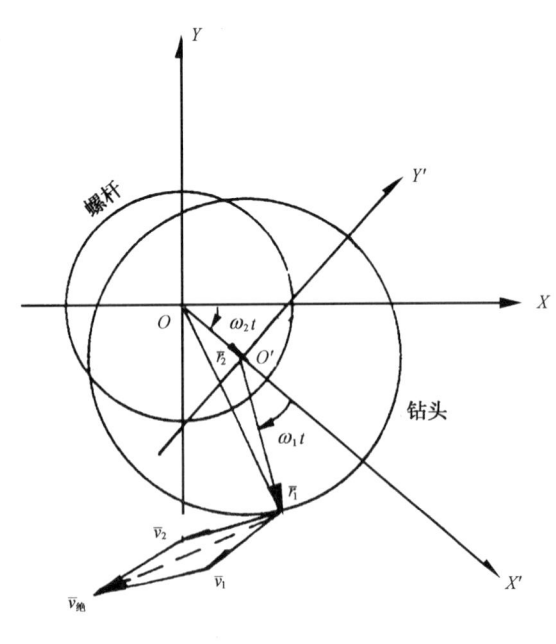

图5-20 钻头上点的速度分析

故

$$\vec{v}_{绝} = \vec{v}_1 + \vec{v}_2$$
$$= \vec{r}_1 \times \vec{\omega} + \vec{v}_2 \times \vec{\omega}_2$$

如图所示,由几何关系可求出

$$\vec{v}_{绝} = \sqrt{R_B^2 \omega^2 + S_B^2 \omega_2^2 + 2R_B S_B \omega \omega_1 \cos \omega_1 t} \tag{5-42}$$

式中 R_B——钻头半径;

S_B——钻头偏距,其值为

$$S_B = L_B \gamma \tag{5-43}$$

L_B——钻头底面至弯壳体弯点的距离;

ω_1——钻头因钻井液排量形成的角速度;

ω_2——转盘转动角速度;

ω——钻头的合成角速度,$\omega = \omega_1 + \omega_2$。

由式(5-42)可知,钻头上任意一点的绝对速度 $v_{绝}$ 是时间 t 的函数,$v_{绝}$ 的最大值为

$$v_{\max} = \sqrt{R_B^2 \omega^2 + S_B^2 \omega_2^2 + 2R_B S_B \omega \omega_1} \tag{5-44}$$

研究钻头上的点在导向方式下的最大绝对速度的变化规律,对分析钻头上的点的加速度、受力与磨损情况和优化钻头设计,具有重要的参考价值。绝对速度最大值发生在 A 点位于偏距 OO' 的延长线上且 $OA = \vec{r}_1 + \vec{r}_2$ 的情况(图5-20)。当 $\omega_1 t = 2k\pi$ 即钻头每自转一周,这种情况发生一次。由于 A 点位于距 O 点最远的外廓,则必然处于切削状态。由此可得出钻头上某点进行切削的周期 T 为

$$T = \frac{2k\pi}{\omega_1} \tag{5-45}$$

其中 $k = 0, 1, 2, \cdots, \infty$。

3)导向钻进的扩眼问题

由于弯角造成的钻头偏距 S_B,导致导向钻进时井眼扩大。现从理论上分析扩眼井径的尺寸范围。

如图 5-21,设导向钻具弯点以上的部分在井眼内居中(由稳定器扶正),当钻柱旋转时,

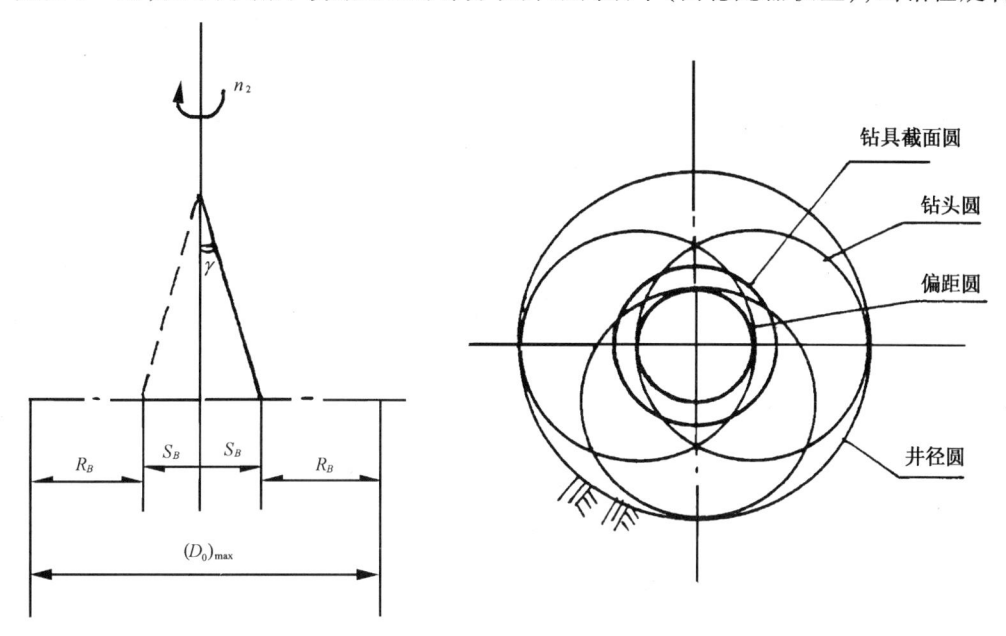

图 5-21 扩眼井径分析

若不考虑弯点以下的弹性变形,即假设钻头上侧向切削力为零,并忽略其他动态因素的影响,则钻头中心轨迹是一个半径为 S_B 的圆。设钻头半径为 R_B,则形成的井眼为扩眼最大尺寸,即

$$(D_0)_{\max} = 2(R_B + S_B) = D_B + 2S_B \tag{5-46}$$

这是导向钻进时井眼扩大的一种极限情况。

另一种根限情况是钻头完全被钻具的变形约束在井底进行定轴转动切削,此时无井径扩大(如图 5-22),即 $(D_0)_{\min} = D_B$。造成这种情况的条件是:岩石过硬难以切削;钻具弯曲刚度小从而钻头侧向力甚小;转速低且平稳,无动载。但实际上这种情况是很少发生的。

综上所述,导向钻进时井眼扩大的直径范围为

$$D_B \leqslant D_0 \leqslant (D_B + 2R_B) \tag{5-47}$$

由于受多种因素的影响,实际井眼尺寸可以是上述范围内的某一值。以下给出一个实例。塞平一井[4]电测资料表明,在斜深 1450~1500m 井段井径为 292mm。该段采用 ϕ172mm 单弯螺杆导向钻进,有关参数为:$\gamma = 1°$,$L_B = 2227$mm,PDC 钻头直径为 ϕ216mm。按式(5-46)求得

$$(D_0)_{\max} = D_B + 2S_B = 216 + 2 \times 2227 \times \sin 1° = 297.73 \quad \text{mm}$$

实测井径很接近(略小于)这一计算值。

考虑到导向钻具组合的弹性变形和侧向力对扩眼量的影响,根据经验,导向钻进时的井径预测值一般可取为

$$D_0 = D_B + S_B \tag{5-48}$$

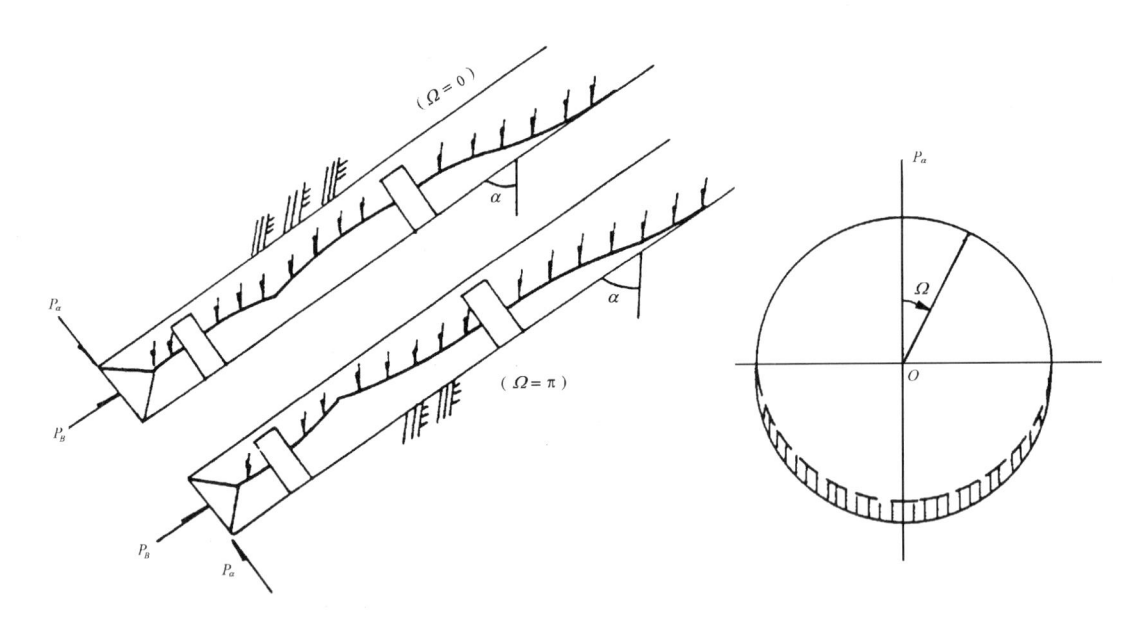

图 5-22 导向钻进时的钻头侧向力分布示意图

以下再给出一个实例。大庆树平 1 井的井径电测资料表明,在 $L=2018\sim2025\text{m}$ 的井径值为 8.9in(ϕ266mm)。该段采用 P5LZ165×0.75°导向螺杆钻具组合导向钻进,$L_B=2283.5$ mm,$\gamma=0.75°$,按式(5-48)的井径预测值为

$$D_0 = 216 + 2283.5 \times \sin 0.75° = 245.89\text{mm}$$

预测值与实测值的相对误差为

$$\varepsilon = \frac{245.89 - 226}{226} \times 100\% = 8.8\%$$

4)导向钻进时螺杆马达转子的离心惯性力

本节曾分析过在定向钻进状态时马达转子的离心惯性力[见式(5-13)],此时认为转子的质心绕定子轴线作半径为 e(马达偏心距)、角速度为 $\omega_\text{公}$(公转角速度 $\omega_\text{公} = -N\omega_\text{自}$)的匀速转动。但在导向钻进方式下,由于马达定子在钻柱的带动下以 $\omega_\text{杆}$ 转动(方向与 $\omega_\text{公}$ 相反),则转子质心绕马达定子中心的绝对角速度为 $\omega = \omega_\text{公} - \omega_\text{杆}$,因此转子的离心惯性力 F_g' 为

$$F_g' = Me(\omega_\text{公} - \omega_\text{杆})^2 \tag{5-49}$$

与式(5-13)相比,可知在导向钻进方式下的转子离心惯性力小于定向方式下的转子离心惯性力。

2.导向钻进时的钻头侧向力

图 5-22 给出了单弯双稳导向钻具在斜直井眼中导向钻进的工作状态示意图。由于钻柱以转速 n_2 旋转,相当于导向动力钻具组合在同一周中处于工具面角 $\Omega=0\sim2\pi$ 中的连续变化的位置状态,图中给出了 $\Omega=0$ 和 $\Omega=\pi$ 两个位置的相应弹性变形示意图。当 $\Omega=0$ 时,钻具组合处于增斜状态($P_a>0$);当 $\Omega=\pi$ 时钻具组合处于降斜状态($P_a<0$)。如果不考虑重力的作用,则在 $\Omega=0\sim2\pi$ 变化范围内,P_a 的分布是一个圆(等值均布);但实际上重力将起一定的作用,且方向始终向下,所以在 $\Omega=\pi\sim2\pi$ 范围内(即下半周),P_a 值将大于上半圆的相应值,呈现非等值分布状态,如图 5-22 所示。

一般认为在导向钻进时,由于 P_a 在一周中等值均布,故钻头向各个方向均匀切削,将钻出稳斜的直井眼。但实际上钻出的井段都略呈降斜趋势。这一问题可由图 5-22 的 P_a—Ω

圆很好地加以解释:重力作用造成P_α的不均布(降斜力总体上大于增斜力)使井眼井斜角略有下降,下降的幅度(降斜率)与钻具刚度有很大关系。当钻具尺寸大,结构弯角γ较大时,P_α值很大,此时重力作用对P_α的影响相对较小,因此降斜趋势不明显;反之,当钻具尺寸较小、结构弯角较小时,此时重力作用对P_α的影响相对较大,则足以显示出一定的降斜特性。

另外,在导向钻进时若地层较软,出现明显的扩眼现象时,近钻头稳定器由于离钻头近而在转动过程中无法接触井壁以形成支点,相当于无近钻头稳定器,此时在上稳定器作用下导向钻具组合构成了实际的"小钟摆"组合,因此呈现一定的降斜特性。这种现象在大庆树平1井的水平段钻进中表现较为明显。

上述两种原因在实际导向钻进中一般都存在。为了克服导向钻进中的降斜效应,可从钻具结构上加以调整(把近钻头稳定器从传动轴壳体上移至适当位置)以形成可靠的支点。大庆树平1井和茂平1井的实践说明了这一点(有关情况将在本书第六章再作进一步阐述)。

3.导向钻进时的扭矩分布

在导向钻进方式下,导向螺杆钻具的内部运动部件即转子—万向轴—传动轴的扭矩分布与定向钻进时相同,但外部壳体的扭转与扭矩分布则和定向钻进时存在差异,其主要原因是转盘带动钻柱和螺杆钻具外壳旋转,转盘输入驱动力矩,摩擦阻力矩与定向钻进时方向相反。

如图5-23所示,在转子力矩的驱动下,导向钻具的近钻头稳定器、上稳定器、上切点以上钻柱与井壁的滑动摩擦力矩与螺杆马达的"反转力矩"同向,即均有反转钻柱和紧扣趋向。此时不存在"反扭角"计算中的钻柱"临界长度"问题。这些力矩的总和将由转盘驱动力矩平衡。

图5-23 导向钻进时的扭矩分布示意图

第四节 万向轴的运动和受力分析及弯壳体内孔偏移量计算

螺杆钻具万向轴是连接马达转子和传动轴的中间构件,其作用有两点:一是把转子的平面行星运动转变为传动轴的定轴转动;二是把马达转子的驱动转矩和自转转速传递给传动轴和钻头。当前应用最普遍的万向轴类型是瓣型连接轴,挠性连接轴在某些钻具中也有应用。本节将简要介绍瓣型万向轴的运动和受力特点,并以此为基础讨论导向钻具的重要部件——固定弯壳体内孔的偏移量计算。

一、瓣型万向轴的运动与受力特征

1.运动特点

图5-24是螺杆钻具万向轴运动关系的示意图。由于万向轴上端和螺杆马达转子的下端相连接,故连接点球心的运动轨迹是一个围绕马达定子轴线的半径为e的圆周,e为马达的偏心距。万向轴下端和传动轴的上端相连接,而传动轴又作定轴转动,故万向轴在运动过程中划

出了以下端连接球心为顶点的倒立的圆锥面,其半锥角 θ 为

$$\theta = \arcsin\frac{e}{L_z} \tag{5-50}$$

其中 L_z 为万向轴两球心间的距离。

由于转子的运动力平面行星运动,自转转速 $n_{自}$ 经万向轴传递给传动轴和钻头。转子的公转角速度 $\omega_{公}$ 和自转角速度 $\omega_{自}$ 的关系为

$$\omega_{公} = -N\omega_{自} \tag{5-51}$$

如图 5-24 所示,取动坐标系 $o-xyz$,因转子、瓣型万向轴和传动轴三者的轴线始终位于动坐标系的 yoz 平面内,则万向轴在动坐标系内的相对运动即为平行轴的定轴转动。显然,该定轴传动的角速度 ω_s 为

$$\omega_s = \omega_{自} - \omega_{公}$$

即

$$\omega_s = (N+1)\omega_{自} \tag{5-52}$$

并有

$$n_s = (N+1)n_{自} \tag{5-53}$$

上述转速 n_s 和 ω_s 将决定连接瓣型内的载荷循环频率。

2. 万向轴的离心惯性力

万向轴在运动过程中,由于公转角速度的影响,产生离心惯性力。该离心惯性力引起螺杆钻具的横向振动,对两端球心引起附加的侧向载荷。

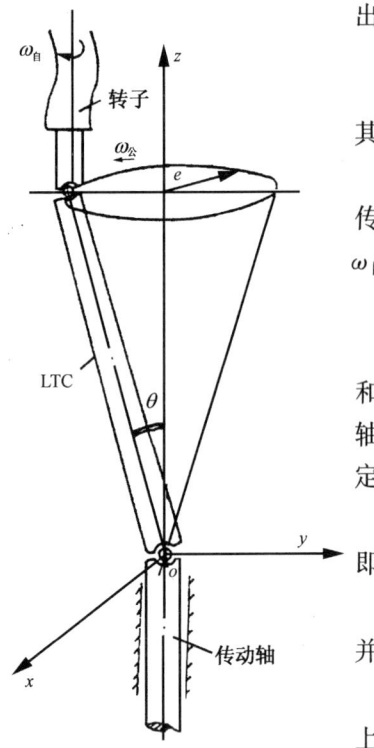

图 5-24 万向轴的运动分析示意图

与马达转子的离心惯性力求法类似,万向轴的离心惯性力也分为定向钻进方式下的离心惯性力 F_{zg} 和导向钻进方式下的惯性力 F_{zg}',其值为

$$F_{zg} = M_z R_z \omega_{公}^2 \tag{5-54}$$

$$F_{zg}' = M_z R_z (\omega_{公} - \omega_{杆})^2 \tag{5-55}$$

式中 M_z——万向轴质量;

R_z——万向轴质心的公转半径;

$\omega_{公}$——万向轴(转子)的公转角速度;

$\omega_{杆}$——导向钻进时的钻具外壳转速。

如果万向轴质心距下端球心的距离为 L_{z1},两球心距为 L_z,则

$$R_z = \frac{L_{z1}}{L_z}e \tag{5-56}$$

特殊情况下,若质心位于两球连线中点,则

$$R_z = \frac{e}{2} \tag{5-57}$$

万向轴的离心惯性力和马达转子的离心惯性力位于同一平面内且方向相同。下面通过实例来分析万向轴离心惯性力的量级。仍以 P5LZ165 型导向螺杆钻具为例,$R_z = \frac{e}{2} = 0.35\text{cm}$,$M_z = 20\text{kg}$,马达流量范围为 $11.5 \sim 28\text{L/s}$,钻头相应转速范围为 $82 \sim 207\text{r/min}$,在导向钻进方

式下，$n_{杆} = 60\text{r/min}$，根据以上公式可求出：

在定向方式下　　$F_{zg} = 129.05 \sim 822.25$　N

在导向方式下　　$F_{zg}' = 94.04 \sim 729.25$　N

3. 万向轴受力分析

图 5-25 为万向轴的受力示意图。暂不考虑扭矩作用，取两球及中间轴体作为分析对象，它受有转子施加的轴向力 G，自重 $M_{z}g$ 和离心惯性力 F_{zg}，以及两端球座施加的支座反力 F_{Ny}、F_{Nx} 和 F_{Gx}，如图 5-25 所示。过下球心 o 建立坐标系 xoy，由平面力系的平衡方程 $\sum M_o = 0$、$\sum x = 0$ 和 $\sum y = 0$ 可求得

$$F_{Ny} = G + M_z g \tag{5-58}$$

$$F_{Gx} = \frac{1}{L_z \cos\theta}(F_{zg} L_{z1} \cos\theta + Ge + M_z g e \frac{L_{z1}}{L_z}) \tag{5-59}$$

$$F_{Nx} = \frac{1}{L_z \cos\theta}(F_{zg} L_{z1} \cos\theta + Ge + M_z g e \frac{L_{z1}}{L_z}) - F_{zg} \tag{5-60}$$

下面通过实例来分析万向轴上所作用的力的量级。仍以 P5LZ165 螺杆钻具为例，由上述诸例计算结果知，$M_z g = 200\text{N}$，$F_{zg} = 822\text{N}$，$e = 7\text{mm}$，$L_z = 500\text{mm}$，$L_{z1} = 250\text{mm}$，设转子轴向力 $G = 50000\text{N}$，则求得 $\theta = 0.8°$，$F_{Ny} = 50200\text{N}$，$F_{Gx} = 1112.4\text{N}$，$F_{Nx} = 290.4\text{N}$。

4. 瓣齿受力与强度分析

瓣型连接轴，又称 LTC(Lobe-Tyte-Couplings)，其端部结构如图 5-26 所示，由螺纹端子、定位球、球座和瓣齿等组成。瓣齿是在同一圆环套筒上用数控机床和火焰切割加工成如图 5-27 所示的瓣齿型缝隙 d，再把套筒焊接在螺纹端子和连接轴的中间本体上。在套内部装有上、下球座和定位球。定位球和上、下球座的作用是用以保持连接瓣齿的相对位置，同时传递马达转子的轴向力和提供必要的支座反力。瓣齿副用于传递运动和马达转矩，并在上提钻具时承受必要的拉力，防止瓣齿因受拉而相互滑脱。

瓣齿是 LTC 轴的关键部位，因传递转矩同时尺寸受到限制，所以瓣齿内受有较大的交变应力。瓣齿采用优质合金钢制做(如我国的 35CrMo 以上材质，相当于美 4135 以上)，以保证有较高的强度指标。经火焰切割的部位，其热处理状态相当于高频正火。

根据理论分析与实践经验，瓣齿结构最好采用图 5-27 所示的三瓣式方案。若套筒外圆(即切割瓣齿的外表面圆柱)半径为 R，则图 5-27 中参数 r，W，ϕ 与 R 间的关系为

$$r = \sqrt{(\frac{\pi R}{6})^2 + W^2} \tag{5-61}$$

$$\phi_3 = \frac{\pi}{2} + \arcsin\frac{W}{r} \tag{5-62}$$

三瓣式割缝中心轨迹的曲面方程可写为如下形式的坐标参数方程：

$$\psi = \eta - \frac{r}{R}\sin\phi \tag{5-63}$$

$$Z = W + r\cos\phi \tag{5-64}$$

其中参数 ϕ 的定义域为

$$-(\frac{\pi}{2} + \text{arctg}\frac{W}{\frac{\pi}{6}R}) \leqslant \phi \leqslant (\frac{\pi}{2}\text{arctg}\frac{W}{\frac{\pi}{6}R}) \tag{5-65}$$

如图 5-28 所示。以上 r 为瓣齿中心轨迹曲线圆弧半径，ϕ 为动点位置对应的中心角，W

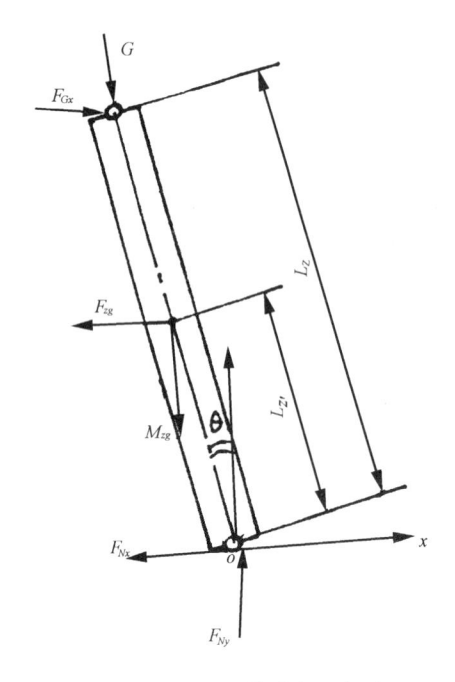

图 5-25 万向轴受力示意图

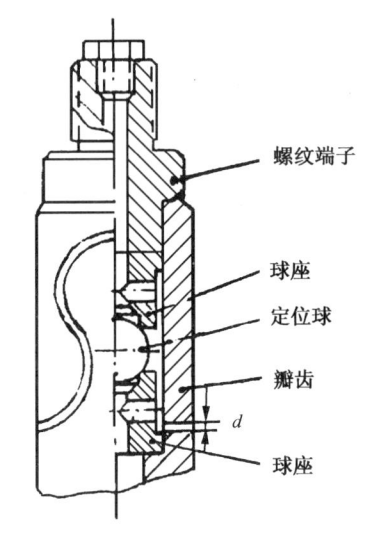

图 5-26 瓣齿连接轴端部结构

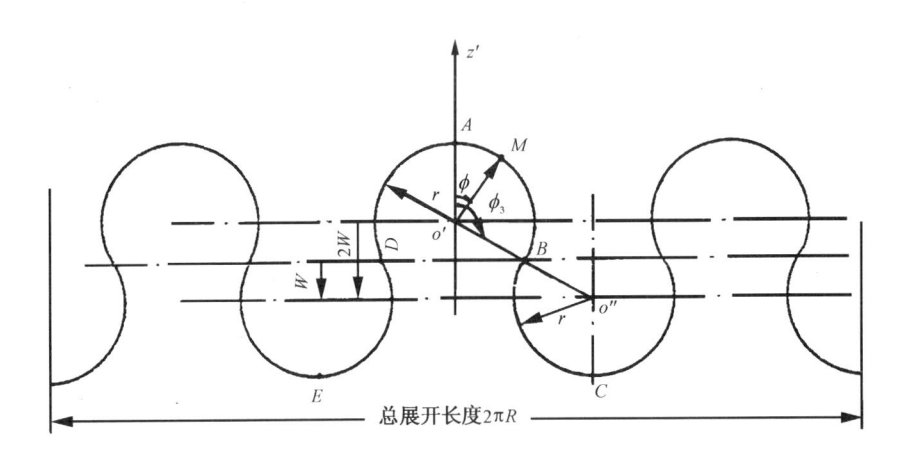

图 5-27 切缝平面展开图

是相邻两弧的中心距,ϕ_3 是三瓣式齿形相邻两弧连接点对应的中心角,ϕ 是动点对应的角坐标,η 是瓣齿中心平面(动点 $\phi=0$)的角坐标初值,Z 是动点对应的轴向坐标。

通过对 LTC 进行理论啮合分析,可确定瓣齿上接触点即载荷作用点的位置及变化范围,这是进行瓣齿受力分析和强度主算的基础。在几条基本假设前提下得出的理论啮合曲线表明:三个瓣齿依次啮合,万向轴转动一周的过程中,每齿啮合二次;任一位置,即任一瞬时,只有一副瓣齿互相啮合,仅在换齿的那一瞬时有两副瓣齿啮合;由瓣齿啮合图可确定每副瓣齿的工作区间和载荷作用范围;一个瓣齿在转动一周中虽啮合二次,但只有一次载荷引起危险应力。

根据上述结论可对瓣齿进行应力计算,如图 5-29 所示。

工作力矩 M 是靠瓣齿啮合点处的接触压力 $\vec{P}_n$ 进行传递的,其方向沿瓣齿曲线(在圆柱外皮上)接触点处的法线方向。$\vec{P}_{xy}$ 是 $\vec{P}_n$ 的切向分量,$\vec{P}_z$ 是 $\vec{P}_n$ 的轴向分量,可求得

$$P_{xy} = \frac{M}{R} \quad (5-66)$$

$$P_n = \frac{M}{R|\sin\phi|} \quad (5-67)$$

$$P_z = \frac{M}{R}|\cot\phi| \quad (5-68)$$

当 M 一定时，P_{xy} 为常量；而 P_n, P_z 则和 ϕ 有关，即它们随啮合点位置(用 ϕ 表征)变化而变化。

先忽略在啮合过程中产生的滑动摩擦力，瓣齿 a_d, a_j 的受载形式均为非对称截面梁的斜弯曲与受压(或拉)组合问题，如图 5-29 所示。把 P_x, P_y, P_z 向 z 轴的某一正交截面 b—b(呈扇环形)的形心 C_b 移置，除在该截面内引起压(或拉)应力和弯曲正应力外，还在该截面内引起剪应力(包括扭转引起的剪应力)。但根据材料力学和弹性力学理论，非对称截面实体梁的横截面上的这些剪应力通常不是控制梁的强度的主要因素，因此不必计算。很显然，真正的危险截面

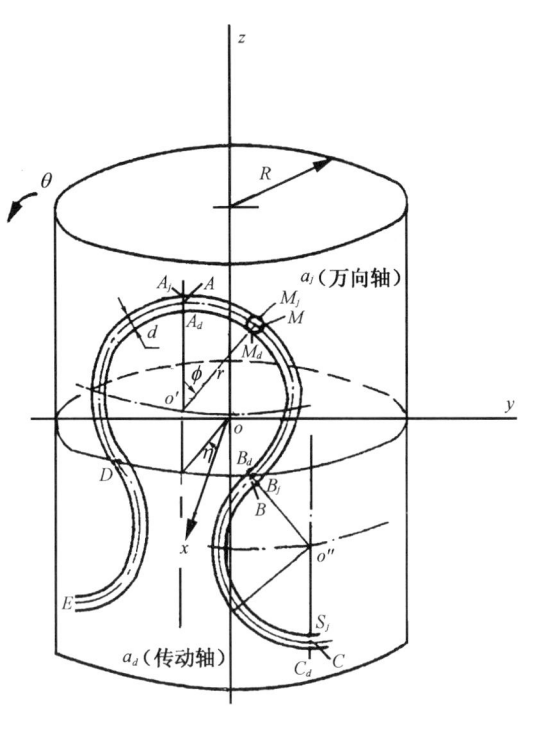

图 5-28 瓣齿的几何关系

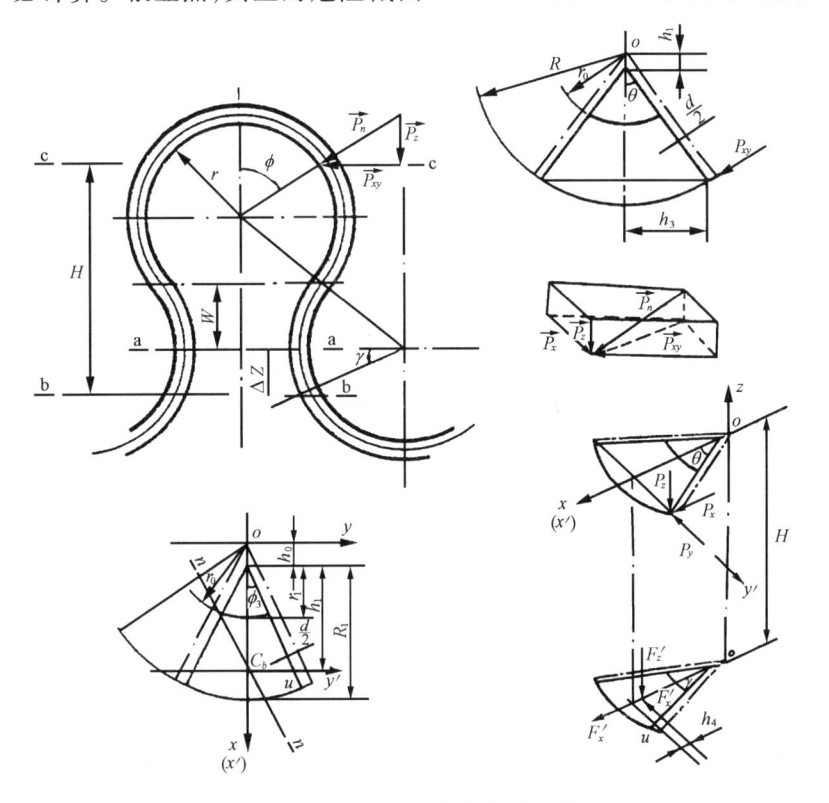

图 5-29 瓣齿应力计算示意图

应在最小面积截面 a—a(对 a_d)下方的某一范围内，并且危险截面的位置(用 ΔZ 表征)随载荷位置参数 ϕ 的变化而变化。对确定的 ϕ，对应着确定的危险截面，但 ΔZ 变化不大。危险截面

内各点的应力与工作力矩 M 成正比。

设截面 b—b 为危险截面,可求出其弯曲中性轴 n—n。在 n—n 的一侧,即 u,v 点所在的一侧,$\sigma > 0$,表示受拉;在 n—n 另一侧,$\sigma < 0$,表示受压。u,v 点的应力 σ_u,σ_v 中较大者即为危险截面的最大拉应力,称为危险应力。发生危险应力的点称为危险点,其是 u 还是 v 需由 ϕ 值决定。

进一步考虑啮合摩擦力 P_f 的影响。无论是 LTC 的上铰链还是下铰链,在理论啮合状况下,P_f 使主动瓣齿的危险应力增大,使从动瓣齿的危险应力减小。

综上所述可知,瓣齿的危险点处作用着频率为 f(每分钟频率 $f = n_s$)的脉动危险拉应力。当工作力矩很大时,危险拉应力呈高水平,容易造成瓣齿在危险截面的疲劳断裂。经对现场一个断齿的万向轴的理论强度分析结果表明,危险截面 b—b 应在最小截面 a—a 下方即 $\Delta Z = 6$mm 处,而实际上量得 $\Delta Z \approx 6.8$mm。断口特征(无磨痕脆断型)也与理论分析相符。

实际上,由于一些因素的影响使理论啮合分析依据的前提假设与实际工况存在一定差异(如瓣齿存在弹性变形,球座和球存在形位分差和磨损,瓣齿加工存在误差等),均会导致实际啮合情况和理论啮合状况有差别,如实际啮合中在某些时间内可能有两齿甚至三齿发生重叠啮合,啮合点也会发生偏离,这有利于降低瓣齿危险点的应力水平。但是,即使是同一时刻有几个齿受载,每个齿的载荷值不会是平均分配的。加之球和球座的磨损容易导致瓣齿啮合点位置恶化,也容易提高危险点的应力水平。因此,解决万向轴的瓣齿强度不足、球座碎裂和定位球磨损一直是万向轴设计中的重要问题。

有关 LTC 万向轴的啮合与强度分析中的详细内容,可参见笔者所著《单螺杆钻具万向轴的设计研究》(1982.4)

二、弯壳体内孔偏移量计算

万向轴在弯壳体中相对于直壳体的偏移量,是导向螺杆钻具的特殊问题。这是由于弯壳体具有弯角,造成弯壳体中万向轴两球心的位置偏移和轴体转动空间的偏移。这种偏移量与钻具的结构尺寸、弯壳体的类型(单弯、反向双弯)和弯点位置、弯角大小有关。若不考虑这种偏移量,则容易造成弯壳体内部空间不足,万向轴在运动中与壳体内壁冲撞,致使钻具无法工作,造成破坏。因此,偏移量计算是设计弯壳体内径的基础。

以下根据万向轴弯壳体的结构类型和特点,分别计算不同情况下的偏移量。图 5-30 是万向轴直壳体与弯壳体的示意图,在弯壳体上存在着由机械加工方法形成的结构弯角 γ。在后面的几个图(图 5-31～图 5-34)中,A' 和 B' 点分别表示弯壳体内上、下球心的位置,而 A,B 点则表示相应的直壳体中上、下球心的假想位置;$O(O_1, O_2)$ 代表弯点位置,$a(b)$ 表示弯点到相应球心的距离;$\gamma(\gamma_1, \gamma_2)$ 表示相应弯角(下弯角,上弯角),e 为万向轴球心的公转半径(马达偏心距),两球心距为 L。

在图 5-31～图 5-34 中,$\delta(\delta_1, \delta_2)$ 表示暂不考虑瓣齿啮合高度影响时的偏移量。

1. 单弯(弯点在两球心之间)

图 5-31 给出了当弯点在两球心间的单弯壳体的几何关系与相应的偏移量 δ:

$$\delta = \frac{a(L_z - a)}{L_z}\gamma \tag{5-69}$$

由分析可知,当弯点位于两球心间即 $a = \frac{1}{2}$ 时,偏移量 δ 存在极大值 δ_{max}:

$$\delta_{\max} = \frac{L_z}{4}\gamma \tag{5-70}$$

2. 单弯(弯点在上球心之上)

图 5-32 给出了弯点在上球心以上的单弯壳体的几何关系与相应的偏移量 δ：

$$\delta = a\gamma \tag{5-71}$$

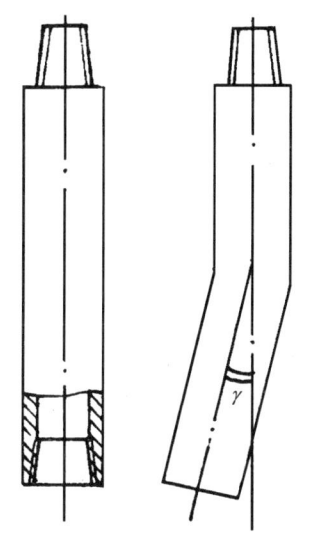

图 5-30 直壳体与弯壳体示意图

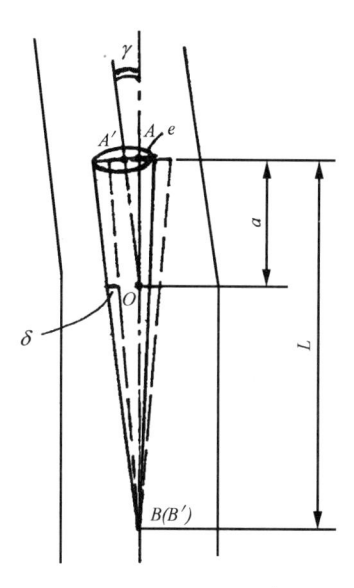

图 5-31 弯点在两球心间的单弯壳体

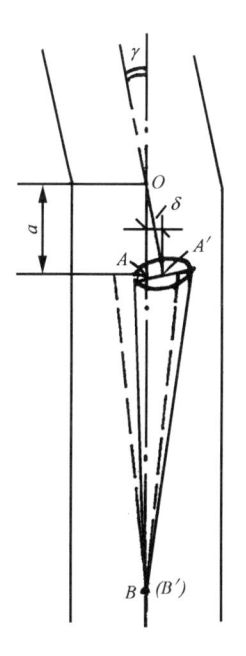

图 5-32 弯点在球心之上的单弯壳体

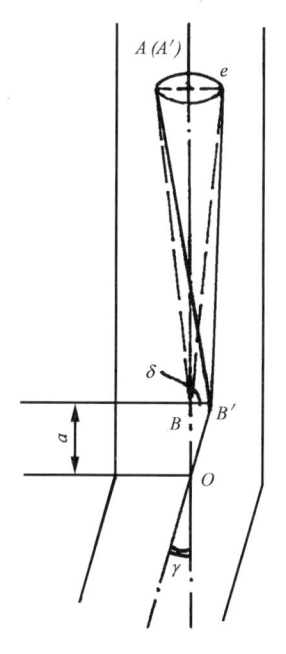

图 5-33 弯点在球心之下的单弯壳体

3. 单弯(弯点在下球心之下)

图 5-33 给出了当弯点在下球心以下的单弯壳体的几何关系与相应的偏移量 δ:

$$\delta = \alpha\gamma \qquad (5-72)$$

其结果与式(5-71)相同。式(5-71)和式(5-72)可以概括为:对弯点在球心之外的单弯壳体,其偏移量为 $\delta = \alpha\gamma$。

4. 反向双弯壳体(弯点在两球心之间)

图 5-34 给出了弯点在两球心间的反向双弯壳体的几何关系与相应的偏移量 δ_1 和 δ_2:

$$\delta_1 = \frac{b}{L_z}[(L_z - b)\gamma_1 - \alpha\gamma_2] \qquad (5-73)$$

$$\delta_2 = \frac{\alpha}{L_z}[(L_z - \alpha)\gamma_2 - b\gamma_1] \qquad (5-74)$$

以上求 δ 值时均未考虑瓣齿啮合高度 h 对偏移量的影响。设瓣齿啮合高度 h(如图 5-35)造成的附加偏移量为 δ',则同图 5-35 所示的几何关系可得

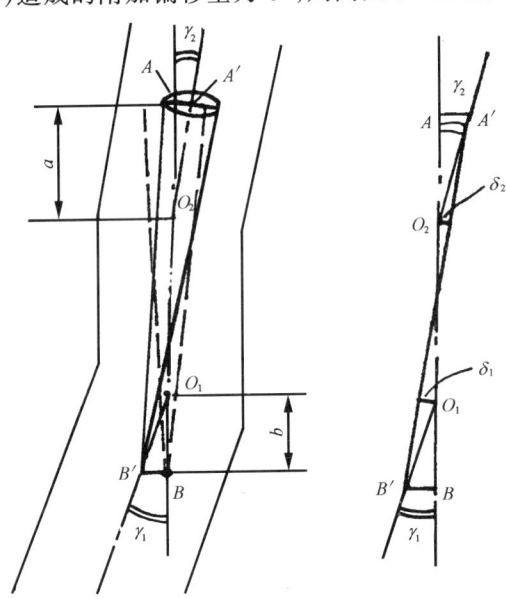

图 5-34 弯点在两球心之间的反向双弯壳体

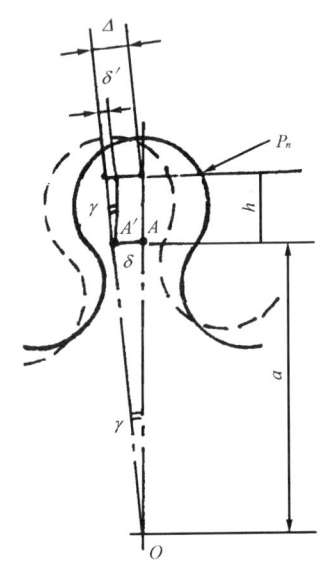

图 5-35 瓣齿啮合高度引起的附加偏移量 δ'

$$\delta' = h\gamma$$

则总偏移量 Δ 为

$$\Delta = \delta + \delta' \qquad (5-75)$$

根据对三瓣式 LTC 的理论啮合分析可知,理论啮合点位于 $\phi = 60°$ 左右(参见图 5-29),因此可用下式近似计算 h 值(h 值随钻具工作载荷而略有变化):

$$h = \frac{r}{2} + W \qquad (5-76)$$

该式是将 $\phi = 60°$ 代入式(5-64)导出的。

综上所述,可得出如下认识:

(1)偏移量与弯壳体的结构类型、弯点位置有关。

(2)偏移量与弯壳体的弯角值成正比。

(3)对单弯壳体,弯点在球心之外的偏移量与弯点至球心距离成正比。

(4)弯点在球心之间时的偏移量是弯点到球心距离的二次函数,当弯点位于两球心连线的中点时,该偏移量取得极大值。

第五节 油基钻井液及其油品种类对定子橡胶体积膨胀的影响[5]

一、问题的性质与必要性

较多地采用油基钻井液和普遍使用导向螺杆钻具,是当前水平井的两个突出特点。据国外有关统计资料表明,油基体系钻井液在水平井中的使用率最高。例如,在所统计的227口水平井中,使用油基体系钻井液者达90口,占39.65%;在裂缝性页岩储层的58口水平井中,使用油基钻井液者计49口,使用率高达84.48%;其次在易受损害的砂岩地层中所钻的80口水平井,其中有33口采用油基钻井液,使用率达41.25%[6]。再者,无论是中半径还是长半径的水平井,为了轨道控制需要,绝大部分要采用导向钻具进行造斜钻进和水平钻进,其中主要是带有弯壳体的导向螺杆钻具。

上述这两个特点往往有其矛盾的一面。这是因为现有螺杆钻具的马达定子是用硫化橡胶制成的,在用油基钻井液作其工作介质时,实践表明硫化丁腈橡胶仍产生一定程度的体积膨胀,甚至有些油基钻井液会引起定子橡胶的明显膨胀。由于导向钻具定子橡胶衬里是动力部件,它在工作时受有反复作用的挤压、剪切、扭转、撕拉等多种动载,在较大的体积膨胀情况下,会使工作寿命缩短,甚至导致橡胶的迅速破坏。

鉴于定子橡胶材料或其耐油抗蚀性能在近期内难有改变或提高,那么,为了保护定子橡胶,则应选择合适的油基钻井液体系或油品牌号,以求尽量减小定子橡胶的体积膨胀,这是十分重要的。

二、实验结果及其分析

笔者及其同事根据文献[17]规定开展了一系列实验研究,实验结果如表5-5所示。

表5-5 定子橡胶在实验介质中的膨胀

试验介质	ΔV,% 24h	ΔV,% 48h	温度 ℃
10#柴油	5.52		90
10#柴油钻井液	5.30	5.03	80
-10#柴油	21.70	21.30	80
-10#柴油钻井液	20.80	20.70	80
原油	2.16	4.56	80
原油钻井液	2.16		80
0#柴油	14.13		80
0#柴油+原油(4:10)	2.58		80
0#柴油+原油(6:10)	7.19		80
0#柴油+原油(8:10)	7.22		80

现对表5-5中的实验结果做进一步的讨论和分析。

1. 油品种类对橡胶膨胀的影响

由表5-5数据可以看出,只要油品种类不同,对橡胶膨胀的影响是显著的,按$\Delta V(\%)$由小到大的油品种类顺序是:

原油＜10#柴油＜0#柴油＜－10#柴油

造成这种结果的原因可能是由于油品粘滞性不同导致的浸润性差异。上述排序体现了油粘滞性的影响,粘滞性由大到小。原油粘滞性最大,对橡胶的浸润性最差,故橡胶的膨胀率最小;反之,－10#柴油粘滞性最小,浸润性强,橡胶的膨胀率最大。

2. 钻井液中其他成分对橡胶膨胀的影响

由表5-5可以看出,油品与其相应的钻井液相比,二者对橡胶膨胀的影响基本相当,且后得略小于前者。因此,对于橡胶膨胀而言,一般毋须考虑其他成分对橡胶的作用,只要选择油品种类即可。

3. 时间对橡胶膨胀的影响

由表5-5看出,对于10#、－10#柴油和－10#柴油钻井液,24h和48h的$\Delta V(\%)$相差不大,ΔV的最大值不限于发生在24h,很可能在24h之前,应做进一步探讨。

三、应用与认识

综上所述,可得出以下认识:

(1) 在选择油基钻井液配方时,应考虑其对导向钻具定子橡胶体积膨胀的影响,尽量选择使橡胶膨胀较小的钻井液。

(2) 油包水钻井液中影响橡胶膨胀的主要因素是油,粘滞性小的油号会使橡胶膨胀加大。按油品$\Delta V(\%)$由小到大的次序是－10#、0#、10#柴油、原油。

(3) 上述试验结果具有相对意义,因橡胶试片与实际定子橡胶衬套形状明显有别。对定子橡胶禁用的膨胀临界值ΔV_c的确定,需要开展进一步的实验研究。

上述实验结果在现场得到了应用。例如大庆油田的树平1井,原定从三开采用－10#柴油的油包水钻井液;为保证定子橡胶膨胀量小,参照本实验结果并考虑到其他因素,决定改用0#柴油,在整个钻井过程中导向钻具工作正常。这表明,只要把$\Delta V(\%)$值控制到某一临界值以下,即可避免或减轻定子橡胶的破坏问题。

第六节 导向钻具选型与总体设计的原则和方法

导向钻具的选型是指使用者根据工艺要求来选用现有的产品,导向钻具的总体设计是指科研人员或制造厂家根据需要来研究开发新产品。本节将简要介绍导向螺杆钻具在选型和总体设计中的基本原则和方法。

一、导向螺杆钻具的选型原则

导向钻具的选型就是要确定所选钻具的类型(是涡轮钻具还是螺杆钻具)、规格和性能参数。涡轮钻具与螺杆钻具相比,因其转速高、压降大、工作特性软、长度大和造斜率相对较低,且国内目前产品较少,因此在进行水平井导向钻具的选型时,本节针对导向螺杆钻具加以讨论。

在本章第一节中,曾把井下动力钻具按功能、主机种类、导向结构形式、弯角大小与组配方式等不同特征进行分类。实际上一台螺杆钻具,往往是上述诸种特征的综合。选型就是要根据图5-36所示的思路和方法,具体确定导向螺杆钻具的结构与工作参数,并进一步从产品表格中选定所需的型号和规格。

1. 根据井眼尺寸确定钻具的公称尺寸

表5-6列出了水平井常用井径与导向螺杆钻具公称尺寸的对应关系。

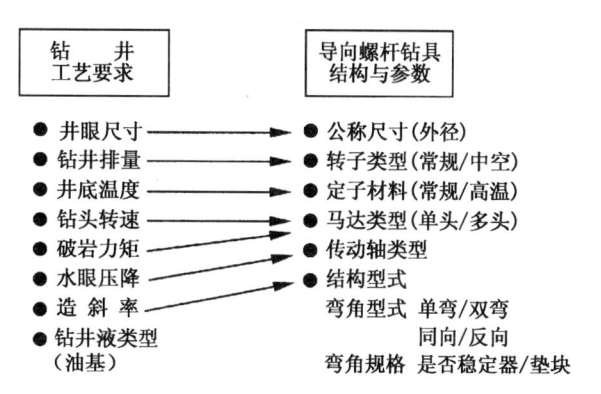

图5-36 导向螺杆钻具的选型思路示意图

表5-6 水平井常用井眼直径与螺杆钻具公称尺寸

井眼直径,mm(in)	螺杆钻具公称尺寸(外径),mm(in)
$\phi152(6)$	$\phi120(4¾) \sim \phi89(3½)$
$\phi216(8½)$	$\phi165(6½) \sim \phi197(7¾)$
$\phi244(9⅝)$	$\phi197(7¾) \sim \phi165(6½)$
$\phi311(12¼)$	$\phi197(7¾) \sim \phi244(9⅝)$

上述对应关系主要是为了保证工具外径和井壁间留有一定的环隙(约1in左右),以防井下遇卡和出现事故时进行打捞作业[18]。

2. 根据井身设计造斜率确定工具造斜率

工具的造斜率(或称实际造斜能力)应满足水平井钻井要求,这可称为"造斜率原则",它是选择导向钻具的首要原则。按照水平井工艺需要,导向钻具的造斜率$K_{T\alpha}$应比井身设计造斜率K高10%~20%,以便有足够的余地应付钻井过程中意外出现的造斜率不足的问题[6],也就是

$$K_{T\alpha} = (1.1 \sim 1.2)K \tag{5-77}$$

然后根据螺杆钻具制造厂家的产品说明书中推荐的产品造斜能力值确定产品规格。若说明书中缺少造斜能力值这一指标,或为了核实工具的造斜能力,可用第四章介绍的K_c法(极限曲率法)中的计算公式(4-39)进行计算(详见本书第四章第四节)。

3. 根据钻头水眼压降确定传动轴类型

现有螺杆钻具的型号代码中有一项数字是标明传动轴性能类型的,如图5-37所示。

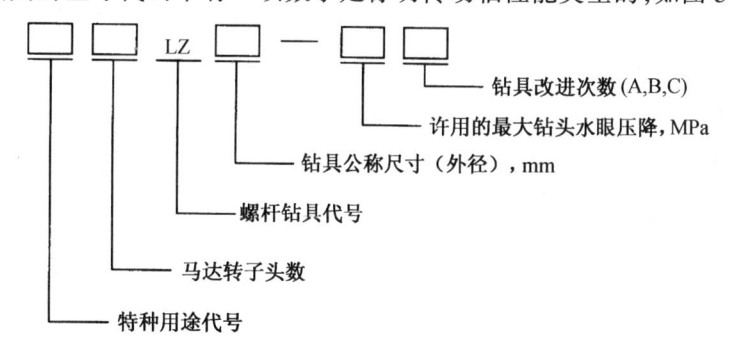

图5-37 螺杆钻具的型号说明

以 PBLZ165 - 7.0B 为例,"P"表示水平井用钻具,5 头,螺杆钻具,外径 $\phi165mm(6\frac{1}{2}in)$,许用的最大钻头水眼压降 7.0MPa,B 表示第二次改进(为中空转子)。

表示传动轴类型的就是"许用的钻头水眼压降",现有产品分为 3.5MPa($500lb/in^2$)、7.0MPa($1000lb/in^2$)和 14.0MPa($2000lb/in^2$)等 3 种(国外产品常用 Δ 值表征),该值越大,说明传动轴的承力性能越好,成本越高。

在选型时要根据设计的钻头水眼核算其压降值,再确定相应的传动轴类型级别。不合适的选择会造成钻具的先期损坏(选低级别)或成本增加(选高级别)。

4. 根据排量要求选择转子类型

螺杆钻具的工作排量有一额定值(额定排量),它是螺杆钻具的设计依据之一。由于螺杆钻具的转速与工作排量成正比,增大排量必然增大转子、万向轴、传动轴的转速和万向轴的载荷循环频率(参见第五章第四节),排量的大幅度增长必将会导致螺杆钻具的非正常工作,容易造成破坏。

但在钻井过程中,尤其是大井眼水平井中(如 $\phi311$ 井眼,$\phi127$ 钻杆),为了携带岩屑需要,要求有较高的钻井液返速,在这种环空面积较大的情况下就要求有较大的工作排量,而这一排量会成倍高于螺杆钻具的额定排量或最高排量(如 $\phi311$ 井眼中要求 $Q=48\sim50L/s$,而 $\phi197$ 螺杆钻具的最大许用排量为 28L/s)。在这种情况下,就应该选择带有中空转子马达的螺杆钻具。

中空转子就是马达转子的中心钻有通孔,通孔上端装有一个固定喷嘴。流入马达的钻井液排量 Q 将分成两部分 Q_1 和 Q_2;Q_1 进入转子中孔旁路,Q_2 进入转子与定子间,使钻具马达产生转速:

$$Q_2 = Q - Q_1 < Q \tag{5-78}$$

因此转速低于采用实心(常规)转子时的马达转速。这一办法同时满足了钻井工艺和螺杆钻具所需排量不同的要求。

本章第八节将对中空转子螺杆钻具的外特性进行分析,并对其转速软特性这一缺点提出改进措施。

5. 根据井底温度确定定子材料耐温级别

定子弹性衬里材料一般都采用耐油丁腈橡胶。过高的工作温度会使丁腈橡胶老化变脆,严重降低其性能指标和工作寿命。井底温度是选择定子橡胶材料的重要依据。

根据对橡胶温度的粗略分析,当充分循环钻井液时,井底钻井液温度会比不循环时的井底温度明显降低(根据经验,在 160℃ 左右的井底充分循环时,井底钻井液温度约达 130～140℃);但是,马达在工作时转子和定子间的摩擦会使橡胶温度上升;由于橡胶导热性能差,这种"自生热"会使定子衬里内部温度明显高于其表面温度(钻井液温度)。在确定井底真实温度和选择橡胶材料时应考虑到这种情况。

常温的定子橡胶耐温指标是 125℃ 左右。当工作温度超过这一指标时,就要选择高温橡胶。现在已有可承受 177℃ 的高温定子橡胶材料。但这种高温材料会比常温橡胶的价格上升一个数量级。

在本章第五节中,曾给出了定子橡胶在不同油基钻井液及油品中的膨胀结果。在确定了橡胶材料后,反过来要对钻井液的油品牌号进行选择,必要时要进行性能实验。

6. 根据破岩力矩选择马达类型和参数

井下马达、钻井液、钻头和地层组成了一个破岩系统。钻头在破岩时应有最优的转速及钻压,也应有满足基本破岩要求的最低临界破岩力矩。但是,压力、温度及周围液体的性质等诸多变量(可能多达几十个)都对破岩效果产生影响[18]。然而至今尚未见到对不同钻头(类型和尺寸)的最低临界破岩力矩的权威资料发表。

不过,无论是从实践上还是理论上都表明有两点结论是可以肯定的,其一是现有的螺杆钻具产品的马达额定力矩均可满足有效钻进的要求,因而不必担心是否能达到最低临界破岩力矩;其二是马达额定力矩越大越好,它可以呈现更好的"硬特性",从而具有很强的过载能力。

综上所述,选择多头螺杆马达要优于单头马达,并应尽量选择额定力矩值较大的多头螺杆马达。

7. 根据造斜率选择螺杆钻具的结构型式

严格来说,只要根据"造斜率原则"由井身设计造斜率 K 确定了工具的实际造斜率 $K_{T\alpha}$ 值,则用户可不必过分苛求所选钻具的具体结构型式,尽管这些具体结构型式对工具造斜率影响甚大,但实际上这是属于后面的"导向钻具的总体设计"问题。

有一点应该注意的是,要否带稳定器(垫块)以及是选用直筋还是螺旋筋稳定器。对造斜能力接近中曲率上限(20°/30m)的螺杆钻具,最好采用垫块而不要采用近钻头稳定器,这是因为井身曲率较大易使稳定器抵住井眼上壁而难以造斜。垫块的包角不宜小于120°,且前后倒角要小而平滑,以防在钻进和提升钻具时刮井壁。

直筋稳定器利于减少钻进中可能发生的阻力,其缺点是支点不稳且难以控制;当工具面角改变时,影响稳定器的计算直径(关于"计算直径"的定义和计算可参见后文和图 5-40)。与此相反,螺旋筋稳定器可形成规范的计算直径和可靠支点,从而得到稳定的工具面和造斜率;其缺点是定向钻进时的阻力会大于直筋稳定器。无论采用何种稳定器,都要使稳定器的前、后角保持较小值,尤其是前角(在高造斜率螺杆钻具上前角不宜超过 15°),以减小阻力。

不加稳定器会显著减小定向钻进的阻力,但会造成定向困难,形成工具面角的大幅度摆动,严重影响造斜率,这一点已被多次实践所证明。

综上所述可知,工具的造斜能力与实际钻出的井眼造斜率是两个不同的概念,当外界条件影响工具造斜能力的发挥时,会使井眼曲率明显低于工具的造斜能力。这就是在选择工具造斜能力时要求它大于井身设计造斜率 10%~20% 的主要原因。

二、导向螺杆钻具的总体设计方法和原则

现在讨论在直螺杆钻具的基础上进行弯壳体螺杆钻具总体设计的原则和方法,上述有关弯壳体螺杆钻具选型的原则同样适用于总体设计,因此一般不再重述。要讨论的重点是造斜率设计、总体结构设计、弯壳体设计和稳定器的设计计算方法。

1. 造斜率设计

造斜率原则同样是弯壳体螺杆钻具总体设计的首要原则。造斜率设计要解决的问题就是如何将井身设计造斜率 K 与要设计的工具结构挂起钩来,这一方法即第四章介绍的极限曲率法,即 K_c 法。

根据公式(4-39)和式(5-77),确保实现井身曲率 K 值的导向钻具的极限曲率 K_c 为

$$K_c = \frac{(1.1 \sim 1.2)K}{AB} \tag{5-79}$$

确定了所需工具的 K_c 值,就可以根据第三章所述的 BHA 力学分析方法软件来设计具体的结构型式和参数,使之满足要求的 K_c 值;还可以根据中、长半径水平井的造斜率[$K = (0 \sim$

20°)/30m]对工具的造斜能力和 K_c 值进行分级,选取某一结构参数(如弯壳体弯角 γ)作为规格参数进行系列化的规格化设计。

2. 总体结构设计原则 K_c 值

导向螺杆钻具的总体结构设计就是要选择合适的结构型式和参数使 K_c 值得以实现,主要内容包括弯角类型、弯角位置与大小、稳定器类型、稳定器尺寸与位置的选择和确定。结构参数的确定是一个协调矛盾,逐步调整寻优的过程,主要原则可概括如下:

(1)用于小曲率和水平段钻进的导向螺杆钻具可选择反向双弯双稳定器的结构型式;下稳定器一般为近钻头稳定器(分为固定型和滑动型两种)装在传动轴壳体上,也有为特殊需要装在万向轴壳体上;万向轴壳体为反向双弯外壳(DTU),其下弯角 γ_1 应大于上弯角 γ_2,常用的型式是

$$\gamma_2 = -\frac{1}{2}\gamma_1$$

工具面是由下弯角 γ_1 确定,可依 γ_1 的大小变化分为不同规格,γ_1 上升导致 K_c 值和造斜能力增大。

(2)用于小曲率和中曲率的中、下段[$K = (0\sim13°)/30m$]的导向钻具的基本型式为单弯壳体加稳定器的结构型式。稳定器为装在传动轴壳体上的近钻头稳定器;上稳定器为装在钻具旁通阀之上的钻柱稳定器(可依现场控制需要考虑加或不加,当去掉上稳定器时可使造斜率略有提高,但会降低工具面的稳定性)。单弯壳体确定了工具面;调整弯点位置可影响造斜率的大小,可依弯角 γ 的大小变化分为不同规格(但 γ 角的最大值一般不超过2°)。

(3)用于中曲率的上段[$K = (13\sim20°)/30m$]的导向钻具的结构型式主要是同向双弯型(FAB)。这种钻具类型是由一个较大角度的单弯壳体(带有下弯角 γ_1)和装在旁通阀之上的同向共面接头(带有上弯角 γ_2)构成,γ_1 和 γ_2 必须同向且严格共面(否则造成工具的力学特性紊乱),γ_1 对造斜率的影响大于 γ_2。同向双弯钻具都不加稳定器,需进一步提高造斜率时可考虑加垫块,位置可在下弯点的下部或上部较小范围内选择。

(4)弯壳体的弯点位置对于工具造斜率、钻头偏移量(off set)和钻具强度均有影响。弯点位置下移可明显提高造斜率和减小钻头偏移量,而减小偏移量则有助于降低钻具下井的难度和减小导向钻进时的井眼扩大量。弯点位置还影响弯壳体内万向轴的运动附加偏移量 δ(见本章)进而影响弯壳体内径的大小。因此,选取弯点的原则主要有两点:其一是弯点一般应在万向轴上球心之下(以尽量提高造斜率同时减小钻头偏移量 S_B);其二是若在下球心以下,不宜离下球心太远(以免万向轴运动偏移量 δ 过大造成单弯壳体内壁切削量过大导致结构强度不足)。在调整弯点位置时要注意对钻具组合的强度进行校核。

(5)下稳定器位置和直径对工具的钻头侧向力影响甚大,进而显著影响工具造斜率,因此是总体设计时要重点考虑进行优选的两个参数。滑动式稳定器便于调整和优选位置,但遇到井下的恶劣工况时容易产生滑动而使设计特性难以保证,所以一旦确定最优位置后最好采用和壳体一起加工的固定式稳定器。下稳定器位于传动轴壳体上可得到较高的造斜率,一般而言,离钻头越近其造斜率越高,但要注意其距离(L_1)不可太小,以免产生在高造斜率条件下稳定器抵住上井壁而影响造斜,以及在小造斜率情况下导向钻进时,由于井眼扩大下稳定器不接触井壁而产生钟摆降斜作用。在后一种情况下可把下稳定器放在万向轴壳体上而形成可靠支点,有助于克服导向钻进时造成的降斜效应。

(6)近钻头稳定器直径一般要求比钻头直径小 $1/16\sim1/8$in($1.588\sim3.175$mm)左右。对

上稳定器直径限制可相对放宽(甚至取消上稳定器)。考虑到减小钻进过程的阻力和起下钻过程中在稳定器处产生卡阻,稳定器的前、后角应尽量取较小值,而且与壳体交接部分不要形成明显台肩。

关于马达、万向轴、传动轴的有关设计计算和选型时应注意的一些问题,本书有关章节已做过介绍,不再赘述。

3. 弯壳体的内径计算

弯壳体是导向螺杆钻具的关键部件,其内孔直径应有足够大的尺寸,才能容纳万向轴的运动,避免由直壳体改为弯壳体时引起的运动干涉。

严格来说,内孔设计应按万向轴壳体的不同轴向截面位置依次进行,但在实际上并无必要,因为直壳体设计时已作了考虑,而且还要考虑到便于加工,尽量减小壁厚尺寸的不必要变化。一般可按下式选择弯壳体的内孔直径 D_W:

$$D_W \geqslant 2(e + R_W + \Delta + C) \tag{5-80}$$

式中　e——马达偏心距;

　　　R_W——万向轴上端轴体半径;

　　　Δ——万向轴在弯壳体内的总偏移量,由式(5-57)确定;

　　　C——间隙,一般可取 $C = 3 \sim 5 \text{mm}$。

考虑间隙 C 值主要是为万向轴壳体内径设计留有余地。理论上取 $C > 0$ 即可避免干涉,但对瓣型万向轴,随着两端定位球的磨损,在离心惯性力的作用下会加大万向轴的运动空间,因此要预留一定的间隙值;但 C 值又不能过大,否则会引起万向轴壳体内径和外径加大,实际设计中往往也不允许。

4. 稳定器设计计算

此处主要讨论稳定器的螺旋升角、计算直径与前角的选择和计算。

1) 螺旋稳定器的螺旋升角 β

如前所述,螺旋稳定器相对于直筋稳定器的优点在于可得到不变的设计直径和可靠的支点,但这是有一定前提条件的,即螺旋筋要在工作长度 H 内至少缠绕一周。如图 5-38 所示为一螺旋稳定器的端面示意图和沿外径表面的展开图,上述前提条件就是要求 B_1' 点在直线 $A_1 A_2$ 上的投影要落在 B_2 点上或 B_2 的右侧。现求螺旋升角 β 的最小值 $\beta_{\min}$(它对应 B_1' 投影与 B_2 重合情况),如图所示,可得

$$\beta_{\min} = \text{arctg} \frac{H}{\widehat{B_1 B_2}} \tag{5-81}$$

因

$$\widehat{B_1 B_2} = \widehat{A_1 A_2} - 2 \widehat{A_1 B_1} \tag{5-82}$$

而

$$\widehat{A_1 B_1} = R \theta_1 \tag{5-83}$$

$$\theta_1 = \arccos \left[\frac{r}{R} \sin^2 \theta + \sqrt{\frac{r^2}{R^2} \sin^4 \theta - \left(\frac{r}{R}\right)^2 \sin^2 \theta + \cos^2 \theta} \right] \tag{5-84}$$

对有 n 条筋板,且筋板与流道均分的情况,有

$$\widehat{A_1 A_2} = \frac{\pi D}{2n} = \frac{\pi R}{n} \tag{5-85}$$

以上 θ 角为加工时刀具所扳的角度,是已知的设计参数。

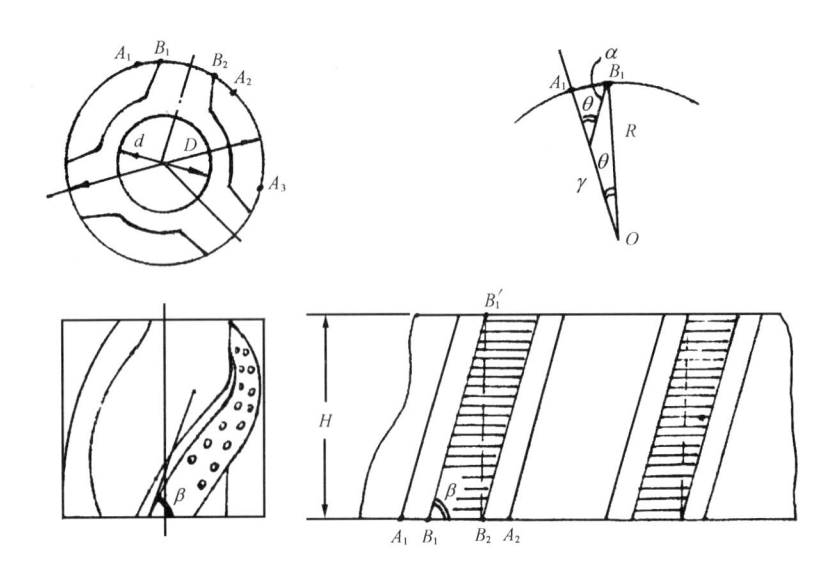

图 5-38 螺旋稳定器角 β 的求法

在设计中,要求
$$\beta \geqslant \beta_{\min} \tag{5-86}$$

2) 螺旋稳定器在转动时的液流角 β'

在本章第三节中曾讨论过定向钻进中液流进入螺旋稳定器的流道时产生的力矩。当定向钻进时,螺旋稳定器不转动,液流在螺旋筋作用下,由初速度 $\vec{v_1}$(沿轴向)被迫变为进入筋槽的速度 $\vec{v_2}$,液流流向沿筋槽方向。为便于讨论,定义液流角 β' 为实际流向与轴向夹角的余角,很显然,在定向工况下液流角等于稳定器的螺旋升角,即
$$\beta' = \beta \tag{5-87}$$

但在导向钻进时即螺旋稳定器转动的情况下,上述关系不再成立。现求转动条件下的液流角 β'。

如图 5-39 所示,螺旋稳定器以转速 n_2 转动,液流在稳定器螺旋槽内的相对速度为 $\vec{v_2'}$,牵连速度为 $\vec{v_c}$,沿横截面圆周切向(相应圆周半径 R_m);绝对速度 $\vec{v_2}$ 与横截面投影线(图中水平线)的夹角即为液流角 β',$\vec{v_2'}$ 与该水平线的夹角即为螺旋升角 β。由连续流原理,v_2 值可以确定(为已知量),v_c 值也可确定如下:
$$v_c = \frac{\pi n_2 R_m}{30} \tag{5-88}$$

由图示几何关系可得
$$\beta' = \beta + \arcsin\left(\frac{v_c}{v_2}\sin\beta\right) \tag{5-89}$$

$$v_2' = v_2 \frac{\sin\beta'}{\sin\beta} \tag{5-90}$$

显然,液流方向将向轴向偏转,液流角 β' 大于稳定器的螺旋升角 β,其增量与稳定器转速 n_2、绝对流速 v_2 和螺旋升角 β 值有关。

在转动时液流对稳定器的卸扣力矩 M_{st}'' 为
$$M_{st}'' = \rho_m Q R_m v_2 \cos\beta' \tag{5-91}$$

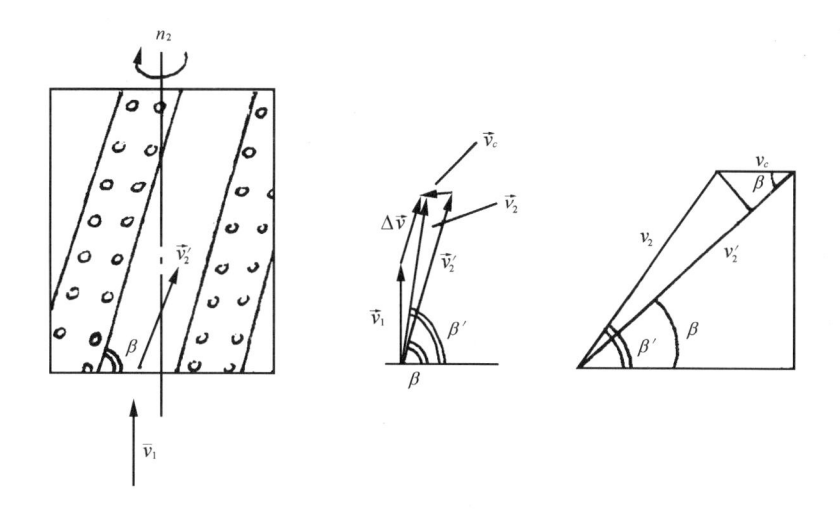

图 5-39 稳定器转动时的液流角

当 $\beta' < \frac{\pi}{2}$ 时为卸扣力矩；当 $\beta' > \frac{\pi}{2}$ 时为紧扣力矩。

根据式(5-89)、式(5-88)两式可求出使 $\beta' = \frac{\pi}{2}$ 的转速 n_2'：

$$n_2' = \frac{30v_2\cot\beta}{\pi R_m} \quad (5-92)$$

当 $n_2 < n_2'$ 时，液流对螺旋稳定器产生卸扣力矩；当 $n_2 > n_2'$ 时液流对螺旋稳定器产生紧扣力矩；当 $n_2 = n_2'$ 时，液流沿轴向流过稳定器的通道，不产生力矩。

现用第五章第一节算例 5 的数据来求 n_2'。由 $v_2 = 366.94\text{cm/s}, \beta = 71°, R_m = 9.525\text{cm}$ 可求出 $n_2' = 126.7\text{r/min}$。

很显然，当直筋稳定器旋转时，液流将产生紧扣力矩，只需将 $\beta = \frac{\pi}{2}$ 代入式(5-89)和式(5-91)即可求出这一力矩值。现仍以上例数据来计算（$Q = 28\text{L/s}, \rho_m = 1.2\text{g/cm}^3, R_m = 9.525\text{cm}, v_2 = 366.94\text{cm/s}$），当 $n_2 = 60\text{r/min}$ 时求得 $v_c = 59.85\text{cm/s}, \beta' = 99.39°, M_{st}'' = -1.91\text{N·m}$；当 $n_2 = 180\text{r/min}$ 时，$v_c = 179.55\text{cm/s}, \beta' = 119.30°, M_{st}'' = -5.746\text{N·m}$。

综上所述，在导向钻进时稳定器上由于液流作用而产生的力矩量级很小，在设计时一般可不予考虑，而应按支点情况来考虑螺旋升角 β 的设计问题。

3）稳定器的计算直径 D_s'

稳定器的直径 D_s 是指稳定器的实际结构外径。计算直径 D_s' 是指在进行受力分析时所应取的理论计算值。在规则的井眼直径 D_0 下，螺旋稳定器的计算直径 D_s' 等于其直径 D_s，但对直筋稳定器，D_s' 和 D_s 将有所差异，而且随位置不同 D_s' 也会略有变化。

如图 5-40 所示，计算直径 D_s' 为

$$D_s' = D_0 - 2e_s \quad (5-93)$$

由图示几何关系，当直筋稳定器由接触点 A 转动到以 B, C 为接触点的状态时，偏心距 $e_s = OO'$ 在发生变化（由最小值 $(e_s)_{\min}$ 到最大值 $(e_s)_{\max}$：

$$(e_s)_{\min} = \frac{1}{2}(D_0 - D_s)$$

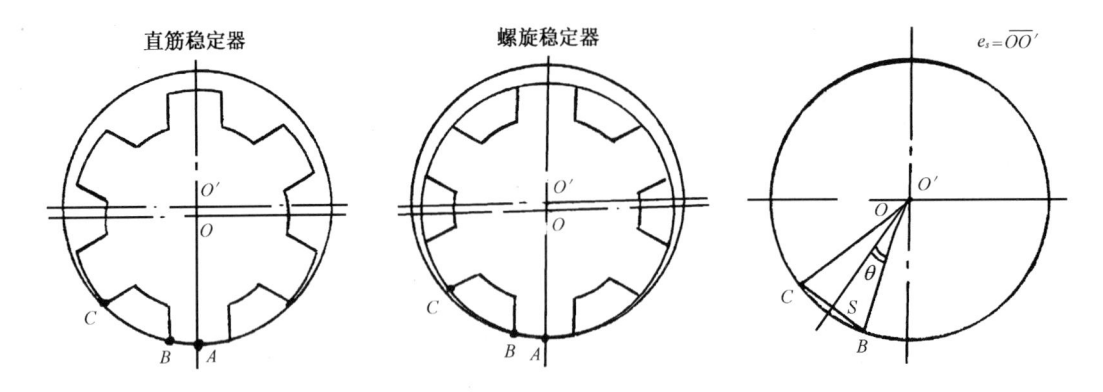

图 5-40 计算直径 D_s' 的求法

$$(e_s)_{\max} = \frac{1}{2}\left[\sqrt{D_0^2 - D_s^2\sin^2\theta} - D_s\cos\theta\right]$$

相应的计算直径为

$$(D_s')_{\max} = D_s \tag{5-94}$$

$$(D_s')_{\min} = D_0 + D_s\cos\theta - \sqrt{D_0^2 - D_s^2\sin^2\theta} \tag{5-95}$$

下面以具体算例来分析直筋稳定器的计算直径 D_s' 的量级和变化带来的影响。以 8½in 井眼为例：取井眼直径 $D_0=216$mm，稳定器外径 $D_s=213$mm，对传统采用的三筋(取 $\theta=45°$)、四筋(取 $\theta=30°$)稳定器和专门设计的六筋稳定器(取 $\theta=15°$)，求出其最小计算 $(D_s')_{\min}$ 分别为 211.786mm，212.54mm 和 212.896mm，它们与最大计算直径 $(D_s')_{\max}$ 即外径 $D_s=213$mm 的相应差值分别为 1.214mm，0.46mm 和 0.104mm。由于近钻头稳定器外径变化对钻头侧向力影响甚大，故知传统的三筋和四筋稳定器的计算直径的变化将会对钻具组合的力学特性造成影响，在进行分析计算时应考虑到这种变化，必要时应以 D_s' 作为相应的输入参数；对特殊设计的六筋稳定器，计算直径非常接近实际外径，它们之间的微小误差对钻具组合的力学特性影响较小，在进行分析计算时可用实际外径来取代计算直径作为输入参数。

4) 稳定器的阻力分析与前角设计

实践表明，用带有稳定器的较大弯角的螺杆钻具定向钻进大斜度井和水平井时，有时会发生"钻头加不上钻压"的情况，具体表现为指重表已显示了很大的"钻压"值，但钻台压力表并无压差变化，这表示这个很大的"钻压"值加在了钻柱的某一部位，严重时会产生所谓的"自锁"现象。发生这种情况的原因有多种，其中稳定器前角设计过大，井底出现台肩和螺旋稳定器的螺旋筋对井壁产生刮削作用是主要原因。

现从理论上对稳定器和井壁的相互作用进行分析，这对解释和克服上述现象，指导稳定器的前角设计有重要作用。

图 5-41 为近钻头稳定器以下部分的受力示意图。钻头上作用有钻压 P_B、侧向力 P_a(钻头施给井壁的反作用力)、上部钻柱的轴向力 P_B' 和内弯矩 M，井壁对稳定器的支反力 N 和摩擦力 Nf。由于主要目的是进行加压送钻时的阻卡分析，故此处未考虑自重影响。

在图 5-41 中，θ_a 为稳定器的前角。它对钻具送钻的阻力有重要作用，这主要发生在井

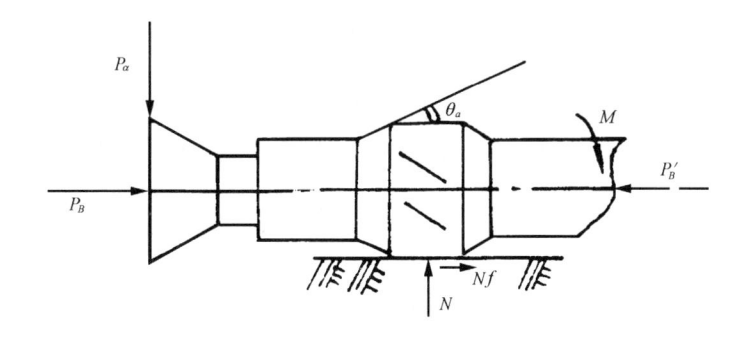

图 5-41　近钻头稳定器以下部分受力示意图

壁上出现斜坡(图5-42)和台肩(图5-43)的情况下。对正常的平滑井壁条件下(如图5-41)，前角对送钻阻力不起作用，这时送钻阻力即为传统的"摩阻"问题。本节重点讨论井壁有斜坡和肩时的送钻阻力。

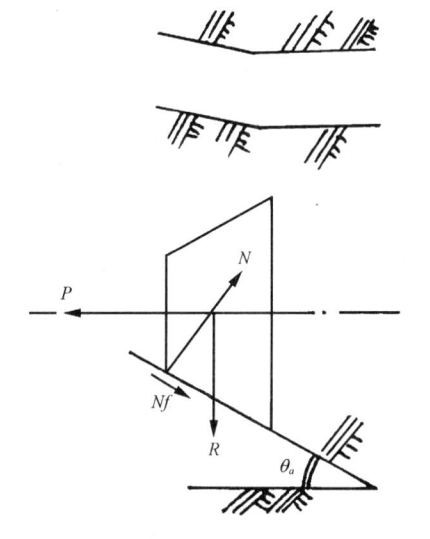

图 5-42　井壁有斜坡时稳
定器的受力分析

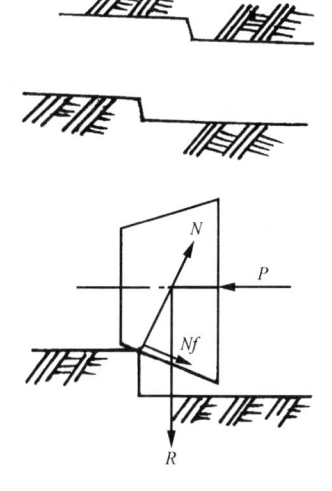

图 5-43　井壁有台肩时稳定
器的受力示意图

图5-42给出了井壁有斜坡时稳定器的受力简化分析模型。稳定器的前角锥面压向斜坡，稳定器受有向前送钻的力 P、力 R(侧向诸力的合力)，井壁斜坡对稳定器锥面部分的支反力 N 和送钻时的摩擦阻力 Nf。由图示关系可求出稳定器的滑动条件(非自锁条件)为

$$P\cos\theta_a - R\sin\theta_a > Nf \tag{5-96}$$

而

$$N = P\sin\theta_a + R\cos\theta_a$$

则有

$$\text{tg}\theta_a < \frac{P - fR}{R + fP} \tag{5-97}$$

对井壁出现台阶的情况，其受力关系和上述分析相同，如图5-43所示。

由式(5-97)可得出无自锁的前角值为

$$\theta_a < \text{arctg}\frac{P - fR}{R + fP} \tag{5-98}$$

现对式(5-97)和式(5-98)作进一步讨论:这两式有解的条件是要保证
$$P - fR \geqslant 0$$
也就是送钻力 P 不能小于摩阻 fR。结论是不言而喻的。

滑动条件(即非自锁条件)给出了 P,R,f 和 θ_a 之间的综合关系。图 5-44 给出了当 $P=30\text{kN},R=20\text{kN}$ 条件下前角 θ_a 随摩擦系数 f 的变化曲线。图 5-45 给出了当 $P=30\text{kN},f=0.5$

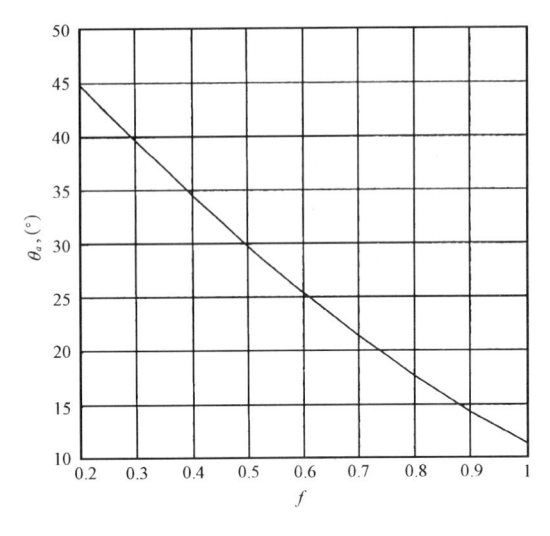

图 5-44 前角 θ_a 与摩擦系数 f 间的关系($P=30\text{kN},R=20\text{kN}$)

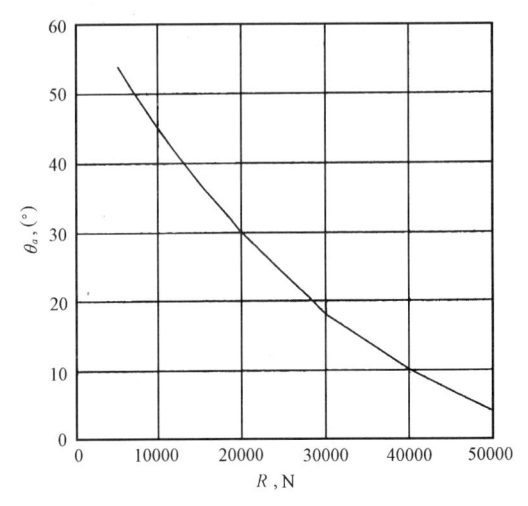

图 5-45 前角 θ_a 与力 R 之间的关系($P=30\text{kN},f=0.5$)

条件下前角 θ_a 随力 R 的变化曲线。图 5-46 给出了当 $R=20\text{kN},f=0.5$ 条件下前角 θ_a 随送钻力 P 的变化曲线。

由式(5-98)可知当实际结构前角 θ_a 满足
$$\theta_a \geqslant \text{arctg} \frac{P - fR}{R + fP} \tag{5-99}$$
时即发生自锁。此时无论施加多大的送钻力 P,都不能使钻柱向前滑动。

值得讨论的是 f 的取值范围。由于井壁的凹凸不平,井壁施加给稳定器的运动阻力实际上已经不完全是滑动摩擦阻力的意义。为便于分析把它表达成 Nf 的形式,但此处的 f 值可能会比真正的岩石与钢的滑动摩擦系数大得多。再加上螺旋筋刃部对凹凸不平井壁的刮削作用,可使此处的 f 值有可能接近 1 甚至大于 1。

图 5-44、图 5-45、图 5-46 的曲线及曲线以上的前角值均表示发生自锁。曲线以下的 θ_a 值均表示可向前送钻,不会自锁。由这些图例可以看出,发生自锁的前角范围很宽,可从 10°以上到 45°甚至更大。实践也表明,在很多情况下前角为 45°的稳定器导向组合钻进顺利,不发生自锁,但在有些情况下前角只有 20°也发生自锁。因此,为了尽可能地防止发生难于加压钻进的情况,应尽量减小前角 θ_a 值。实践表明,当取 $\theta_a < 15°$ 时可有很好的效果,理论分析也表明此种情况下发生阻卡的概率很小。

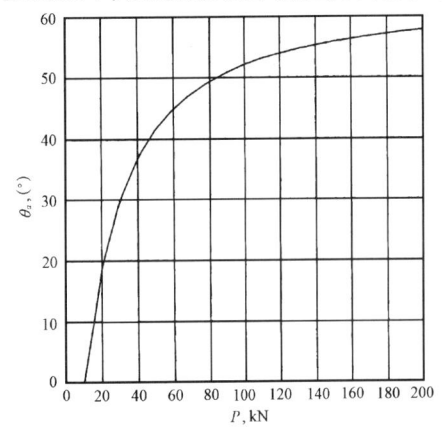

图 5-46 前角 θ_a 与送钻力 P 的关系($R=20\text{kN},f=0.5$)

当发生送进遇阻难加钻压的情况时,上下活动钻柱或开动转盘(要视是否允许)可较好地解除自锁。转动改变了稳定器与井壁的接触状况与摩擦力方向,因此十分有效。

在设计稳定器时,前角锥面与稳定器或钻具的本体间一定不要出现台肩。因为在这种情况下遇有井壁上的台肩时,就会卡在台肩上,再大的送钻力都不能使钻具前移,因为此时可认为 $f = \infty$。

第七节　地面可调弯外壳导向螺杆钻具及其应用

如前所述,弯外壳导向螺杆钻具是中、长半径水平井钻井和轨道控制作业的主要工具。但由于弯壳体的结构弯角是固定的,每台导向钻具有一个基本确定的造斜率,为了增加钻井过程中的控制能力,势必需要准备几种不同结构弯角的导向钻具。工具储备量的增加导致水平井钻井成本的增加。

使一台弯壳体导向螺杆钻具实现几种不同的结构弯角,增加工具本身的可控性能和应变能力,同时减少钻水平井时的工具储备量以降低钻井的投入成本,这就是研制可调弯壳体导向螺杆钻具的目的。

在我国的水平井钻井成套技术攻关中,笔者和同事们研制成功地面分级调整弯角的BW5LZ165型导向螺杆钻具,用于钻井作业取得良好的技术效果和经济效益[5]。在此基础上进行了不同直径的BW5LZ165型可调弯外壳导向螺杆钻具的系列化开发设计;针对弯壳体这一关键部件,进一步研制了可以实现角度无级调整的地面可调弯壳体[3]。本节将以BW5LZ165型钻具为例,介绍地面可调弯壳体导向螺杆钻具的结构特征、调角原理及现场应用实例。

一、结构特征

BW5LZ165型地面可调弯壳体导向螺杆钻具,是在笔者及其同事们研制的P5LZ165型固定弯壳体导向螺杆钻具的基础上进一步设计开发的,其结构如图5-47所示。它由带有近钻头稳定器的传动轴总成、可调弯外壳与万向轴总成、马达总成、旁通阀总成等部件由下而上依次相连组成。在实际应用中,根据需要可加配共同上弯接头和上稳定器。

可调弯壳体是地面可调弯壳体导向螺杆钻具的关键部件。BW5LZ165采用的是垫片—螺扣变角机构式可调弯壳体,它由共面接头、中间接头和下弯壳体及钢垫片、密封圈等零件组成,如图5-48所示。下弯壳体下端为母扣锥螺纹,用以连接螺杆钻具的传动轴,其中间部位是公扣直螺纹,和中间接头下端的母扣直螺纹连接,下弯壳体上端的圆柱面与中间接头中部的圆柱面相配合,并装有密封圈;中间接头的中部是公扣直螺纹,上部是带有密封圈的圆柱面,用以和共面直接头的下端母扣直螺纹连接,并和共面接头的中部内孔圆柱面进行配合和密封;共面接头上端是公扣直螺纹,它与导向螺杆钻具的马达外壳下端母扣相连接。

下弯壳体的中间螺纹部分和上端圆柱面共轴,它们的轴线与下弯壳体的外表面圆柱轴线的夹角为 γ_0;中间接头外壳圆柱面和上端螺纹、配合圆柱面共轴,并和中间接头下端螺纹及中间配合圆柱面轴线的夹角为 γ_0;共面接头的下端螺纹、配合圆柱面和外壳圆柱表面共轴。在中间接头与下弯壳体、共面接头与中间接头螺纹连接的端面台阶处装有若干个"C"型不锈钢垫片,其形状如图5-49所示。

下弯壳体的作用是在转动过程中可产生结构弯角 γ;当下弯壳体转动一周时, γ 值在

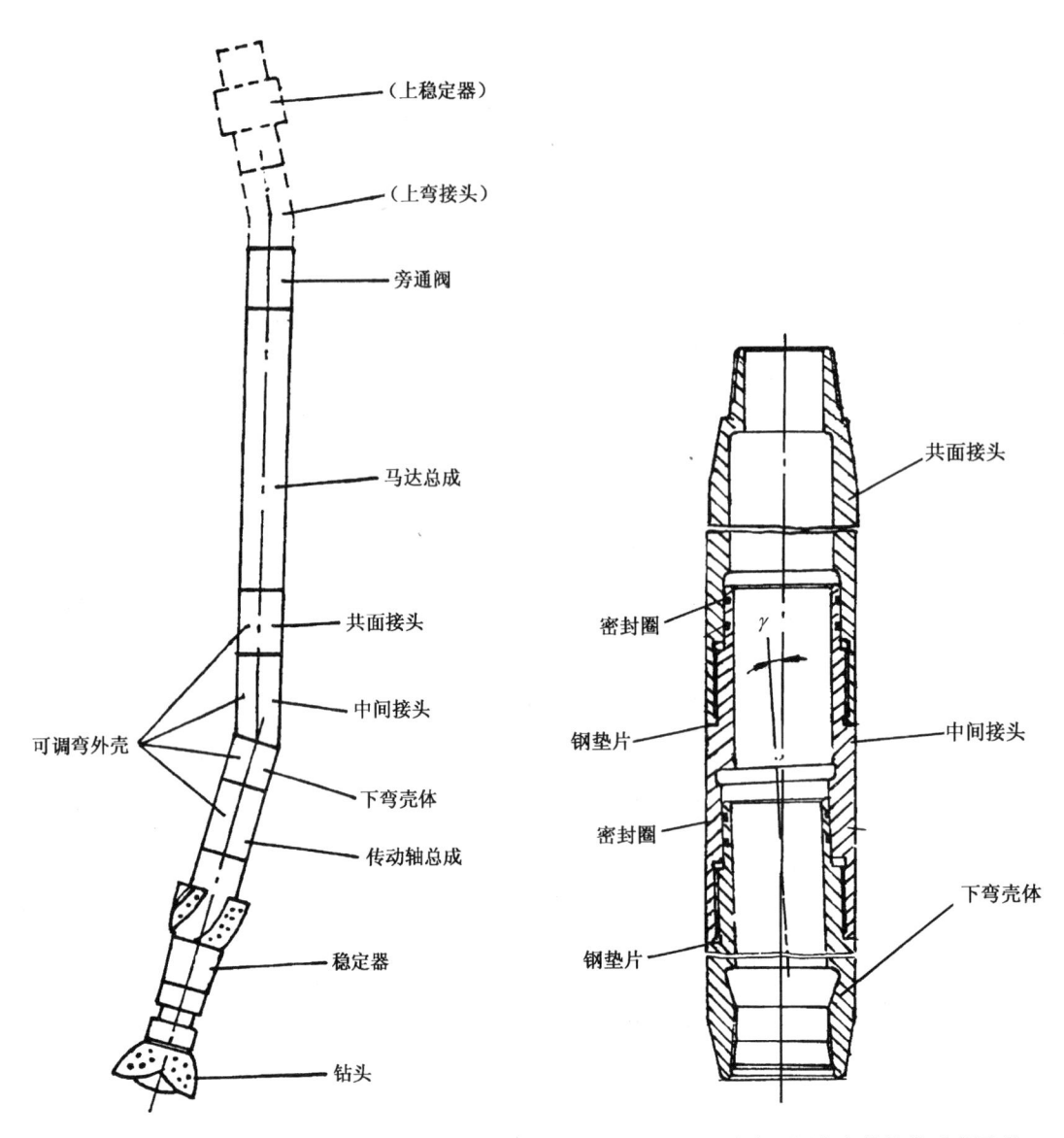

图 5-47 可调弯外壳导向螺杆钻具的结构

图 5-48 垫片式可调弯壳体结构示意图型

$0\sim 2\gamma_0$ 范围内变化。共面接头的作用是通过适当的转角可以补偿当调整结构弯角时带来的工具面的变化,使下弯接头和上弯接头(如果存在的话)所形成的两个弯角共面。垫片的作用是限定螺纹调节的转角和行程,并对结构弯角 γ 及工具面的补偿进行锁定。由于实际采用的垫片厚度和数量是分级变化的,所以垫片式可调弯壳体的结构角 γ 也作相应的分级变化。对于 BW5LZ 型可调弯壳体,由于采用了特殊设计(将在下文阐述),只需通过简单操作,即可实现工具面角变化的准确补偿,达到上、下弯角的严格共面。这是 BW5LZ 型可调弯壳体的特点和优点。

二、BW5LZ 型可调弯壳体导向螺杆钻具的功能与性能

图 5-50 示出了可调弯壳体几种不同的组配方式:(a)为不加弯接头时的直钻具状态;(b)为不加弯接头时的单弯壳体状态;(c)为加上弯接头时的同向双弯状态;(d)为加上弯接头时的

反向双弯状态。在(b)、(c)、(d)三种状态下,下弯角的变化范围 $\gamma_1=0\sim2\gamma_0$。

因此,地面可调弯壳体导向螺杆钻具可形成直钻具、单弯钻具、同向双弯钻具和反向双弯钻具,而且弯角可以在一定的范围内达到多种规格。以 BW5LZ165 导向钻具为例,其下弯角 γ 的变化范围为 $0\sim2°$;因此,这种导向钻具的造斜率复盖了小、中曲率[$K=(0\sim2°)/30m$]范围,可用来钻直井段、长半径井段、中半径井段和稳斜段;除用于水平井外,还可广泛应用于常规定向井、大位移井、分支井等特殊工艺井作业。

BW5LZ165 型可调弯壳体导向螺杆钻具的性能参数可见表 5-4。

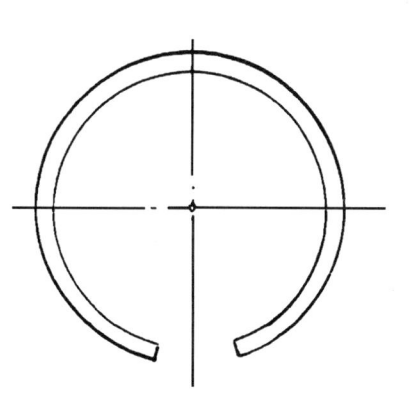

图 5-49　C 型垫片

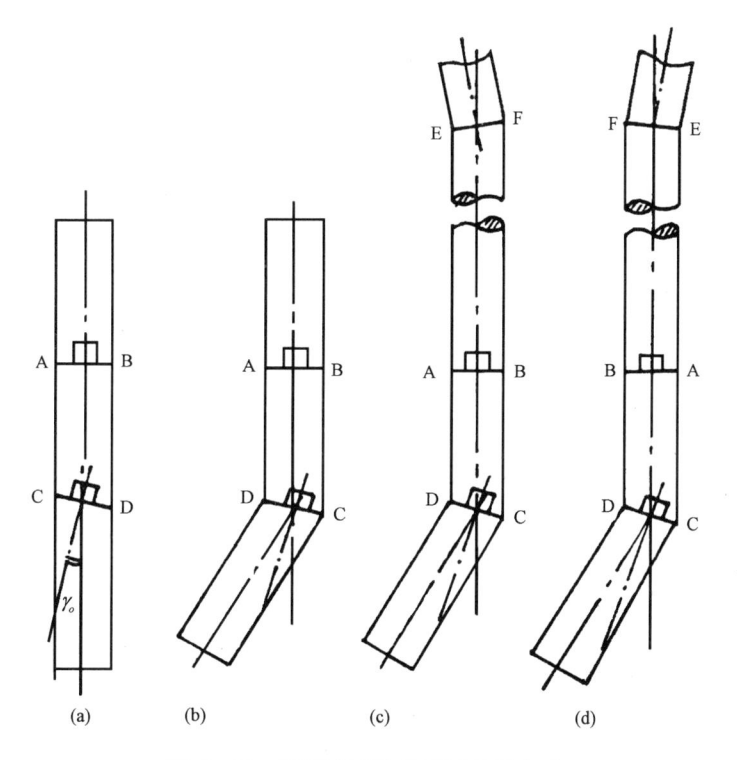

图 5-50　可调弯壳体的不同组配方式

三、可调弯壳体的原理分析与参数计算

1. 可调弯壳体的调角机理与角度计算

图 5-51 为垫片—螺纹式可调弯壳体模型图,其中(a)图为无弯角初始状态,下壳体连接螺纹轴线与上壳体(即实际结构的中间接头)轴线间有夹角 γ_0。当下壳体绕连接螺纹轴线旋转一周时,下壳体轴线画出了顶角为 $2\gamma_0$ 的圆锥面。

现分析弯壳体的结构弯角 γ 与下壳体绕螺纹轴线转角间的关系。如图 5-51(b)所示,当下壳体发生转角 ϕ,下壳体轴线由图示的 OO'_2 运动至 OA(动点 A 在圆锥底面圆上的位置可描述下壳体的转动),角 γ 即为相应的结构弯角(即上下壳体圆柱母线间的夹角)。由图示几

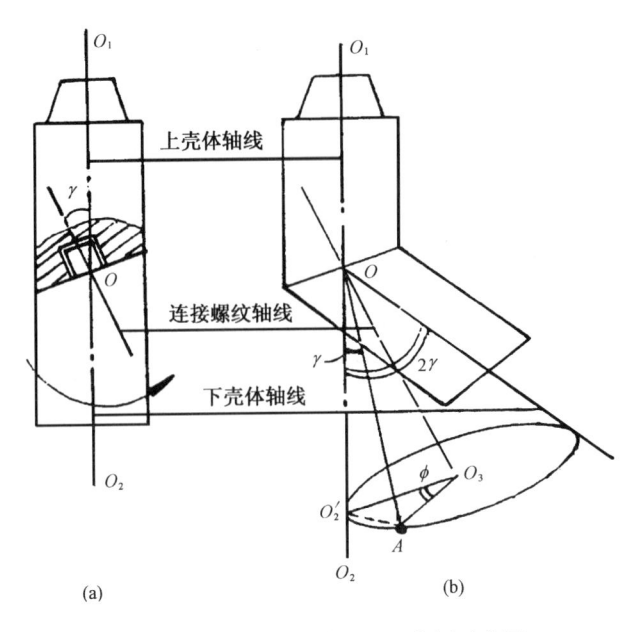

图 5-51 可调弯壳体的原理分析示意图

何关系可得

$$\gamma = 2\arcsin(\sin\gamma_0 \sin\frac{\phi}{2}) \tag{5-100}$$

设连接螺纹为螺距等于 t 的单头螺纹,则螺纹行程 h 与转角 ϕ、螺距 t 的关系为

$$h = \frac{\phi t}{2\pi} \tag{5-101}$$

则可得到 γ、γ_0、ϕ、t、h 间的关系为

$$\gamma = 2\arcsin(\sin\gamma_0 \sin\frac{h\pi}{t}) \tag{5-102}$$

$$h = \frac{t}{\pi}\arcsin\left[\frac{\sin\frac{\gamma}{2}}{\sin\gamma_0}\right] \tag{5-103}$$

和

$$\phi = 2\arcsin\left[\frac{\sin\frac{\gamma}{2}}{\sin\gamma_0}\right] \tag{5-104}$$

根据式(5-102)可由已知的垫片厚度 h 求解相应的结构弯角;根据式(5-103)、式(5-104)可由已知的结构弯角来求解相应的垫片厚度 h 和壳体转角 ϕ。

由式(5-100)可知,当 $\phi = 0 \sim 2\pi$ 进行变化时,γ 由 $0°$(初直状态,$\phi = 0$)渐增至最大值 $2\gamma_0$($\phi = \pi$),然后逐渐减小($\varphi > \pi$)至 $0°$($\phi = 2\pi$,回到初值状态)。在这一周变化中,工具面角发生相应变化。

2. 工具面分析及工具面角确定

结构弯角 γ 所在的平面称为工具面。不同的 γ 角对应着不同的工具面。工具面的位置可用工具面角描述。

如图 5-52 所示,θ 角即为 A 点(对应转角 ϕ 和弯角 γ)的工具面。由图示几何关系,有

$$\theta = \frac{\phi}{2} \quad (5-105)$$

该式表明,在下壳体转动过程中,工具面角恒为转角值的一半,且转向相同。

这是一个非常重要的关系和结论,是进行工具面变化补偿和共面接头设计的理论基础。

将式(5-104)代入式(5-105),可得 θ 与 γ,γ_0 间的关系为

$$\theta = \arcsin\left(\frac{\sin\frac{\gamma}{2}}{\sin\gamma_0}\right) \quad (5-106)$$

及

$$\Delta\theta = \arcsin\left(\frac{\sin\frac{\gamma_2}{2}}{\sin\gamma_0}\right) - \arcsin\left(\frac{\sin\frac{\gamma_1}{2}}{\sin\gamma_0}\right) \quad (5-107)$$

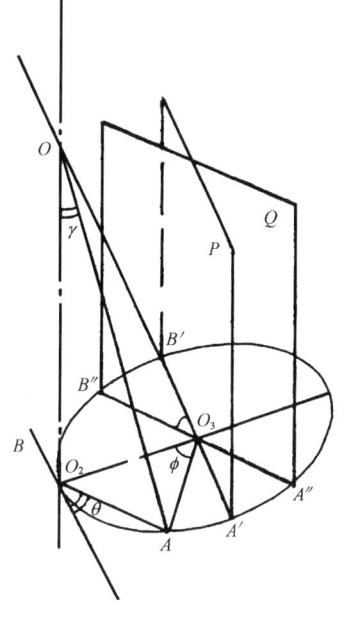

图 5-52 工具面和工具面角分析

四、可调弯壳体设计要点

BW5LZ型地面可调弯壳体导向螺杆钻具是在P5LZ型固定弯壳体导向螺杆钻具基础上进行开发研制的新型工具。由于P5LZ型工具总体设计比较合理且已多次经受水平钻井实践检验,故在设计BW5LZ型钻具时,总体结构参数基本毋须变化;部件选型也与P5LZ型相同,设计的关键是地面可调弯壳体。

1. 弯壳体结构型式确定

只有一个连接螺纹的可调弯壳体(如图5-51)已能实现调整结构弯角的作用,但无法直接补偿 γ 角变化时工具面角 θ 的变化。这种结构可用于单弯壳体导向钻具($\Delta\theta$ 可在读取测量数据时加以考虑补偿),但对带有上弯接头的钻具组合,则无法保证两个弯角共面。

因此,对可调弯壳体必须加配共面接头,以扩大导向螺杆钻具的功能范围,结构型式如图5-48所示。

2. γ_0 角的确定

γ_0 角是可调弯壳体的关键结构参数,其值应为同类型单弯钻具许用最大结构弯角的一半。鉴于P5LZ型的最大弯角规格为 $\gamma_{max}=2°$,故取BW5LZ型钻具的 $\gamma_0=1°$。

根据上文分析结果,BW5LZ型钻具在调整过程中 $\gamma_0=0\sim2°$。

3. 连接扣型选择

扣型分为外部扣型和内部扣型。

外部扣型是可调弯壳体的上、下两端螺纹,它必须和马达下端母螺纹、传动轴上端公螺纹实现连接。因此上端公螺纹、下端母螺纹的规格已被确定(如BW5LZ165型钻具,上端扣型为521,下端扣型为520)。

内部扣型是指中间接头与下壳体、共面接头相连的两个螺纹,必须采用直螺纹。这是因为锥螺纹不能满足轴向调节的要求。在满足连接强度的前提下,螺距应尽量选小,以使调整垫片厚度尽量减薄,便于安装。所以应选择细牙直螺纹,同时考虑钻井工艺需要,均选用右旋螺纹。

4. 工具面的补偿与螺距选择

为了保证上、下弯角在调整过程中共面,共面接头及其以上钻柱必须进行反向转动,其转

角 $\phi_上$ 与工具面角 θ 的关系为

$$\phi_上 = -\theta \tag{5-108}$$

联系式(5-105),有

$$\phi_上 = -\frac{\phi_下}{2} \tag{5-109}$$

此式表明,共面接头的转角 $\phi_上$ 应为下弯壳体转角 $\phi_下$ 之半,且转向相反。

设共面接头与中间接头的直螺纹螺距为 $t_上$,行程为 $h_上$,中间接头与下弯壳体的直螺纹螺距为 $t_下$,行程为 $h_下$,当保证共面时,有

$$h_上 = \frac{t_上}{2\pi}\phi_上 \tag{5-110}$$

$$h_下 = \frac{t_下}{2\pi}\phi_下 \tag{5-111}$$

和

$$\frac{h_上}{h_下} = -\frac{1}{2} \cdot \frac{t_上}{t_下} \tag{5-112}$$

因 $h_上, h_下$ 实际上也表示锁定时所需的垫片厚度,所以可根据上式来确定垫片厚度;而且垫片厚度之比为负值,表示当在其中一个台肩处为加入垫片($h>0$),则另一处必为取出垫片。

为了便于垫片配组和管理,取

$$|h_上| = |h_下| \tag{5-113}$$

为最佳选择,这样只需将取出的垫片放入另一台肩处即可保证共面。而保证式(5-113)成立的充分必要条件是

$$t_上 = 2t_下 \tag{5-114}$$

综上所述,取中间接头与共面接头连接螺纹的螺距值为中间接头与下弯壳体连接螺纹的螺距值的2倍,在调整过程中只需将一台肩处存放的垫片取出加在另一台肩处,即可保证严格共面。

5. 垫片配组与加工

垫片是调整角度与锁定位置的关键零件。在设计时要进行合理组配,以实现所需的角度分级。配组原则是:

(1)尽量满足或接近角度分级值。
(2)尽量减少垫片种类。
(3)垫片要薄、柔软、不变形、弹性好。
(4)垫片硬度应等于或大于接头本体硬度。
(5)垫片形状取为"C"型(如图5-49),不同厚度的垫片应有标记以便加以区分。

垫片配组的方法有两种:

(1)方法1。以角度分级作为前提,选择不同厚度的垫片种类和数量使所调定的弯角达到或接近预定的分级值。以 BW5LZ165 钻具为例,表5-7是 γ 角的分级和相应所需的垫片厚度 h,表5-8是选3种厚度的垫片($\delta=0.14,0.2,0.5$)并进行配组的结果。这种方法的优点是可以得到比较准确的弯角分级,缺点是需要几种不同厚度的垫片,带来加工与管理上的麻烦。

表 5-7 BW5LZ165 钻具的角度分级与所需的垫片厚度

γ,(°)	0.25	0.5	0.75	1	1.25	1.5	1.75	2
H,mm	0.1197	0.2413	0.3671	0.5000	0.6447	0.8089	1.0173	1.5

表 5-8 3 种厚度的垫片及配组结果

垫片厚度 δ,mm	\multicolumn{8}{c}{$\delta_1=0.14$ $\delta_2=0.2$ $\delta_3=0.5$}
螺纹行程 h,mm	0.14	0.28	0.34	0.5	0.64	0.8	1	1.5
弯角 γ,(°)	0.292 (0.3)	0.578 (0.6)	0.697 (0.7)	1 (1)	1.24 (1.25)	1.49 (1.5)	1.73 (1.75)	2 (2)
垫片组合	δ_1	$2\delta_1$	$\delta_1+\delta_2$	δ_3	$\delta_1+\delta_3$	$4\delta_2$	$2\delta_3$	$3\delta_3$

(2)方法 2。以一种垫片不同数量时的厚度为前提,选择垫片数量来达到一定的弯角分级。仍以 BW5LZ165 钻具为例,由于市场上符合材质要求的薄板仅为 0.2mm 一种,故对 0.2mm 的垫片进行适当配组,结果如表 5-9 所示。这种方法的优点是只需一种板材,易于加工和管理,互换性好。因此在实际设计中采用这一方法。

表 5-9 一种垫片的配组结果

H,mm	0	0.2	0.4	0.6	0.8	1	1.2	1.4
γ,(°)	0	0.41	0.813	1.176	1.486	1.732	1.902	1.989

BW5LZ165 钻具的垫片是选用 $\delta=0.2$mm 的不锈钢薄板,按图 5-49 裁成带有开口的圆环(C 型)。加工时注意不要引起垫片折皱并清除边缘毛刺。

6.密封设计与实验

密封是可调弯壳体的主要问题。由于直扣不能保证密封,故须采取一定措施:

(1)在图 5-48 所示结构中两处设置密封,采用丁腈橡胶 O 型密封圈,要求装配后在工作压力下不得泄漏。

(2)确定工作压力 p_0。弯壳体内密封件的工作压力为该点处钻井液压力与环空压力之差,一般可近似视为钻头水眼压降值。根据所配用的传动轴组合类型,其最大钻头水眼压降的许用值为 7.0MPa 或 14.0MPa,据此可确定工作压力 p_0。

(3)试验压力 p_t 与耐压泄漏试验。为保证弯壳体在工作压力 p_0 下无泄漏,应进行耐压泄漏实验。试验压力 p_t 一般可取为

$$p_t = (1.4 \sim 2.0)p_0 \tag{5-115}$$

例如对 BW5LZ165 型钻具的弯壳体,曾采用 $p_t=20$MPa,观察 10min 无任何泄漏。

7.螺纹加载与紧扣力矩

对可调弯壳体紧扣力矩的取值,不低于同直径螺杆钻具的紧扣力矩值,如对 BW5LZ165,施加 17000N·m 紧扣力矩,卸载后观察连接直扣完好无损;再次装配加载后,仍达到原定的装配位置,卸载后壳体无错动。现场应用也表明,下井工作后与下井前壳体位置无错动,说明螺纹强度和调定的角度均满足设计要求。

8.弯壳体强度校核

弯壳体的直扣连接螺纹和壳体是强度校核的重点。

在紧扣力矩作用下,直扣连接螺纹有扭矩和轴向拉力的联合作用。采用第四强度理论,对

螺纹危险截面进行强度校核,证明满足强度要求。

选择最恶化的工况(取最大结构弯角 $\gamma_{max}=2°$,直井眼 $K=0$,此时变形最大)进行壳体强度校核。由受力变形分析软件的计算结果进一步求出相当应力,得安全系数为6.09。满足强度要求。另外针对导向钻井工况(取 $\gamma=0.75°,\alpha=50°,K=0$)求出安全系数为20.89,证明壳体强度没问题。

9. 弯角位置标定与量规设计

为便于判明可调弯壳体的实际结构弯角值,应对弯角位置进行标定。在壳体上刻出初始基准线是必要的。为避免工具在使用过程中造成细刻线的磨损和冲蚀,也为了避免过多的刻线造成壳体应力集中,除基准刻线外,用特制的量规来代替壳体上其他刻线(如图5-53)。使用时只需将量规内圆尖点(0°标记)对准工具可调弯壳体上的基准线(0°刻线),并将量规内圆贴实在中间壳体外圆上(量规内径与弯壳体刻线处外径相等),则下弯壳体的基准刻线所对的量规角度即为可调弯壳体的结构弯角值。

10. 工具面高边判定方法

对中间壳体与下弯壳体基准刻线对准时 $\gamma=0°$ 的可调弯壳体动力钻具,在调定某一角度后,错动的两刻线间所夹圆弧中点位置即为弯壳体的工具面"高边"(即下弯角内侧点)。在井场上确定高边时的另一方法为:把可调弯壳体动力钻具水平放置在钻杆排放架上,转动钻具待其摆动停止后,壳体最高点位置即为高边。

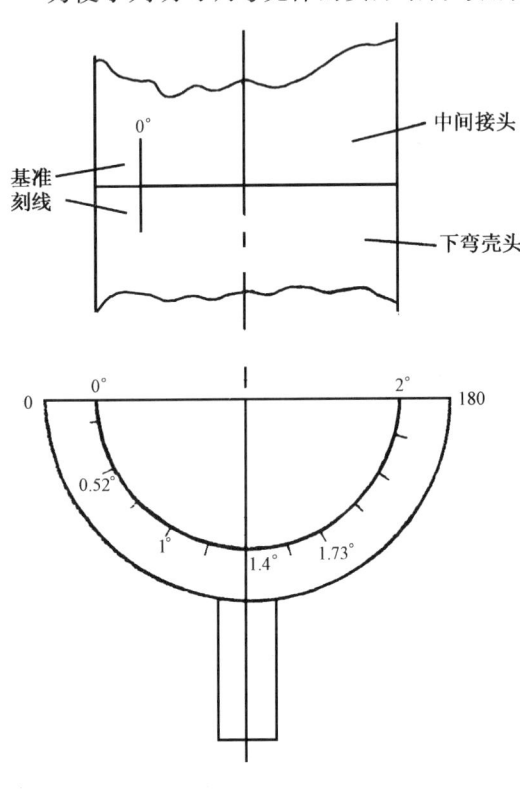

图5-53 弯壳体基准刻线与特制量规

五、现场应用举例

BW5LZ165-7.0型地面可调弯壳体导向螺杆钻具已成功用于现场钻井作业。以下给出两个应用实例。

1. 在冀东油田北9-1定向井上的应用

北9-1定向井设计造斜率为2°/30m,造斜点位置为700m,造斜点以上设计井径为 $\phi 311$(12¼in),造斜点以下设计井径为 $\phi 216$(8½in),最大井斜角为17°。

现采用BW5LZ165-7.0地面可调弯壳体导向螺杆钻具进行定向—增斜—稳斜连续控制作业。为保证该钻具下井后的可靠力学特性,要求二开钻至690m停钻(用12¼in钻头);三开换用BW5LZ165-7.0导向钻具进行钻进(钻直井段)10m,转盘转速 $n=60$r/min,钻头尺寸 $\phi 216$mm。在新井眼中,BW5LZ165钻具取得良好的支承条件。该工具下井前结构弯角为0.6°(实际造斜率为3.8°/30m,以便留有余地纠斜扭方位和导向钻进)。自700m井深开始定向造斜。由于直井段井底方位与设计方位($\phi=343°$)相差185°,因此边造斜边扭方位。采用连续钻进工艺,在完成造斜和扭方位及增斜作业后,继续开动转盘导向钻进100m稳斜段,总进尺共

375m,起钻。测斜数据及完井电测表明,该段井身轨迹质量好,控制精度高。由于机械钻速明显提高,且避免了传统定向造斜的多次起下钻操作,故节约了钻井成本,缩短了钻井时间并降低了工人劳动强度,经济效益显著,深受施工井队和油田管理部门欢迎。

2. 在冀东油田柳 41-2 定向井上的应用

由于该井井身设计造斜率较高,所以 BW5LZ165 工具下井前调定壳体弯角为 1°,其实际造斜率可达 $(7°\sim8°)/30m$,有足够余量进行连续控制作业。该工具曾先后两次下井,第一次从造斜点 $(L=320m)$ 开始下入,导向钻进至最大井斜角 $(\alpha=26°)$,然后稳斜钻进 223m,起钻,实际钻进 549m,纯钻时 12h48min,平均机械钻速 42.98m/h。第二次下井是为了纠正常规稳斜组合钻进带来的井眼偏差,重新钻进 495m,纯钻时 13h38min,平均机械钻速 36.31m/h。这两次作业累计进尺 1044m,由于采用连续控制技术,使钻进时间明显缩短,与邻井相比效益显著。经起钻检查,BW5LZ165 可调弯壳体导向螺杆钻具完好。

第八节 中空转子螺杆钻具的外特性及其改进

如本章第六节所述,为了解决大井眼携带岩屑需要钻井液排量增大,而螺杆钻具的结构限制不允许排量增大的矛盾,便产生了中空螺杆钻具。常规的中空转子螺杆钻具是在螺杆转子的中心钻有通孔,通孔上端装有一个固定节流口,这样可以使一部分排量通过转子中孔实现分流,减少了通过马达的排量,满足了携屑要求和螺杆钻具本身的使用条件。但是,理论分析和钻井实践均表明,这种固定节流口的中空螺杆钻具与实心转子螺杆钻具相比,其转速特性明显变软,具体表现为当施加较大钻压时钻头转速有较大幅度下降,并带来一部分水功率损失,在一定程度上丧失了实心螺杆钻具转速特性硬、过载能力强的优点,因此需要对中空转子螺杆钻具的结构和外特性进行改进。

本节将对中空转子螺杆钻具的工作特性进行分析,对其外特性存在的问题进行定量分析和讨论,并进一步介绍笔者及其同事研制的带有稳流阀的中空转子螺杆钻具的结构和工作特性。这种新型的中空转子螺杆钻具将比普通的中空转子螺杆钻具的性能有明显的改进[20~24]。

一、中空转子螺杆钻具的外特性分析

1. 结构特点与流体系统模型

中空转子螺杆钻具与常规的螺杆钻具相比,是在转子的中心钻有一个细长孔,转子的下端有分流出口与该孔相通,在转子上端即中心孔的入口部位,装有一个固定节流口(喷嘴),如图 5-54 所示。可用图 5-55 来表示中空转子螺杆钻具的流体系统。

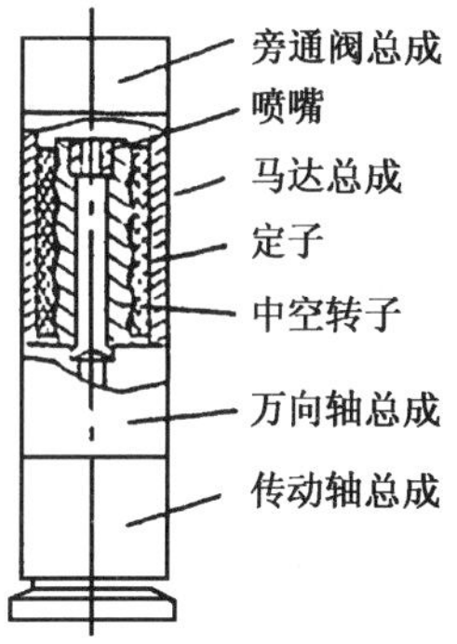

由于螺杆马达的转子共轭副与转子中孔构成并联通道,作用压差都是 Δp,则存在如下数量关系:

图 5-54 中空转子螺杆钻具结构示意图

$$Q = Q_m + Q_b \tag{3-115}$$

$$Q_b = \Psi\sqrt{\frac{2\Delta p}{\rho}} \tag{3-116}$$

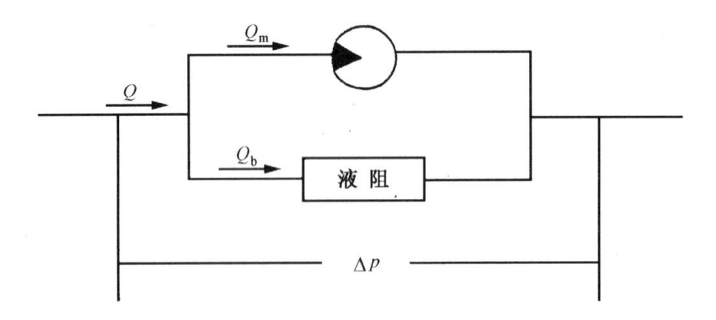

图 5-55 中空转子螺杆钻具的流体系统

$$\Psi = \frac{A}{\sqrt{\xi}} \tag{5-117}$$

式中　Q——钻井液总排量；

Q_m——马达共轭副间的过流排量；

Q_b——转子中孔的过流排量；

Δp——马达进、出口间的压力差；

ρ——钻井液密度；

Ψ——转子中孔的流量系数；

A——喷嘴的过流面积；

ξ——中孔和喷嘴的总压力损失系数(无量纲)。

由式(5-115)和式(5-116)可得通过壳马达共轭副间的过流排量为

$$Q_\mathrm{m} = Q - \Psi\sqrt{\frac{2\Delta p}{\rho}} \tag{5-118}$$

Q_m 决定了马达的转速。

2. 中空转子螺杆钻具的理论特性曲线

理论特性是指中空转子螺杆钻具的理论转矩 M_T、理论转速 n_T、理论功率 N_T、理论效率 η_T 与压降 Δp 间的关系，有下式：

$$M_\mathrm{T} = \frac{\Delta p q}{2\pi} \tag{5-119}$$

$$n_\mathrm{T} = \frac{60 Q_\mathrm{m}}{q} = \frac{60}{q}\left(Q - \Psi\sqrt{\frac{2\Delta p}{\rho}}\right) \tag{5-120}$$

$$N_\mathrm{T} = \Delta p Q_\mathrm{m} = \Delta p\left(Q - \Psi\sqrt{\frac{2\Delta p}{\rho}}\right) \tag{5-121}$$

$$\eta_\mathrm{T} = \frac{Q_\mathrm{m}}{Q} = 1 - \frac{Q_\mathrm{b}}{Q} = 1 - \frac{\Psi}{Q}\sqrt{\frac{2\Delta p}{\rho}} \tag{5-122}$$

其理论曲线如图 5-56 所示。

由上述公式和曲线可知，当中空螺杆马达压降增大时，马达转速和理论效率均明显下降，直至 Δp 增大到最大值 Δp_max，马达停转，流体全部由转子中孔流过(假设马达共轭副无泄漏)。

马达的输出功率(N_T)存在极大值 $N_{T\max}$,相应的压降为 Δp_c。由理论分析可求出

$$\Delta p_{\max} = \frac{\rho Q^2}{2\Psi^2} \qquad (5-123)$$

$$\Delta p_c = \frac{4}{9}\Delta p_{\max} \qquad (5-124)$$

$$N_{T\max} = \frac{\Delta p_c Q}{3} \qquad (5-125)$$

显然,中空转子螺杆钻具的转速软特性和效率下降是其理论特性所固有的。与图 5-57 所示的常规(实心)转子螺杆钻具的理论特性曲线加以比较,会进一步认识中空转子螺杆钻具的特点。

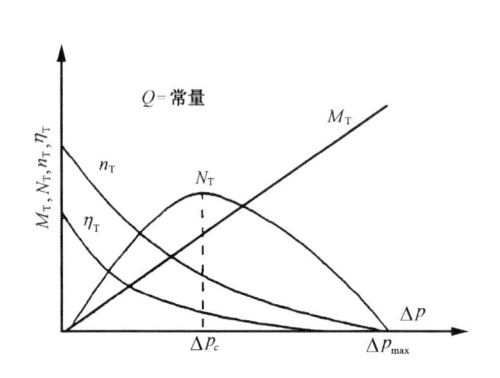

图 5-56 中空转子螺杆钻具的理论特性曲线

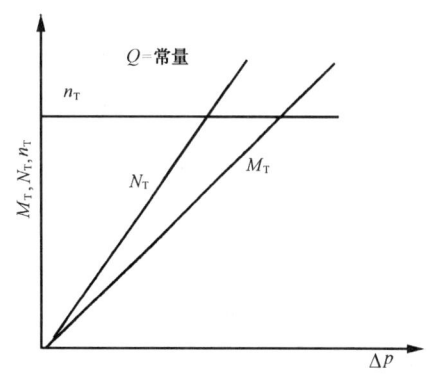

图 5-57 常规(实心)转子螺杆钻具的理论特性曲线

3. 中空转子螺杆钻具的实际特性曲线

在分析理论特性时,是以马达转子和定子之间无摩擦、无泄漏(即 $\eta_m = \eta_v = 1$)为前提假设的。考虑到摩擦和泄漏,应将 Δp 分为马达起动压降(Δp_1)和工作压降(Δp_2):

$$\Delta p = \Delta p_1 + \Delta p_2$$

并设马达副的泄漏量 $Q_x = f(\Delta p)$,则

$$\Delta p_{\max} = \frac{\rho}{2\Psi^2}[Q - f(\Delta p_{\max})]^2 \qquad (5-126)$$

显然,实际上的 $\Delta p_{\max}$ 将小于其理论值。中空螺杆钻具的实际特性由以下诸式确定:

$$M = \frac{\Delta p_2 q C}{2\pi} = \frac{\Delta p q}{2\pi}\eta_m \qquad (5-127)$$

$$n = \frac{60}{q}(Q - \Psi\sqrt{\frac{2\Delta p}{\rho}})\eta_v \qquad (5-128)$$

$$N = \Delta p_2(Q - \Psi\sqrt{\frac{2\Delta p}{\rho}})\eta_L \qquad (5-129)$$

中空转子螺杆钻具的总效率 η、理论总效率 η_T、负荷效率 η_L、机械效率 η_m、容积效率 η_v、

转矩系数 C 间的关系为

$$\eta_L = C\eta_v \tag{5-130}$$

$$\eta_m = \frac{C\Delta p_2}{\Delta p} = \frac{C}{1 + \frac{\Delta p_1}{\Delta p_2}} \tag{5-131}$$

$$\eta = \frac{\Delta p_2 Q_m \eta_L}{\Delta p Q} = \eta_m \eta_T \eta_v \tag{5-132}$$

中空转子螺杆钻具的实际特性曲线如图 5-58 所示。图 5-59 给出了常规(实心)转子螺杆钻具的实际特性曲线。对比图 5-58 和图 5-59,可直观地看出两者的区别和中空转子螺杆钻具的特点。

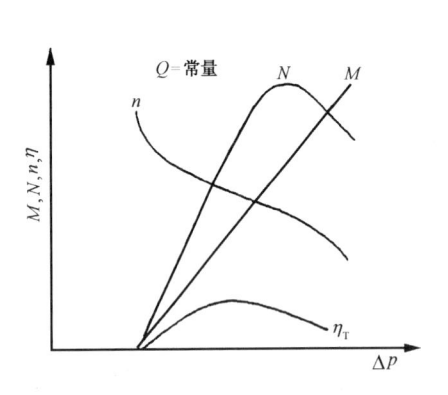

图 5-58 中空转子螺杆钻具的实际特性曲线

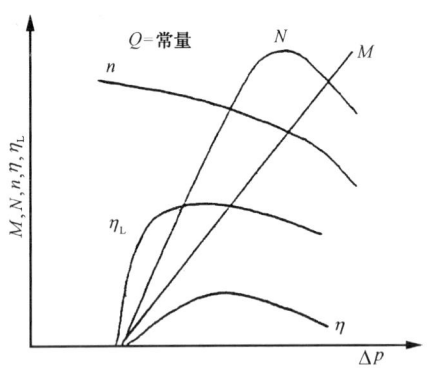

图 5-59 常规(实心)转子螺杆钻具的实际特性曲线

4. 最大转矩与泵排量

常规(实心)转子螺杆钻具的最大转矩基本上与排量无关。但中空转子螺杆钻具的最大转矩 M_{max} 却与泵排量 Q 有直接关系,将式(5-123)代入式(5-119),可得理论转矩的最大值

$$M_{Tmax} = \frac{\rho q Q^2}{4\pi \Psi^2} \tag{5-133}$$

考虑到马达副的泄漏,中空转子螺杆钻具的最大转矩值

$$M_{max} = \frac{\rho q}{4\pi \Psi^2}[Q - f(\Delta p_{max})]^2 \tag{5-134}$$

5. 中空转子螺杆钻具的临界排量

临界排量问题是中空转子螺杆钻具所独有的特殊问题。临界排量是这种类型钻具的一个新概念。

由于马达副存在机械摩擦,且中空螺杆存在分流,对一定的压降 Δp,当给某一较小排量(小于中孔在 Δp 下的分流量 Q_L)时,钻井液将全从中孔流过,而马达副间并未过流,因此马达不启动。

由理论分析知

$$Q_L = \Psi\sqrt{\frac{2\Delta p}{\rho}} \tag{5-135}$$

也就是说，当 $Q \leqslant Q_L$，有 $n=0, N=0, N_T=0$。只有当 $Q > Q_L$（暂不考虑泄漏），马达才会启动。

Q_L 称为中空转子螺杆钻具的临界排量，它与中孔结构和 Δp 有关。在结构一定的条件下，不同的 Δp 对应着不同的 Q_L，其关系如图 5-60 所示。曲线表明，负载（马达压降）大，临界排量亦大。马达启动压降 Δp_1 对应的临界排量 $(Q_L)_1$ 称为启动临界排量，也称最小临界排量，当 $Q < (Q_L)_1$ 时，马达根本无法启动。马达额定压降 $(\Delta p)_e$ 对应的临界排量 $(Q_L)_e$ 称为额定临界排量。由于临界排量的存在，钻具在某一工作排量 Q 下正常工作，但在工况改变（钻压加大导致 Δp 上升）使相应的 Q_L 值超过了工作排量 Q 值时，马达就会出现制动。

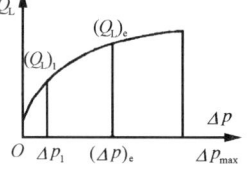

图 5-60 临界排量曲线

需要说明，上述 Q_L 值是在无泄漏条件下得出的。在实际工作中因存在马达副的泄漏，实际的 Q_L 值将大于由式（5-135）所得的理论值。

临界排量可作为选用、设计中空转子螺杆钻具或确定钻井液总排量的重要技术指标。钻井泵排量 Q、马达临界排量 $Q_L(\Delta p)$、马达工作排量 Q_W（流经马达工作腔，决定马达转速）间应满足如下关系：

$$Q \geqslant Q_L(\Delta p) + Q_W \tag{5-136}$$

二、中空转子螺杆钻具的转速软特性及其定量评估

由上述分析可知，由于中孔分流的存在，导致中空转子螺杆钻具产生转速软特性和临界排量问题，具体表现在当负载增大时，中空转子螺杆钻具的转速显著降低，甚至发生停转，其机理如下：

钻压↑ ⇒ 钻头扭矩↑ ⇒ 马达压降↑ ⇒ 中空流量↑ ⇒ 马达流量↑ ⇒ 马达转速↓
(P_B)　　　　(M)　　　　(Δp)　　　　(Q_b)　　　　(Q_m)　　　　(n)

反之，当钻压减小时，将出现与之相反的过程，导致马达转速上升。为了深入了解中空转子螺杆钻具的转速软特性，合理选择和设计工作点，更重要的是为了对这种钻具的结构和特性加以改进，需对转速软特性定量评估。

1. 马达的转速刚度

为了描述马达转速 n 随压降 Δp 的变化快慢，现定义

$$k_n = -\frac{dn}{d(\Delta p)} = \frac{30\Psi}{q}\sqrt{\frac{2}{\rho \Delta p}} \tag{5-137}$$

为中空转子马达的转速刚度，其曲线如图 5-61 所示。

转速刚度反映了马达转速对负载变化的敏感程度。当马达结构一定时，它是压降的函数；负载（压降）小，马达转速刚度愈小，速度变化率相对就愈大。

2. 有关马达失速的几个概念

马达转速刚度虽然反映了某一负载下中空螺杆钻具的转速软特性，但并不足以说明在某一负载变化范围内马达失速的大小，为此，此处引出几个概念。

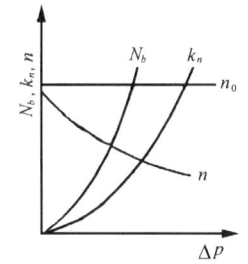

图 5-61 转速刚度与中空分流功率损失曲线

马达启动转速 n_{st}：马达启动时的转速，它是马达的最大转速。

马达额定转速 n_e：在额定压降工作时马达输出的转速。

过载转速 n_{ov}：马达在过载下输出的转速。过载转速标志马达在过载下工作的特性，它从一定程度上反映了马达的过载能力，因为在生产中，中空螺杆钻具只有保证足够的转速输出才有意义。

至此，可以根据负载的不同变化范围定义以下几个概念。

额定失速 ε_{ne}：指在额定压降下马达转速相对于马达启动转速降低的百分比，即

$$\varepsilon_{ne} = \frac{n_{st} - n_e}{n_{st}} \times 100\% \quad (5-138)$$

过载失速 ε_{nov}：在过载下马达转速相对于马达额定转速降低的百分比，即

$$\varepsilon_{nov} = \frac{n_e - n_{ov}}{n_e} \times 100\% \quad (5-139)$$

中空转子螺杆钻具的额定失速反映了马达最大转速与额定过载转速的相对差值，马达的转速刚度与失速标度了中空转子螺杆钻具的转速软特性。

3. 水功率损失

中孔分流造成的能量损失 N_b 可由式

$$N_b = \Delta p Q_b = \Psi \sqrt{\frac{2\Delta p^3}{\rho}} \quad (5-140)$$

求得，上式表明中孔分流造成的能量损失与马达压降的 3/2 次幂成正比变化。

例：对某型中空转子螺杆钻具，设计其失速与中孔分流的水功率损失如表 5-10 所示（其中泵排量 55L/s，$\Psi = 2.887 \text{cm}^2$，$q = 12.7 \text{L/s}$，Δp_{st} 分别为 0.7MPa 和 2MPa，额定压降 2.5 MPa，钻井液密度 $\rho = 1.2 \text{g/cm}^3$。

表 5-10 某型中空转子螺杆钻具的失速与水功率损失

启动压降 MPa	额定工作压降,MPa	额定压降 MPa	中孔分流量,L/s	马达通流量,L/s	额定失速 %	额定中孔分流功率损失,kW
0.7	2.5	3.2	9.8~21*	45.2~34	24.8	67.2
2.0	2.5	4.5	16.6~25	38.4~30	21.8	112.5

注：这里 9.8 和 21 分别为启动压降和额定压降的值，余同。

三、转子软特性的改善——带有稳流阀的中空转子螺杆钻具

由上述的理论分析和实例计算表明，普通中空螺杆钻具的失速和中空分流水功率损失，对于钻井作业是不利的。排量的增加是以牺牲转速硬特性作为代价，其原因在于中空分流是一个具有固定液阻的流道。提高中空转子螺杆钻具的转速硬特性对钻井具有重要意义，改进的思路是把中空分流的固定液阻变为可调液阻，在可调液阻的作用下使中空分流量在不同的负载压差下基本不变，从而可使马达和螺杆钻具保持一个基本不变的稳定转速。

为此，笔者设计了一种稳流阀，用于取代固定节流口，达到了预期的目的。这种带有稳流阀的中空转子螺杆钻具获得了国家专利[24]。

1. 稳流阀的结构和工作原理

图 5-62 是稳流阀的结构示意图。它由阀座、喷嘴、弹簧、阀芯等零件组成。稳流阀装在中空转子的中孔上端入口处，用于取代固定节流口，形成随动可调的活动节流口。当马达两端

的负载增加时,流量 Q_b 增加;但同时入口压力增高,液压力增大,喷嘴在液压力作用下下移至某一位置,与弹簧的压缩力平衡,此时阀口关小,液阻增大,从而使液流量 Q_b 减小。反之,当马达负载减小时,流量 Q_b 减小,但同时入口处压力降低,液压力减小,喷嘴在弹簧作用下上移至某一平衡位置,此时阀口开大,液阻减小,从而使流量 Q_b 增大。也就是说,稳流阀具有反馈控制作用,靠调整阀口的开度来补偿马达压降变化时对中孔分流量的影响,从而使中孔分流量基本保持稳定。

2. 稳流阀的稳流特性

稳流阀的稳流特性是指稳流阀的流量—压降特性。当由于外界原因导致稳流阀两端压降变化时,稳流阀的流量的稳定性是稳流阀能否稳流以及稳流性能好坏的重要标志。根据流体力学的有关原理,并作适当简化处理(忽略喷嘴自重、摩擦及粘性力,因为它们与弹簧力相比都很小,并忽略泄漏),可得下式:

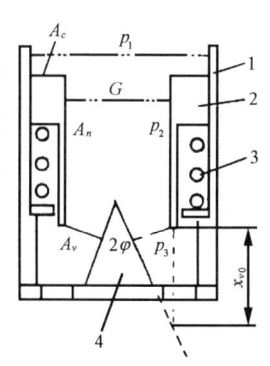

图 5-62 稳流阀的结构示意图
1—阀座;2—喷嘴;
3—弹簧;4—阀芯

$$Q_b = \frac{C_{dv}A_v C_{dn}A_n}{\sqrt{(C_{dv}A_v)^2 + (C_{dn}A_n)^2}} \sqrt{\frac{2(p_1 - p_3)}{\rho}} \quad (5-141)$$

$$p_1 - p_3 = \frac{k_s(x_s + x_R)}{A_c + \left(1 - \frac{2C_{dn}A_c}{A_n + A_c}\right) \frac{(C_{dv}A_v)^2 A_n}{(C_{dv}A_v)^2 + (C_{dn}A_n)^2}} \quad (5-142)$$

若 $p_1 - p_2$ 与 $p_1 - p_3$ 相比可以忽略,则以上两式可以进一步简化为

$$Q_b = C_{dv}A_v \sqrt{\frac{2(p_1 - p_3)}{\rho}} \quad (5-143)$$

$$p_1 - p_3 = \frac{k_s(x_s + x_R)}{A_c} \quad (5-144)$$

其中

$$A_v = \pi d(x_{v0} - x_R)\sin\varphi \quad (5-145)$$

式中 A_c, A_n——分别为稳流阀阀套(喷嘴)的环形横截面积和过流面积;
A_v——稳流阀的阀口过流面积;
C_{dv}, C_{dn}——分别为稳流阀阀口、阀套进口处的流量系数;
x_s, x_R——分别为弹簧预压缩量和阀套位移;
p_1, p_2, p_3——稳流阀入口前、阀套内和阀套外的钻井液压力(压强)值;
φ——阀芯半锥角;
ρ——钻井液密度;
Q_b——通过稳流阀和中孔的分流量;
k_s——弹簧刚度。

如果合理地设计弹簧 3,使其刚度 k_s 满足式

$$k_s = \frac{(p_1 - p_3)A_c}{x_{v0} + x_s - \varepsilon\sqrt{\frac{\rho}{2(p_1 - p_3)}}} \quad (5-146)$$

其中 ε 为常数，x_{v0} 为阀口初始开度，则可使稳流阀正常工作时得到理想的恒定流量（如图 5-63 中平实线所示）。当采用普通等刚度弹簧，稳流阀工作时，流量虽有一定的变化，但仍能获得令人满意的流量稳定性。图 5-63 是稳流阀的理论稳流特性曲线（虚线部分是固定节流口的特性曲线；普通等刚度弹簧作用下的流量曲线与图中实线接近）。

以上分析的是稳流阀的静特性。通过对稳流阀进行动特性分析，可确定其通流量随两端压差瞬时变化的情况。该阀的传递函数表明，稳流阀是由一个振荡环节和一个比例环节并联构成的二阶自控系统，其特性是稳定的。

3. 稳流阀的性能实验

稳流阀稳流特性的测试是在中原油田全尺寸实验井上进行的。图 5-64 是稳流阀的实验稳流特性曲线。为了对比，图中还给出了固定节流口的流量—压降特性曲线。实验中分别采用了清水和两种钻井液介质。实验表明，3 种介质在实验压降变化范围内，稳流阀最大通流量 18L/s，最小流量 14L/s，流量变化幅度仅为 4L/s，而固定节流口在最小流量 14L/s 的情况下，最大流量 28L/s，变化幅度 14L/s。另外，实验还表明，稳流阀的稳流性能在实验的几种介质粘度下与钻井液粘度的关系并不十分明显。

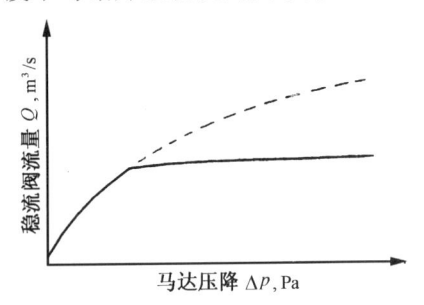

图 5-63 稳流阀的理论稳流特性曲线

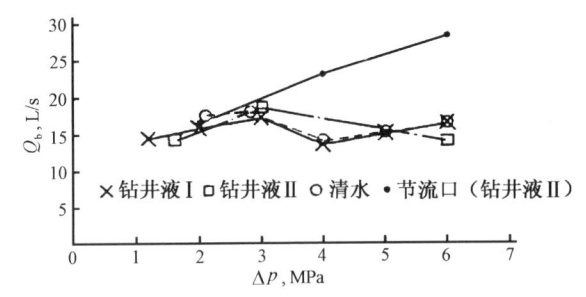

图 5-64 稳流阀的实验稳流特性曲线

4. 转子中孔对稳流阀特性的影响

图 5-65 是稳流阀的安装位置和带稳流阀的中空转子螺杆马达结构示意图。由于稳流阀装在转子中孔的入口处，其下部还有一段细长孔会对分流的钻井液形成阻力，所以研究整个螺杆钻具的特性时应将这一部分液阻计入在内。

马达转子中孔产生的压降为

$$\Delta p_h = \lambda \frac{L}{d_h} \cdot \frac{\rho v_h^2}{2}$$

设马达压降为 Δp，稳流阀压降为 Δp_v，则有

$$\Delta p = \Delta p_h + \Delta p_v$$

联立式(5-143)和式(5-144)，有

$$Q_b = \frac{C_{dv} A_v A_h \sqrt{d_h}}{\sqrt{\lambda L (C_{dv} A_v)^2 + d_h A_h^2}} \sqrt{\frac{2\Delta p}{\rho}} \quad (5-147)$$

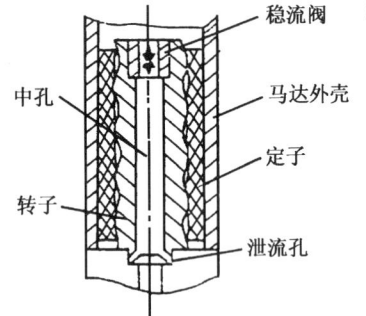

图 5-65 稳流阀的安装位置与马达结构

式中　A_h——转子中孔过流面积；
　　　d_h——转子中孔直径；

Δp——马达压降;
L——中孔长度;
λ——中孔沿程阻力系数;
v_h——中孔内钻井液流速;
Δp_h——中孔压降;
Δp_v——稳流压降。

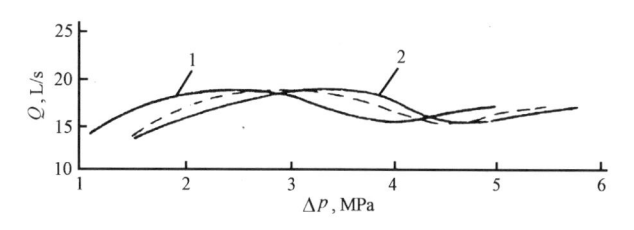

图 5-66 中孔对稳流阀稳流特性的影响
1—单个稳流阀稳流特性;2—稳流阀放入中孔的稳流特性

图 5-66 直观地显示了中孔这一固定液阻对稳流特性的影响。其中曲线 1 是单个稳流阀的稳流特性曲线,曲线 2 是稳流阀放入中孔后的稳流特性曲线。虚线是曲线 1 沿横轴平移而得,它保留了曲线 1 的形状,目的是为了和曲线 2 比较。图 5-66 表明:当稳流阀流量随负载增大而增大时,中孔液阻将缓和中孔分流增大的速度;反之,当稳流阀的过流量(即中孔分流)随负载增大而减小时,中孔液阻的存在将加快流量的变化,但基本不影响稳流阀稳流幅度的大小。事实上,稳流阀稳流性能越好,中孔对其稳流性能的的影响就越小,因为中孔分流量的变化决定中孔压降的变化。

5. 带稳流阀的中空转子螺杆钻具的转速特性

同本节的具有固定节流口的普通中孔转子螺杆钻具转速软特性机理分析相类似,对带有稳流阀的中空螺杆钻具,由于稳流阀的作用,转速软特性得到很大改善,其机理如下:

稳流阀稳流
⇓

钻压↑⇒钻头扭矩↑⇒马达压降↑⇒中空流量基本不变⇒马达流量基本不变⇒马达转速基本不变
(P_B)　　　(M)　　　(Δp)　　　(Q_b)　　　　　(Q_m)　　　　　(n)

下面进一步分析马达转速 n 与钻压 P_B 间的定量关系。考虑到钻压与扭矩、扭矩与压差间的关系,有

$$\Delta p_2 = k_p P_B \tag{5-148}$$

其中 Δp_2 即为螺杆钻具的负载压降,P_B 为钻压,k_p 为系数(有量纲),由实验确定。经理论分析可得

$$n = \frac{60}{q}\left[Q - \beta C_{dv} A_v \sqrt{\frac{2(\Delta p_1 + k_p P_B)}{\rho}}\right] \tag{5-149}$$

其中

$$\beta = A_h \sqrt{\frac{d_h}{\lambda L (C_{dv} A_v)^2 + d_h A_h^2}} \tag{5-150}$$

式(5-149)表明了带稳流阀的中空转子螺杆钻具的转速—钻压特性关系。图 5-67 给出了带稳流阀的中空转子螺杆钻具的转速—钻压特性关系曲线,该曲线是在稳流阀实验基础上绘制的。为了对比,图中还给出了普通中空转子螺杆钻具的转速—钻压特性曲线。表 5-11 给出了这两种中空转子螺杆钻具在不同钻压下的转速值。

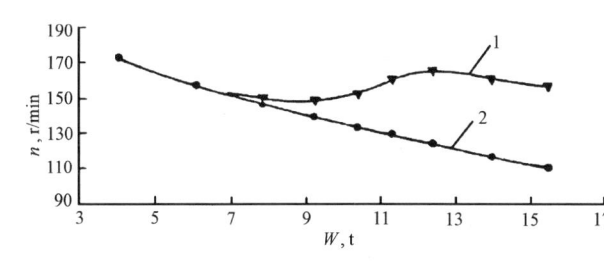

图 5-67 中空转子螺杆钻具的转速—钻压特性曲线
1—带稳流阀的中孔螺杆钻具;2—普通中孔螺杆钻具

表 5-11　这两种中空转子螺杆钻具在不同钻压下的马达转速

钻压,kN	40	50	70	90	110	130	150
普通中空转子螺杆钻具的马达转速,r/min	170	164.7	151.6	140.2	130.1	120.8	112.3
带稳流阀的中空转子螺杆钻具的马达转速,r/min	170	164.8	152.2	148.3	156.6	163.0	157.6

不难发现,在 40kN 钻压下,两种螺杆钻具的输出转速均为 170r/min,而在 150kN 钻压下,带稳流阀的中空转子螺杆钻具输出转速为 157.6r/min,普通中空转子螺杆钻具的输出转速已降为 112.3r/min。显然,在其他相同情况下,若钻头的每转切削量相同,在 150kN 钻压下使用新型中空螺杆钻具的机械钻速要比普通中空螺杆钻具提高 40%。

6. 中孔分流的水功率损失

在同样负载下马达中孔分流量越大,由中孔分流造成的水功率损失也就越大。中孔分流的水功率损失可由 $N_L = \Delta p Q$ 求得。表 5-12 给出了两种中空转子螺杆钻具在不同钻压下中孔分流的水功率损失,图 5-68 也反映了两种中空转子螺杆钻具中孔分流的水功率损失情况,其中 ABCD 包围的面积代表带稳流阀的中空转子螺杆钻具的中孔分流水功率损失,AEFD 所包围的面积代表普通中空转子螺杆钻具的中孔分流水功率损失。可见在较大的马达压降下,两种中空转子螺杆钻具的中孔分流水功率损失差别十分明显。由表 5-12 可知,在 150kN 钻压下,普通中空转子螺杆钻具的中孔分流水功率损失为 147.5kW,约为带稳流阀的中空转子螺杆钻具的中孔分流水功率损失 93.6kW 的 1.6 倍。

表 5-12　两种中空转子螺杆钻具的中孔分流水功率损失

钻压,kN	50	70	90	110	130	150
普通中空转子螺杆钻具的中孔分流水功率损失,kW	28.3	47.0	68.5	92.6	119.0	147.5
带稳流阀的中空转子螺杆钻具的中孔分流水功率损失,kW	28.3	46.5	62.7	69.5	75.5	93.6

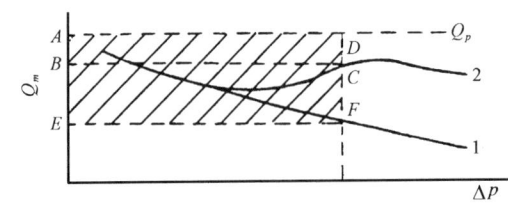

图 5-68　中空转子螺杆钻具的中孔分流功率损失
1—普通螺杆钻具的马达流量;
2—带稳流阀中孔螺杆钻具马达流量

综上所述,可得出如下结论:

(1)稳流阀可以稳定中空转子螺杆钻具的中孔分流量,从而改善该钻具的转速软特性。

(2)与普通中空转子螺杆钻具相比,带稳流阀的中空转子螺杆钻具具有在大负载工况下输出转速稳定,水功率利用高,有利于机械钻速的提高等优点。

参 考 文 献

[1] 白家祉,苏义脑著.井斜控制理论与实践.北京:石油工业出版社,1990
[2] 苏义脑,谢力能,张润香.P5LZ165,P5LZ197,P5LZ120三种系列弯壳体导向螺杆钻具的研制与应用.见科技论文集.北京:石油工业出版社,1996
[3] 苏义脑,张润香.压调螺母锁紧式连续可弯壳体.中国专利,92 2 32049.7
[4] 苏义脑,陈元顿.连续控制钻井技术在我国的初步实践.西部探矿工程,1995,6(6)
[5] 张润香,苏义脑,谢力能.BW5LZ165可调弯外壳导向螺杆钻具研制和现场试验.见科技论文集.石油工业出版社,1996
[6] 苏义脑.大斜度井和水平井井眼轨道控制的几个问题.石油钻采工艺,1992
[7] 苏义脑.大庆树平1井的井眼轨道控制.石油钻采工艺,1992(4)
[8] 苏义脑.国外中长半径水平井常用的下部动力钻具组合综述.国外石油机械,1993,4(1)
[9] 苏义脑,谢竹庄.螺杆钻具和多头单螺杆马达的基本原理.石油钻采机械,1985,13(4)
[10] 谢竹庄.螺杆钻具推力轴承的载荷研究.石油机械,1993,21(3)
[11] 苏义脑,谢竹庄.螺杆马达线型分析基础及研究方法.石油钻采机械,1985,13(6)
[12] 苏义脑,谢竹庄,于炳忠.单螺杆钻具马达线型分析.石油学报,1986,7(4)
[13] 苏义脑,谢竹庄.单螺杆钻具马达普通内摆线法线型分析.石油钻采机械,1985,14(2)
[14] 龚伟安.转盘与单弯螺杆钻具联合钻进的力学分析及其应用.石油钻采工艺,1994,16(6)
[15] 苏义脑.油基钻井液对导向螺杆钻具定子橡胶体积膨胀的影响.钻井液与完井液,1992,9(6)
[16] 陈乐亮.水平井钻井液体系综述.钻井液与完井液,1991,8(4)
[17] GB 1690—82硫化橡胶耐液体试验方法
[18] 泰拉斯波尔斯基W,李克向等译.井下液动钻具.北京:石油工业出版社,1991.302
[19] 苏义脑等译.定向钻井.北京:石油工业出版社,1995
[20] 苏义脑,王家进.中空转子螺杆钻具外特性分析.石油机械,1996,24(4)
[21] 苏义脑,王家进.中空转子螺杆钻具外特性存在问题的讨论.石油机械,1996,24(5)
[22] 苏义脑,王家进.中空转子螺杆钻具转速软特性的改善.石油机械,1996,24(6)
[23] 苏义脑,王家进.中空螺杆钻具的外特性及其改进.石油学报,1998,19(1)
[24] 苏义脑,王家进.具有稳流阀的中空转子螺杆钻具.中国专利,95 2 19393.0

第六章 中、长半径水平井轨道控制工艺

水平井的井眼轨道控制工艺是指正确使用钻井工具、测量仪器及计算机软件,以钻出所要求的井眼轨道的操作过程和方法,是合理的技术方案与配套的软件、硬件技术的综合应用,是对水平井井眼轨道设计内容的物化和实现。它包括总体控制方案的设计与制订;钻柱组合的设计与钻井工具的选用;钻进过程的测量、监控、待钻井眼的参数预测和修正设计;钻井操作参数的选取和对水力参数、钻井液、套管程序等相关技术问题的要求等。

本章将对上述有关内容加以讨论和介绍,并给出我国中、长半径水平井轨道控制工艺方面的典型实例。

第一节 水平井轨道控制软件系统的基本功能与结构

一、水平井轨道控制软件系统的基本功能与要求

水平井轨道控制软件系统,又称水平井轨道控制软件包,是有关水平井轨道控制过程所有分析、设计、监控、决策、图表等软件的有机集成。在进行该软件系统的总体框架设计时,必须先确定满足生产与科研需要的基本功能,它包括主体功能和辅助功能。

1. 主体功能
(1)轨道控制总体方案的设计与计算。
(2)下部钻具组合的受力变形分析与设计。
(3)钻柱设计与摩阻监测。
(4)地层与钻头的相互作用分析。
(5)工具造斜能力计算与井眼轨道预测。
(6)实钻过程的轨道监控与判断决策。
(7)待钻井眼的轨道修正设计。
(8)工艺操作参数的计算优选。

2. 辅助功能
(1)数据库管理。
(2)数据共享技术。
(3)图表输出。

除上述对水平井轨道控制软件包应具备的功能这些特殊要求之外,该软件包还应满足对软件系统的一些基本要求,如界面先进、计算快速,具有可靠性、容错性和便于扩展升级等。

二、水平井轨道控制软件系统的结构举例

以下以笔者和同事们研究开发的 HoDA 软件包(Horizontal Drilling Assistor)为例,对水平井轨道控制软件系统的框架结构与数据分类体系加以简介。

图 6-1 是 HoDA 软件包系统框架结构示意图。上述的 8 项主体功能分别由图示的 8 个

功能模块加以实现。该软件包采用先进的 Windows 界面系统,功能模块用面向对象的编程技术(以 Visual 和 Basic Borland C++ 为主要开发工具)开发编制,采用数据库后台操纵技术实现各功能模块间的数据共享和系统本身的数据管理。同时,为了便于用户操作使用,又开发了一套联机帮助系统。功能模块可以在系统中运行,也可以单独运行。功能模块、工程数据库和联机帮助系统构成了 HoDA 软件包的总体框架。

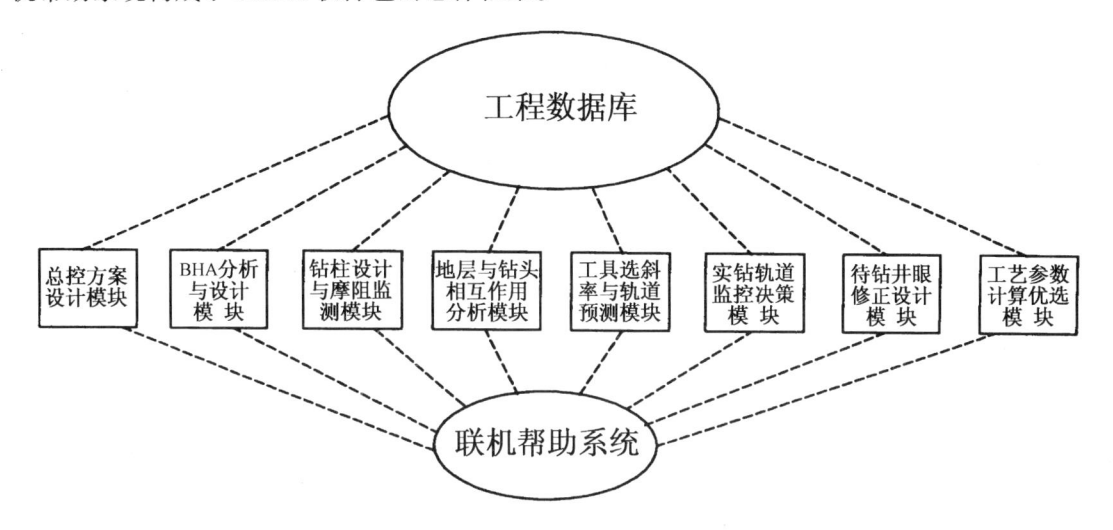

图 6-1　水平井轨道控制软件包的总体框架结构举例

根据系统对数据的动态联接、共享和管理的需要,HoDA 软件包将数据分为下述 5 大类 40 种。

1. 地质基本设计数据 DDA
(1)地质基本情况数据 DDA01。
(2)地质构造数据 DDA02。
(3)地质剖面分层数据 DDA03。

2. 钻井工程设计数据 DDB
(1)钻井主要设备数据 DDB01。
(2)井身结构 DDB02。
(3)钻柱组合与强度校核数据 DDB03。
(4)钻柱组合使用设计数据 DDB04。
(5)钻井液性能设计数据 DDB05。
(6)钻井参数设计(包括钻井参数与水力参数)数据 DDB06。
(7)套管串设计数据 DDB07。
(8)固井基本数据 DDB08。

3. 定向井、水平井、丛式井专用数据 DDC
(1)定向井基本情况数据 DDC01。
(2)定向井分目标数据 DDC02。
(3)井身轨道剖面设计分段数据 DDC03。
(4)井身轨道位置参数设计数据 DDC04。
(5)丛式井平台各井口及最终井底坐标数据 DDC05。

(6)水平井水平段目标设计数据DDC06。

4.公用资料数据DDD

(1)直井井身质量标准DDD01。

(2)定向井井身质量标准DDD02。

(3)水平井井身质量标准DDD03。

(4)定向井目标标准DDD04。

(5)水平井目标标准DDD05。

(6)大地地磁数据DDD06。

(7)套管手册基本数据DDD07。

(8)钻具手册基本数据DDD08。

(9)钻井泵规范数据DDD09。

(10)泵缸套与排量、泵压关系数据DDD10。

(11)井架规范数据DDD11。

(12)动力钻具性能手册数据DDD12。

(13)井身结构参数数据DDD13。

(14)常用下部钻具组合性能数据DDD14。

(15)井眼与套管尺寸配合数据DDD15。

(16)常用钻头适用地层数据DDD16。

(17)常用钻井液体系适用地区数据DDD17。

(18)钻井工程施工规程文件DDD18。

5.共享数据DDE

(1)井眼轨道测量数据DDE01。

(2)钻具组合分段数据DDE02。

(3)全井井眼几何尺寸参数数据DDE03。

(4)实钻井眼几何位置参数数据DDE04。

通过上述的数据种类划分,不难对HoDA软件包的功能、结构、规范、应用范围有一间接的了解。

第二节 总体控制方案的设计与计算

如第二章第二节所述,由于存在地质误差、工具造斜能力误差和轨道预测误差,给水平井尤其是薄油层水平井的轨道控制带来较大难度。固然通过深入细致的理论研究来减少这些误差是提高水平井轨道控制质量的根本途径,但这些工作本身就存在一定困难,不易取得显著进展。实际可行的方法是在现有误差条件下制定合理的轨道总体控制方案,辅之以实钻过程中的轨道动态监控,来达到保证控制成功率,提高控制质量和精度的目的。因此总体控制方案设计也是水平井轨道控制工艺的重要研究内容。

水平井轨道总体控制方案实际上就是轨道控制人员在拿到井身剖面设计轨迹图之后,综合考虑工具、测量仪器、油顶可能误差等多种因素,对井身剖面设计轨迹进行细化、补充、修改和落实后形成的一种实施方案。本节主要介绍以单圆弧轨迹剖面为基础的导眼法和应变法总体控制方案要点,并介绍基于双圆弧剖面设计的控制方案,即适应于薄油藏的三弧剖面法设计要点。

一、常用计算公式

在介绍总控制方案之前,熟悉和掌握控制过程中最常用的有关计算公式十分必要。

如图 6-2 所示,设 I_1,I_2 为圆弧井身轨迹上的两点,其井斜角分别为 $\alpha_1,\alpha_2(°)$,轨道曲率半径为 R(m),曲率半径为 $K(°/30m)$,该两点的垂增(即垂深增值)为 H(m),平增(水平位移增值)为 S(m),井段长为 L(m)。不考虑方位变化,可推得

$$K = \frac{1719(\sin\alpha_2 - \sin\alpha_1)}{H} \quad (6-1)$$

$$R = \frac{H}{\sin\alpha_2 - \sin\alpha_1} \quad (6-2)$$

或

$$R = \frac{1719}{K} \quad (6-3)$$

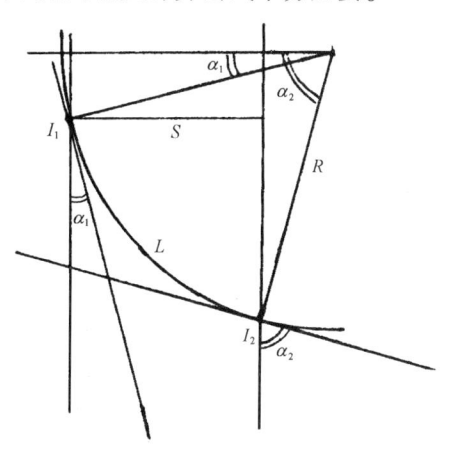

图 6-2 基本几何关系示意图

$$H = \frac{1719(\sin\alpha_2 - \sin\alpha_1)}{K} \quad (6-4)$$

$$S = \frac{1719(\cos\alpha_1 - \cos\alpha_2)}{K} \quad (6-5)$$

或

$$S = \frac{H(\cos\alpha_1 - \cos\alpha_2)}{\sin\alpha_2 - \sin\alpha_1} \quad (6-6)$$

$$L = \frac{H(\alpha_2 - \alpha_1)}{57.3(\sin\alpha_2 - \sin\alpha_1)} \quad (6-7)$$

$$\alpha_1 = \arcsin(\sin\alpha_2 - \frac{KH}{1719}) \quad (6-8)$$

$$\alpha_2 = \arcsin(\frac{KH}{1719} + \sin\alpha_1) \quad (6-9)$$

及

$$K = \frac{30(\alpha_2 - \alpha_1)}{L} \quad (6-10)$$

以上

$$0° \leqslant \alpha_1 < 90°, \alpha_1 < \alpha_2 \leqslant 90°$$

以上诸式可用于水平井的井身计算、轨道总控方案设计、轨道参数计算预测和监控,也可用于选择和确定工具的造斜率 K_T。

二、单弧剖面和导眼法控制方案

第二章第一节给出了水平井的单弧剖面设计,参见图 2-3 和式(2-4)~(2-9)。

现确定单弧剖面所需的造斜率。如图 6-3 所示,设造斜点(KOP)井斜角为 0°,并设水平

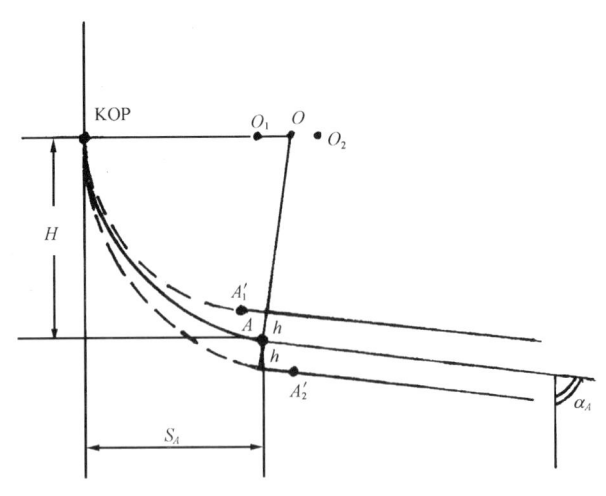

图 6-3 单弧剖面的造斜率分析图

段的井斜角设计值为 α_A(按一般规定,$86°\leqslant \alpha_A \leqslant 90°$),靶窗高度为 $2h$,则可求出实际着陆点(井斜 $\alpha_H = \alpha_A$),与设计着陆点 A 重合时的造斜率为

$$K = \frac{1719}{H}\sin\alpha_H \quad (6-11)$$

其中 H 为造斜点与着陆点间的垂增值。

相应可求出着陆点 A 的水平位移(靶前位移) S_A 为

$$S_A = \frac{1719}{H}(1-\cos\alpha_H) \quad (6-12)$$

设靶窗为上、下对称(上、下允差分别为 h),则可求出造斜率的最大值 K_{max}(着陆点 A'_1)和最小值 K_{min}(着陆点 A'_2)及相应的靶前位移 $S_{A'_1}$,$S_{A'_2}$ 分别为

$$K_{max} = \frac{1719}{H-h}\sin\alpha_H \quad (6-13)$$

$$S_{A'_1} = \frac{1719}{H-h}(1-\cos\alpha_H) \quad (6-14)$$

$$K_{min} = \frac{1719}{H+h}\sin\alpha_H \quad (6-15)$$

$$S_{A'_2} = \frac{1719}{H+h}(1-\cos\alpha_H) \quad (6-16)$$

由式(6-11)、式(6-13)、式(6-15)或式(2-19)可知,单元弧法剖面对工具造斜率的精度要求是很高的,其允许相对误差值与 K 和 h 成正比。只有在工具造斜率满足所要求的精度时,才可以采用单弧剖面,而且其前提是油层顶部垂深已知,即不存在地质误差。

当存在地质误差时,很小的油顶垂深差值往往都会造成脱靶失控。此时消除油顶误差的方法就是采用"导眼法"[1]。

所谓导眼法就是在水平井着陆控制过程中(距预定油顶层面有一定高度),先以一定的井斜角 α_C 直接稳斜钻入油层,探得油顶和油层中部深度之后,然后回填井眼至一定高度(如图6-4中的 C 点),再以单圆弧方式钻进至着陆点 A。这种方法应用在对油顶垂深无把握,又缺乏相应的标准层可供参考的情况下,采用钻导眼的方案直接消除地质误差,确切掌握油顶和油中的实际垂深值。

在导眼法控制方案中要解决的问题是确定实际的油顶、油中垂深、稳斜角、回填段长、着陆控制的造斜率。

选择稳斜点(或稳斜角)的基本原则是不宜过迟,因为油顶误差可能为负值,即油顶提前出现,过迟选择稳斜点会在这种情况下导致下一段着陆控制所要求的造斜率很高,甚至找不到适当的造斜工具。较早选择造斜点的结果是会造成较长的回填井段,但这并不是根本的技术问题,这方面的极端情况就是先钻一口直井(即按稳斜角为零考虑),当探明油顶和油中垂深数据

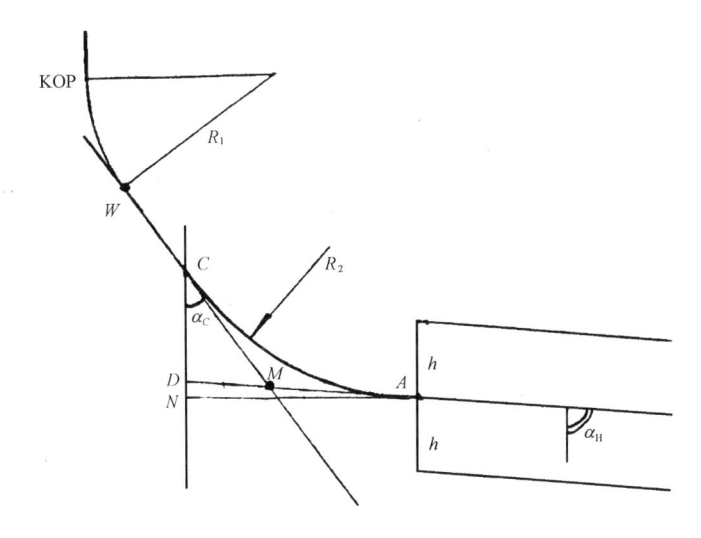

图 6-4 导眼法的参数计算

后,再按已具备的工具造斜能力反求回填段长和确定造斜点位置,实践中确实存在这样的井例。

作为一般情况,如图 6-4 所示。当从 KOP 点以造斜率 K_1 造斜至 W 点后,开始稳斜(稳斜角 α_C)钻进直至发现油顶和油中(井底为 M),然后回填至 C 点,再以造斜率 K_2 着陆进靶。

导眼法设计方案有两种不同提法:

(1)以事先设定的稳斜点 W 位置和稳斜角 α_C、第二次造斜点 C 位置为前提,来确定进靶造斜率 K_2 和其最大值 $K_{2\max}$、最小值 $K_{2\min}$,然后选用相应的工具。

(2)以事先设定的进靶造斜率 K_2(由工具决定)及其最大值 $K_{2\max}$、最小值 $K_{2\min}$(由工具和靶窗高度决定)为前提,来确定稳斜段井斜角和回填井段长度 L_{CM}。

在第一种提法中各参数作如下计算:

C, M, D, A 点垂深值 H_C, H_M, H_D, H_A 为

$$H_C = H_{KOP} + R_1 \sin\alpha_C + \overline{WC}\cos\alpha_C \qquad (6-17)$$

$$H_M = H_{KOP} + R_1 \sin\alpha_C + \overline{WM}\cos\alpha_C \qquad (6-18)$$

$$H_D = H_M - \frac{\overline{CM}\sin\alpha_C\cos\alpha_C}{\sin\alpha_H} \qquad (6-19)$$

$$H_A = H_D + (S_A - S_C)\cot\alpha_H \qquad (6-20)$$

C, M 点的水平位移 S_C 和 S_M 为

$$S_C = S_{KOP} + R_1(1 - \cos\alpha_C) + \overline{WC}\sin\alpha_C \qquad (6-21)$$

$$S_M = S_C + \overline{CM}\sin\alpha_C \qquad (6-22)$$

A 点的水平位移(靶前位移)由剖面设计给出,或根据需要调整确定,它是已知参数。进一步可求出 K_2 及 $K_{2\max}$ 和 $K_{2\min}$ 为

$$K_2 = \frac{1719}{H_A - H_C}(\sin\alpha_H - \sin\alpha_C) \qquad (6-23)$$

$$K_{2\max} = \frac{1719}{(H_A - H_C) - h}(\sin\alpha_H - \sin\alpha_C) \qquad (6-24)$$

$$K_{2\min} = \frac{1719}{(H_A - H_C) + h}(\sin\alpha_H - \sin\alpha_C) \qquad (6-25)$$

以上 $\overline{WC}$、$\overline{CM}$ 分别为稳斜钻进段长和回填段长。

在第二种提法中各参数作如下计算：

$$K_{2\max} = K_2 + \frac{K_2 h}{1719} \tag{6-26}$$

$$K_{2\min} = K_2 - \frac{K_2 h}{1719} \tag{6-27}$$

K_2 为已知参数。可求出稳斜井段井斜角 α_C 为

$$\alpha_C = \alpha_H - \arccos\left[1 - \frac{2h K_{2\max} K_{2\min} \sin\alpha_H}{1719(K_{2\max} - K_{2\min})}\right] \tag{6-28}$$

回填段长度 L_{CM} 为

$$L_{CM} = \frac{1719}{K_2} \cdot \frac{1 - \cos(\alpha_H - \alpha_C)}{\sin(\alpha_H - \alpha_C)} \tag{6-29}$$

$$H_{CD} = \frac{1719}{K_2} \cdot \frac{1 - \cos(\alpha_H - \alpha_C)}{\sin\alpha_H} \tag{6-30}$$

三、应变法控制方案

由上述可知，导眼法是把单弧法剖面设计改造成"增—稳—增"的剖面设计实施方案，稳斜角一般不会太大，而且要在探知油中和油顶后回填部分井段。以下要介绍的应变法与导眼法相比有以下异同点，即：

(1)和导眼法相同，应变法也是以稳斜井段来探知油顶垂深，但不同之处在于应变法是在探知油顶后即不再稳斜钻进，而是以设计好的造斜率 K_2 增斜着陆进靶。

(2)和导眼法不同，应变法的稳斜角 α_C（又称进入角）值相对较大（一般在 80°左右），α_C 由计算确定；井段毋需回填。

应变法的特点是：

(1)应变法的 K_2 值是根据油层几何参数确定，一般不作变动，即无论油顶垂深误差是正是负（即滞后出现还是提前出现，如图 6-5 所示），只要探知油顶位置即钻头钻至预定设计位置后，接着便以固定的造斜率 K_2 着陆进靶。因此应变法被称为"以不变应万变"的方案设计，选定的 K_2 值在很大程度上确保着陆进靶不会失控。

(2)油顶位置不确定带来的影响是靠稳斜段（其稳斜角等于进入角 α_C）来补偿和消除的。为了防止油顶的提前出现，要设置几道"警戒线"，在距离油顶设计值一定高度时即开始以 α_C 稳斜钻进，直至探知油顶。因此应变法又被称为"稳斜探油顶法"。

如图 6-5 所示，应变法控制方案应确定的主要参数为：着陆进靶的造斜率 K_2、进入角 α_C，稳斜进入油顶的最短距离 L_{CT}、稳斜段的起点位置和稳斜段长度 L_W，以及上部增斜井段（第一造斜段）的造斜率 K_1 等。

设油顶距靶中线的距离为 d，钻具组合内辨识油层位置的 γ 参数传感器距钻头的距离为 L_γ。根据经验，当 γ 传感器进入油顶界面时会有信号显示，但往往并不充分，一般需要再钻一定厚度（设为 Δh）才可判定。由此可知，当探知油顶时钻头进入油层的距离（斜深）L_{CT} 为

$$L_{CT} = L_\gamma + \frac{\Delta h}{\cos\alpha_C} \tag{6-31}$$

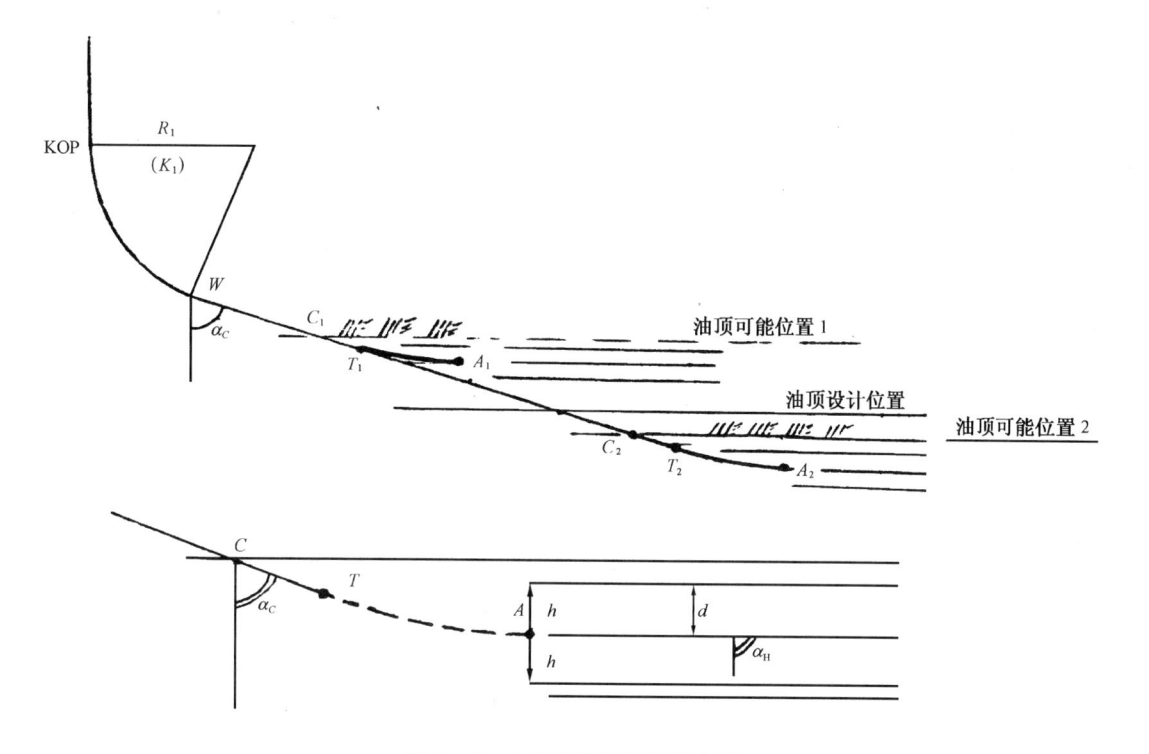

图 6-5 应变法控制方案示意图

其中 L_γ 由钻具组合结构尺寸确定(如采用井下动力钻具组合时,L_γ 约为 13m 左右),而 Δh 可按经验取为 0.5m 左右。

此时钻头进入油层的垂直距离(垂深)H_{CT} 为

$$H_{CT} = L_\gamma \cos\alpha_C + \Delta h \tag{6-32}$$

若选定以造斜率 K_2 进靶着陆,可求出进入角 α_C 值为

$$\alpha_C = \arccos \frac{\dfrac{1719}{K_2}}{\sqrt{L_{CT}^2 + \left(\dfrac{1719}{K_2}\right)^2}} + \arcsin \frac{\dfrac{1719}{K_2}\sin\alpha_H - d}{\sqrt{L_{CT}^2 + \left(\dfrac{1719}{K_2}\right)^2}} \tag{6-33}$$

反之,若先选定进入角 α_C(对薄油藏水平井,$\alpha_C \approx 80°$),则可求出着陆进靶所需的造斜率 K_2 及保证不脱靶的最大造斜率 $K_{2\max}$ 和最小造斜率 $K_{2\min}$ 为

$$K_2 = \frac{1719}{H_{TA}}(\sin\alpha_H - \sin\alpha_C) \tag{6-34}$$

$$K_{2\max} = \frac{1719}{H_{TA} - h}(\sin\alpha_H - \sin\alpha_C) \tag{6-35}$$

$$K_{2\min} = \frac{1719}{H_{TA} + h}(\sin\alpha_H - \sin\alpha_C) \tag{6-36}$$

其中 H_{TA} 为稳斜段终点(钻头处)与着陆点 A 间的垂直距离

$$H_{TA} = d - H_{CT} \tag{6-37}$$

同时可求出第二造斜段 TA(即着陆段进靶段,如图 6-5)的水平位移即 T,A 两点间的平差值 ΔS_{TA} 为

$$\Delta S_{TA} = \frac{1719}{K_2}(\cos\alpha_C - \cos\alpha_H) \tag{6-38}$$

关于造斜井段起点位置的选择,要充分估计油顶提前出现的最大误差值 ΔH,在此设立"警戒线",即规定钻达这一深度时要保证井斜角基本达到预定的进入角 α_C(当然允许有少量偏差),然后稳斜钻进探油顶,直至钻达进靶前的起始位置 T 点(参见图 6-5)。稳斜探油顶钻进要非常小心,不可追求进尺,因为油顶位置随时可以到达,若钻过油顶进尺较多,则势必加大进靶着陆的造斜率 K_2 值;对于薄油层甚至会因此造成脱靶。

如果油顶位置滞后出现(与设计位置相比),则不必设立"警戒线",只须以进入角 α_C 稳斜钻进,直至探到油顶。在这种情况下,实际靶前位移值将大于设计值,引起较大的平差 ΔS。

在油顶设计高度上方 ΔH 垂直距离上设置"警戒线",决定该线以上井段所需的造斜率 K_1,其值为

$$K_1 = \frac{1719\sin\alpha_C}{H_t - d - \Delta H - H_K} \tag{6-39}$$

其中 H_t,H_K 分别为设计的着陆点垂深和造斜点(KOP)垂深。

由式(6-39)可知,"警戒线"位置越靠上(即 ΔH 越大),则 K_1 越大。不同的 K_1 值对应着不同的工具储备。在设计总体控制方案时,在油顶位置误差难于确定的情况下,为了增大可控性和稳妥起见,往往选择较大的 ΔH 值,即设计几种不同的"警戒线",形成不同的控制方案,然后根据已掌握的地质资料分析对比,确定可能性最大的一种;在一种方案中,并非 ΔH 越大越好,因为 ΔH 越大,在稳斜探顶过程中实钻方案将比设计方案产生过大的平差 ΔS,这也是应尽量避免的。

另外,以保证以适当的造斜率 K_2 着陆进靶成功,进入角 α_C 值不可选择太小,否则必导致 K_2 过大甚至找不到合适的工具;但也不可选择太大的 α_C,否则将在稳斜探顶时产生过大的平差,使控制方案远离设计方案。根据经验,对薄油藏水平井 α_C 一般在 80°左右;若确定 K_2 后求解 α_C 值,其结果也是这样。

综上所述,应变法总控方案的基本思想是把单弧剖面或双弧剖面设计加以改造,增加一个井斜角为 α_C 的稳斜段来探寻油顶,以消除地质误差;不管地质误差有多大,稳斜段长度如何,只要进入油顶后钻头就要钻至预定位置,然后以设计好的造斜率 K_2 着陆进靶。实践证明,这种总体控制方案具有很好的效果,尤其是对薄油层水平井或油顶位置误差很大的水平井则是必须的。

如第二章第一节所介绍,双弧剖面是在两段圆弧之间设置一段短的稳斜段,以调整工具造斜率误差造成的轨道偏离。对双弧剖面改进形成的应变法总控方案,实际上是一种新的剖面设计即三弧剖面。对薄油层水平井直接给出三弧剖面法设计,可缩小设计方案与实钻方案的差异,对减小平差,提高轨道质量具有很好的作用。

以下将介绍三弧剖面的参数计算。

四、三弧剖面的参数计算

如图 2-5 所示，设三弧剖面第一、第二、第三造斜段的曲率半径分别为 R_1，R_2 和 R_3，第一、第二段的井斜角和段长分别为 α_{W1}、L_{W1} 和 α_{W2}、L_{W2}，造斜点(KOP)垂深为 H_K，着陆点垂深和井斜角分别为 H_t 和 α_H，着陆点靶前位移 S_A，油顶提前量 ΔH，γ 传感器距钻头距离 L_γ，辨识油顶垂深范围 Δh，以及油中至油顶的距离 d，这些参数满足以下述方程：

$$H_t = H_K + R_1 \sin\alpha_{W1} + L_{W1}\cos\alpha_{W1} + R_2(\sin\alpha_{W2} - \sin\alpha_{W1})$$
$$+ L_{W2}\sin\alpha_{W2} + R_3(\sin\alpha_H - \sin\alpha_{W2}) \tag{6-40}$$

$$S_A = R_1(1 - \cos\alpha_{W1}) + L_{W1}\sin\alpha_{W1} + R_2(\cos\alpha_{W1} - \cos\alpha_{W2}) +$$
$$L_{W2}\cos\alpha_{W2} + R_3(\cos\alpha_{W2} - \cos\alpha_H) \tag{6-41}$$

$$\alpha_{W2} = \arccos\frac{R_3}{\sqrt{L_{CT}^2 + R_3^2}} + \arcsin\frac{R_3\sin\alpha_H - d}{\sqrt{L_{CT}^2 + R_3^2}} \tag{6-42}$$

$$L_{CT} = L_\gamma + \frac{\Delta h}{\cos\alpha_{W2}} \tag{6-43}$$

$$L_{W2} = \frac{\Delta H}{\cos\alpha_{W2}} + L_{CT} \tag{6-44}$$

上述参数中，H_K、α_H、H_t、S_A、ΔH、Δh，d，L_γ 等 8 个参数一般为已知的，其余的 L_{W1}、L_{W2}、α_{W1}、α_{W2}、R_1、R_2、R_3、L_{CT} 等 8 个参数中，具有 5 个约束条件式(6-40)~(6-44)，即具有 3 个自由度。需先确定 3 个未知数，然后可解出其余 5 个参数。例如给定 R_3(着陆进靶段曲率半径)，R_1 和 L_{W1}(第一稳斜段曲率半径和稳斜段长)，即可求出 R_2、α_{W1}、α_{W2}、L_{W2} 和 L_{CT}值。

第三节　水平井下部钻具组合与钻柱设计

钻柱与下部钻具组合是钻井作业的物质基础。水平井由于包含相当长度的高井斜井段和井斜角约为 90°左右的一定长度的水平段，决定了水平钻井的突出特点，例如：

(1)重力由常规定向井和直井中有利于施加钻压的因素变为水平井中不利于施加钻压的因素，突出的摩阻问题可导致钻头加不上足够钻压，甚至造成送钻困难。

(2)摩阻会造成转盘钻条件下钻头上的扭矩损失，在起升钻柱时会加大大钩的提升载荷。

(3)较高的井眼曲率要求下部钻具组合具有甚强且稳定的造斜能力，水平段要求下部钻具组合具有很好的稳平特性和调整、控制能力。

水平钻井的这些基本特点对钻柱和下部组合的结构设计提出了特殊要求。本节将简述在设计水平井下部钻具组合和钻柱时要考虑的若干基本问题，并给出几种典型的经实践验证行之有效的水平井下部钻具组合和钻柱结构。

一、下部钻具组合设计

1.下部钻具组合设计中的若干基本问题

(1)水平井下部钻具组合设计的力学基础是 BHA 受力变形的大挠度分析方法。本书第三章已详细介绍了 BHA 大挠度分析的纵横弯曲法和有限元法,以及由这些方法经软件计算所得出的分析结论。从轨道控制的要求看,这些静态分析结果已能满足工程需要,因为静态计算结果是动态分析结果的平均值。

(2)水平井下部钻具组合设计的首要原则是造斜率原则,保证所设计组合的造斜率达到要求是井眼轨道控制的关键。预测 BHA 造斜能力的方法有几种,本书第四章介绍的极限曲率法(即 K_C 法)就是一种基本方法。为了保证所设计的下部钻具组合具有足够造斜能力并能对付在实钻过程中造斜能力有时难以发挥的意外情况,往往有意识在设计时使 BHA 的造斜能力比井身设计造斜率高 10%～20%。

(3)在设计水平井下部钻具组合时,要考虑和确定测量方法、仪器类别及型号。水平井应用最普遍的是 MWD,即无线传输的随钻测斜仪,它允许工作在定向钻进(钻柱不转)和转盘钻进(钻柱旋转)两种工作况下,但租费昂贵;为了节约钻井仪器的租金,可在定向钻进井段所用的钻具组合中,考虑采用有线随钻测斜仪(如 SST)。

(4)在设计水平井下部钻具组合时,要考虑井底温度的高低,因为温度是选用螺杆钻具耐温类型的一项指标。当井底温度低于 125°以下时可选用常温型螺杆钻具;当井底温度高于 125°以上时应考虑选用高温型螺杆钻具。

(5)在设计水平井下部钻具组合时,也要考虑工作排量和螺杆钻具许用最大排量间的关系。如果工作排量明显大于螺杆钻具的额定排量和最大排量,则应考虑选用中空转子螺杆钻具。

(6)设计水平井下部钻具组合还要考虑钻头选型(将在本章第六节介绍)和钻头水眼压降。钻头水眼压降将影响螺杆钻具传动轴规格(如 7.0MPa 还是 14.0MPa)选择,而且因 MWD 对系统工作压力环境有一定要求,也需要考虑钻头水眼压降的影响。

(7)中半径造斜组合主要采用动力钻具组合,在中半径的上半段$[K=(6～13°)/30m]$,动力钻具的结构型式主要是同向双弯(FAB)、大角度单弯,以及带垫块的弯壳体动力钻具;在中半径的下半段$[K=(6～13°)/30m]$,动力钻具的结构型式主要是单弯壳体钻具,还可采用转盘钻变截面造斜组合(Gilligan BHA);长半径造斜组合主要采用反向双弯(DTU)、小角度单弯动力钻具,以及经特殊设计的转盘钻增斜组合(详细内容请参阅第五章)。

(8)水平段的下部钻具组合,其结构型式与长半径造斜所用的组合相同,只是在钻水平段或着陆控制中的稳斜调整段时,要开动转盘以导向方式钻进(详细内容将在本章第五节进一步介绍)。

(9)在设计水平井下部钻具组合时,为安全生产起见,组合必须保证足够的强度、工作可靠性,并满足井下处理事故作业对钻具组合的结构要求。

2.水平井下部钻具组合典型实例

以下给出下部钻具组合的几种典型结构。这些结构实例不仅在理论分析和计算方面是可行的,而且在水平井钻井实践中得到了广泛的应用和充分的验证。

(1)ϕ311mm 井眼动力钻具造斜组合:

钻头(ϕ311)+弯壳体螺杆钻具(ϕ197,带稳定器 ϕ308～310)+无磁钻铤 1 根(ϕ197,含 MWD 随钻测斜仪)+无磁钻铤 1 根(ϕ178)+稳定器(ϕ305～310)+(加重钻杆)+……

(2)ϕ311mm 井眼转盘钻造斜组合(Giliigan BHA):

钻头(ϕ311)+近钻头稳定器(ϕ308～310)+钻铤 1 根(ϕ146)+无磁钻铤 1 根(ϕ197,含 MWD 随钻测斜仪)+稳定器(ϕ305～310)+(加重钻杆)+……

(3)φ216mm 井眼动力钻具造斜组合：

钻头(φ216)+弯壳体螺杆钻具(φ165,带稳定器 φ213)+稳定器(φ206~213)+无磁钻铤1根(φ171,含 MWD 随钻测斜仪)+无磁钻铤1根(φ165)+(加重钻杆)+……

(4)φ216mm 井眼转盘钻造斜组合(Giliigan BHA)：

钻头(φ216)+稳定器(φ213~214)+加重钻杆1根(φ127)+无磁钻铤1根(φ171,含 MWD)+无磁钻铤1根(φ171~165)+稳定器(φ213~214)+(加重钻杆)+……

(5)φ216mm 井眼水平段动力钻具组合：

钻头(φ216)+反向双弯(或小角度单弯)螺杆钻具+稳定器(φ206~213)+无磁钻铤1根(φ171,含 MWD)+无磁钻铤1根(φ171~165)+(加重钻杆)+……

(6)φ152mm 井眼动力钻具造斜组合：

钻头(φ152)+单弯壳体螺杆钻具(φ120)+无磁稳定器(φ148)+无磁钻铤2根(φ120,含 MWD)+(加重钻杆)+……

(7)φ152mm 井眼水平段动力钻具组合：

钻头(φ152)+反向双弯(或小角度单弯)螺杆钻具+无磁稳定器(φ148)+无磁钻铤2根(φ120)+(加重钻杆)+……

上述的下部钻具组合,未注明所需的配合接头(在具体设计时则应考虑)。其中的动力钻具,往往带有近钻头稳定器或垫块等部件,其结构尺寸视工具型号规格而定。

二、钻柱设计

1. 钻柱设计中的若干基本问题

(1)水平井钻柱设计的力学基础是全钻柱的受力变形模型,该模型可用于计算钻柱串内的轴力分布与传递规律,钻柱摩阻问题(起下钻时的摩擦阻力和工作时所受的摩擦阻力矩)和地面大钩负荷、井底钻压、钻柱扭转角,以及钻柱内的应力分析及强度校核。在这方面的研究文章已有很多,例如钻柱的柔索模型、半刚模型、全刚模型等等。但由于钻井过程的复杂性,这方面的研究尤其是关于摩阻的计算,还不能说是成熟的,其计算结果用于工程实践还有较大误差。究其原因可能是钻柱在井下遇到的阻力,并不单纯是力学中的摩擦(符合库仑定律)问题,例如钻柱与井壁的粘滞力、刮削、挂阻等情况已属于另外的性质,有些情况已不属力学的范畴;若完全归结为摩阻力,当然会造成求出的钻柱与井壁间的摩擦系数分散性很大,出现不同井段间摩擦系数不同,起下钻摩擦系数相差较大等不合理的结果。因此在这方面还应开展进一步的研究。目前由有关模型求出的数据可在一定程度上作为设计的参考。

(2)水平井钻柱设计的基本原则是要保证钻柱具有足够的强度,通过合理配置,以减小摩阻,使钻头上得到足够钻压和扭矩;避免、减少井下复杂情况并可在一定程度上加以解除。

(3)水平井钻柱的基本形式是"倒装钻柱",即为保证重力的有利作用(产生钻压)同时抑制其不利作用(产生摩阻),在大井斜井段、水平井段工作的钻柱,不采用钻铤而采用加重钻杆或承压钻杆,在小井斜或直井段部分采用钻铤。有时对井斜角大于 70°以上的井段和水平井段也采用普通钻杆来代替加重钻杆,以进一步减少摩阻。但要注意对钻柱的曲屈情况进行分析,确定合理的钻压范围。

(4)为避免发生卡钻事故,在水平井钻柱组合中要装震击器,一般放在套管以内(具体位置按震击器安装要求由计算确定)。

(5)在大斜度以下井段(包括水平段)钻进过程中,为防止接换单根时钻井液中的岩屑被吸入动力钻具的旁通阀内(因环空内钻井液固相含量相对较高,密度高于钻柱内的钻井液密度形成内外压差所致),常去掉或关闭钻具旁通阀(只需拆掉旁通阀内的复位弹簧而把旁通阀当作配合接头使用),而在钻柱上某一位置(如震击器以上)安装一个钻柱旁通阀,以免在接单根时钻台上喷溢钻井液。

(6)在设计水平井钻柱组合时,要注意核算钻机提升能力,并对钻柱强度进行详细校核。

2. 水平井钻柱结构典型实例

以下给出现场常用的几种不同井眼内造斜段及水平段钻进所用的钻柱组合的典型实例,供读者在设计时作为参考。

(1)ϕ311mm 井眼造斜段钻柱结构:

(BHA)+加重钻杆(ϕ127,数量若干)+钻铤(ϕ159,数量若干)+震击器(ϕ159,下击/上击串联)+钻铤(ϕ159,数量若干)+钻柱旁通阀+加重钻杆(ϕ127,数量若干)+钻杆(ϕ127,数量若干)。

(2)ϕ216mm 井眼造斜段钻柱结构:

(BHA)+加重钻杆(ϕ127,数量若干)+震击器(ϕ159,下击/上击串联)+钻铤(ϕ159,数量若干)+钻柱旁通阀+加重钻杆(ϕ127,数量若干)+钻杆(ϕ127,数量若干)

(3)ϕ152mm 井眼造斜段钻柱结构:

(BHA)+加重钻杆(ϕ89,数量若干)+震击器+加重钻杆(ϕ89,数量若干)+钻杆(ϕ89,数量若干,S135)+钻柱旁通阀+钻杆。

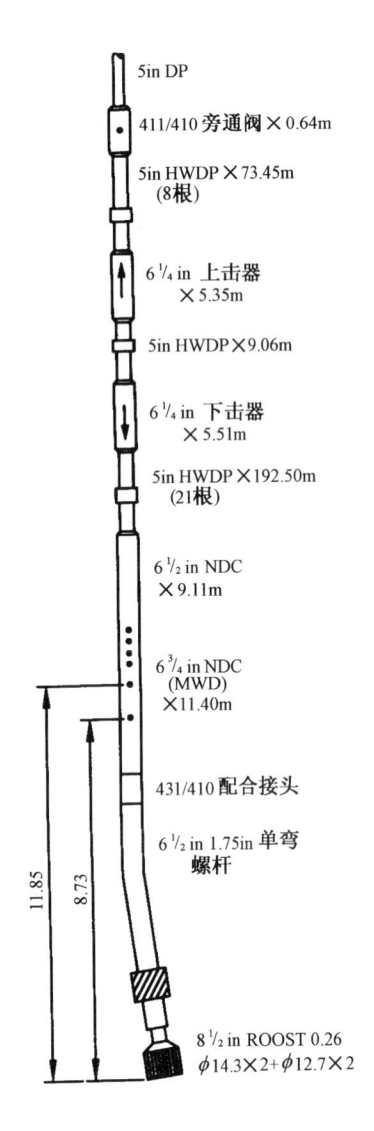

图 6-6 水平井下部钻具组合与钻柱结构示例

至于水平段钻进所用的钻柱组合,与上述造斜段所用钻柱组合基本相同。为了减少较长的水平段内的摩阻,常用普通钻杆来取代下部的加重钻杆。

图 6-6 给出了一种用于 ϕ216mm(8$\frac{1}{2}$in)井眼水平井的全钻柱组合,可以直观地看出 BHA 和上部钻柱的典型结构。

第四节 着 陆 控 制

如第二章所述,着陆控制是指从直井段末端的造斜点(KOP)开始钻至油层内的靶窗这一过程。增斜钻进是着陆控制的主要特征,进靶控制(着陆控制过程中的最后一次增斜钻进)是着陆控制的关键和结果,而动态监控则是着陆控制的技术手段。

本节将对着陆控制的技术要点、动态监控和进靶分析进行介绍和讨论。

一、着陆控制的技术要点

着陆控制的技术要点可以概括为如下口诀:略高勿低、先高后低、寸高必争、早扭方位、稳斜探顶、动态监控、矢量进靶。

1. 略高勿低

"略高勿低"集中体现了选择工具造斜率的指导思想,即为了保证使实钻造斜率不低于井身设计造斜率,为了防止因各种因素造成工具实钻造斜率低于其理论预测值,要按比理论值高10%~20%来选择或设计工具。当然也不能使造斜率高出太多,否则会给后续的钻进过程带来麻烦。

2. 先高后低

在着陆控制中,实钻造斜率若高于井身设计造斜率,控制人员一般总有办法把它降下来,例如,通过导向钻进方式(小弯角动力钻具并开转盘,其理论造斜率接近于零),或通过更换造斜率低一档次的钻具组合。但是,若实钻造斜率低于井身设计造斜率,则不敢保证一定可以把下一段造斜率增上去,尤其是在着陆控制的后一阶段(大井斜区段),这是因为所需要调整的造斜率值可能很高,而它对当前的工具是无法实现的,或即使技术上可以实现但现场并无这种工具储备。由上述可知,实钻造斜率的"先高后低"或"先低后高"对控制人员的难易程度截然不同。因此,除了极少数实钻造斜率基本等于井身设计造斜率这种理想情况外,采用"先高后低"这一控制策略有着重要的实际意义。

3. 寸高必争

"寸高必争"是控制人员在水平着陆控制中必须确立的观念,它集中体现了着陆控制过程的特点。从某种意义上说,着陆控制就是对"高度"(垂深)和"角度"(井斜)的匹配关系的控制,而"高度"往往对"角度"有着某种误差放大作用,尤其是着陆控制后期以及前期。通过实例分析可以加深这方面的定量认识。例如:设井身设计造斜率 $K=8°/30m$,着陆垂增 $\Delta H=214.875m$;若分别以 $K_1=6°/30m$、$K_2=12°/30m$,假想钻进 30m,相应的井斜角和垂增则分别为 $\alpha_1=6°$,$\Delta H'_1=29.947m$ 和 $\alpha_2=12°$,$\Delta H'_2=29.783m$,可见二者的垂增相差甚微;但如果按 K_1、K_2 分别继续钻进直至着陆,前者垂增 $\Delta H_1=286.5m$,将比设计值 $\Delta H=214.875m$ 滞后 71.625m 进靶着陆;但后者垂增 $\Delta H_2=143.25m$,将提前 71.625 进靶着陆。又如,按原设计井身造斜率 $K=8°/30m$ 钻至井斜角 $\alpha=80°$,此时钻头距靶中垂增 $\Delta h=3.264m$,按 $K=8°/30m$ 进靶可击中靶窗中线;但若采用 $K_1=7.91°/30m$ 的实钻造斜率钻至 $\alpha=80°$,此时钻头距靶中垂增 $\Delta h_1=0.875m$,若要击中靶窗中线,所要求的实钻造斜率 $K'_1=30.473/30m$。之所以会造成如此高的造斜率(在中曲率钻井中一般都不准备此种相应工具),完全是由于实钻造成的高差(2.407m)所致。须知这种高差是在着陆钻进过程中($\Delta H=214.875m$,相对误差率 1.12%)一寸一寸很容易地积累起来的,其结果对造斜率起到了显著的"放大"作用。同时此例也说明了采取"先高后低"控制策略的重要性和必要性。

4. 早扭方位

在着陆控制中,方位控制也很重要,否则很难使钻头进入靶窗。由于中曲率水平井井斜角增加较快,晚扭方位将会增加扭方位的难度。由于采取"先高后低"的控制策略,在着陆控制的初始阶段一般都采用弯壳体动力钻具(配随钻测斜仪)且其造斜率略高于井身造斜率的设计值,这就为早扭方位提供了条件和机会。因此,"早扭方位"应作为着陆控制的一项原则,而且在钻井过程中,通过调整动力钻具的工具面角加强对方位的动态监控。

5. 稳斜探顶

"稳斜探顶"是本章第二节所述"应变法"控制方案的核心内容。在中、长半径水平井中，采用"稳斜探顶"的总控方案设计，是克服地质不确定度的有效方法，它保证可以准确地探知油顶位置，并保证进靶钻进是按预定的技术方案进行，提高了控制的成功率。"稳斜探顶"的条件是要在预定的提前高度上达到预定的进入角值(α_C)，这实际上是给前期的着陆控制设置了一个阶段控制指标。

6. 矢量进靶

所谓"矢量进靶"，是指在进靶钻进中不仅要控制钻头与靶窗平面的交点（着陆点）位置，而且还要控制钻头进靶时的方向。"矢量进靶"直观地给出了对着陆点位置、井斜角、方位角等状态参数的综合控制要求，形象地表现为靶窗内的一个位置矢量。进靶不仅是着陆控制的结束，同时也是水平控制的开始。为了在水平段内能高效地钻出优质的井身轨道，就要按"矢量进靶"的要求控制好着陆点位置和进靶方向（井斜和方位），以免在钻入水平段不久就被迫过早地调整井斜和方位，影响井身质量和钻进效率。

7. 动态监控

再精确的控制都会产生偏差。因为控制是对偏差的制约，没有偏差即不存在控制。井眼轨道控制也是这样，因此"动态监控"是贯彻着陆控制过程始终的最重要的技术手段，它包括对已钻轨道的计算描述、设计轨道参数的对比与偏差认定；对当前在用工具的已钻井眼造斜率的过后分析和误差计算；对钻头处状态参数(α、ϕ)的预测；对待钻井眼所需造斜率的计算；对当前在用工具和技术方案的评价和决策，例如是否需要调整操作参数（钻压、工具面角、钻进状态（定向/导向）转换等），起钻时机的选择（是否必须立即起钻或继续向下钻进多少米再起钻）等。动态监控一般是用水平井井眼轨道预测控制软件包在计算机上实施，但是轨道控制人员对着陆控制过程进行随时的抽检和监督，还是非常必要的。

二、动态监控的常用计算和决策

本章第二节所列公式(6-1)~(6-10)对动态控制来说是最常用的基本算式

1. 核算工具造斜率

设由 MWD 给出的第 i、$i+1$ 两测点处的井深（测深）、井斜角和方位角分别用 L_i、α_i、ϕ_i 和 L_{i+1}、α_{i+1}、ϕ_{i+1} 表示，则工具在该段的实际造斜率 $K_{T\alpha}$ 也是这两点间的井眼实际造斜率 $K_{i,i+1}$ 为

$$K_{T\alpha} = K_{i,i+1} = \frac{30(\alpha_{i+1} - \alpha_i)}{L_{i+1} - L_i} \quad °/30\text{m} \tag{6-45}$$

由于在该井段钻进时存在方位角变化（或主动扭方位），则此时的 $K_{T\alpha}$ 并不能真正说明工具的造斜能力，因此应按全角变化来核算工具的造斜能力 K_T，即

$$K_T = \frac{30}{L_{i+1} - L_i}[\cos\alpha_i\cos\alpha_{i+1} + \sin\alpha_i\sin\alpha_{i+1}\cos(\phi_{i+1} - \phi_i)] \tag{6-46}$$

2. 预测钻头处的井斜角和方位角

设 MWD 的方向传感器距钻头距离为 L_d，α_{i+1}、ϕ_{i+1} 是 MWD 处的井斜角和方位角的实测值，相应的钻头参数 $(\hat{\alpha}_B)_{i+1}$ 和 $(\hat{\phi}_B)_{i+1}$ 要由预测确定。现有多种预测方法，但最简单的方法是外推法，即

$$(\hat{\alpha}_B)_{i+1} = \alpha_i + \frac{L_d}{30}K_{T\alpha} \tag{6-47}$$

$$(\hat{\phi}_B)_{i+1} = \phi_i + \frac{(\phi_{i+1} - \phi_i)L_d}{L_{i+1} - L_i} \tag{6-48}$$

3. 核算两点间的垂增与平增

设测点 $i, i+1$ 处的垂深分别为 H_i, H_{i+1}，该两点间的垂增为 $(\Delta H)_{i,i+1}$，平增为 $(\Delta S)_{i,i+1}$，则

$$(\Delta H)_{i,i+1} = \frac{1719}{K_{i,i+1}}(\sin\alpha_{i+1} - \sin\alpha_i) \tag{6-49}$$

$$(\Delta S)_{i,i+1} = \frac{1719}{K_{i,i+1}}(\cos\alpha_i - \cos\alpha_{i+1}) \tag{6-50}$$

与 $i+1$ 测点相应的钻头垂深值 $(\hat{H}_B)_{i+1}$ 为

$$(\hat{H}_B)_{i+1} = H_{i+1} + \frac{1719}{K_{i,i+1}}[\sin(\alpha_B)_{i+1} - \sin\alpha_{i+1}] \tag{6-51}$$

4. 确定待钻井眼的造斜率

设待钻井段的目标点 M 处的井斜角、方位角、井深值、垂深值分别为 $\alpha_M、\phi_M、L_M、H_M$（该目标点可以是设计轨迹上的任一点，例如稳斜探面的起始点，进入油顶的设计点，进靶段的起始点或设计着陆点），则从与 $i+1$ 测点相应的钻头位置（垂深值为 $(\hat{H}_B)_{i+1}$）钻至 M 点所需的井身造斜率 $(\hat{K})_{B-M}$ 为

$$(\hat{K})_{B-M} = \frac{1719}{H_M - (\hat{H}_B)_{i+1}}[\sin\alpha_M - \sin(\alpha_B)_{i+1}] \quad °/30\text{m} \tag{6-52}$$

可根据 $(\hat{K})_{B-M}$ 来选择待钻井段的工具。

5. 钻进过程的决策

着陆控制过程的决策主要是指：
(1) 操作参数是否需要调整？如何调整？
(2) 是否需要停钻更换钻具组合？何时何处更换？
(3) 要换入的新钻具组合的造斜率为何值？如何保证达到此值？

常调整的操作参数通常有钻压、工具面角和钻进状态（定向/导向）。

钻压变化对动力钻具的钻头侧向力的影响不明显，但会影响机械钻速，从而影响造斜率。一般来说，增加钻压会使钻具组合的造斜率略有下降。钻压对 Gilligsn BHA 的造斜率有一定影响，增加钻压可使其造斜率有相应提高（可由软件计算确定）。在钻进过程中希望对造斜率略作调整时可通过适时增减钻压来达到。

工具面的调整一般是在扭方位时进行，但有时也可利用适当设置工具面位置来调整造斜率。MWD 的工具面角测量给工具面调整带来很大的方便。但是，由于井身曲率、摩阻和钻柱扭转的影响，致使工具面角很不稳定，Ω 值常在较大范围内左右跳跃。在这种情况下，应把预定的 Ω 工具面选为 Ω 变化范围的中值。

钻进状态中的定向方式是锁定转盘用动力钻具定向钻进；导向方式是指开动转盘带动钻柱和动力钻具一起转动钻进。当需要钻两段造斜段间的调整段（稳斜段）或当造斜率超前欲降

低造斜率时,可采用导向状态钻进。在这种情况下应采用 MWD 测量仪器(无线传输)。稳斜段的进尺数由后续的工具和井身造斜率确定。

在钻进过程中要不断地预测后续待钻井眼的造斜率$(\hat{K})_{B-M}$。所需的造斜率$(\hat{K})_{B-M}$决定了是否需要停钻更换钻具组合,或再钻进若干米后停钻(即停钻时机),以及换入何种新钻具组合。即要作如下的判断和决策:

(1)当前的工具造斜率 $K_{T\alpha}$ 和 $(\hat{K})_{B-M}$ 满足
$$K_{T\alpha} = (\hat{K})_{B-M}$$
即可不需起钻继续钻进。

(2)若 $K_{T\alpha} < (\hat{K})_{B-M}$,则表示应停钻更新组合。若能在现场的工具储备中找到造斜率等于$(\hat{K})_{B-M}$的,就应立即停钻更换。若比当前组合造斜率高一档次的新工具造斜能力大于$(\hat{K})_{B-M}$,则应继续钻进,直至二者相等时停钻,更换。

(3.)若 $K_{T\alpha} > (\hat{K})_{B-M}$,也表示要停钻更换新的组合,其造斜率应等于$(\hat{K})_{B-M}$(在这里,更换是广义的,也包括利用工具面的设置和调整改变 BHA 的造斜率,以减少不必要的起下钻)。若入选的新组合的造斜率低于$(\hat{K})_{B-M}$,即应再继续钻进一定进尺,直至当二者相等时停钻,起钻。

总之,是否需要停钻更新钻具组合的决策判据原则上可概括为:如果当前在用的钻具组合的造斜率与其待钻井眼所需的造斜不相等,就表示需要停钻更换新钻具组合。更换的时机是继续用它钻进一定进尺后,相应的待钻井眼所需要的造斜率值与入选的新工具造斜率相等的位置。

当然,这个判据不适用于稳斜探顶井段

(4)在稳斜探顶井段,基本上维持稳斜钻进,此时控制的目标是找到油顶,而且不浪费进尺,以免增加进靶钻进的造斜率。在稳斜探顶段,特别是对薄油层水平井,要采用带有自然伽马传感器的 MWD 来辨识油顶;此时的钻进要"寸高必争",放慢机械钻速,同时地质师也要监测钻井液中返出的砂样,判断是否达到油层。当发现油顶后就要停钻(若钻头尚未到达原设计位置也可缓慢钻进使其到位),准备起钻,更换进靶钻进所用的钻具组合(若稳斜探顶所用的钻具组合在定向钻进方式下的造斜率可保证击中靶窗,则不必起钻而只是改变钻进状态)。

三、进靶分析

如前所述,进靶钻进是着陆控制过程的最后一个阶段,也是该过程最关键,有时也是难度最高的一个阶段。其难度主要表现在:

(1)进靶钻进的起始点(上一趟钻进的井底)的井斜角、方位不能直接测得而要靠预测确定,总会存在误差。

(2)进靶钻进的增斜井段往往很短,尤其是起始点离靶中线垂增较小时,MWD 的方向传感器离钻头有一定距离,可能造成在进靶井段内很少有测点信息,甚至无测点。

(3)工具造斜率存在一定误差。

(4)在较短的进尺内因信息缺乏,很难进行有效的动态监控,因而加重了对计算和方案设计的依赖程度。

(5)当靶窗较小时对造斜率精度要求较高,若不能中靶则表示着陆控制失败,给后续工作带来困难。

综上所述,在进靶钻进前要做好充分的准备工作,精心计算和设计方案,分析误差,调整钻具组合,使之对造斜率掌握得更为准确,制订好控制方案和工艺措施。

1. 确定起始点的井斜角和方位角

根据"矢量进靶"的要求,在稳斜探顶中或之前,就应使井眼轨道方位符合要求。在进靶钻进过程中要采取的措施之一就是要保持方位不致产生不希望的变化,而最好不要在进靶钻进过程中再去扭方位。

核准起始点处的井斜角值,它是决定进靶井段长度的关键参数。计算公式为式(6-47),为了更准确些,可根据钻进过程中的一些情况和现象,必要时进行适当修正。

2. 进靶钻进的长度和所需的造斜率

设进靶井段的起始点 T 的井斜角为 α_T,如图 6-7 所示,靶窗高度为 $2h$,着陆点 A 的井斜角(亦即水平井段的设计井斜角)为 α_H,T 点至靶中的垂增为 ΔH_{TA},则进靶井段的长度

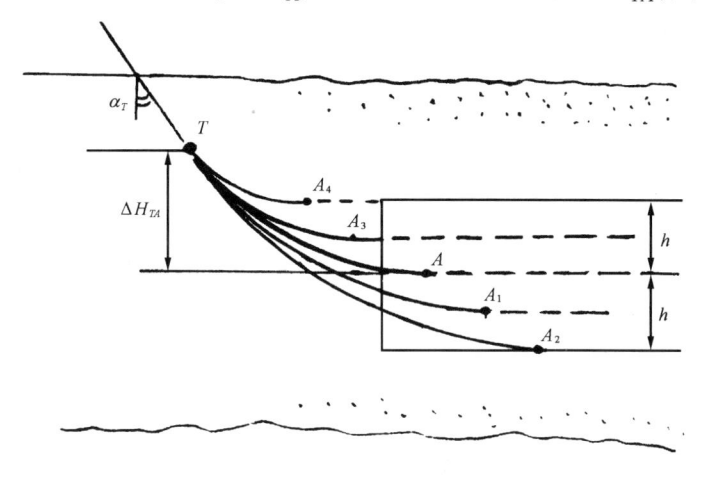

图 6-7 进靶分析示意图

ΔL_{TA} 和造斜率 K_{TA} 为

$$K_{TA} = \frac{1719}{\Delta H_{TA}}(\sin\alpha_H - \sin\alpha_T) \tag{6-53}$$

$$\Delta L_{TA} = \frac{30(\alpha_H - \alpha_T)}{K_{TA}} \tag{6-54}$$

或

$$\Delta L_{TA} = \frac{\Delta H_{TA}(\alpha_H - \alpha_T)}{57.3(\sin\alpha_H - \sin\alpha_T)} \tag{6-55}$$

其平差为

$$\Delta S_{TA} = \frac{1719}{K_{TA}}(\cos\alpha_T - \cos\alpha_H) \tag{6-56}$$

3. 着陆点的靶心纵距、平差和造斜率

如图 6-7 所示,由式(6-53)所求的造斜率 K_{TA} 可钻至靶中线,着陆点纵距为零。但实际上所用工具的造斜率会有误差,于是实际的着陆点纵距可能不等于零。对高度为 $2h(\pm h)$ 的靶窗,设着陆点纵距分别为 A, A_3, A_4, A_1 及 A_2,相应的垂增分别为 $\Delta H_{TA}, \Delta H_{TA3}, \Delta H_{TA4}$, ΔH_{TA1} 及 ΔH_{TA2}。

$$\Delta H_{TA3} = \Delta H_{TA} - \frac{h}{2}$$

$$\Delta H_{TA4} = \Delta H_{TA} - h$$

$$\Delta H_{TA1} = \Delta H_{TA} + \frac{h}{2}$$

$$\Delta H_{TA2} = \Delta H_{TA} + h$$

将其分别代入式(6-53)~(6-56)可求出相应的造斜率、进靶井段长和平差值。

根据靶窗上、下边界,可求出保证不脱靶的取值范围,并根据实际工具的造斜率及其误差,来推算实际着陆点的所在位置区域。

若 $H_{TA} < h$,即着陆纵距不可能等于或大于 H_{TA},因相应的造斜率为 $K_{T\alpha} = \infty$。这一区域(如图6-8中阴影线区)称为"造斜率空白区",因找不到对应的工具又称为"工具空白区"。对于实际的一口水平井,因工具的储备是有限的,所以实际的工具空白区还会大于造斜率空白区。

造斜率空白区对于薄油层是常会发生的,它相当于进一步缩小了靶区的有效面积和高度,增加了进靶钻进的难度;但同时它又自然保证不会从上边界脱靶,形成"单边控制",在这种意义上讲相当于降低了控制难度。

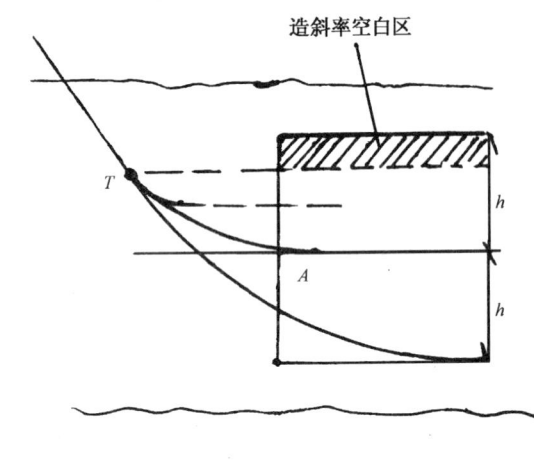

图6-8 造斜率空白区示意图

通过实例计算会增加对进靶分析的定量认识。设某一薄油层中的靶窗高为4m($h=2$m),起始点 T 距靶中面垂增 $\Delta H_{TA} = 1.5$m,$\alpha_T = 80°$,$\alpha_H = 90°$,现求着陆点靶心距分别为0、±0.5m、±1m、±1.5m、±2m情况下的造斜率 K、进靶长度 ΔL、平差 ΔS。计算结果见表6-1。表中有"/"处表示为造斜率空白区。

表6-1 进靶分析计算结果

h_{Av} m	ΔH m	K °/30m	ΔL m	ΔS m
2	-0.5	/	/	/
1.5	0	∞	/	/
1	0.5	52.23	5.744	5.715
0.5	1	26.12	11.485	11.481
0	1.5	17.41	17.231	17.145
-0.5	2	13.06	22.971	22.856
-1	2.5	10.45	28.708	28.565
-1.5	3	8.71	34.443	34.271
-2	3.5	7.46	40.214	40.014

根据中、长半径水平井的工具储备情况,由表中数据可知存在很大的工具空白区,着陆点位于靶窗下半部的可能性很大。如果进靶所用的工具实际造斜率 $K_{T\alpha} = 10°/30$m,则可求出实

际的着陆点纵距 $h_{Av} = -1.112\text{m}$。

在进靶钻进时，实际的进尺应略大于计算值 ΔL，以避免因 $K_{T\alpha}$ 值的计算误差造成终点井斜角 $\alpha < \alpha_H$，即未达到着陆点的情况。

由于进靶既是着陆控制的结果，又是水平控制的开端，因此在制定方案时应使着陆点尽量不要靠近靶区的上限和下限，以免在水平控制的初期就可能被迫进行降斜或增斜操作。当然，对着陆点的横距也有类似要求，即不应太靠近靶窗的左右边界，以免在水中控制的初期就可能被迫进行扭方位作业。

在进靶钻进中，最好不要使钻具组合的造斜率过高，这对后续的水平钻进及其他作业会带来不良影响，应当予以重视。

另外需要说明，虽然在上述分析中提到停钻、换钻具组合的问题，这是出于对井身质量精确控制方面的考虑。但是，从经济方面看，在制订控制方案时要尽量减少起下钻次数，尽量以较少的组合更换次数达到着陆控制要求。实现的方法可以有几种，例如设置调整段（短稳斜段），以补偿造斜率误差；在钻进过程中调整工具面角来调整造斜率，这种对造斜率的改变实质上也属于"变更钻具组合"的广义内涵。

第五节 水 平 控 制

水平控制是着陆进靶之后在给定的靶体内钻出整个水平段的过程。除了经济性方面的要求（降低钻井成本）外，水平控制在技术方面的要求就是实钻轨道不得穿出靶体之外。实钻水平段实际上是一条弯曲的空间三维曲线。在铅垂平面内水平段投影为一条相对于设计线上、下起伏的的流浪线。在水平控制中，动态监控仍然是主要的技术手段。

一、水平控制的技术要点

水平控制的技术要点可以概括为如下口诀：钻具稳平、上下调整、多开转盘、注意短起、动态监控、留有余地、少扭方位。

1. 钻具稳平

"钻具稳平"的含意是从钻具组合设计和选型方面来提高和加强稳平能力。这是水平控制的基础。具有较高稳平能力的钻具组合可以在很大程度上减少轨道调整的工作量。

2. 上下调整

"上下调整"体现了水平控制的主要技术特征。在水平段中，方位调整相对很少，控制主要表现为对钻头的铅垂位置和井斜角（增降）的上下调整。尽管在选择或设计钻具组合时已注意提高其稳平能力，但绝对的稳平是不可能的，上下调整仍然是必不可少的。在水平控制中，要求钻具组合有一定的纠斜能力，最常用的钻具组合是带有小弯角（一般 $\gamma \leqslant 1°$）的单弯动力钻具或反向双弯动力钻具等导向钻具组合。采用这种组合，可在定向状态进行有效的增斜、降斜和扭方位操作（主要靠调整工具面实现），可在导向状态（开动转盘）基本上钻出稳斜段（也要能是微降斜或微增斜）。当需要调整钻头的铅垂位置和井斜时，则设置工具面按定向状态进行钻进。

3. 多开转盘

开转盘的导向钻进状态与不开转盘的定向钻进状态相比有如下显著优点：减少摩阻，易加钻压；破坏岩屑床，清洁井眼；提高机械钻速；提高井眼质量；可增加水平段的钻进长度。因此，在水平段钻进中应尽量多地采用导向钻进状态方式,即应多开转盘,在水平段开转盘的进尺应不小于水平段总进尺的 75%[3]。但转盘转速应不大于 60 r/min 为宜。

4. 注意短起

为保证井壁质量,减少摩阻和避免发生井下复杂情况,在水平段中每钻进一段距离(如 50m 左右,尤其是对定向纠斜井段),应进行一次短程起下钻。

5. 动态监控

水平控制的动态监控和着陆控制一样重要,内容也基本相同。具体来说,就是要对已钻井段进行计算,并和设计轨道进行对比和偏差认定;对钻具组合和稳平能力(导向状态)和纠斜能力(定向状态)进行过后分析和评价;随时分析钻头位置距上、下、左、右 4 个边界的距离,并对长距离待钻井眼(如靶底或水平段中某一位置)做出是否需要调整井斜(上下)和调整方位(左右)、何时进行调整(时机选择)的判断和决策等。除了在计算机上进行水平段的跟踪监控外,轨道控制人员应随时关注钻进过程,进行抽检,把握发展动态,及时作出判断和决策。

6. 留有余地

如图 6-9 所示,水平控制的实钻井眼轨道在竖直平面中是一条上、下起伏的波浪线,钻头位置距靶体上、下边界的距离是控制的关键。需要特别注意的是,当判定钻头到达边界较近的某一位置(如图 6-9,由 D_1 至 D_2 继续下降),直至达到一个转折点(图中的 D_2 点),然后才会按预想的要求发生变化(如自 D_2 起钻头位置开始上升)。这种情况无论是对增斜还是降斜都存在。如果不考虑这种滞后现象,很有可能造成在进行调整的井段中出靶。因此对水平段的控制强调"留有余地",就是分析计算这种滞后现象带来的增量,保证在转折点(极限位置)也不出靶,以留出足够的进尺来确定调整时机,实施调控。例如在图 6-9 的增斜过程中,在 D_3 点就开始考虑进行降斜($K<0$),直至达到新的转折点 D_4 后或后续某点 D_5,即采取导向稳斜钻进。

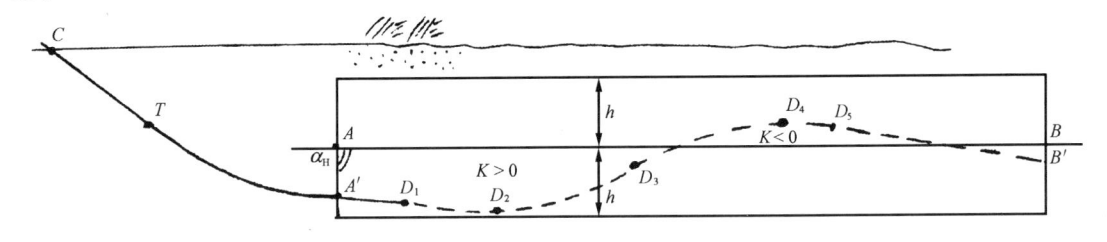

图 6-9 水平段控制示意图

在动态调控中,要对调整段进尺做出精确计算;变换导向方向后,要估算至下次调整开始可连续钻进多少进尺。应尽量减少调整次数,以提高机械钻速,降低钻井成本。

7. 少扭方位

由于水平段一般较长,进靶后轨道的少量方位偏差都会造成井眼轨道从靶体的左、右边界出靶(俗称"穿帮")。控制好着陆进靶的轨道方位(矢量控制)是减少水平段少扭方位的关键,但在水平段中也往往在适当位置对方位加以调控。控制的方法是采用一定的工具面角定向钻进扭方位。应尽量减少扭方位的次数,而且宜尽早把方位调整好,这样即可利用靶底宽度造成的方位允差直接钻完水平段。否则,后期的方位调整会显著加大扭方位的度数。

二、水平控制的分析计算

如图 6-9 所示,在水平控制段中,可能包含增斜调整段和降斜调整段,即使是导向状态钻进,也不会是绝对稳平的,实际上也可能是微降斜井段或微增斜井段。

水平控制的分析计算,就是要定量确定钻头的位置(垂深)及其变化(垂增),调整所需的造斜率(包括降斜率)、调整段的进尺数(钻进段长)和水平位移(平增)值。

如前所述,水平段广义地是指设计井斜角为 $\alpha_H(\alpha_H \geqslant 86°)$ 的稳斜井段,设计靶体可能是 $\alpha_H=90°$,也可能是 α_H 接近 $90°$ 的倾斜平行六面体。为便于分析,先讨论 $\alpha_H=90°$ 的情况。

在第六章的前几节计算中,曾多次采用式(6-1)~(6-10),进行着陆控制的参数计算,这种应用对象主要是图6-10中左图的左侧情况($K>0$)。对于水平段控制的轨迹状况,可概括分为两种:$K>0$, $\alpha=0°\sim180°$(增斜);$K<0$, $\alpha=180°\sim0°$(降斜),分别如图6-10的左、右图所示。现规定 $i+1$ 点是在 i 点前方的一个待钻点,井斜角 α_i、α_{i+1} 分别为此两点的井斜角(铅垂线与该点钻速方向的夹角),$\Delta H_{i,i+1}$、$\Delta S_{i,i+1}$、$K_{i,i+1}$ 分别表示自 i 点至 $i+1$ 点间的垂增、平

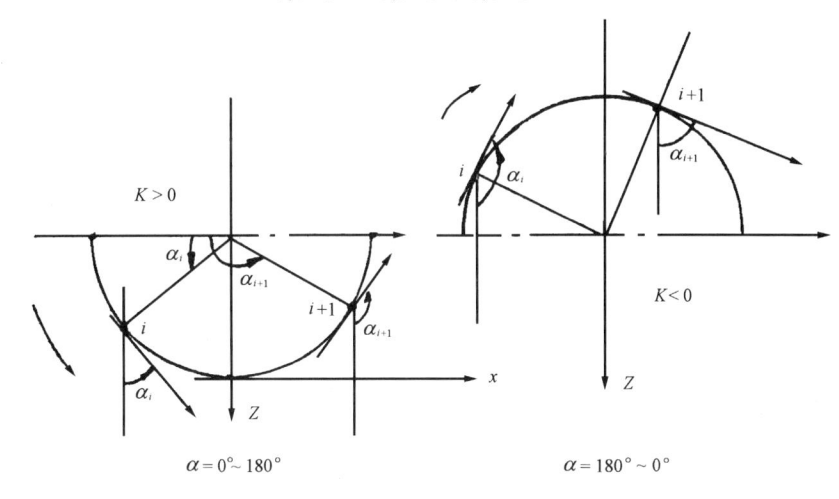

图 6-10　$\alpha_H=90°$ 时的参数计算

增和曲率,则对上述两种情况均可证明以下关系成立:

$$\Delta H_{i,i+1} = \frac{1719}{K_{i,i+1}}(\sin\alpha_{i+1} - \sin\alpha_i) \tag{6-57}$$

$$\Delta S_{i,i+1} = \frac{1719}{K_{i,i+1}}(\cos\alpha_i - \cos\alpha_{i+1}) \tag{6-58}$$

$$K_{i,i+1} = \frac{30(\alpha_{i+1} - \alpha_i)}{\Delta L_{i,i+1}} \tag{6-59}$$

或

$$K_{i,i+1} = \frac{1719}{\Delta H_{i,i+1}}(\sin\alpha_{i,i+1} - \sin\alpha_i) \tag{6-60}$$

$$\Delta S_{i,i+1} = \frac{\Delta H_{i,i+1}(\cos\alpha_i - \cos\alpha_{i+1})}{\sin\alpha_{i+1} - \sin\alpha_i} \tag{6-61}$$

$$\Delta L_i = \frac{\Delta H_{i,i+1}(\alpha_{i,i+1} - \alpha_i)}{57.3(\sin\alpha_{i+1} - \sin\alpha_i)} \tag{6-62}$$

$$\alpha_{i+1} = \arcsin\left(\frac{K_{i,i+1}\Delta H_{i,i+1}}{1719} + \sin\alpha_i\right) \tag{6-63}$$

$$\alpha_i = \arcsin\left(\sin\alpha_{i+1} - \frac{K_{i,i+1}\Delta H_{i,i+1}}{1719}\right) \tag{6-64}$$

这些公式和式(6-1)~(6-10)形式完全相同,但适用的范围更广。

现讨论 $\alpha_H \neq 90°$ 的情况,也是更普遍的情况。设

$$\alpha_H = 90° - \theta \tag{6-65}$$

或

$$\theta = 90° - \alpha_H$$

进行图6-11的坐标变换,即过 $M'(\alpha_M = \alpha_H)$ 作 x' 轴与圆相切,在新坐标系中各点处的特征井斜角(以 $M'O$ 为假设的铅垂线)用 α' 表示,则圆上的同一点在新坐标系中的特征井斜角 α' 和在原坐标系中的井斜角 α(即真正井斜角)间的关系为

$$\alpha' = \alpha + \theta \tag{6-66}$$

只要把式(6-57)~(6-64)中各个参数换成新坐标系中的对应参数,上述关系仍然成立,即

$$\Delta H'_{i,i+1} = \frac{1719}{K'_{i,i+1}}(\sin\alpha'_{i+1} - \sin\alpha'_i) \tag{6-67}$$

$$\Delta S'_{i,i+1} = \frac{1719}{K'_{i,i+1}}(\cos\alpha'_i - \cos\alpha'_{i+1}) \tag{6-68}$$

$$K'_{i,i+1} = \frac{30(\alpha'_{i+1} - \alpha'_i)}{\Delta L'_{i,i+1}} \tag{6-69}$$

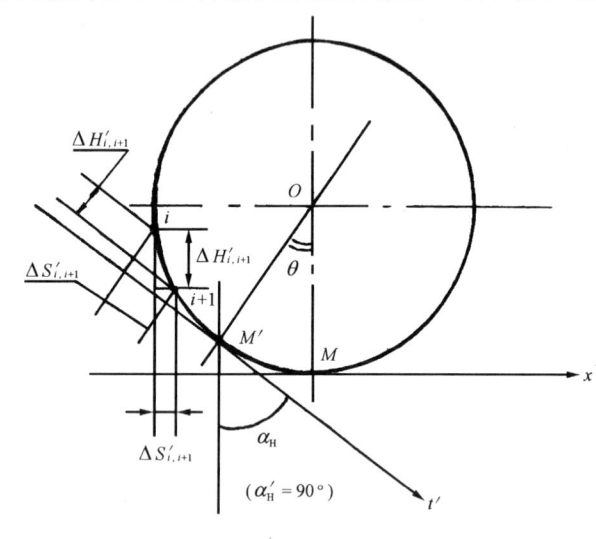

图6-11 $\alpha_H \neq 90°$ 时的参数计算及换算

或

$$K'_{i,i+1} = \frac{1719}{\Delta H'_{i,i+1}}(\sin\alpha'_{i+1} - \sin\alpha'_i) \tag{6-70}$$

$$\Delta S'_{i,i+1} = \frac{\Delta H'_{i,i+1}(\cos\alpha'_i - \cos\alpha'_{i+1})}{\sin\alpha'_{i+1} - \sin\alpha'_i} \tag{6-71}$$

$$\Delta L'_i = \frac{\Delta H'_{i,i+1}(\alpha'_{i+1} - \alpha'_i)}{57.3(\sin\alpha'_{i+1} - \sin\alpha'_i)} \tag{6-72}$$

$$\alpha'_{i+1} = \arcsin\left(\frac{K'_{i,i+1}\Delta H'_{i,i+1}}{1719} + \sin\alpha'_i\right) \tag{6-73}$$

$$\alpha'_i = \arcsin\left(\sin\alpha'_{i+1} - \frac{K'_{i,i+1}\Delta H'_{i,i+1}}{1719}\right) \tag{6-74}$$

在坐标变换中,不变量为曲率和井段长,即

$$K'_{i,i+1} = K_{i,i+1} \tag{6-75}$$

$$\Delta L'_{i,i+1} = \Delta L_{i,i+1} \tag{6-76}$$

在水平控制中,采用新坐标系中的关系计算比较便利。但真正的垂增 $\Delta H_{i,i+1}$ 和平增 $\Delta S_{i,i+1}$ 是原坐标系中的参数,应寻求它们与新坐标系中对应参数间的转换关系。

设

$$\xi_H = \frac{\Delta H_{i,i+1}}{\Delta H'_{i,i+1}} \qquad (6-77)$$

$$\xi_S = \frac{\Delta S_{i,i+1}}{\Delta S'_{i,i+1}} \qquad (6-78)$$

可推出

$$\xi_H = \frac{\sin\alpha_{i+1} - \sin\alpha_i}{\sin\alpha'_{i+1} - \sin\alpha'_i} = \frac{\sin\alpha_{i+1} - \sin\alpha_i}{\sin(\alpha_{i+1} + \theta) - \sin(\alpha_i + \theta)} \qquad (6-79)$$

和

$$\xi_S = \frac{\cos\alpha_i - \cos\alpha_{i+1}}{\cos\alpha'_i - \cos\alpha'_{i+1}} = \frac{\cos\alpha_i - \cos\alpha_{i+1}}{\cos(\alpha_i + \theta) - \cos(\alpha_{i+1} + \theta)} \qquad (6-80)$$

显然,原坐标系中的所有公式都是新坐标系中普遍公式在 $\theta = 0$(或 $\alpha_H = 90°$)时的特例。

在薄油层的水平段中,因靶体高度较小而使控制难度增加。为了准确判明油层的边界,可考虑在 MWD 仪器中采用聚焦 γ 传感器。

现场经验表明,当用小角度单弯或反向双弯导向动力钻具开动转盘导向钻进时,因钻头偏移量(off set)造成的井眼扩大,近钻头稳定器可能不接触井壁以及重力效应等均可能导致钻具稳平能力下降而出现微降斜趋势,这样当钻进一定进尺后就要换成定向状态纠斜。另一个行之有效的办法是设计一个微增斜组合(把近钻头稳定器改在万向轴壳体上)。二者配合交替使用,每套钻具组合可钻进相当长一段进尺(由软件计算确定),几次交替后即可钻完整个水平段。

以下给出一个水平控制算例。如图 6-9,设水平段靶体高度为 6m, $h = \pm 3$m,水平段井斜角 $\alpha_H = 87°$。实钻着陆点 A' 位于靶中线下,$h_{A'v} = -2$m;稳平钻进后发现钻具组合呈微降斜,实钻进尺 $\Delta L_{A'D_1} = 30$m,造斜率 $K_{A'D_1} = -1.2°/30$m,试决定下一步的控制方案。

此例属于 $\alpha_H \neq 90°$ 的情况。按公式(6-65)知 $\theta = 3°$,$\alpha'_{A'} = \alpha'_H = 90°$,可求出

$$\alpha'_{D_1} = \alpha'_{A'} + \frac{\Delta L'_{A'D_1} K'_{A'D_1}}{30} = 90° + \frac{30}{30} \times (-1.2) = 88.8°$$

A' 点与 D_1 点之间的垂增 $\Delta H'_{A'D_1}$ 为

$$\Delta H'_{A'D_1} = \frac{1719}{K'_{A'D_1}}(\sin\alpha'_{D_1} - \sin\alpha'_{A'}) = \frac{1719}{-1.2}(\sin 88.8° - \sin 90°) = 0.314 \text{ m}$$

此时 D_1 点的靶心纵距 h'_{D_1v} 为

$$h'_{D_1v} = h'_{A'v} - \Delta H'_{A'D_1} = -2 \times \sin 87° - 0.314 = -2.311 \text{ m}$$

D_1 点离靶体下边界的距离为

$$h'_{D_1v} - h = -2.311 - (-3) = 0.698 \text{ m}$$

由于 D_1 点离下边界太近,决定增斜,但至转折点 $D_2(\alpha'_{D_2} = 90°)$ 之前,钻头位置还将继续下降($\Delta H'_{D_1D_2}$),现分析增斜率 $K'_{D_1D_2}$ 与垂增 $\Delta H'_{D_1D_2}$ 间的数量关系,以确定 $K_{D_1D_2}$。

将 $K'_{D_1D_2} = 4, 3, 2, 1, 0.5°/30$m 代入下式:

$$\Delta H'_{D_1D_2} = \frac{1719}{K'_{D_1D_2}}(\sin\alpha'_{D_2} - \sin\alpha'_{D_1})$$

其结果见表6-2。

表6-2 垂增 $\Delta H'_{D_1D_2}$ 与 $K'_{D_1D_2}$ 的定量结果

$K'_{D_1D_2}$, °/30m	4	3	2	1	0.5
$\Delta H'_{D_1D_2}$, m	0.094	0.126	0.189	0.377	0.754
h'_{D_2}, m	-2.405	-2.437	-2.500	-2.688	-3.065

根据控制要求和工具储备,决定选用 $K_{D_1D_2}=3°/30m$ 进行增斜至 D_3 点,接着换用第一套组合($K=-1.2°/30m$)进行稳平钻进。试确定钻进段长 $\Delta L'_{D_1D_3}$,D_3 点的位置和用 $K=-1.2°/30m$ 继续钻进时至新的转折点 D_4 的进尺长度 $\Delta L'_{D_3D_4}$ 及 D_4 点的位置。由下式可得 D_1 至 D_2 段的进尺 $\Delta L'_{D_1D_2}$:

$$\Delta L'_{D_1D_2} = \frac{30}{K'_{D_1D_2}}(\alpha'_{D_2} - \alpha'_{D_1}) = \frac{30}{3}(90° - 88.8°) = 12\text{m}$$

由下式可得 D_3 点的特征井斜角 α'_{D_3} 为

$$\alpha'_{D_3} = \alpha'_{D_1} + \frac{\Delta L'_{D_1D_3} K'_{D_1D_3}}{30}$$

分别取 $\Delta L'_{D_1D_3}=30\text{m}、40\text{m}、50\text{m}$ 进行计算,可得 α'_{D_3} 相应为 $91.8°、92.8°、93.8°$。

由下式可得 D_2 至 D_3 的垂增 $\Delta H'_{D_2D_3}$ 值为

$$\Delta H'_{D_2D_3} = \frac{1719}{K'_{D_2D_3}}(\sin\alpha'_{D_3} - \sin\alpha'_{D_2})$$

以及由 D_3 到 D_4 点的垂增 $\Delta H'_{D_3D_4}$:

$$\Delta H'_{D_3D_4} = \frac{1719}{K'_{D_3D_4}}(\sin\alpha'_{D_4} - \sin\alpha'_{D_3})$$

D_3 点和 D_4 点的位置(靶心纵距)h'_{D_3v} 和 h'_{D_4v} 分别为

$$h'_{D_3v} = h'_{D_2} - \Delta H'_{D_2D_3}$$

$$h'_{D_4v} = h'_{D_3} - \Delta H'_{D_3D_4}$$

计算结果列于表6-3。

表6-3 方案分析与计算结果

$\Delta L'_{D_1D_3}$, m	30	40	50
$\Delta L'_{D_2D_3}$, m	18	28	38
α'_{D_3}, (°)	91.8	92.8	93.8
$\Delta H'_{D_2D_3}$, m	-0.283	-0.684	-1.260
$\Delta H'_{D_3D_4}$, m	-0.707	-1.710	-3.149
h'_{D_3v}, m	-2.154	-1.753	-1.177
h'_{D_4v}, m	-1.447	-0.043	+1.972
$\Delta L'_{D_3D_4}$, m	45	70	95

若选用 $\Delta L' = 50$m 方案,则可自 D_3 至 D_4 点都采用同一套钻具组合($K = -1.2°/30$m)钻进。由于 D_4 点在靶上半部,其靶心纵距 $h'_{D_4v} = +1.972$m,不用更换钻具组合即可钻完 $L_H = 280$m 的水平段。现求靶底 B' 点的特征井斜角 α'_B,靶心纵距 $h'_{B'v}$,由 D_4 至 B' 点的进尺 $\Delta L'_{D_4B'}$ 以及水平段的总进尺 $\Delta L'_H$,为此应先确定由 D_4 至 B' 点的平增 $\Delta S'_{D_4B'}$:

$$\Delta S'_{D_4B'} = L_H - (\Delta S'_{A'D_1} + \Delta S'_{D_1D_3} + \Delta S'_{D_3D_4})$$

$$= 280 - \left[\frac{1719}{-1.2}(\cos 90° - \cos 88.8°) + \frac{1719}{3}(\cos 88.8° - \cos 93.8°) \right.$$

$$\left. + \frac{1719}{-1.2}(\cos 93.8° - \cos 90°) \right]$$

$$= 105.088 \text{ m}$$

靶底 B' 点的特征井斜角 $\alpha'_{B'}$ 可由式(6-68)求得

$$\alpha'_B = \arccos(\cos\alpha'_{D_4} - \frac{K'_{D_4B'}\Delta S'_{D_4B'}}{1719}) = \arccos(\cos 90° - \frac{-1.2 \times 105.088}{1719}) = 85.793°$$

$$\Delta L'_{D_4B'} = \frac{30(\alpha'_{B'} - \alpha'_{D_4})}{K'_{D_4B'}} = \frac{30 \times (85.793 - 90)}{-1.2} = 105.175 \text{ m}$$

由 D_4 点至 B' 的垂增 $\Delta H'_{D_4B'}$ 为

$$\Delta H'_{D_4B'} = \frac{1719}{K'_{D_4B'}}(\sin\alpha'_{B'} - \sin\alpha'_{D_4}) = \frac{1719}{-1.2}(\sin 87.793° - \sin 90°) = 3.860 \text{ m}$$

B' 点的靶心距 $h'_{B'v}$ 为

$$h'_{B'v} = h'_{D_4v} - \Delta H'_{D_4B'} = 1.972 - 3.860 = -1.888 \text{ m}$$

可见 B' 点位于靶下半部,并未出靶,方案可行。

在水平段的总进尺为

$$\Delta L'_H = \Delta L'_{A'D_1} + \Delta L'_{D_1D_3} + \Delta L'_{D_3D_4} + \Delta L'_{D_4B'}$$

$$= 30 + 50 + 95 + 105.175 = 280.175 \text{ m}$$

该算例方案结果直观地示于图 6-12。

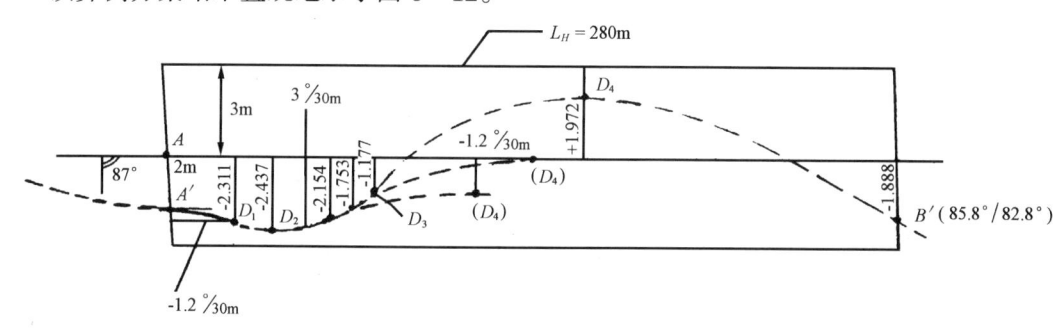

图 6-12 算例结果示意图

第六节　井眼轨道控制应注意的一些问题

水平钻井是一个包含多种专业技术的系统工程。在井眼轨道控制过程中,轨道控制人员要与测量工程师、泥浆工程师、钻井设计人员、地质师、司钻等协同工作。因此,轨道控制人员要对测量仪器、钻井液、水力参数、钻头、工具、钻井操作等各个方面有一定的了解,以便做出合理的控制方案并采取有效的措施付诸实施。

本节将对上述有关技术方面的基本内容和要求进行简介。

一、测量仪器的选型及注意事项

1.测量仪器选型及要求

在井眼轨道控制过程中,要求测量仪器能适时提供3个方向参数,即井斜角(α)、方位角(ϕ)和工具面角(Ω)。当探测油顶,尤其是薄油层水平井探测油顶时,最好要在测量仪器中配装自然伽马传感器,在薄油层中钻水平段时,最好能配装聚焦伽马传感器。

因此,在水平钻井的着陆控制与水平控制中,一般选取无线随钻测斜仪(MWD),以便使钻具可实现导向钻进(定向/转动两种方式),增加可控性。在着陆控制的上部井段,也可以选用有线随钻测斜仪(如SST),但只能以定向方式钻进。一般情况下要尽量避免采用单点测斜仪,因为一旦失控将会给后续的轨道控制作业带来很不利的影响,甚至会付出高昂的代价。

2.有线随钻测斜仪的工作原理、功能和性能

有线随钻测斜仪主要有井下测量系统、地面计算机系统和绞车3部分组成。探管是井下测量系统的心脏,它主要由两套传感器(三轴磁通门和三轴加速计)、其他传感器及电子线路组成。探管的功能是测量井眼的各种参数,电子线路把各种参数变成电信号,通过单心电缆把信号输给地面计算机系统。计算机把各种电信号进行放大、译码处理,分别以数字形式直观显示在显示屏、司钻读数器和输入打印机,然后由打印机把各种井眼参数的测量结果打印出来。

地面计算机系统是有线随钻的控制中心,为井下仪器提供电源,监测井下仪器的工作状况,选择仪器的工作方式,测量所需的井眼参数。绞车用于起下电缆(井下仪器),电缆通过旁通接头和高压循环头进入钻杆内。

表6-4示出了斯派里森公司(Sperry-Sun)SST系列有线随钻测斜仪的结构与性能指标,供读者参考。

表6-4　SST有线随钻测斜仪的结构与性能表

类型	外径,mm		测量范围,(°)			测量精度,(°)			电压,V		探管电流 mA	温度 °C
	外筒	仪器	井斜	方位	工具面	井斜	方位	工具面	探管	机架		
1000	41.3	34.9	0~90	0~360	0~360	±0.5	±2	±2	32~40	110	125	149
900	38.1	25.4	0~90	0~360	0~360	±0.5	±2	±2	32~40	110	125	177
700	38.1	25.4	0~90	0~360	0~360	±0.5	±2	±2	32~40	110	125	177

3.无线随钻测斜仪(MWD)的类型、原理与特性[4]

1)MWD的分类

无线随钻测斜仪,简称 MWD,由井下仪器总成、地面装备总成(接收仪表和处理系统)两部分组成。信号传输通道实现井下与井上两部分的联系与沟通。信号的传输方式可分为泥浆压力脉冲和电磁波。鉴于电磁波方式目前传输的距离受到一定的限制,所以当前用于现场作业的通常是泥浆压力脉冲方式。

钻井液压力脉冲分为正脉冲、负脉冲、连续波 3 种。井下仪器部分有可回收式和不可回收式两种。在我国陆上、海洋钻井使用最多的有 4 种 MWD 产品:其中采用正脉冲方式的有斯派里森公司的 MWD(井下仪器不可回收)和安纳聚尔(Anadrill)公司的 MWD(SLIM‑I)型,井下仪器可以回收;采用负脉冲方式的有哈里伯顿(Halliburton)公司的 MWD(BGD 型,井下仪器不可回收)和原东方人—克里斯坦森(Eastman‑Christensen)公司的 MWD(ACCU‑TRAK)。

对井下仪器的供电方式有两种:采用电池组供电(如 ACCU‑TRAK)和采用泥浆涡轮发电机供电(如斯派里森公司的 MWD)。井下电源部分组装在井下仪器总成内。

2)结构、工作原理与特性

以 ACCU‑TRAK 为例,MWD 的井下仪器总成由顶部短节、脉冲发送器和测量传感短节、减压阀和信号传送短节、电池组和底部短节组成,组装在专用的无磁钻铤内,随钻具组合一起下井。在下井之前,测量工程师要根据轨道控制所要求的测量数据,对井下仪器总成进行特定的模式设置。在工作时,井下仪器总成将测量信号通过传输通道(对钻井液脉冲方式,传输通道就是钻柱中的钻井液流柱)发送到地面装备总成的接收部分。地面装备总成由接收仪表和计算机处理系统组成。安装在钻柱立管上的接收仪表(压电传感器)将井下传来的钻井液压力脉冲信号转化为电信号,由电缆送至控制箱内的计算机系统,进行放大、处理、译码,分别以数字形式直观显示在显示屏、司钻读数器和打印机,也可远程输送到基地数据中心。在立管上还装有询问阀(实际上是一个阻流阀)。现场工程师根据特定的时控程序,气控或手控该阀开关,发送负压脉冲至井下总成内的接收压力传感器,开始测斜工作。

表 6‑5、表 6‑6 分别给出了东方人—克里斯坦森 MWD(ACCU‑TRAK)系统的传感器性能和井下仪器的系列规格与性能;表 6‑7 给出了斯派里森 MWD 系统性能数据。

表 6‑5　ACCU‑TRAK MWD 传感器性能

项目	测量范围,°C	测量精度,°C	重复性,°C
井斜角	0~180	0.2	0.1
方位角	0~360	2.0*	1.0
工具面角(重力)	0~360	1.0*	1.0
工具面角(磁力)	0~360	2.0	1.0

注:* 井斜角在 3.5°以上。

表 6‑6　ACCU‑TRAK MWD 井下仪器规格性能

外径,mm	171.45	196.85	203.20	228.60	241.30
内径,mm	51	51	51	51	51
质量,kg	770	1065	1100	1475	1550

续表

非磁钢材	JORGENSEN NMS 100 OR EQUIVALENT				
工具接头	随 地 区 而 异				
最高工作温度,℃	125	125	125	125	125
最高静压力,MPa	137.94	137.94	137.94	137.94	137.94
最高钻井液密度,g/cm³	2.28	2.28	2.28	2.28	2.28
最高钻井液粘度,mPa·s	50	50	50	50	50
最高工作扭矩,N·m	33895.45	61011.81	62367.63	88128.17	93551.44
钻井液排量,L/s	不限	不限	不限	不限	不限

表 6-7 斯派里森 MWD 系统性能

测量精度	方位 井斜大于10° 磁倾角小于70°		井斜角(0~180°)	磁工具面	高边工具面	工具面分辨率
	±1.5°		±0.2°	±2.8°	±2.8°	1.4°
测量传输	数据传送时间		长测量	短测量	工具面	
	每次开泵后		4.2min	2.3min	18s	
井下工具	最高温度	最大压力	探管保护筒尺寸	悬挂短节(1.83m)	非磁钻铤(9.14m)	
	125℃	103MPa	外径44mm 长度2.74m	650系统扣型: 6⅝in内平 1200系统扣型:6⅝in正规	650系统扣型:4½in内平 内/外径:71/165mm 1200系统扣型:6⅝in正规 内/外径:83/203mm	
钻井液系统	排量	钻井液	相对密度	含砂量	塑性粘度	堵漏剂	空气包
	650系统: 830~2460L/min 1200系统: 1514~4540L/min	水基: 淡水或海水 油基: 石油或矿物油	0.96~2.15	<2% 建议小于1%	1~50cP	非纤维材料或无纤维材料	建议设置在立管压力的40%或厂家推荐值中选较低者
电源	容量	电压	相数	频率	电流	湿度	重量	尺寸(长×宽×高),cm
	3.0kV·A	90~132VAC	单	57~63Hz	20A	0~95%	20kg	48×43×23
集装箱工作间	尺寸,m		重量,t		工作温度,℃		内部最大相对湿度,%	
	2.44×2.44×2.44		2.0		0~40		95	
机架	存贮器		电源		工作温度		存贮温度	
	25K BITS		100~130VAC 45~65Hz 2.5AMPS		0~40℃		-40~80℃	

4. MWD 的极限参数

井眼轨道控制人员应对 MWD 的极限参数和影响 MWD 正常工作的因素有一定了解,以便配合测量工程师,获取准确的测量数据。

下面以 ACCU-TRAK MWD 为例,罗列和摘录 MWD 的极限参数及有关注意事项[4],供读者参考。

1)液压极限

井底静压极限为 140MPa。如果高于此值,会使井下压力传感器、检测板以及保护大气室的各密封件破坏。

立管最高压力为 31MPa,因为地面压力传感器和询问阀不能承受更高压力。

立管最低压力为 4MPa,如果低于此值,会使脉冲分辨率和信号脉冲值低于最低限度,造成工作不可靠。

井下传感器可接受的最小脉冲压差为 1MPa。如果脉冲压差太小,脉冲发生器和测量传感器(TSS)接受询问脉冲时会不易辨认而误认为是噪声。

2)温度极限

最高温度为 125℃。若井温超过此值会损坏井下电子仪器,或使电池液体沸腾外溢。

最低温度为 -55℃。低于此值的地面温度会使井下仪器总成在地面时造成电池内液体冻结损坏。

3)转速极限

建议不超过 170r/min。否则过大的离心惯性力和振动易损坏井下仪器。

4)对钻井液的要求

钻井液密度极限为 $2.28g/cm^3$,以免超过仪器容许的静压极限。

钻井液塑性粘度极限为 $0.05mPa·s$,以免粘度过高造成压力脉冲的过份衰减。

钻井液中气体含量最高极限为 30%,否则会影响脉冲值和信号分辨率。

钻井液中最高含砂量为 1%,过高的含砂量会加速井下阀件的冲蚀与磨损。

应控制或减少钻井液中的污染物。钻井液中的硫化氢或氯化镁,会腐蚀含铬的密封面或无磁金属的表面,导致密封面失效或外筒及其接头螺纹强度降低。

5)对钻头水眼的要求

在配置钻头水眼时,应使水眼总过流面积不大于 MWD 的泄压阀的过流面积(如 ACCU-TRAK 泄流阀的通流直径为 $\phi 11.9mm$),以免使二者间的流量差值过大,影响钻井液脉冲的值。

另外,MWD 泄流阀对工作压差有一定的要求,过小的压差会影响泄流阀产生的钻井液脉冲值(例如对哈里伯顿的 MWD,一般要求 6.3~7.0MPa 为宜)。

原则上 MWD 对钻井液排量无要求。但排量的变化影响循环系统的静压、钻头水眼压降等参数,因此,在设计或变更排量时要考虑到 MWD 的工作参数。

此外,对钻柱结构、地面装备(钻井泵与管汇),MWD 的基本要求是尽量减少冲击、振动和其他导致信号衰减的因素。

5. 有关施工操作的注意事项

为保证测量工作的正常进行,轨道控制人员应注意如下事项:

(1)向测量工程师提供所需的各方面数据与参数。

(2)认真了解和掌握所用的 MWD 的性能、特点及注意事项。

(3)学习和掌握测量的操作规程、步聚、方法,能熟练地读取测量数据(如安装在司钻附近的显示仪),以便及时判断控制状况。

(4)当仪器出现不正常情况或测量信号失常时,配合测量工程师分析和寻求原因。

二、钻头选型

1. 水平井钻头选型特点

以下列出水平井在钻头选型方面的特点,也就是选择钻头时应考虑的几个特殊问题:

(1)水平井的着陆控制和水平控制井段,较多地采用井下动力钻具(其钻压值一般较低,而钻头转速一般相对于转盘钻钻井为高)。

(2)在中曲率造斜井段,要求钻头有较好的造斜性能。

(3)在钻水平段时,要求钻头具有较好的稳平能力(当以定向方式调整井斜或方位时,又往往要求有适当的造斜能力)。

(4)较多地采用油基钻井液;

(5)当采用 MWD 进行测量时,对钻头水眼尺寸及钻头水眼压降有一定的要求和限制。

(6)为满足携带岩屑的需要,对钻井液排量有一定的要求。

因此,在水平井中较普遍地选用 PDC 钻头,但也常用牙轮钻头。

2. 钻头选型的原则和依据

无论是选 PDC 钻头还是选牙轮钻头,选型原则都是要使钻头在能完成轨道控制目标的前提下,取得最好的经济效益,而不是单纯注意钻头的价格。

钻头选型的依据是:

(1)地层条件。地层条件是选择钻头类型和结构的首要依据。地层条件包括地层类型、硬度、岩性(塑/脆性、研磨性、不均匀性)和层位厚度。

(2)钻井方式。即:是用转盘钻进,还是用井下动力钻具钻进,后者又可分为是完全的定向钻进,还是导向钻进(定向/开转盘旋转钻进可以调整)。

(3)钻井条件。钻头选型时要考虑的实际钻井条件,主要包括设备能力(机械部分与水力部分)、钻井液类型等。所选择的钻头应与设备能力相适应,也要考虑钻井液类型的影响(如油基钻井液则优先选 PDC 钻头)。

(4)钻井参数。钻井参数包括:钻压、转速和水力参数(排量与压力)。在水平钻井中,由于工艺要求往往对钻井参数已做出明确规定,这就要求钻头选型要与钻井参数相适应,确定钻头的切削结构、水力结构与保径尺寸。

(5)邻井资料。包括邻井地质测井资料和邻井钻头使用记录。它对于钻头选型是极为重要、有效的技术参考资料,应予以足够重视。

3. PDC 钻头与牙轮钻头选型指南

以下给出我国江汉钻头厂的牙轮钻头与 PDC 钻头的选型表格,(表 6-8、表 6-9),供读者参考[5]。

表 6-8　牙轮钻头适用地层

齿型	钻头类型	IADC 编码	适用地层	适用地层可钻性级别
钢齿钻头	X3A J1　ATJ-1	114 116	低抗压强度,高可钻性的极软地层,如极软的泥岩、不胶结的砂、粘土、盐等	1~3
	J2	126	低抗压强度,高可钻性的软地层,如粘土、泥岩、胶结不好的砂、盐层、软灰岩等	2~4

续表

齿型	钻头类型	IADC编码	适用地层	适用地层可钻性级别
钢齿钻头	J3 JD3　JG3	136 137	软至中软或软岩层中有较硬的夹层,如较硬的泥岩、硬石膏、软灰岩、砂岩、碎岩层等 中软的磨损性地层,如坚硬的页岩、砂岩、软石灰岩等	3～5
钢齿钻头	J4 JD4　JG4	216 217	中等强度并有硬夹层,如硬的页岩、砂岩、石灰岩 中等强度,对钻头有很大的磨损,或含有磨损性极高的夹层,如砂质硬页岩,交互变化的页岩,中等硬度的砂岩、石灰岩	4～6
钢齿钻头	J7 JG7 J8 JD8　JG8	316 317 346 347	高强度、高研磨性岩石,如燧石、石英石、黄铁矿、花岗岩、硬砂岩	6～8
镶齿钻头	ATJ-05　ATM-05 J11	417 437	低抗压强度,高可钻性极软地层,如极软的泥岩、未胶结的砂、粘土、红色岩层、盐岩	1～4
镶齿钻头	ATJ-11　ATM-11 J11C　ATJ-11C ATM-11C	447	极软,抗压强度极低的地层,如页岩、粘土、砂岩、石灰岩、红色岩层、盐岩	3～5
镶齿钻头	J22　ATJ-22 ATJ-22S ATM-22	517	低抗压强度,高可钻性软地层,如页岩、粘土、红色岩层、盐、软石灰岩、砂岩	4～6
镶齿钻头	J22C　ATJ-22C ATM-22C	527	软、抗压强度低的地层,如页岩、粘土、红色岩层、盐岩、软石灰岩、砂岩和硬石膏	5～6
镶齿钻头	J33　J33H ATJ-33　ATM-33	537	具有较硬研磨性夹层的中软和低强度岩层,如坚硬的页岩、硬石膏、软石灰岩、砂岩、白云岩	5～7
镶齿钻头	J33C ATJ-33C ATM-33C	547	中软、低强度,带有较硬的,研磨性较强的薄岩层,如硬页岩、硬石膏、软石灰岩、砂岩、白云岩	6～7
镶齿钻头	J44　ATJ-44A ATJ-44A	617	中硬、抗压强度高,特别是岩层中含有厚而硬的夹层,如石灰岩、砂岩、白云岩、硬页岩	
镶齿钻头	J44C　J55R ATJ-44C ATJ-55R	627	中硬、抗压强度高,研磨性大的岩层,如硬石灰岩、白云岩、含有较软的岩层夹层的硬砂质页岩	6～8
镶齿钻头	J55　ATJ-55 ATJ-55A	637	中等偏硬,通常是研磨性的均质岩层,如石灰岩、白云岩、燧石、砂岩	
镶齿钻头	J77　ATJ-77	737	硬且研磨性高的岩层,如石灰岩、白云岩、燧石、砂质页岩	8～9
镶齿钻头	J99　ATJ-99 ATJ-99A	837	具有极高的硬度和研磨性岩层、石英石、石英砂岩、燧石、玄武岩	9～10

表6-9 PDC钻头选型表

地层		典型机械钻速,m/h		型号	IADC编码	冠部形状	布齿方式	结构特点与适用地层
硬度	类型	牙轮钻头	PDC钻头					
软	粘土页岩	15.25以上	18.30或以上	B9M	M315	鱼尾	刮刀式	排屑槽很大;冠部形状适合快速钻进;水化页岩
软	粘土页岩	15.25或以上	18.30或以上	B10M	M316	弹道	刮刀式	冠部形状适合快速钻进;水化页岩;转盘及井下动力钻具
软—中软	粘土页岩泥灰岩砂岩	15.25或以上到7.60	18.30或以上到9.15	B9M+PLUS	M315	鱼尾	刮刀式	排屑槽很大;钻头轮廓适合快速钻进;水化页岩;先期破碎;硬夹层
软—中软	页岩砂岩泥岩	15.25或以上到7.60	18.30或以上到9.15	B10M+PLUS	M316	弹道	刮刀式	排屑槽大;轮廓形状适合快速钻进;水化页岩;井下动力及转盘;先期破碎;硬夹层
软—中软	页岩砂岩	15.25或以上到7.60	18.30或以上到9.15	B17M	M612	浅锥	脊式	水化页岩;夹层或过渡带钻进;井下动力钻(螺杆及涡轮);
中软	页岩砂岩	7.60~12.20	9.15~15.25	B15M	M674	浅锥	单齿式	均质岩及夹层钻进;冠部形状耐磨
中软	页岩砂岩	7.60~12.20	9.15~15.25	B18M	M575	浅锥	单齿式	均质岩层及过渡带钻进;井斜控制
中软	研磨性砂岩页岩	7.60~12.20	9.15~15.25	B20M	M674	浅锥	单齿式	B15加额外的保径;研磨性地层
中软	砂岩页岩泥灰岩盐岩	7.60~12.20	9.15~15.25	B27M	M315	短抛物线	刮刀式	适用范围广;出刃高;快速钻进;硬夹层及过渡层
中软—中	砂岩灰岩白云岩	4.55~12.20	6.10~15.25	B27M+PLUS	M315	短抛物线	刮刀式	适用范围广;出刃高;先期破碎;硬夹层及过渡层
中	砂岩页岩	4.55~10.65	6.10~13.70	B22M	M675	浅锥	单齿式	夹层及过渡带钻进;冠部形状耐磨

续表

地层		典型机械钻速,m/h		型号	IADC 编码	冠部 形状	布齿 方式	结构特点 与适用地层
硬度	类型	牙轮钻头	PDC钻头					
中	砂岩 页岩 石灰岩 白云岩 硬石膏	1.50~4.55	2.15~6.10	B33M	M646	浅锥	脊式	有先期破碎功能 可延长钻头使用时间, 增加机械钻速
中	砂岩 页岩 石灰岩 白云岩 硬石膏	1.50~4.55	2.15~6.10	B36M	M346	长锥	脊式	先期破碎; 表面规径密布金刚石; 夹层及过渡带钻进
中	砂岩 页岩 石灰岩 白云岩	1.50~4.55	2.15~6.10	B35M	M646	浅锥	脊式	B33M加额外保径; 适用于研磨性地层
软到中	水泥,所有其他软到中地层	3.05~12.20	4.55~15.25	BST1M	M576	准平顶	单齿式	周边环布保径齿; 切削片密布

三、水平井钻井液

1.水平井与钻井液有关的特殊问题

1)携屑能力降低

水平井、大斜度井和直井、常规定向井相比,在同样条件下,钻井液的携屑能力明显降低。很多文献都指出,当井斜角 $\alpha=40°\sim55°$ 时很容易形成岩屑床,增加钻进与起下钻时的摩阻,甚至会造成卡钻事故。

2)井眼稳定性变差

随着井斜角的增加,裸眼井段在易坍塌地层中的长度会大幅度增加;随着水平段加长,施工周期也相应较长。增加了井壁失稳坍塌的可能性。

3)井漏的可能性变大

在水平井中,由于岩屑床会增加流动阻力和循环当量密度,长水平段也会增加流动阻力,从而导致钻井液对地层的压力变大,使井漏发生的可能性也变大。由于水平段是在储层内进行钻进,基本上不允许封堵以免损害油层,一旦发生漏失,非常棘手。

4)摩阻增大

水平井中,重力的影响使钻柱与井壁摩阻增大,使钻柱和套管磨损增加;摩阻严重时会造成钻头难以加上钻压,钻柱难以送进,限制了水平段的钻进长度,并增加钻机的起升负荷。在设计水平井钻井液体系时,减小摩阻是要考虑的重要问题。

2.对水平井钻井液的要求和选型原则

(1)要考虑保护油层。水平井钻井液,既要有"钻井液"的特点(在造斜段),又要求有"完井液"的特点(在水平段)。由于造斜段一般会下套管封固,相对难度较小,故水平段钻井液要重点考虑保护油层问题。

(2)要有较好的流变性,以保持井眼清洁,不形成岩屑床,顺利进行固井和测井作业。

(3)要有较好的润滑性,以减少摩阻,施加钻压,避免卡钻。

(4)要有合适的密度(井壁稳定的关键之一在于钻井液密度在要求的临界值以上)以保持井眼稳定并防止井漏。

(5)要有较好的抑制性和滤失性,以免损害地层或发生卡钻,以便进行测井作业;

(6)井漏时采用的堵漏材料不能对井下工具和仪器的工作造成影响。

(7)钻井液体系应易于调整维护;

(8)要符合环保要求。

根据上述的各项要求,水平井钻井液的选型原则可概括为:在保护油层的前提下优选指标适宜的钻进液体系。也就是说,首先选择或设计有利于保护油气层或易转化成完井液的钻井液体系,并满足上述各条基本要求,同时应考虑降低成本。

3.水平井钻井液体系简介

(1)油基钻井液体系。这是目前适合钻水平井,应用最普遍的一种体系。有资料介绍,国外40%的水平井采用油基钻井液钻进成功。

(2)水包油钻井液体系。阴离子型或阳离子型,密度可保持小于$1.00g/cm^3$,其携屑能力、抑制能力、润滑性、保护油层的能力均较好。

(3)阳离子聚合物水基钻井液体系。有较好的防塌能力,有利于保护油气层,性能较稳定。

(4)正电胶体系。又称 MMH 体系,是在水基聚合物体系中加入 MMH 处理剂(混合层状金属氢氧化物),有较好的悬浮能力和保护储层能力。

(5)聚乙二醇钻井液体系。是在水基钻井液中加入聚乙二醇处理剂,可有效地提高钻井液的润滑性,据称可以代替油基钻井液。

四、钻井参数选择注意事项

钻井参数,包括钻压、转速和水力参数(排量、压力),在钻井设计中都做了明确规定,但在轨道控制过程中,根据特殊情况可能进行适当调整。因此,了解水平井钻井参数设计的注意事项,对轨道控制人员综合考虑合理选择是必要的。

1.钻压

(1)钻压选择与钻头有关。不同的钻头类型,不同的钻头尺寸,允许使用的工作钻压与最大钻压是不同的(如相同直径,PDC 钻头的工作钻压明显低于牙轮钻头的工作钻压)。

(2)钻压选择与转速有关。例如牙轮钻头存在钻压—转速关系曲线以及钻头轴承能力常数[5],因此,在选择钻压时应考虑到钻头转速的影响。

(3)螺杆钻具的推荐钻压值与最大钻压值对钻压选择提出了限制,最好选择推荐钻压值。

(4)控制要求影响钻压选择。在轨道控制过程中,最便于调整的控制参数是钻压。根据经验,在采用动力钻具造斜时,减少钻压降低钻速有助于提高造斜率;在采用 Giliigan 钻具组合时,加大钻压会提高造斜率。

2. 转速

(1)转速选择与钻头有关。如 PDC 钻头、金刚石钻头的常用转速远远高于牙轮钻头。

(2)转速选择与钻压有关,见以上 1 中(2)所述。

(3)井下动力钻具的特性基本上决定了转速。

(4)在导向钻进方式下,转盘转速选最低挡速(不超过 70 r/min,如有可能最好再低些)。

3. 排量

(1)水平井的排量主要取决于工艺需要。较好的携屑能力要求环空钻井液返速不低于 1m/s,由此可决定所需的排量。

由于不同井段的井眼尺寸和环空面积有一定差异,致使在给定排量下不同井段的钻井液返速差别较大。携屑对排量和流态的基本要求是:当井斜角大于 45°,应以大排量紊流方式清洁井眼。由于在紊流状态下岩屑运移基本不受钻井液流变性能影响,此时应采用低静切力(YP)、低粘度钻井液,以便于在较低返速下进入紊流,对保护井壁是有利的;当井斜角在 0~45°范围内,可采用层流流态洗井。但为了提高携屑能力,应注意提高钻井液的静切力、粘度及比值 YP/PV。

(2)井下动力钻具的额定排量基本上决定了工作排量。一般井下动力钻具的额定排量与钻井工作排量是相容的(这在设计钻具时已进行了充分考虑),二者之间的较小值只会在一定程度上影响钻头转速;但在某种情况下,工作排量(携屑需要)会大幅度(甚至成倍)高于动力钻具的额定排量,此时可选用中空转子螺杆钻具,以扩大钻具的额定排量。

(3)排量选择与钻头有关。如金刚石钻头、PDC 钻头应采用大排量,以防止小排量容易造成的散热不良以致出现"烧齿"[6];牙轮钻头也有类似要求。工作排量要保证钻头的正常工作。

(4)排量选择要考虑循环系统能力和地面设备的要求,防止因排量过大造成系统总压力过高。

4. 压力

压力选择,主要是钻头水眼压力(压降)选择,要综合考虑破岩和清洁井底要求,马达承压能力(传动轴轴承节的结构级别)和轴承受力状况,MWD 的工作压力及地面设备的限制后做出决定。

五、钻井操作的有关注意事项

以下给出有关钻井操作的几点注意事项,供水平井轨道控制人员和施工操作人员参考。

1. 了解 MWD 功能特性,做好测量配合工作

(1)确定当地磁偏角、磁倾角和磁场强度值,输入 MWD 系统的地面计算机进行数据校正。

(2)熟悉 MWD 的测量操作规程(如不同测量状态对停泵、开泵间歇时间的要求;测量时须把钻头提离井底适当距离,如 1~2m 左右)。

(3)了解钻井液脉冲式 MWD 的脉冲发生器要求的工作压差范围,以配置适当的钻头水眼。

(4)其他注意事项,如了解 MWD 仪器电池的工作时间和工作寿命,以免造成在钻井过程中须更换电池而提前起钻。

2. 组装钻柱组合

(1)按钻柱组合设计方案连接。要量准每个部件的长度并做好记录。对有紧扣力矩规定

的部件,按规定上扣连接。

(2)对动力钻具要坚持井口试运转,记录泵压,检查旁通阀的开闭是否符合要求。

(3)严格检查稳定器(尤其是近钻头稳定器外径)尺寸是否与设计一致,作好记录。

(4)接 PDC 钻头时,要用钻头盒紧扣,以免损坏复合片。

(5)把导向钻具与 MWD 进行连接时,紧扣后测量钻具高边(弯角内侧)刻线标记与 MWD 基线间的夹角,作为初相角输入 MWD 系统的地面计算机。

3. 下钻过程

(1)下钻一定要慢,以免损坏钻头。

(2)下钻遇阻时,先不要开泵,把钻具旋转不同角度试下;如遇阻严重,可开泵循环钻井液,并用 MWD 定向,使导向马达的工具面对准井眼高边划眼下入。

4. 钻进过程

(1)开始钻进前,要提前开泵,钻头离开井底 1~2m 循环冲洗井底后,再平缓加钻压钻进。

(2)使用 PDC 钻头时,要按照推荐范围加压,不要超过规定的最大钻压。

(3)估算摩阻,推算加在钻头上的真实钻压值;对螺杆钻具,要以其负荷压降为标准判断是否加上了钻压。

(4)由 MWD 的井口显示器监控工具面。当显示的工具面值与规定值发生较大偏离时,要适时转动转盘进行调整。适当提起钻具上下活动钻柱,使储存在下部钻柱上的弹性扭转变形能释放,让井底动力钻具回到预定位置。

(5)加强测斜。在着陆控制过程中每单根测斜一次;在新钻具下井后钻出的第一个单根所对应的井段,要保证测斜不少于 2 次,迅速核算实际造斜率是否与要求相符,并预测当前钻头处的井斜、方位是否超差,以便做出评价和决策。

(6)加强钻进过程中的轨迹控制和预测,预测距离 30m 以上。如果预测超差,可先通过调整工具面和钻压来调整造斜率;若无效,则应果断决策,更换钻具组合。

(7)在地层倾角、地层各向异性指数较小的地区,一般加大钻压可降低造斜率(用 Gilligan 与之相反);反之,可提高造斜率。在水平控制中,加大钻压快速钻进可减小井斜角的变化。

(8)开动转盘导向钻进时,转盘转速宜在 40 r/min 左右,且水平段转盘的进尺应不小于总进尺的 75%。

(9)每钻进一定距离(如 50m 左右),应进行一次短程起下钻,使井壁光滑,以避免井下发生复杂情况。

(10)停钻时不要让钻具在井底长久静置,要开泵循环,上下活动钻具,或适当转动转盘,以防岩屑沉积可能导致卡钻。

(11)安排适当机会通井洗井。在钻进较长距离后(如 100m 左右)宜下入转盘钻组合配大水眼钻头,加大排量通井洗井,携带岩屑。

(12)及时作好数据记录和进行数据处理,及时进行钻后分析,为决策提供依据。

5. 起钻过程

(1)起钻过程中当钻头接近技术套管时要减慢提升速度;遇卡时要采用相应措施小心处理。

(2)起出钻头后,认真描述钻头作好记录。

(3)严防井下落物。

(4)钻具起出后进行认真检查,保证钻具随时处于安全、备用状态。

第七节 水平井井眼轨道控制实例

在前面的有关章节中,已对中长半径水平井井眼轨道控制的理论、工具、工艺和方法进行了详细介绍和讨论。本节将给出两个控制实例,其一是大庆油田树平 1 井(低压、低渗透砂岩薄油藏中半径水平井),其二是胜利油田水平 4 井(中半径探井)。

一、大庆树平 1 井的井眼轨道控制

1. 概述

树平 1 井是"八五"期间我国依靠自己的技术力量在大庆油田钻成的第一口科学实验水平井,也是国内用中曲率水平井开发薄油层的首次尝试。

树平 1 井于 1991 年 6 月 6 日开钻,9 月 14 日完井;钻井周期 93d,完井周期 102d;完钻井深 2388.88m,完钻垂深 1906.31m;穿过油层的井段长度为 336.78m,井斜角在 86°以上的水平段长度为 309.99m。

由于采用了我国自行设计制造的 P5LZ165 系列中曲率水平井导向螺杆钻具作为三开钻进(着陆控制与水平控制)的主要工具,采用水平井轨道临控预测软件对实钻轨道进行跟踪监控与预测,采用带有伽马参数的 MWD 进行随钻监控,因此,在三开井段取得了良好的控制指标:平均造斜率 8.52°/30m,最大造斜率 13.87°/30m(着陆进靶段),最大井斜角 90.43°,着陆点靶心纵距 0.14m(靶窗中线以上);水平段轨道的最大波动高度为:靶体中线上部 1.55m,中线下部 0.95m,波动全高 2.50m,水平段全长平均偏离高度 0.55m。

树平 1 井位于大庆外围榆树林油田开发试验区东部,目的层是杨 I5 油层。由于油层薄(一般为 14~16m,最大厚度为 16.8m)且为特低渗透率的砂岩储层,邻近直井的自然产能极低,所以钻树平 1 井的目的在于探索用水平井来提高单井产量和采收率。树平 1 井完井后,曾在水平段射孔 3 段,每段长 0.7m,共 2.1m。经试油,自然产能明显高于直井。

2. 地质概况与井眼轨道设计简述

榆树林油田位于松辽盆地中央凹陷三肇凹陷东翼,是大庆外围油田中含油面积和地质储量都较大的油田。其主要目的层为特低渗透率的砂岩储层,厚度多为 3~6m,少数层厚度大于 8m,储层非均质性严重。主要储集层为古河道砂岩,砂体呈条带状分布,厚度变化大;在砂层中非渗透性的泥质夹层比较发育;油层内存在垂直隐裂缝,无气顶及底水。

地质工作者为树平 1 井的地质设计进行了艰苦细致的工作,经优选确定树平 1 井的目的层为杨 I5 层,这是榆树林油田树 32 块开发试验区的主力油层,厚度约 16m,最大厚度 16.8m。地面井位在树 61-65 井北约 550m 处,设计着陆点垂深 1890.90m,水平段长 250~300m。

由于该目的层系由 2 个不同走向的上、下古河道砂岩叠成,而且存在泥质夹层,所以要求水平段必段避开这一泥质夹层,并且要求水平段的前半部要在发育好的上砂层内,后半部要在发育较好的下砂层内。

图 6-13 是树平 1 井的地质设计示意图,其中(a)是目的层杨 I5 油层砂岩分布图,(b)是水平段与目的层的剖面示意图。

根据地质设计要求,在树平 1 井井眼轨道设计时,水平段井斜角取为 87°,靶窗尺寸取为 6m×20m(高×宽),靶窗中心线定在油顶(垂深 1886.90m)以下 4m,靶窗上限位于油顶下方仅

(a)

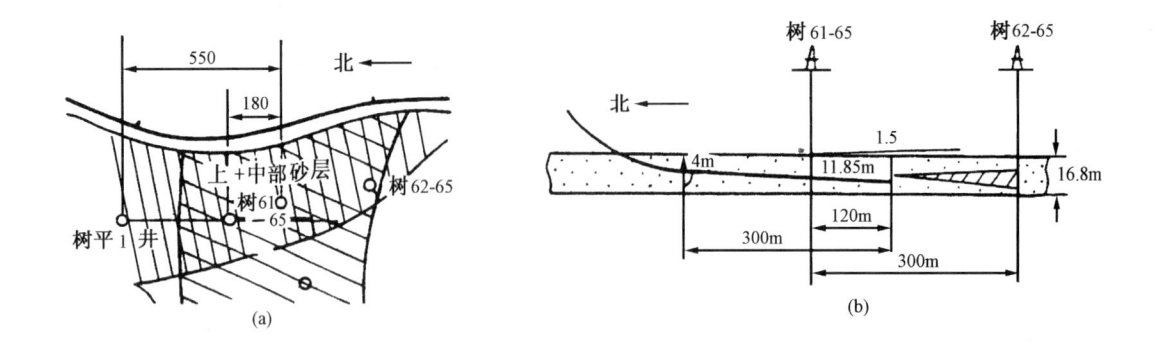

(b)

图 6-13 树平 1 井地质设计示意图

1m;井身剖面采用五段制:直—增—稳—增—稳;造斜点垂深 1361.36m,第一增斜段长 450m (造斜率 3°/30m,$\alpha=0\sim45°$);稳斜调整段长 87m;第二增斜段长 157.50m(中曲率,造斜率 8°/30m,$\alpha=45°\sim87°$);水平段长 300m(井斜角 87°),如图 6-14 所示。相应的套管程序为: ϕ339.72mm×263.50m,ϕ244.47mm×1895.99m 和 ϕ139.70mm×2384.35m。三开前采用聚合物水基钻井液,三开后采用油包水逆乳化钻井液。

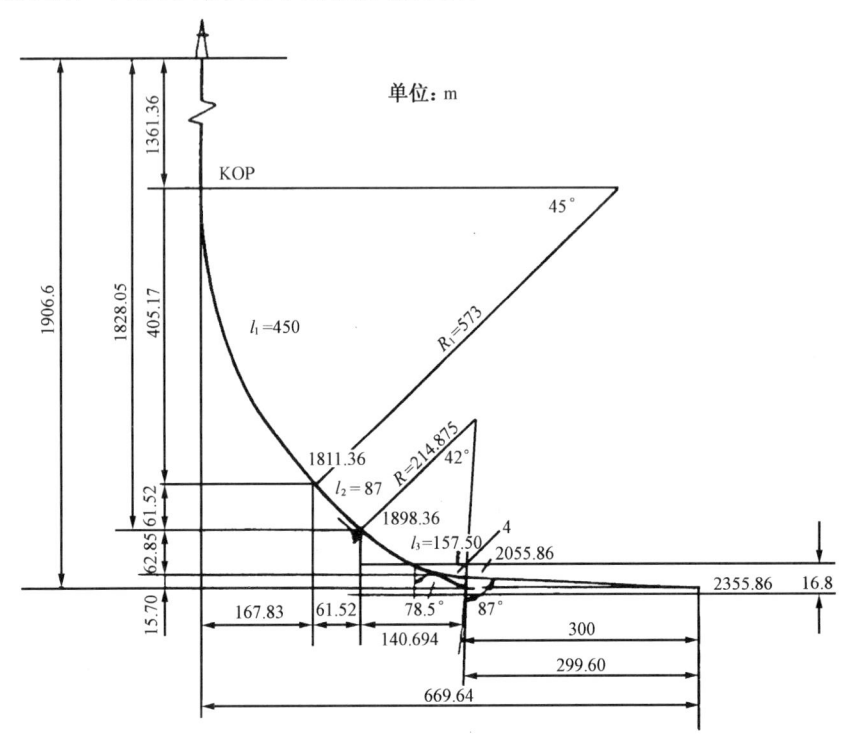

图 6-14 树平 1 井井眼轨道设计垂直剖面图

由于油层薄、靶窗小,决定租用带有伽马参数的 MWD 随钻测斜仪,由美国 Geodata 公司进行现场测量服务,租期一个月。

由于地质不确定度的影响,在钻进过程中地质设计方案适时作了几点调整:

(1)根据中途测井及岩屑录井资料分析,目的层油顶垂深由原定的 1886.90m 加深到 1888.80m。

(2)由于杨 I5 油层上部砂体宽度小,向西迅速尖灭,为保险起见,在钻进过程中水平段应沿设计方位略向偏东方向延伸(靠近树 61-65 井油层发育较好),故靶窗向东扩展 10m。

(3)在水平段的后半段(井深 2269.36m),根据已钻开地层的倾斜度略低于预计的 1.50°和随钻测井曲线特征,考虑杨 I5 层的不稳定性,为保证在发育较好的砂层中钻进,水平段中心线由原定 87°改为 87.5°控制。

钻井过程中地质设计的调整,会给井眼轨道控制,特别是薄油层中曲率轨道控制带来很大难度。但是总的来说,通过大庆油田地质工作者的努力,把油顶深度误差指标最终控制在 2m 以内(实为-1.90m),也确非易事。这是树平 1 井所达到的新水平之一。

3.井眼轨道控制的特点、难点、要求与对策

树平 1 井是国内用中曲率水平井开发薄油层的首次尝试。井眼轨道控制是全井施工的关键和难点。

井眼轨道控制过程分为一开、二开和三开 3 个阶段。三开控制(中曲率着陆控制与水平段控制)是全井控制的重点。本着"一开要快、二开要严、三开要稳"的原则,树平 1 井一开从 1991 年 6 月 6 日 0 时开钻,到 6 月 7 日 6 时 45 分钻完表层,井深 267m;二开从 6 月 9 日 19 时 30 分开钻,到 7 月 18 日 20 时 20 分中途完钻,井深 1897.50m,井斜角 48°;三开从 8 月 17 日 5 时开钻,至 9 月 5 日 22 时完钻,井深 2388.88m。

一开、二开钻进和常规直井、定向井相同,不予赘述。轨道控制的特点与难点主要体现在三开阶段,即中曲率着陆控制和水平段控制。

1)井眼轨道控制的特点及难点

(1)油层薄。根据上述地质情况,双层叠加的古河道砂岩目的层层厚变化较大,最厚处达 16.8m,而且要求水平段先期穿过上砂岩,后期穿过下砂岩;靶窗高度仅 6m(±3m),其上边界距油顶仅 1m,靶中线距油顶仅 4m。另外根据地质要求,着陆点最好不要位于靶窗下半部。因此,实际着陆点要求控制在 3m 高度内。

(2)地质不确定度。如上所述,由于地质部门对准确掌握油层状况客观上存在困难,所以在钻进过程中发生油顶预报误差,修改地质数据,对轨道控制提出新的要求等是不可避免的。但是,这种钻进过程中的地质参数调整,给轨道控制工作增加了难度,尤其是在薄油层、小窗口情况下,地质误差的影响具有"放大"作用。本着"一切为了出油,钻井服从地质"的原则,井眼轨道控制必须适应这种变化,以保证准确进靶着陆。

(3)信息滞后。MWD 测斜仪内监测油层的伽马传感器与定向传感器离钻头较远(一般为 10~17m),当钻头进入油层十几米时还不能完全确定油顶位置;在钻进中,常需预测钻头处的定向参数以作决策;在着陆进靶的关键井段(14.33m 长)是在预测基础上开钻,且在整个进靶着陆过程中无信息显示等,这种信息滞后也给树平 1 井的轨道控制工作增加了难度。

(4)工期限制。按合同规定,租用美国 Geodata 公司的 MWD 的期限为 1 个月,每逾期 1 天另追加 4000 美元租金。这就要求三开控制工作要尽量争取在 1 个月内完成。另外,三开的中曲率井段要穿过地层压力异常的泉三段,大段坍塌趋势严重,也要求缩短工期以防井塌。

此外,由于靶窗距油顶只有 1m,从而造成很大的工具空白区;工具因地层、操作因素造成的造斜率误差等,也进一步增加了轨道控制问题的难度。

2)井眼轨道控制的要求

根据树平 1 井轨道控制的特点及难点,对树平 1 井的轨道控制的要求是:要有高的控制精度;要有强的应变能力;要有好的预测准确度;要有较稳、较快的施工水平。

3)井眼轨道控制的对策

(1)着陆控制过程中的三段制方案(即应变法)设计。由于油顶垂深、工具造斜误差、信息滞后的综合影响,对薄油层和小靶窗很容易造成脱靶。为确保能准确探明油顶并保证准确着陆进靶,设计了"增—稳—增"三段制方案,其核心思想是把各种误差的影响吸收在稳斜段。发现油顶以后,再按设计方案把钻头送至预定位置,然后再以要求的造斜率增斜钻进,着陆进靶。具体做法是,从二开井底的48°井斜角处以中曲率增斜钻进至某一角度(即进入角),此时钻头必须处于预定油顶上方的某一高度,以防地质误差造成油顶提前;接着以此角度稳斜钻进并探明油顶,保证钻头到达预定位置;然后,第二次增斜着陆进靶。中间的稳斜段起桥梁作用,吸收各种误差,并有足够的井段以供探明油顶,使第一段的误差不会干扰第二段进靶,这样即可按固定方案钻至着陆点,现场技术人员称此为"以不变应万变"。

进入角的优选十分重要,过小则占用垂度较多,造成进靶增斜率增大;过大则会使着陆点水平外推,造成较大平差。

树平1井采用"零平差"总体控制方案,计算求出进入角为80°。对油顶误差,会别就$\Delta h = 0, \pm 2, \pm 5, \pm 10m$(实际油顶较设计垂深提前为"+",推迟为"-")等7种情况制定了7种方案。对每套方案均备有2~3种钻具组合,包括导向动力钻具组合与转盘钻组合,作为应变措施。

(2)一组基本复盖中曲率范围的P5LZ165系列导向动力钻具。由于实钻过程中多种复杂因素的影响,工具的实钻造斜能力总会与理论分析存在误差。这种工具误差和地质误差的综合作用,决定了树平1井着陆控制中曲率井段不可能是由单一的工具一次完成,而是由几种不同造斜率的工具交错使用才能完成。为此,专为树平1井设计了一组P5LZ167系列工具,用于中曲率造斜和水平段钻进。工具壳体弯角规格有:单弯0.75°、1°、1.25°、1.5°、1.75°和2°;反向双弯-0.5°/1°。共提供了5套整机与3套备用壳体。

根据理论分析,确定了每种弯角下的工具造斜率,并在1991年4~5月在大庆油田的2口定向井上对其中3种工具进行了性能实验。实验表明,工具的实际造斜率与理论分析值比较接近,性能达到设计要求,从而为树平1井开钻作好了工具准备。

实践证明,P5LZ165系列工具为树平1井轨道控制取得成功起到了关键作用,充分体现了"应变能力强"的特点。例如,当钻头已钻入油层10m以上时,因MWD的伽马曲线显示不充分,使油顶垂深难以判明,而靶中线离油顶垂深只有4m,靶窗上限离油顶只有1m,直至继续钻进到地质人员断定已达到油顶而实际上钻头离靶中线仅有1.32m(垂深)。在这种情况下,经过计算决定采用1.75°弯壳体单稳定器工具组合,以13.87°/30m的造斜率强行钻进14.33m,最终以0.14m靶心纵距值实现了准确着陆。

据完钻后统计,在三开段根据不同要求,先后用过1.5°单弯(无稳定器)、1.75°单弯双稳定器、0.75°单弯双稳定器、-0.5°/1°反向双弯双稳定器等几种型式的导向钻具组合;使用P5LZ165导向螺杆钻具的进尺为340.74m,占总进尺491.38m的70%。

(3)加强井眼轨道的监控和预测。用水平井井眼轨道监控理论和预测软件,对实钻轨道进行实时跟踪、分析和预测,并制定相应的方案与措施。

(4)细化工艺措施,保证落实到位。为落实技术方案,减少井下复杂情况,在树平1井钻进过程中制订了一套控制工艺措施,采用"作业指导书"的形式下达指令,保证贯彻执行。

4.着陆控制过程

由三开开钻至钻头进入靶窗,这一过程即为着陆控制。在即将三开时,地质部门初步判定油顶位置应下调 2.50m,即由原设计的垂深 1886.90m 降至 1889.40m,靶窗中线垂深也由 1890.90m 降至 1893.40m。

为了协助地质人员判明地层情况,决定在三开开始增加一段短稳斜段,供捞砂样来探找标准层。

着陆控制的重要任务是确定油顶垂深。围绕这一目标先后下钻 7 次,采用了 6 种钻具组合。

1)第 1 次下钻

目标和要求:钻二开井底的水泥塞,把水基钻井液换为油基钻井液,探标准层。

在替换钻井液过程中,为避免油基钻井液对导向动力钻具定子橡胶的膨胀作用,决定下入转盘钻微增组合,实现稳斜钻进 5m(1897.5~1902.5m)。地质人员捞砂样,确定扶 III 底和杨 I5 顶的标准层,确认上述修改意见成立。循环钻井液,起钻。

2)第 2 次下钻

目示和要求:中曲率增斜(要求 7.2°/30m)。

选用导向动力钻具增斜,便于同时控制方位。此时有两种动力钻具可以入选,即 1.5°单弯(不带稳定器)钻具和 1°单弯双稳定器钻具。两者造斜能力接近,但就工具面的稳定性而言后者优于前者。若采用 1°单弯钻具,必须由现有的 1.75°度单弯钻具改装,但需要强力增斜时,还必须复原组装。综合权衡后决定采用 1.5°单弯(不带稳定器)钻具,增斜的同时向左扭方位(设计闭合方位为 192.3°,二开井底实测方位为 196°。经计算,设定工具面角在 −20°~ −10°范围)。钻速较快,第 1 单根实钻 50min,得到第一个测点后,核算工具造斜能力与原设计接近。

由于该钻具组合不带稳定器,后续钻进过程出现了工具面不稳定导致造斜率损失较大。当钻至井深 1937m(进尺 34.50m)时,决定起钻。实际平均增斜率为 6°/30m。

3)第 3 次下钻

目标和要求:继续中曲率增斜;提高增斜率,弥补上次钻具造成的井斜和垂深损失。

下入 1.75°单弯双稳定器动力钻具组合。由于带有双稳定器,工具面的稳定性得到显著改善。测斜表明,实钻造斜率与预计值(12°/30m)基本相符,预计钻进 20.75m 即可补回上次钻具造成的井斜值差额。

此次实际钻进 28.52m,已经完成补偿要求,且井斜角略有提前。如继续钻进,则会造成井斜进一步提前,导致平差增大;加之造斜率较大,加压困难,动力钻具有时出现"点动"状态,影响工具面角的控制和机械钻速,为此决定起钻。经统计,平均造斜率达 12.08°/30m,井斜角增至 66.78°(后实测值)。

4)第 4 次下钻

目标和要求:继续中曲率增斜;通井携屑,改善井眼质量。

下入转盘钻强力增斜组合(Gilligan 钻具),钻压一般为 100~120kN。实际进尺 52.48m,井斜角由 66.78°增至 78.76°(后实测值),平均造斜率为 6.68°/30m。

实践表明,在两次动力钻具增斜钻进后下入转盘组合进行通井,加大排量携带岩屑,对改善井眼质量,防止卡钻很有好处。在树平 1 井的全部进过程中,对改善井眼质量一直非常重视,因此未发生过井下复杂情况。

但因转盘组合无法控制方位,造成方位减小,给下次钻具组合增加了增方位任务。鉴于井斜角已接近 80°,垂深接近预计的油顶,故需变更钻具组合,起钻。

5) 第 5 次下钻

目标和要求:探明油顶,吸收误差,把钻头送至靶前的预定位置;把井斜增至 80°(或略高些,以适当减小进靶段的造斜率),同时增方位 3°左右(使实钻方位接近设计方位 192.3°)

选用 0.75°单弯双稳定器导向螺杆钻具。从 2018m 井深开始,先开动转盘导向钻进 3m,使两段井身衔接光滑;此后 2 个单根以定向方式钻进,工具面角控制在 50°～65°(增斜增方位),其结果使进斜角增至 81.10°,方位由 188°增至 190.81°,约增 3°。由第一个测斜点计算,工具造斜能力(全角率)达 6.16°/30m 与设计值 6.03°/30m 接近。

从井深 2033.17m 开动转盘,转速 I 挡(40r/min),此时钻速明显加快。经计算,钻头离地质人员第二次给定的油顶(垂深 1889.40m)约有垂高 1.80m 左右,特别要防备油顶误差可能上浮,所以每钻进 1m 都要特别小心,不可盲目打进尺。同时,地质人员加强监测、捞砂样,监视伽马曲线。

当钻至井深 2064.26m 时,发现伽马曲线显示砂层,地质人员认为可能确认油顶,决定起钻。据计算,钻头已进入预定油顶(1889.40m)以下 1.70m(垂深),伽马传感器(距钻头 10.14m)也已进入预定油层 0.21m(垂深),钻头离靶中线高度约为 2.3m。此时,相应的钻进井段为 2018.00～2064.26m,总进尺 46.26m。

6) 第 6 次下钻

目标要求:再探油顶,准备进靶

经地质人员研究认为,伽马曲线显示尚不充分,还无法断定油顶的确切垂深值,估计会比预计值(垂深 1889.40m)再下降 1m 左右(约为 1890.40m)。因此,再下入上次的钻具组合探寻油顶。当钻进斜深 5.16m 时,确认伽马曲线已显示充分,即令停钻。但确定的再次探明的实际油顶垂深为 1888.80m。此时,钻头离靶窗中线只有 1.32m 垂深,轨道控制出现了一定困难。

7) 第 7 次下钻

目标要求:进靶着陆,将实际着陆点靶心纵距控制在 0～0.2m 以内。

进靶是着陆控制的最后阶段,也是最关键的阶段。面临的情况是:

(1)油顶误差造成当前钻头距离靶中线只有 1.32m 垂深,尚需造斜 6°才能进靶。

(2)根据地质要求着陆点最好不要在靶中线以下,从而导致造斜率增高,而且过大的工具空白区又使工具选择范围显著变小。

(3)进靶钻进出发点(上次井底)的准确参数(井斜、方位和垂深)因信息滞后尚未确定,只能预测(上述 1.32m 垂深也系预测值),而预测误差势必影响进靶着陆的准确性。

(4)由于钻进井段短(预定 14～16m),在整个钻进过程中得不到有关井斜和方位的显示(因 MWD 的方向传感器距钻头 13.26m)。

上述 4 条,加上工具面难以控制带来的误差,增大了进靶控制的难度。原本确定钻头在靶中着陆(零差控制),但为了防止误差导致失控而造成在靶心以下着陆,确定着陆目标区为 0～0.2m。为保证这一点,进行了详细的理论分析和计算。考虑了 7 种造斜率及其可命中的区域,其中:如击中靶中线,工具造斜率应为 $K_T=13.2°/30m$;如击中靶中线以下 0.1m 处,工具造斜率应为 $K_T=12.27°/30m$;如击中靶中线以上 0.1m 处,则 $K_T=14.28°/30m$。

选用 1.75°单弯螺杆钻具。根据该钻具组合在上部井段的实钻记录,平均增斜率为 12.08°/30m,还需进一步提高造斜率。为此采取了如下措施:

(1)去掉上稳定器(无磁,$\phi210mm$),以增大钻头侧向力和造斜率。

(2)严格控制工具面,使 $\Omega = -10° \sim 20°$,保证基本上全力造斜且使方位不减。

(3)均匀送钻,避免工具"点动"引起造斜率降低和方位左漂。

(4)钻进井段不小于14m,方可保证井斜角大于87°(设计着陆点井斜角为87°)。

由于进靶过程目标明确,措施具体,技术人员亲临钻台指挥操作,精心施工,终于使钻头在靶窗中线上方0.14m(后测)处着陆。实钻14.33m,着陆点井斜角87°,钻头处井斜角87.22°(后测),井底井深2084.20m。

5. 水平控制过程

目标和要求:在截面为6m×30m的靶体中延伸钻进300m(或略长),尽量提高机械钻速,降低钻井成本。

水平段先后下钻7次(包括1次因MWD出现故障而提前起钻),其中0.75°单弯双稳定器导向动力钻具和-0.5°/1°反向双弯双稳定器导向动力钻具各2次,配用R426型PDC稳斜钻头,主要是开动转盘导向钻进,其机械钻速明显高于转盘组合(一般为每小时1个单根,相当于转盘转组合的3~5倍)。因导向钻进时发生降斜[约为(0.2°~0.4°)/10m],而定向钻进时增斜效果不明显,中间曾2次下入转盘钻单稳定器增斜组合和1次转盘钻Gilligan组合(均配用J22钻头),其中2次收到增斜效果,但增斜率明显低于着陆控制过程和常规定向井中的增斜率。

在水平段钻进的初始阶段,是按井斜角87°线为基准进行控制。当钻到井深2269.36m(离预定300m水平段尚差100m左右)时,根据地质情况调整方案,水平段改按井斜角87.5°线为基准进行控制,以保证井眼轨道穿过伽马曲线显示良好的油层,直至钻完309.99m的水平段全长。

在水平控制过程中,一直用井眼轨道分析预测软件对井眼轨道进行跟踪和描述,并及时预测未钻井段(30、50、100m)的井斜和方位,预报是否超差;预测可能发生超差的钻头位置,以提前采取措施来控制,防止超差,例如改变钻压,变换钻进方式(转动/定向),以及更换钻具组合等,收到了较好效果。水平控制达到如下指标:靶心线以上最大波动高度为1.55m,靶心线以下最大波动高度为0.95m(设计允许范围为±3m),波动全高为2.50m(设计允许范围为6m)。完钻后对309.99m的水平段进行数据处理,求出轨道平均偏离高度为0.55m。上述数据表明,现已具备了在更薄的油层中钻水平井的控制能力。

在水平段钻进过程中,每钻进50~100m进行一次短程起下钻。在钻柱组合设计方面,把井斜角大于70°井段中的加重钻杆换成普通钻杆,以减轻自重,减小摩阻,增加柔性,改善通过上部弯曲井段的能力。

在水平钻进过程中,转动钻柱的总进尺(包括动力钻具开动转盘导向钻进和采用转盘钻进组合)占全部水平段总进尺的84.5%,这对提高水平段的井眼质量,携屑清洁井眼具有很好的效果。另外,在整个三开钻进过程中,坚持起下钻精心操作,通过造斜率较高的井段时采取划眼、缓慢下钻、修整井眼。因此,在整个钻进过程中,未发生任何井下事故。

在水平段控制过程中,主要是采用小角度单弯和反向双弯导向动力钻具,配用PDC钻头,开动转盘导向钻进,其突出优点是机械钻速明显高于转盘钻组合。据统计,平均机械钻速可比转盘钻组合高2~4倍。

图6-15是树平1井实钻轨道的垂直剖面和水平投影(局部)。图6-16是着陆控制与水平控制过程示意图。

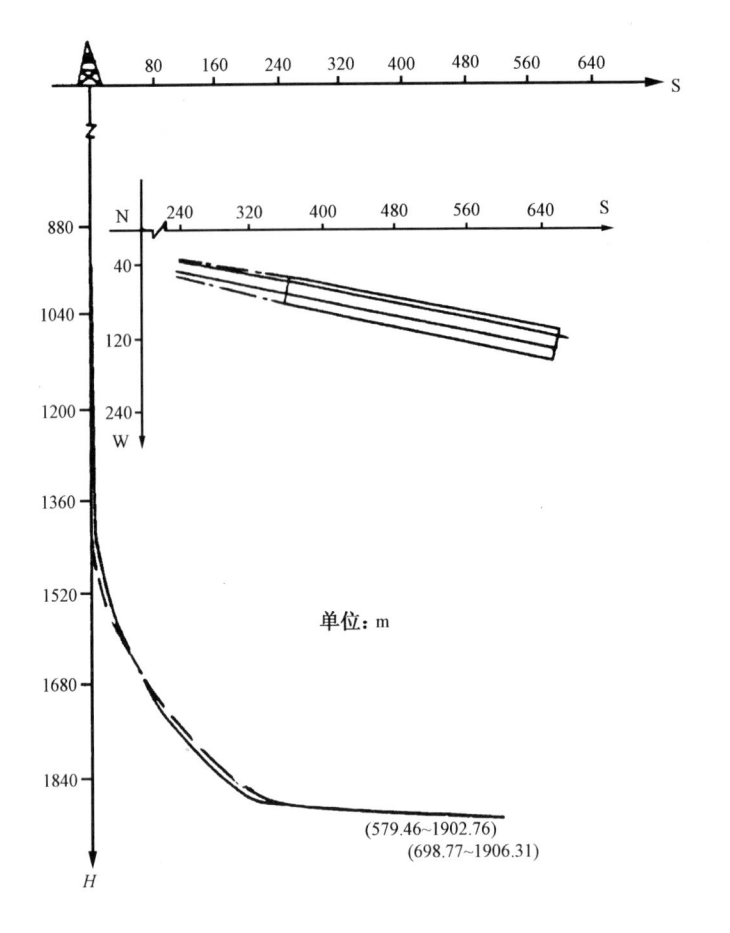

图 6-15 树平 1 井垂直剖面和水平投影图(局部)

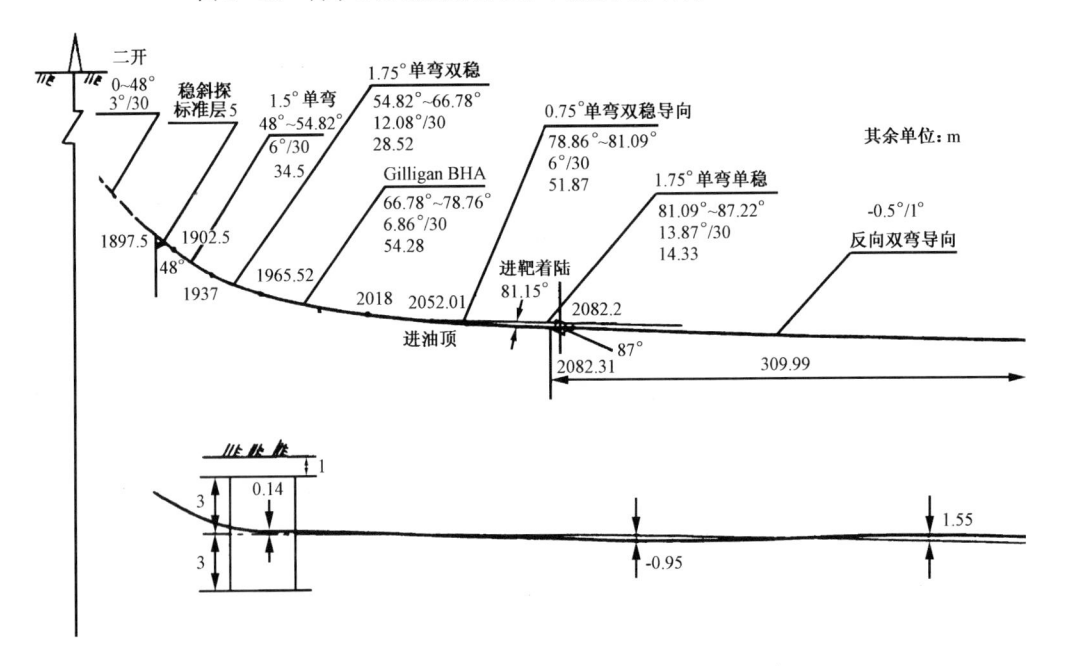

图 6-16 树平 1 井着陆控制与水平控制过程示意图

树平 1 井轨道控制的主要参数如表 6－10 所示。

表 6－10 树平 1 井轨道控制主要参数表

序号	项　　　目		实钻指标	设计指标
1	全井深，m		2388.88	2355.86
2	水平段全长，m		309.99	303.75
3	中曲率段平均造斜率，°/30m		8.52	8
4	全井最大造斜率，°/30m		13.87	8
5	全井最大井斜角，(°)		90.43	87
6	进入角，(°)		81.15	78.5
7	进入点井深，m		2052.01	2023.99
8	油顶垂深，m		1888.80	1886.9
9	靶中垂深，m		1892.80	1890.9
10	着陆点	井斜角，(°)	87	87
11		方位角，(°)	190.98	192.3
12		靶心距(垂直)，m	0.14	±3
13		靶心距(水平)，m	16	30m 范围
14	水平段	靶上最大偏离高度，m	1.55	3
15		靶下最大偏离高度，m	−0.95	−3
16		平均偏离高度，m	0.55	
17	完钻点预测	井斜角，(°)	86.81	87
18		方位角，(°)	193.48	192.3
19		靶心距(垂直)，m	−0.08	±3
20		靶心距(水平)，m	18.34(东)	30m 范围
21	三开段平均机械转速，m/h		4.83	
22	马达定向钻进钻速范围，m/h		2.77～10.09	
23	马达开转盘钻进钻速范围，m/h		5.77～6.99	
24	转盘钻钻速范围，m/h		1.88～5.81	
25	进尺比	马达/转盘	340.74/150.64	
26		马达定向/马达加转盘	145.17/195.57	
27		水平段转动进尺/总进尺	84.5%	

二、胜利水平 4 井的井眼轨道控制

1. 概述

胜利水平 4 井是胜利油田在埕东凸起钻成的一口中曲率探井。该井自 1992 年 6 月 20 日开钻，于 9 月 1 日完钻，钻井周期 58.21d。该井水平段沿不整合延伸 411.5m，在石炭、二叠系地层发现油层 7 层 34.6m，相当于 5 口直探井的勘探效果。

该井采用"直—增—增—增—水平段"的五段制三次增斜轨道；造斜点位置 1689.60m；最大造斜率 13.53°/30m；最大井斜角 91°。该井总斜深 2336.00m，总垂深 1858.02m。

2. 地质概况与工程设计简述

水平 4 井所在的济阳坳陷埕东凸起东北坡,分为上下两个构造层,之间以角度不整合接触。上构造层为第三系部分地层覆盖;下构造层主要由寒武系、奥陶系、石炭—二叠系及中生界地层组成。该井的目的在于发现下二叠系的油层。

根据地质目的,该井设计水平段长 401m,靶窗高度 10m($\pm$5m)。为减少轨道控制的难度和降低钻井成本,靶体两侧面呈 10°夹角($\pm$5°)。

井身结构与套管程序如表 6-11 所示,ϕ244.5mm 的技术套管下到着陆点井深,ϕ139.7mm 的油层套管下到井底。套管层次与普通定向井相同。

表 6-11 水平 1 井井深结构与套管程序

开钻顺序	井眼尺寸(mm)×井深(m)	套管尺寸(mm)×下深(m)
一开	ϕ444.5×391.0	ϕ339.7×390.0
二开	ϕ311.2×1939.0	ϕ244.5×1938.0
三开	ϕ215.9×2340.0	ϕ139.7×2339.0

考虑到井场位置限制,要求尽可能减小靶前位移,以及减小钻进摩阻,剖面设计采用中曲率和较高的造斜率。五段制三增剖面的主要设计数据为:造斜点(KOP)深度 1688.70m;第一段造斜段井身曲率 12°/30m,进尺 125m,井斜角达到 50°;第二造斜段井身曲率 5.4°/30m,进尺 60.6m,井斜角达到 60.91°;第三造斜段井身曲率 13.2°/30m,进尺 71.4m,井斜角达到 88.93°。设计总垂深 1850.5m,靶前位移 161.88m,水平段长 401.00m,总水平位移 562.88m。

钻井与测量设计方案为:第一造斜段采用 MWD 无线随钻测斜仪配合 ϕ197 双弯螺杆钻具(1.5°×1°)定向钻进,通井时用 ESS 电子多点测斜仪测量井眼轨道参数,以校验 MWD 的测量精度。第二造斜段采用转盘增斜钻具钻进,用 ESS 电子多点测量;第三造斜段的钻进工具与测量仪器与第一造斜段相同。水平段采用 MWD 配合转盘钻稳平钻具钻进,采用 ESS 电子多点仪测量校验轨道参数。调整井斜和方位时采用 MWD 配合 ϕ165mm 单弯(1°)螺杆钻具进行作业。

钻井液设计方案为:采用聚合物水基钻井液,自造斜点开始混油,并逐渐加入无荧光润滑剂。因该井为探井,水平段钻井液不能混油。

固井方案为:技术套管的下部结构加装弹簧和刚性扶正器,采用 G 级高抗水泥加降失水剂固井;油层套管根据井径分别加装弹簧和刚性扶正器,采用弹簧强制型双球面压阀和刚制套鞋引鞋,并采用 G 级高抗水泥加降失水剂固井。

电测方案为:中间电测和完井电测采用斯仑贝谢的 TLCS 方法完成。

3. 井眼轨道控制过程要点

水平 4 井的设计与实钻轨道如图 6-17 所示。

1)第一造斜段(1688.0~1814.09m)

实际造斜点井深为 1688.00m。采用如下的同向双弯螺杆钻具组合进行造斜:

ϕ311.15mm 钻头(J22)+ϕ197mm 双弯螺杆钻具(1.5°×1°)+ϕ308mm 稳定器(五棱)+ϕ203.20mm 无磁钻铤(2 根,内装 MWD)+ϕ203.20mm 钻铤(2 根)+ϕ127mm 加重钻杆(12 根)+ϕ197 随钻震击器(上/下 1 套)+ϕ127mm 加重钻杆(12 根)。

用该组合钻至井深 1814.09mm,实际进尺 126.09mm,井斜角达到 48°,平均实钻造斜率(11.42°/30m)接近设计造斜率(12°/30m);所采用的双弯螺杆钻具壳体上带有偏心稳定器。

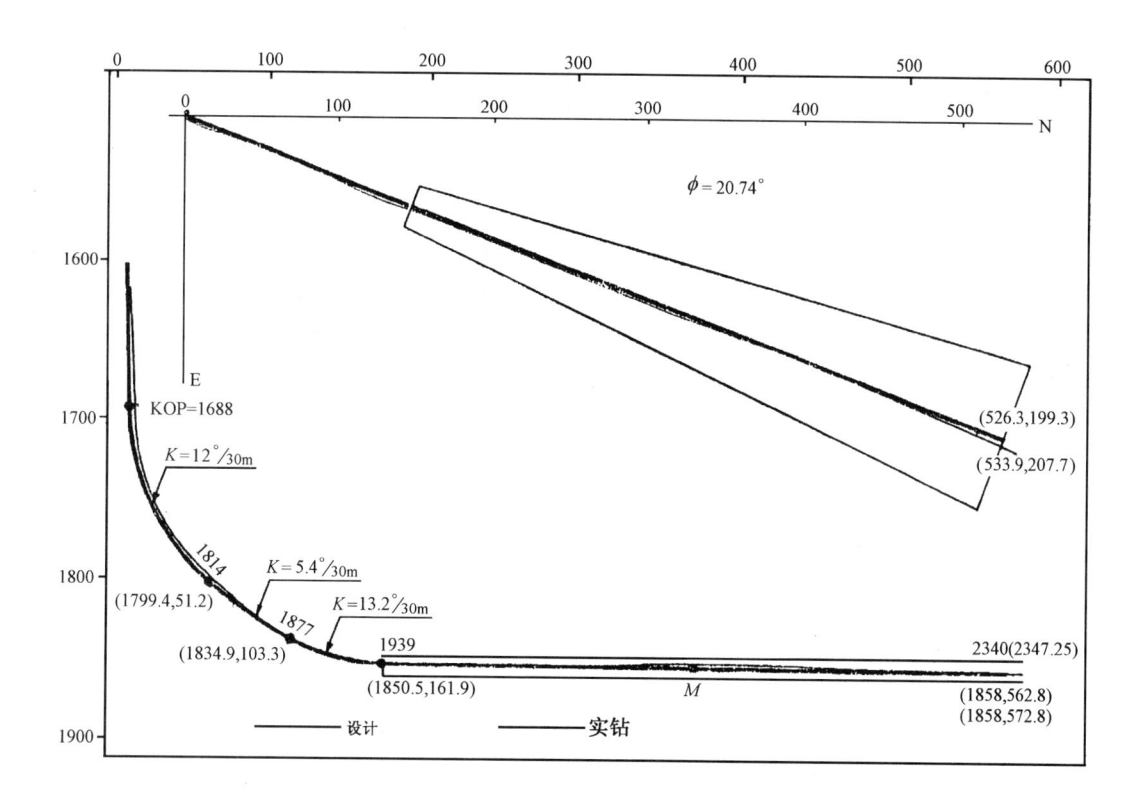

图 6-17 水平 4 井设计与实钻轨道图

该段钻井参数为：钻压 5~20kN，排量 30~50L/s，泵压 7~9MPa，动力钻具工作压差 (Δp_2)1~1.5MPa。

2）第二造斜段(1814.09~1866.04m)

该段采用如下转盘钻具组合进行增斜：

ϕ311.15mm 钻头（J22）+ ϕ310mm 近钻头稳定器 + ϕ177.8mm 无磁钻铤（1 根）+ ϕ298mm 钻柱稳定器 + ϕ127mm 加重钻杆(36 根)。

用该组合自 1814.09m 钻至 1866.04m，实际进尺 51.95m，井斜角增至 57.5°，实际平均造斜率(5.49°/30m)接近设计造斜率(5.4°/30m)。

该段钻井参数为：钻压 160~200kN，转速 47r/min，排量 60L/s，泵压 15MPa。

3）第三造斜段(1866.04~1932.37m)

该段采用和第一造斜段相同的钻具组合和钻进参数，实际进尺 66.33m，平均造斜率达到 13.1°/30m。

在进入目的层石炭二叠系后，在井深 1911~1932m 井段钻遇大段煤层，给施工带来两个突出问题：一是井眼严重垮塌、扩大，通井困难，采用大排量洗井效果不好。后来采用单泵小排量循环，并用稠钻井液封井，从而保证井眼稳定，电测和下套管顺利；二是井眼在煤层段降斜，且不整合面比地质设计深度提前 8m。下入 ϕ244.5mm 技术套管后，三开第一趟钻即下入 ϕ171.5mm 单弯(γ=1°)动力钻具抬井斜，实际进尺 28.91m，使井斜角由 81.5°增至 89°。

井眼轨道在斜深 1935.76m 处进入原定靶窗位置，进入点纵距为 -0.21m。

4）水平段控制(1961.28~2347.25m)

水平段采用如下转盘钻稳斜组合：

ϕ215.9mm 钻头(J22)+ϕ159mm 无磁短钻铤(1 根)+ϕ215mm 钻柱稳定器+ϕ165mm 无磁钻铤(1 根)+ϕ171mm 无磁钻铤(MWD)+ϕ213mm 钻柱稳定器+ϕ165mm 无磁钻铤(1 根)+ϕ127mm 加重钻杆(3 根)+ϕ127mm 钻杆(36 根)+ϕ171mm 随钻震击器(上/下 1 套)+ϕ127mm 加重钻杆(24 根)。

钻进参数为：钻压 150～170kN,转速 47r/min,排量 60L/s,泵压 15MPa。

由于井眼在煤层内降斜和不整合面提前 8m 出现,在水平段钻进中地质部门给出修改与补充设计:在水平段距 A 点(即设计着陆点)200m 处确定一点 M,要求实钻轨道应在 M 点以上的 5m 范围之内,采用上述钻具组合,井斜角控制在 89.6°～87.9°之间,方位角控制在 20.7°～23.2°之间,效果良好。

参 考 文 献

[1] 葛云华,苏义脑.中半径水平井井眼轨道控制方案设计.石油钻采工艺,1991(2)
[2] 苏义脑.大斜度井和水平井井眼轨道控制的几个问题.石油钻采工艺,1991(2)
[3] 苏义脑.水平井井眼轨道控制研究浅谈.石油钻采工艺,1992(4)
[4] 刘景伊等.钻井工具使用手册.北京:科学出版社,1990
[5] 江汉石油管理局钻头厂.江汉钻头使用手册.北京:石油工业出版社,1992
[6] 西南石油学院钻井教研室.石油钻井工人读本.北京:石油化学工业出版社,1975
[7] 苏义脑.大庆树平 1 井的井眼轨道控制.石油钻采工艺,1992(4)

第七章 短半径水平井的井眼轨道控制

在本书第一章第一节中,介绍了水平井的3种类型及其特征,即长半径水平井(井眼曲率 $K<6°/30m$,又称小曲率水平井)、中半径水平井[$K \geqslant (6°\sim 20°)/30m$,又称中曲率水平井]和短半径水平井[$K=(3°\sim 10°)/m$,又称大曲率水平井]。实际上,由于造斜工具的发展,在中半径与短半径水平井之间,还存在着中短半径水平井,以及超短半径水平井(弯曲井段曲率半径在1m左右甚至接近于零)。为了和中、长半径水平井加以区别,通常人们把中短半径、短半径和超短半径水平井粗略地统称为短半径水平井。

短半径水平井在油气田开发中占据一定的地位,因此世界上每年都要钻一定数量的短半径水平井。随着老油田的改造挖潜,短半径水平井技术与测井技术相结合,从而侧钻短半径水平井,以低于一口直井的成本来换取老井复活,较大幅度提高采收率(有资料表明可达5%~8%)的丰厚效益,这使短半径水平井技术具有了更强的生命力。特别是在我国,随着东部诸多主力油田相继进入高含水期,每年都有相当一批老井枯竭停产,而采用侧钻短半径水平井技术对于"稳定东部",具有重要意义。

总体而言,短半径水平井与长、中半径水平井在钻井工具上存在显著差别,此外,在测量技术、完井方式上也有重要差异。本章将在简要介绍各种短半径水平井钻井工具特征的基础上,重点讨论铰接肘链式短半径螺杆马达的力学分析方法及其特性,并对短半径水平井井眼轨道控制工艺要点加以简述。

第一节 短半径水平井的几种常用工具

特殊的钻井工具系统是短半径水平井钻井技术的最重要组成部分,也是短半径水平井钻井技术区别于中、长半径水平井钻进技术的重要特征之一。本节在重点介绍短半径水平井常用的几种钻井工具之后,也将对超短半径水平井、中短半径水平井的主要钻井工具加以介绍。

一、短半径水平井的常用工具

常用的短半径水平井钻井工具基本上可以分为两大类,即地面驱动式柔性钻井系统和井下驱动的铰接肘链式马达系统。从当前的技术现状和对未来的预测看,后者具有更大的优势。

在分析介绍这两种类型的钻井工具之前,回顾短半径钻井工具的发展概况,对于进一步了解短半径钻井技术的特点和更深入地认识这两种工具,是有益的。

尽管一些文献资料曾提及短半径钻井技术起源于一百多年前美国"坑采"油砂的作业,但专用的短半径钻井工具的出现,则是在20世纪30年代。美国的 John Zublin 和 John Eastman,他们分别发明了柔性弯管组合系统(称为 Zublin 法)和柔性钻铤与球窝肘节组成的组合系统(称为 Eastman 法)。用这两种工具与方法在20世纪60年代以前钻了一些短半径水平井,但由于技术上的缺陷,其水平段长一般不超过30m。钻具强度不足,在井下容易折断,是这一技术的发展受到限制的内在原因。而油价偏低,导致短半径水平井经济效益不高,是这一技术发展缓慢的外在原因。

进入20世纪70年代中期,特别是80年代以来,石油危急刺激油价回升,直接推动了短半径水平井钻井工具与钻井技术的快速发展。美国的 Eastman Whipstock 公司在上述工具的基础上改进推出了新一代地面驱动式柔性钻具组合系统,并用这些系统钻了350口左右的短半径水平井,水平段长度累计达到21000m以上。其他一些石油公司也有自己的短半径水平井钻井工具投入商业服务,如美国 Eastman Christensen 公司的地面驱动式柔性系统和井下驱动的铰接肘链式马达系统;德国 Preussag 公司推出的铰接马达系统(ADM);美国 Amoco 公司推出的新型地面驱动式柔性钻具组合系统和 Sperry Sun 公司研制的铰接马达系统(类似于ADM)等。中国石油勘探开发科学研究院在"八五"期间也自行研制了JLZ-120型铰接肘链式螺杆马达系统,曾在中原油田的实验井内钻出了3.79°/m的造斜率。

1. Eastman Christensen 公司的地面驱动型柔性钻具组合系统

这一组合系统由如下4部分组成:

(1)柔性铰接钻杆总成。
(2)柔性弯曲造斜器总成。
(3)斜向器总成。
(4)铰接稳定器稳斜总成。

如图7-1所示,这种柔性钻具组合由地面动力水龙头驱动柔性铰接钻杆旋转。柔性弯曲造斜器总成接在柔性铰接钻杆的下端,它由一个不旋转的柔性弯曲外壳、一个可旋转的内驱动轴及联接二者的轴承装置组成。柔性弯曲外壳是在一个预制弯曲的弯管内侧,切割成三分之二圆周的特殊形状割缝,以便具有一定的柔性以通过上部直井段,并在定向造斜时能使其下方的钻头对井壁施加一定的造斜力。内驱动轴将上部柔性铰接钻杆的施转和轴力传递给钻头,产生钻压和转矩,同时钻井液将从铰接钻柱、内驱动轴内部形成的通道流向钻头水眼。弯曲外壳外侧下方的两个垫块可形成支点并有助于产生较强的造斜力。安装在井底的斜向器起导向和辅助初始造斜作用。

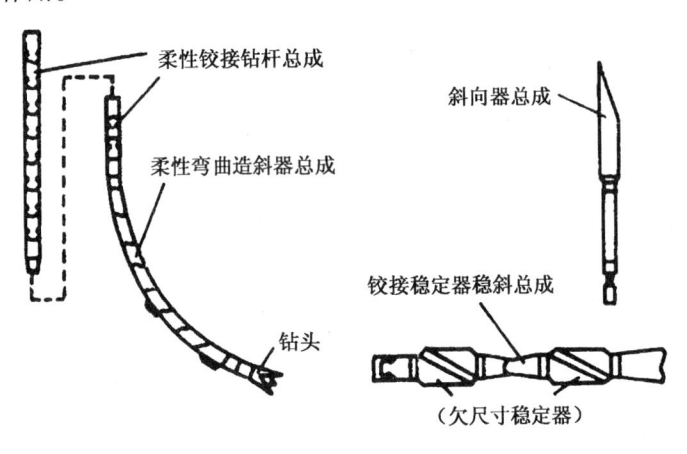

图7-1 Eastman Christensen 公司的地面驱动型
柔性造斜与稳斜组合系统结构示意图

据资料介绍,这种柔性造斜组合可钻出曲率半径为6~12m(相应 $K=9.55°\sim 4.77°/m$)和短半径井眼。这种弯曲外壳在起下钻时将会造成大约4500N的钻头侧向力。

用图7-1所示的铰接稳定器总成替换柔性铰接造斜器总成,将构成稳斜组合。两个稳定器均为欠尺寸稳定器。变换两个稳定器的尺寸配置可使水平井眼产生较轻微的造斜、降斜及稳斜作用。

柔性铰接钻柱的作用在于使钻柱可通过弯曲的短半径井段,从而维持向前钻进。

该工具分为两种规格：

(1)小尺寸工具。管柱外径为 ϕ95.25mm(3¾in),内驱动轴内径 ϕ25.4mm(1in),可用于 ϕ140mm(5½in)套管内或更大尺寸的套管内,钻出 ϕ114.3mm(4½in)的井眼,曲率半径可达 5.8～8.8m;

(2)大尺寸工具。管柱外径 ϕ114.3mm(4½in),内驱动轴内径 ϕ38.1mm(1½in),可用于 ϕ194mm(7⅝in)套管内,钻出 ϕ158.75mm(6¼in)的井眼。改进型的大尺寸工具可在 ϕ177.8mm(7in)套管内钻出 ϕ149mm(5⅞in)的井眼。大尺寸工具所钻井眼的曲率半径可达 8.8～12.2m。

这种短半径水平井工具可钻出的水平段长一般为 60～90m。

2. Eastman Christensen 公司的井下驱动型铰接肘链式马达系统

该公司研制的井下驱动型铰接肘链式马达系统,可用柔性有线随钻测斜仪(柔性连接的有线测斜仪或无线测斜仪)进行实时测量和导向控制,克服了上述地面驱动型柔性钻具组合必须起下钻才能进行测量以及强度不足的弊病,因而将短半径钻井技术推进到一个新的阶段。这种井下马达系统可钻出 200～300m 长度的水平井段。

该公司的铰接肘链式马达系统的基本结构如图 7-2 所示。

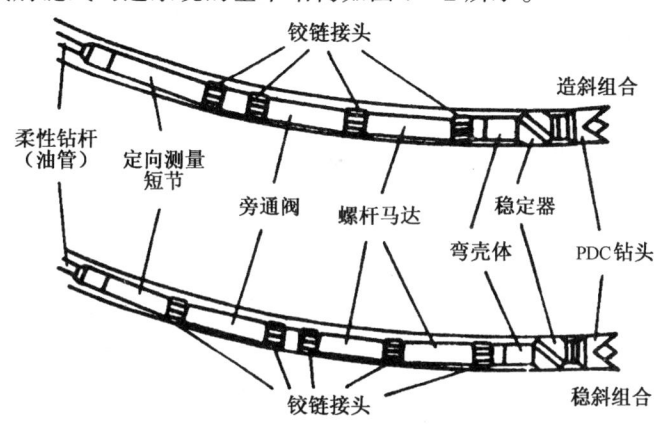

图 7-2 Eastman Christensen 公司的井下驱动型铰接肘链式马达系统

该系统采用螺杆钻具作为井下动力部件。PDC 钻头接在马达传动轴的下端。螺杆钻具的传动轴短节壳体上有一个近钻头稳定器。万向轴壳体为弯壳体,向上依次为螺杆马达、旁通阀和定向短节。在这些部件间装有特殊设计的铰链接头。定向短节以上是铰接式柔性钻杆(钻铤)或油管。它们的柔性可以使后续钻柱顺利通过前方造斜马达钻出的短半径弯曲井段。

铰接式柔性钻杆(钻铤)需要进行特殊的设计和装配,以保证它们在下方马达的工具面内产生弯曲。

造斜马达组合与稳斜马达组合在结构上的区别之处主要在于:前者配用造斜强的 PDC 钻头,采用一个螺杆马达短节,万向轴弯壳体上的弯角大;后者配用稳斜性强的 PDC 钻头,采用两个螺杆马达短节,万向轴壳体上的弯角小。

目前这种铰接肘链式马达组合有 ϕ120mm(4¾in)和 ϕ95mm(3¾in)两种尺寸规格。相应的参数与尺寸如表 7-1 所示。

表 7-1 Eastman Christensen 公司两种铰接肘链式马达系统的技术参数

技术参数	4¾in 马达	3¾in 马达
马达外径,mm	120	95
最小套管尺寸,mm(in)	178(7)	140(5½)
可钻井眼直径,mm(in)	149~152(5⅞~6)	114~120(4½~4¾)
可钻曲率半径,m	12~18	12
最大井底温度,℃(℉)	126(260)	126(260)
铰接钻杆外径,mm(in)	114(4½)	95(3¾)
油管外径,mm(in)	73(2⅞)	73(2⅞)

3. Preussag 公司的井下驱动型铰接马达系统(ADM)

德国 Preussag 公司在其产品 ADS 的基础上,推出了改进型的井下驱动型铰接马达 ADM 系统,其结构如图 7-3 所示。

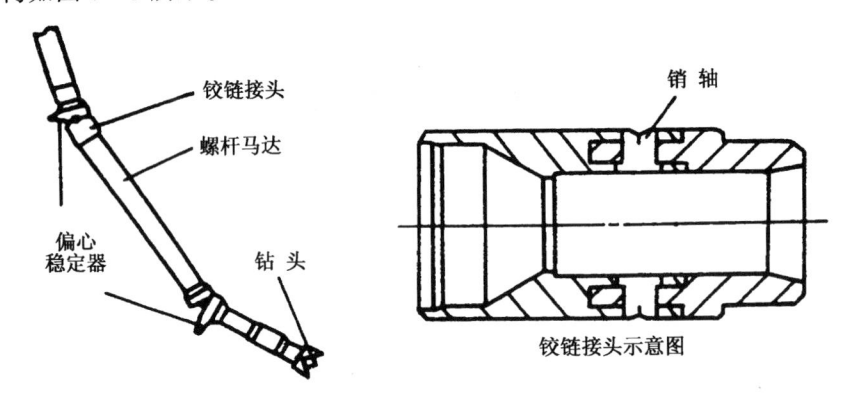

图 7-3 Preussag 公司 ADM 系统结构示意图

ADM 系统的基本结构与上述井下驱动型铰接肘链式马达系统相近,除采用铰接钻柱外,螺杆钻具部分也采用分段铰接的方式,并配置偏心稳定器和侧钻钻头,从而构成短半径水平井造斜组合。目前这种工具主要有 3 种尺寸系列:ϕ120mm(4¾in 螺杆马达),ϕ171mm(6¾in 螺杆马达)和 ϕ203mm(8in 螺杆马达);分别可钻的井眼直径为:ϕ146~171mm(5¾~6¾in),ϕ213~251mm(8⅜~9⅞in),和 ϕ248~311mm(9¾~12¼in);相应的曲率半径可达 20m,35m 和 65m 左右。

4. Sperry Sun 公司的井下驱动型短半径工具系统

图 7-4 是 Sperry Sun 公司的短半径工具系统,其设计类似于上述提到的 Preussag 公司的 ADS 系统:该系统是用螺杆马达作为井下动力部件(其上接常规钻杆,不旋转);马达以下是弯曲的铰接式传动轴,可在一个平面内产生弯曲;传动轴外壳不旋转,其中通过轴承组合装有旋转的心轴,它把轴力、马达转矩传递给钻头。钻井液是通过心轴内孔进行循环的。

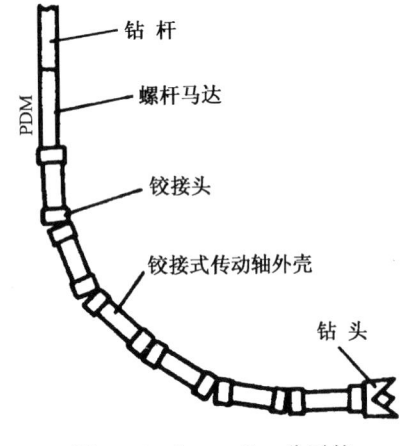

图 7-4 Sperry Sun 公司的短半径工具系统

5. 中国研制的 JLZ120 型井下驱动铰接肘链式短半径井下马达系统

图 7-5 示出了由原中国石油天然气总公司石油勘探开发科学研究院研制的 JLZ120 型短半径马达系统。该系统包括：井下铰接造斜马达、稳斜马达以及由柔性接头与短钻铤组成的铰接钻杆组合。在马达组合的传动轴和万向轴壳体中间，有一个可调角度的铰链接头，可根据造斜率要求调整为不同单弯角度。当弯曲钻进时，用较大角度；当水平钻进时，采用较小角度，并通过调整和控制工具面，以钻出小幅度起伏的波浪式"水平井"井段。

本章将在第二节对这种铰接肘链式马达组合的力学模型、特性分析和总体设计方法作详细讨论。

二、中短半径水平井的常用工具

中短半径水平井，通常是指井眼曲率 $K > (20° \sim 70°)/30\text{m}$（相应曲率半径约为 $85 \sim 24\text{m}$）的水平井。它介于中半径水平井与短半径水平井之间，因此所采用的工具

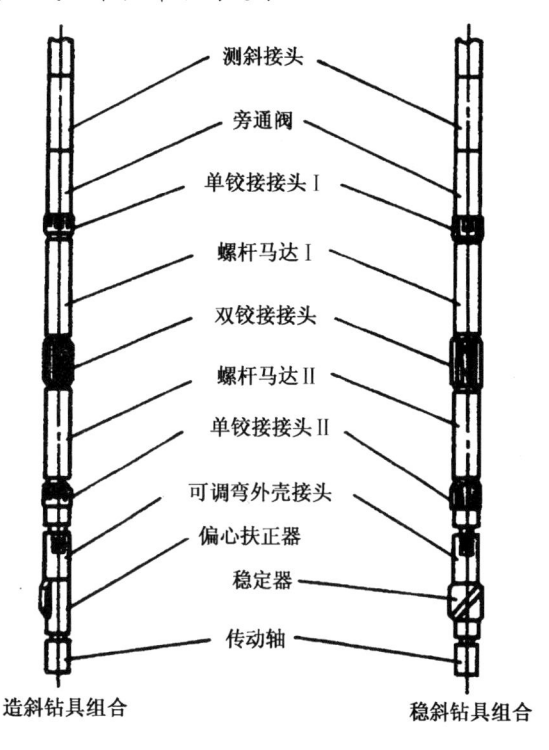

图 7-5 国产 JLZ120 型铰接肘链式短半径马达系统

类型是二者兼而有之：有井眼曲率较小的中短半径水平井中，可用造斜率较高的中半径型工具（如大角度同向双弯或三弯造斜马达）；在井眼曲率较大的中短半径水平井中，可采用造斜率较低的短半径工具（如 ADM 系统）。

在实践中遇到较多的是 $K = 1°/\text{m}$ 左右的中短半径井段的造斜问题，对此可用如图 7-6 所示的常用工具，即同向双弯造斜马达及同向三弯造斜马达。它们的结构特征是：同向双弯马达有一个大角度单弯壳体（万向轴壳体）和与之共面的弯接头（在马达上端），不用稳定器（为防止造斜时抵上井壁而阻碍造斜）或采用偏心稳定器，也可采用垫块；同向三弯马达与上述同向双弯马达的区别在于把大角度弯壳体换成同向双弯壳体（即 DKO）。

这两种工具实质上是中半径水平井同类工具的延伸和发展。由于弯壳体的弯角值较大（一般约在 3°左右），以及工具外径较小，所以在侧钻小井眼中短半径水平井时，可得到 1°/m 左右的造斜率。

这些工具的力学分析方法、造斜率预测计算和工具设计方面与本书前几章介绍的中半径工具相同，因此不再赘述。

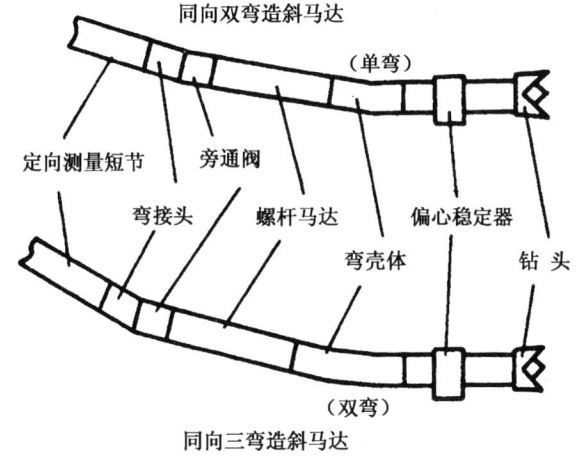

图 7-6 同向双弯和同向三弯中短半径造斜马达

三、超短半径水平井的常用工具

如前所述,超短半径水平井是曲率半径在1m左右甚至接近于零的特殊水平井。用超短半径水平井可在直井眼周围的薄油层内,依次钻出成辐射状的多口径向泄油孔,以开采采油井周围的原油。由于采用清水作为钻井液,对储层损害较小。因此,钻超短半径水平井也是提高原油产量和采收率的一种重要手段。

超短半径水平井的工具与工艺和以前介绍的长、中、短(中短)半径水平井工具与工艺差别甚远。国外研究和开发这一技术的公司主要有Penetractors公司、Petrolphysics公司、Bechtel公司等。国内有关科研单位和院校也在研究此类工具装备和钻井工艺。由于Penetractors公司的超短半径钻井系统所钻水平井眼长度过短(10ft),而Petrolphysics公司的工具系统则可在疏松地层及较松软岩石中钻出较长的水平段(100~200ft)[2],因此以下仅对这种工具系统加以简介。

图7-7给出了Petrolphysics公司与Bechtel公司联合研制的超短半径水平井钻井系统的示意图。其中(a)图为1980年推出的第一代产品,(b)图为1986年改进推出的第二代产品[2]。

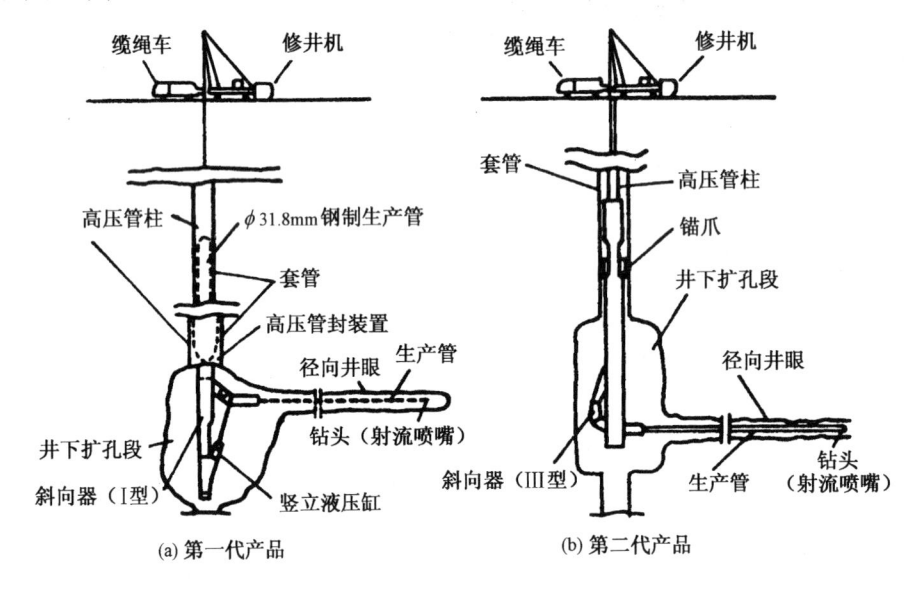

图7-7 超短半径水平井钻井系统

此类超短半径钻井系统主要有如下部分组成:

(1)钻头(射流喷嘴)。该系统采用高压水射流来破碎岩层。由地面机泵组提供的压力高达70MPa的清水,经管柱系统并最终从装在生产管前端的射流喷嘴射出,形成锥状射流切割岩石。

(2)生产管。它是一个外径ϕ31.75mm(1¼in)、内径ϕ26.2mm的钢管,前端装有射流喷嘴。它在送钻装置(钢绳控制系统)的作用下向前推进,并在完井射孔后作为生产油管。

(3)斜向器。其功能是使生产管在井内弯转90°,为此,斜向器装在井底被扩大的空间内。第一代超短半径钻井系统采用Ⅰ型斜向器,它由弯曲导管和支撑液压缸组成(见图7-7(a)),因而需要较大直径(1.22m)的扩眼空间。第二代短半径钻井系统采用Ⅲ型斜向器,它由弯曲导管、侧向板和转换连接装置组成,可使弯曲导管对横向钻进方位产生反向弯曲,因而仅需要相对较小直径(0.61m)的扩眼空间。这是第二代产品比第一代产品的重大改进之一。

(4)送钻装置(速度控制系统)。它由地面的缆绳车与井下控制机构组成,其作用在于保持送钻并控制钻速。第二代产品较第一代产品在井下控制机构方面做了较大改进。

(5)方向控制系统。第一代产品不能进行较精确的轨道控制,而第二代产品则研制了专门的侧喷射系统用来控制钻进方向。

(6)测量装置。第一代产品采用Ⅰ型井斜仪。第二代产品采用Ⅴ型测斜仪,这是一个外径为 ϕ22.9mm(0.9in)的柔性专用测量仪器,具有较高的井斜、方位测量精度(当通过直径为 ϕ31.75mm 挠性管时即可测出井眼曲率),并打印出井斜、方位、井深数据。

(7)地面机泵组。超短半径水平井钻井系统采用的钻机为普通修井机。高压泵采用压裂泵(1177kW,约 70MPa)。

(8)完井系统。它包括完井管柱(生产管及柔性割缝衬管)和特殊电化学切割射孔装置。一般常把生产管切割,射孔留在井内,采用裸眼完井或砾石充填完井。

其他有关超短半径水平井钻井技术的问题,因篇幅所限本书不再详述,读者可进一步查阅专门资料和文献。

第二节 短半径水平井铰接肘链式马达的受力变形分析与总体设计要点

在本章第一节中介绍了几种常用的短半径水平井的专用钻井工具,可知铰接肘链式井下马达是目前最选进的,也是最具吸引力的短半径水平井钻井工具系统,它有良好的技术性能并有广阔的应用和发展前景[12]。

虽然国外已有一些技术文献介绍过铰接肘链式井下马达组合系统的有关基本概念、基本结构特征和在钻井中的应用,但是,至今尚未见到国外有关讨论这种工具系统力学分析和设计方法的文献发表。而实际上这一工作极端重要,它是正确设计铰接式井下马达组合系统,使之满足工艺要求的理论基础。笔者根据国内"八五"科技攻关的需要,开展了这一方面的研究工作[4,6],研究结果已用于国产 JLZ 型铰接肘链式井下马达组合系统的总体设计,并在钻井实验中得到初步验证。

本章将针对以国产 JLZ120 型工具为代表的短半径水平井铰接肘链式井下马达系统(如图 7-8),给出一种计算该系统造斜率的预测公式;建立该系统的力学分析模型,并对其受力变形特性与结构参数、井眼几何参数和钻井工艺参数间的定量关系进行分析;给出确定上部柔性钻铤组合中铰链接头间的最大间距和铰链接头最小转角计算公式,并讨论铰接式井下马达组合系统的总体设计方法和要点。

一、铰接式井下马达组合系统的分析计算

对铰接式井下马达组合系统造斜能力的计算,集中反映了工具设计师对造斜机理的认识观点,是指导工具系统结构设计的理论基础。当前国外有关文献曾提出过两种计算公式和方法,即"三点定圆法"[10](three point geometry)和"倾角法"[8](又称 warren's method),强调部分结构参数决定了工具系统的造斜率。

笔者认为,井眼轨道即钻头轨迹,实际上是有一定姿态(以钻头倾角表征)的钻头受钻压与侧向力共同作用于地层的结果。因此,铰接式井下马达组合系统的造斜率不仅与上述两种方法提到的部分参数有关,而且诸多结构参数、井眼几何参数、钻井工艺参数及地层特性参数(这4类参数将在下文提及)都影响工具系统的实际造斜率。因此,在理论研究与钻井经验基础

上，笔者提出一种新的计算造斜率公式：

$$K = \frac{2}{L}\left[\text{arctg}\frac{C_k(R_b + F_a)}{P_b} + \theta_b\right] + K_i \tag{7-1}$$

式中 K——工具系统的造斜率(将钻出的井眼曲率)；

L——近钻头支点(稳定器或垫块中点)至钻头底面的距离；

K_i——工具系统下部所在的井眼平均曲率；

R_b——钻头侧向力(与工具系统的结构、井眼几何形状和钻井工艺参数有关，可由力学模型计算确定)；

F_a——地层力(由钻压和地层参数确定)；

P_b——钻压；

C_k——切削系数(与钻头、地层类型有关，可由实验确定)；

θ_b——钻头倾角(可由力学模型确定)。

钻头倾角 θ_b 实际上包括两部分，即

$$\theta_b = \theta_S + \theta_L \tag{7-2}$$

式中 θ_S——因钻具变形造成的钻头转角(由力学模型确定)；

θ_L——因钻具刚性位移造成的钻头转角。

$$\theta_L = \frac{D_0 - D_{s1}}{2L} \tag{7-3}$$

此处 D_0 表示井眼直径，D_{s1} 表示近钻头稳定器或垫块直径。

当工具由直井眼中进行初时造斜时，$K_i = 0$，侧向力 R_b 表现为最大值；铰接式井下马达组合系统工作在较小钻压(P_b)下，与钻压成线性关系的地层力 F_a 值较小，与 P_b 相比可以忽略，因而式(7-1)可近似简化为

$$K = \frac{2}{L}\left[\text{arctg}\frac{C_k R_b}{P_b} + \theta_b\right] \tag{7-4}$$

从理论上可以证明，"倾角法"实际上是式(7-1)、式(7-4)在忽略井下马达组合受力变形(即 $R_b = 0$，$\theta_S = 0$)时特例。

由上述分析可知，要确定铰接式井下马达组合系统的造斜率和进行合理的结构设计，必须对其建立力学模型并进行受力变形分析。

二、力学模型的建立与受力变形分析

图 7-8 所示的铰接式井下马达组合系统的基本特点之一是系统上部的所有铰链接头均为平面铰链，而且这些平面铰链均作用在系统下部马达组合的结构弯角所确定的平面内。

1. 基本假设

(1)BHA 的变形为弹性体系小变形且结构弯角 γ 不变。

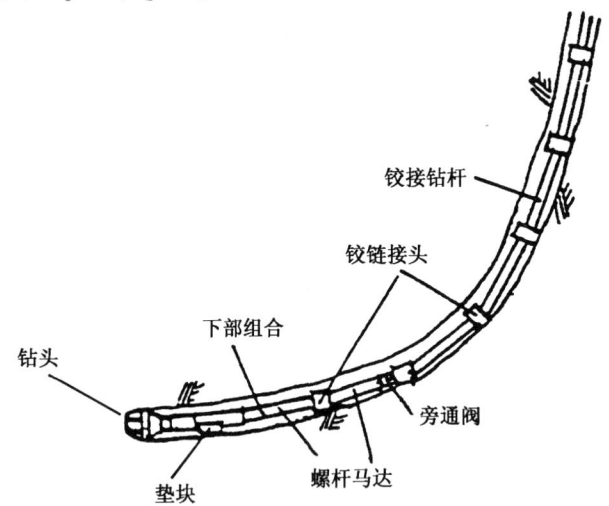

图 7-8 短半径水平井铰接肘链式井下马达的总体结构

(2)井壁为刚性,且井眼尺寸沿井身不变。
(3)稳定器(或偏心垫块)和铰链接头与井壁成点接触。
(4)钻压视为常量且其作用线沿井眼轴线的切线方向。
(5)不考虑转动、振动等动态因素影响。

2. 力学模型及其求解

现以二维井身条件(即井眼轴线为铅垂平面内的一段圆弧,曲率半径为 R)为例建立力学模型,如图 7-9 所示,铰接式井下马达组合系统的下部 BHA(从第一个铰链接头处与上部分

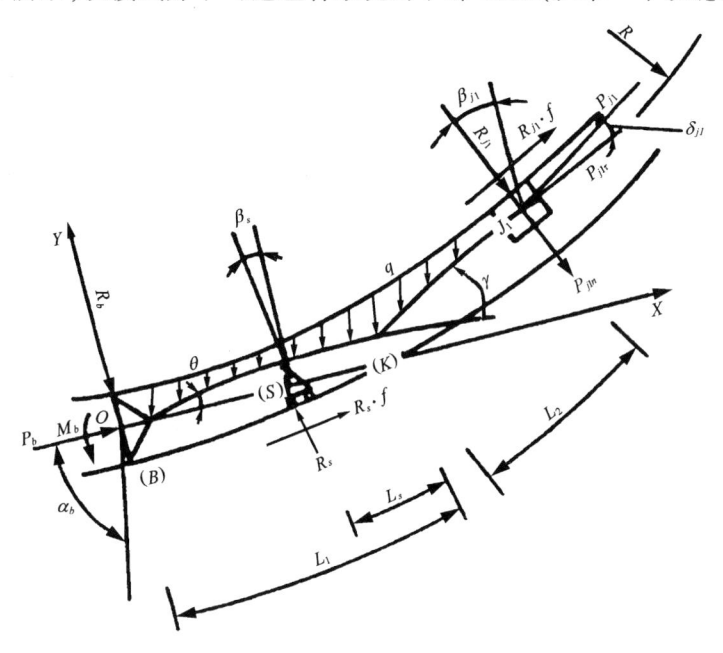

图 7-9 铰接肘链式马达的力学分析模型

开)可被简化为一个以钻头和稳定器(偏心垫块)为支座的受有纵横弯曲载荷作用的带弯角的处伸梁,并建立 OXY 直角坐标系,O 为钻头底面中心。BHA 受钻压 P_b,钻头处弯矩 M_b,钻头侧向力 R_b,稳定器(偏心垫块)S 处的支反力 R_s 和摩擦力 $R_s \cdot f$,铰链接头 J_1 处的支反力 R_{j1} 和磨擦力 $R_{j1} \cdot f$,上部钻具对铰链接头的作用力 P_{j1},以及下部组合 BHA 的自重造成的载荷集度 q。通过对图 7-9 所示的弯角处伸梁建立平衡方程、分段间的变形协调条件和判断上铰链接头的位置关系,可求解出铰链接头处的支座反力及计算过程所需的一些几何参数,最终可求得钻头侧向力 R_b 和钻头倾角 θ_b 如下:

$$R_b = \frac{1}{X_s}(K_{rjb} \cdot R_{j1} - K_{rsb} \cdot R_s + K_{pj\tau b} \cdot P_{j1\tau} + K_{qb} \cdot q - M_b - P_b \cdot Y_s) \quad (7-5)$$

$$\theta_b = C_{bs} \cdot K + E_{bs} \quad (7-6)$$

其中

$$P_{j1\tau} = \frac{P_b + R_s(f \cdot \cos\beta_s - \sin\beta_s) + R_{j1}(f\cos\beta_{j1} + \sin\beta_{j1}) - q(L_1 + L_2)\cos\alpha_b}{\cos\beta_{j1} - \text{tg}\delta_{j1} \cdot \sin\beta_{j1}}$$

$$(7-7)$$

$$R_s = \frac{1}{K_{rs}}(-M_b + K_{rjs} \cdot R_{j1} + K_{pj\tau s} \cdot P_{j1\tau} + K_{qs} \cdot q) \quad (7-8)$$

$$K_{rjs} = (X_{j1}\cos\beta_{j1} - y_{j1}^*\sin\beta_{j1}) - f(X_{j1}\sin\beta_{j1} - y_{j1}^*\cos\beta_{j1}) \tag{7-9}$$

$$K_{pj\tau s} = (X_{j1}\sin\beta_{j1} - y_{j1}^*\cos\beta_{j1}) + \text{tg}\delta_{j1}(X_{j1}\cos\beta_{j1} + y_{j1}^*\sin\beta_{j1}) \tag{7-10}$$

$$K_{rs} = (L_1 - L_2)\cos(\beta_s - \theta) + f\left[\frac{1}{2}D_s + (L_1 - L_2)\sin(\beta_s - \theta)\right] \tag{7-11}$$

$$K_{qs} = \frac{1}{2}\sin\alpha_b[L_1^2\cos\theta + 2L_1L_2\cos\theta + L_2^2\cos(\gamma + \theta)] \tag{7-12}$$

$$y_{j1}^* = \begin{cases} R - \sqrt{(R - e_{j1})^2 - X_{j1}^2} & (R_{j1} > 0) \tag{7-13} \\ L\sin\theta + L_2\sin(\gamma + \theta) & (R_{j1} = 0) \tag{7-14} \end{cases}$$

$$K_{rjb} = (x_{sj1}\cos\beta_{j1} + y_{sj1}^*\sin\beta_{j1}) - f(x_{sj1}\sin\beta_{j1} - y_{sj1}^*\cos\beta_{j1}) \tag{7-15}$$

$$K_{pj\tau b} = (x_{sj1}\sin\beta_{j1} - y_{sj1}^*\cos\beta_{j1}) - \text{tg}\delta_{j1}(x_{sj1}\sin\beta_{j1} + y_{sj1}^*\sin\beta_{j1}) \tag{7-16}$$

$$K_{qb} = \frac{1}{2}\sin\alpha_b[L_s^2\cos\theta + 2L_sL_2\cos\theta + L_2^2\cos(\gamma + \theta) - (L_1 - L_2)^2\cos\theta] \tag{7-17}$$

$$K_{rsb} = \frac{1}{2}D_s \cdot f \tag{7-18}$$

$$x_s = (L_1 - L_s)\cos\theta \tag{7-19}$$

$$y_s = (L_1 - L_s)\sin\theta \tag{7-20}$$

$$x_{sj1} = x_{j1} - x_s \tag{7-21}$$

$$Y_{sj1}^* = y_{j1}^* - y_s \tag{7-22}$$

$$C_{bs} = \frac{(y_s - B_{bs}\cos Kx_s - D_{bs}x_s^2 + E_{bs} - F_{bs})}{\sin Kx_s} \tag{7-23}$$

$$E_{bs} = -\frac{R_b}{P_{bj}} \tag{7-24}$$

$$K = \sqrt{\frac{P_{bj}}{EI}} \tag{7-25}$$

上述公式中涉及到很多中间量，这与力学分析过程有关。为便于理解和应用，以下给出力学分析过程中的几个关键步骤。

1）二维井身曲线的描述方程

设二维井身曲线为一圆弧段，如图 7-10 所示，则曲线方程为

$$y = R - \sqrt{R^2 - x^2} \tag{7-26}$$

其中 R 为井眼轴线的平均曲率半径。

2）BHA 中铰链接头位置判断

在曲率半径（指井眼中心线）为 R 的井眼内，铰链接头的位置完全取决于 BHA 的结构参数。而铰链接头的位置是可以根据中心点处的坐标来判断的，即可以根据中心点 J_1 处的坐标来判断铰链接头是否吃入井壁，是否与下井壁接触等问题。

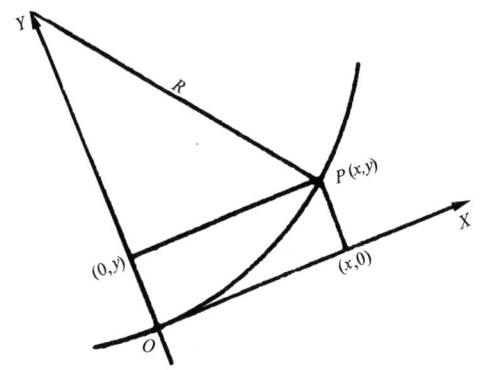

图 7-10 二维井身曲线描述

设：当不存在井壁约束时，J_1 点的坐标为 x_{j1} 和 y_{j1}，铰链接头与井壁的间隙为 e_{j1}，则有如下条件：

（1）当 $y_{j1} > R - \sqrt{(R - e_{j1})^2 - x_{j1}^2}$ 时，铰链接头与上井壁接触，即井壁对铰链接头的支反力 $R_{j1} > 0$。

(2)当 $y_{j1} < R - \sqrt{(R+e_{j1})^2 - x_{j1}^2}$ 时,铰链接头与下井壁接触,即井壁对铰链接头的支反力 $R_{j1} < 0$。

(3)当 $R - \sqrt{(R+e_{j1})^2 - x_{j1}^2} \leqslant y_{j1} \leqslant R - \sqrt{(R-e_{j1})^2 - x_{j1}^2}$ 时,铰链接头既不与上井壁接触,也不与下井壁接触,即 $R_{j1} = 0$。

其中

$$x_{j1} = L_1 \cos\theta + L_2 \cos(\gamma + \theta)$$

$$y_{j1} = L_1 \sin\theta + L_2 \sin(\gamma + \theta)$$

$$e_{j1} = (D_0 - D_{j1})/2$$

3)几何参数 θ,β_s 和 β_{j1} 的确定

(1)钻头处钻具中心线与 X 轴的夹角 θ:

$$\theta = \frac{L_1 - L_s}{2R} - \frac{e_s}{L_1 - L_s} \tag{7-27}$$

其中 $e_s = (D_0 - D_S)/2$,是稳定器与井眼的间隙。

(2)稳定器(偏心垫块)处钻具中心点的切线与 X 轴的夹角 β_s:

$$\beta_s = \text{arctg} \frac{x_s}{\sqrt{(R+e_s)^2 - x_s^2}} \tag{7-28}$$

其中

$$x_s = (L_1 - L_s)\cos\theta$$

(3)铰链接头处钻具中心点的切线与 X 轴的夹角 β_{j1}:

$$\beta_{j1} = \begin{cases} \text{arctg} \dfrac{x_{j1}}{\sqrt{(r-e_{j1})^2 - x_{j1}^2}} & (R_{j1} > 0) \\ \text{arctg} \dfrac{x_{j1}}{\sqrt{R^2 - x_{j1}^2}} & (R_{j1} = 0) \end{cases} \tag{7-29}$$

4)井壁对铰链接头的约束反力 R_{j1} 的确定

由于钻头侧向力 R_b 与钻头处弯矩 M_b,钻压 P_b,井壁对铰链接头处的约束反力 R_{j1},井眼几何参数和 BHA 结构参数有关,而当钻压 P_b 与钻头处弯矩 M_b 已知时,要想分析 R_b 与井眼几何参数,BHA 结构参数的关系并计算 R_b,则先要确定 R_{j1} 的大小,而 R_{j1} 是根据 BHA 变形来确定的。

当不存在井壁对铰链接头的约束时,铰链接头中心 J_1 的坐标为 (x_{j1}, y_{j1});而当存在井壁的约束时,J_1 的坐标为 (x_{j1}, y_{j1}^*)。由于 $y_{j1}^* = R - \sqrt{(R-e_{j1})^2 - x_{j1}^2}$ 为已知,而 $y_{j1} > y_{j1}^*$,所以 R_{j1} 的大小与其变形量 $\Delta y_{j1} = y_{j1} - y_{j1}^*$ 有关。根据 BHA 的挠曲线方程在 J_1 点的坐标值 y_{kj1}(x_{j1})就可求出 R_{j1} 的大小来。

为了确定 R_{j1} 的大小,需要建立 BHA 的挠曲线方程。根据挠曲线方程,便可确定弯矩方程和剪力方程。为此,简化图 7-9 所示的力学模型可得到图 7-11 所示的 BHA 变形分析示意图。为了进行变形分析,首先需确定图 7-11 中的 Q_{j1} 和 P_{bj} 的大小,Q_{j1} 和 P_{bj} 可由下列两式求出:

平行于 X 轴方向的力 P_{bj} 为

$$P_{bj} = (P_b + P_1)/2 \qquad (7-30)$$

其中

$$P_1 = P_{j1\tau}(\cos\beta_{j1} - \text{tg}\delta_{j1}\sin\beta_{j1}) - R_{j1}(f\cos\beta_{j1} + \sin\beta_{j1})$$

垂直于 X 轴方向的力 Q_{j1} 为

$$Q_{j1} = P_{j1\tau}(\sin\beta_{j1} - \text{tg}\delta_{j1}\cos\beta_{j1}) + R_{j1}(\cos\beta_{j1} - f\sin\beta_{j1}) \qquad (7-31)$$

下面分别就 BS 段、SK 段、KJ_1 段进行变形分析,以求得 $y_{kj1}(R_{j1})$ 的关系式。

(1) BS 段变形分析。

挠曲线方程

$$y_{bs} = B_{bs}\cos Kx + C_{bs}\sin Kx + D_{bs}x^2 + E_{bs}x + F_{bs} \qquad (7-32)$$

弯矩方程

$$M_{bs} = EI y''_{bs} = EI(-B_{bs} \cdot K^2\cos Kx - C_{bs}K^2\sin Kx + 2D_{bs}) \qquad (7-33)$$

剪力方程

$$Q_{bs} = \frac{dM_{bs}}{dx} = EIK^3(B_{bs}\sin Kx - C_{bs}\cos Kx) \qquad (7-34)$$

钻头倾角方程

$$BTA = y'_{bs}(0) = C_{bs} \cdot K + E_{bs} \qquad (7-35)$$

其中

$$F_{bs} = -\frac{\overline{M}_b}{K^2} + \frac{\bar{q}\sec\theta}{K^4}$$

$$E_{bs} = -\frac{\overline{R}_b}{K^2}$$

$$D_{bs} = -\frac{\bar{q}\sec\theta}{2K^2}$$

$$B_{bs} = -F_{bs}$$

$$C_{bs} = \frac{(y_s - B_{bs}\cos Kx - D_{bs}x_s^2 + E_{bs}x_s - F_{bs})}{\sin Kx_s}$$

$$K = \sqrt{\frac{P_{bj}}{EI}}$$

$$\overline{M}_b = \frac{M_b}{EI}$$

$$\overline{R}_b = \frac{R_b}{EI}$$

$$\bar{q} = \frac{q\sin\alpha_b}{EI}$$

(2) SK 段变形分析。
挠曲线方程

$$y_{sk} = B_{sk}\cos Kx + C_{sk}\sin Kx + D_{sk}x^2 + E_{sk}x + F_{sk} \qquad (7-36)$$

弯矩方程

$$M_{sk} = EIy''_{sk} = EI(-B_{sk}K^2\cos Kx - C_{sk}K^2\sin Kx + 2D_{sk}) \qquad (7-37)$$

剪力方程

$$Q_{sk} = \frac{dM_{sk}}{dx} = EIK^3(B_{sk}\sin Kx - C_{sk}\cos Kx) \qquad (7-38)$$

其中

$$F_{sk} = -\frac{\overline{Q}_{j1}x_{j1} + \bar{q}L_2 x_{mkj1} + 0.5\bar{q}L_1 x_k}{K^2} + \frac{\bar{q}\sec\theta}{K^4} + y^*_{j1}$$

$$E_{sk} = \frac{\overline{Q}_{j1}}{K^2} + \frac{\bar{q}(L_1 + L_2)}{K^2}$$

$$D_{sk} = -\frac{\bar{q}\sec\theta}{2K^2}$$

$$C_{sk} = Z_2\sin Kx_s + Z_1\cos Kx_s$$

$$B_{sk} = Z_2\cos Kx_s - Z_1\sin Kx_s$$

$$Z_1 = -B_{sk}\sin Kx_s + C_{sk}\cos Kx_s$$

$$Z_2 = y_s - D_{sk}x_s^2 - E_{sk}x_s - F_{sk}$$

$$y^*_{j1} = R - \sqrt{(R - e_{j1})^2 - x_{j1}^2}$$

$$x_k = L_1\cos\theta$$

$$x_{mkj1} = L_1\cos\theta + 0.5[L_2\cos(\gamma + \theta)]$$

$$x_{j1} = L_1\cos\theta + L_2\cos(\gamma + \theta)$$

$$\overline{Q}_{j1} = \frac{Q_{j1}}{EI}$$

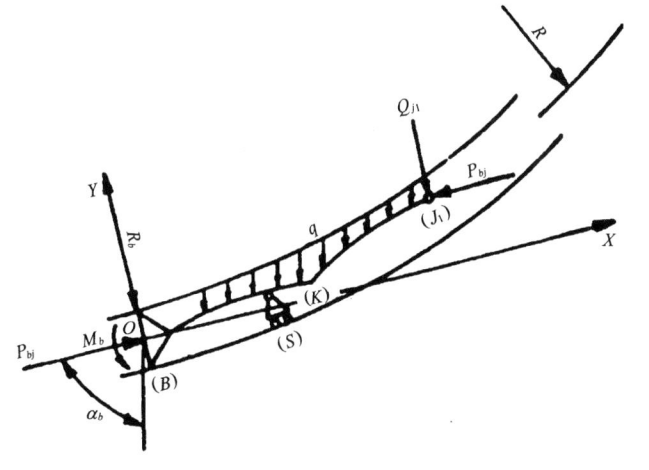

图 7-11 铰接式 BHA 变形分析示意图

(3) KJ_1 段变形分析。
挠曲线方程

$$y_{kj1} = B_{kj1}\cos Kx + C_{kj1}\sin Kx + D_{kj1}x^2 + E_{kj1}x + F_{kj1} \qquad (7-39)$$

在 y_{kj1} 中隐含 R_{j1}。
弯矩方程

$$M_{kj1} = EIy''_{kj1} = EI(-B_{kj1}K^2\cos Kx - C_{kj1}K^2\sin Kx + 2D_{kj1}) \qquad (7-40)$$

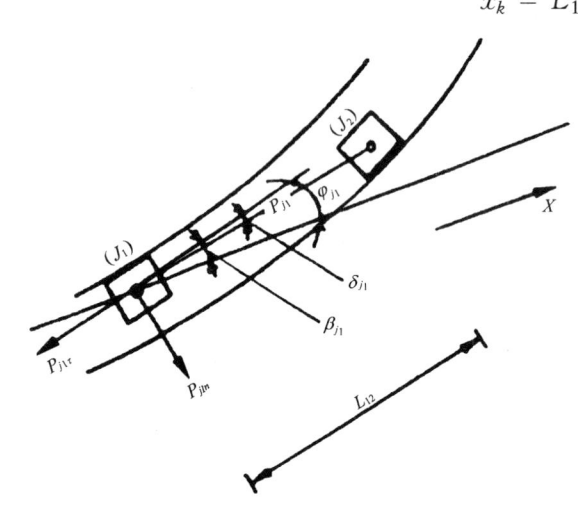

剪力方程

$$Q_{kj1} = \frac{\mathrm{d}M_{kj1}}{\mathrm{d}x} = EIK^3(B_{kj1}\sin Kx - C_{kj1}\cos Kx) \tag{7-41}$$

其中

$$F_{kj1} = -\frac{\overline{Q}_{j1}x_{j1} + 0.5\overline{q}x_{j1}^2\sec(\gamma+\theta)/2}{K^2} + \frac{\overline{q}\sec(\gamma+\theta)}{K^4} + y_{j1}^*$$

$$E_{kj1} = \frac{\overline{Q}_{j1}}{K^2} + \frac{\overline{q}x_{j1}\sec(\gamma+\theta)}{K^2}$$

$$D_{kj1} = -\frac{\overline{q}\sec(\gamma+\theta)}{2K^2}$$

$$C_{kj1} = Z_4\sin Kx_k + Z_3\cos Kx_k + \frac{\mathrm{tg}\gamma}{K}\cos Kx_k$$

$$B_{kj1} = Z_4\cos Kx_k - Z_3\sin Kx_k - \frac{\mathrm{tg}\gamma}{K}\sin Kx_k$$

$$x_k = L_1\cos\theta$$

根据式(7-39) y_{kj1} 隐含有 R_{j1}，因此，可由 y_{kj1} 确定 R_{j1} 的大小。

5) δ_{j1} 的确定

真正的 δ_{j1} 角是上部钻具施加于铰链接头 J_1 的力 P_{j1} 与其切向分量 $P_{j1\tau}$ 的夹角。但在没有分析上部钻具受力情况下，P_{j1} 的方向实际上是未知的。为了求 δ_{j1} 的大小，现将 P_{j1} 的方向作如下假设：设 P_{j1} 的方向就是上部钻具的轴线方向，如图 7-12 所示，则

$$\delta_{j1} = \varphi_{j1} - \beta_{j1}$$

图 7-12 δ_{j1} 的确定

其中

$$\varphi_{j1} = \arcsin\frac{x_{j1}^2 + (R-y_{j1})^2 + L_{12}^2 - (R+e_{j1})^2}{2L_{12}\sqrt{(R-y_{j1})^2 + x_{j1}^2}} + \arcsin\frac{x_{j1}}{\sqrt{(R-y_{j1})^2 + x_{j1}^2}} \tag{7-42}$$

$$\beta_{j1} = \begin{cases} \dfrac{x_{j1}}{\sqrt{(R-e_{j1})^2 - x_{j1}^2}} & (R_{j1} > 0) \\ \dfrac{x_{j1}}{\sqrt{R^2 - x_{j1}^2}} & (R_{j1} = 0) \end{cases} \tag{7-43}$$

$$x_{j1} = L_1\cos\theta + L_2\cos(\gamma+\theta)$$

$$y_{j2} = \begin{cases} R - \sqrt{(R-e_{j1})^2 - x_{j1}^2} & (R_{j1} > 0) \\ L_1\sin\theta + L_2\sin(\gamma+\theta) & (R_{j1} = 0) \end{cases}$$

$$e_{j1} = (D_0 - D_{j1})/2$$
$$e_{j2} = (D_0 - D_{j2})/2$$

三、力学模型的程序化

为了计算 R_b 的大小并分析它与各参数间的关系,需对上述力学模型程序化。该程序主要由基本参数输入部分、迭代求解 R_{j1} 部分和结果输出部分组成。

1. 基本参数输入部分

1) 下部钻具组合结构参数
- 弹性模量 E
- 钢密度 γ_s
- 钻头直径 D_B
- 钻具外径 D_{to}
- 钻具单位长度重量 q
- 结构弯角 γ
- 钻头到弯点的长度 L_1
- 弯点到铰链接头 J_1 中心的长度 L_2
- 弯点到稳定器(偏心垫块)中点的长度 L_s
- 稳定器(偏心垫块)外径 D_s
- 铰链接头 J_1 的外径 D_{j1}
- 铰链接头 J_2 的外径 D_{j2}
- 两铰链接头间的长度 L_{12}

2) 井眼几何参数
- 井眼曲率半径 R
- 井眼直径 D_0
- 井斜角 α

3) 钻井工艺参数
- 钻压 P_b
- 钻井液密度 γ_m
- 井眼与钻具间的摩擦系数 f

2. 结果输出部分
- 钻头侧向力 R_b
- 钻头倾角 θ_b
- 井壁对稳定器(偏心垫块)的支反力 R_s
- 井壁对铰链接头 J_1 的支反力 R_{j1}
- BHA 各截面的挠度 y
- BHA 各截面的剪力 Q
- BHA 各截面的弯矩 M

四、参数敏感性分析

由上述可知,1)、2)、3)三类参数对钻头侧向力 R_b 和钻头倾角 θ_b 有影响,并进一步影响工具系统的造斜率。分析 R_b 与这些参数间的关系对指导工具设计有重要意义。以下进行单因素敏感分析,即讨论某参数与 R_b 的关系时,只有该参数是变化的,其他参数固定不变。

1. 结构弯角 γ 对钻头侧向力 R_b 的影响(图 7-13)

结构弯角 γ 对钻头侧向力 R_b 的影响较大。当 γ 较小时,可能出现铰链接头不与上井壁接触的情形,即 $R_{j1}=0$。在这种情况下,γ 越小,侧向力 R_b 越大。但 γ 角有下限,因为 γ 角再小时,铰链接头可能吃入下井壁,即 $R_{j1}<0$,这种情况是应该避免的。当 γ 角较大且使铰链接头与上井壁接触时,即 $R_{j1}>0$,在这种情况下,钻头侧向力 R_b 随 γ 角的增加而近似呈线性地迅速增大,如图 7-13 所示。

2. 稳定器(偏心垫块)位置 L_s 对钻头侧向力 R_b 的影响(图 7-14)

稳定器位置对钻头侧向力的影响也比较大,且具有特殊性。稳定器位置对钻头侧向力的影响存在一个临界点,在临界点以前,稳定器离钻头越近,则侧向力越大;而在临界点以后,稳定器离钻头越远,则侧向力也越大。但对于给定的 BHA 结构和井眼曲率可能只出现其中一种情况,如图 7-14 所示。

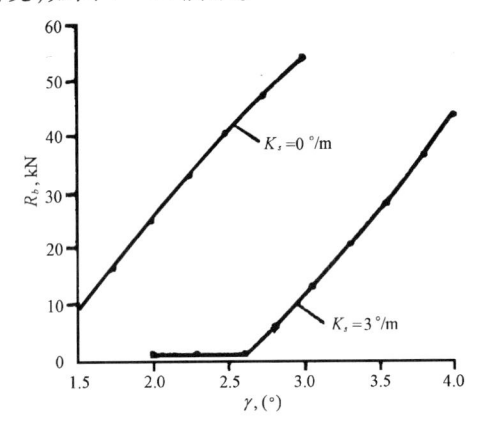

图 7-13 γ 对 R_b 的影响　　　　图 7-14 L_s 对 R_b 的影响

3. 稳定器直径 D_s 对钻头侧向力 R_b 的影响(图 7-15)

稳定器直径对钻头侧向力的影响较大。当 $R_{j1}>0$ 时,即铰链接头与上井壁接触,钻头侧向力随稳定器直径 D_s 的增大而近似呈线性增大,如图 7-15 所示。

4. 第一铰链接头 J_1 的直径 D_{j1} 对钻头侧向力 R_b 的影响(图 7-16)

第一铰链接头直径 D_{j1} 对钻头侧向力影响较大。钻头侧向力 R_b 随 D_{j1} 的增大而近似呈线性增加,如图 7-16 所示。

5. 钻头到弯点 K 的距离 L_1 对钻头侧向力 R_b 的影响(图 7-17)

钻头到弯点 K 的距离 L_1 对钻头侧向力的影响较大,随着 L_1 的增加,钻头侧向力 R_b 呈图 7-17 所示趋势减小。

6. 弯点 K 到第一铰链接头中心的距离 L_2 对钻头侧向力 R_b 的影响(图 7-18)

弯点到第一铰链接头中心的距离 L_2 对钻头侧向力 R_b 的影响较大。随着 L_2 的增加,钻头侧向力呈图 7-18 所示的趋势而变化。

7. 钻具刚度 EI_d 对钻头侧向力 R_b 的影响(图 7-19)

钻具刚度 EI_d 对钻头侧向力的影响较大。随着刚度 EI_d 的增加,钻头侧向力 R_b 近似呈线性增大,如图 7-19 所示。

8. 井眼扩大量 e_b 对钻头侧向力 R_b 的影响(图 7-20)

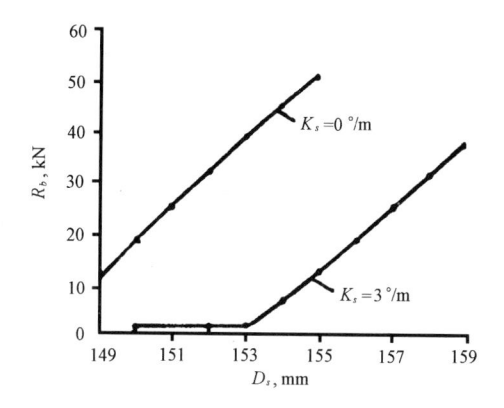

图 7-15 D_s 对 R_b 的影响

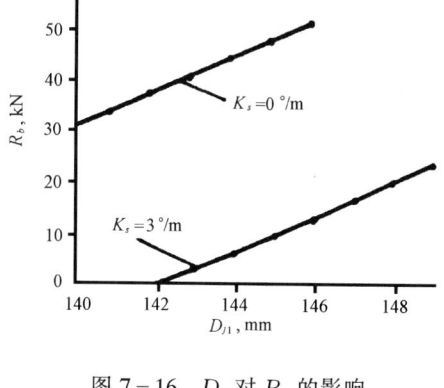

图 7-16 D_{J1} 对 R_b 的影响

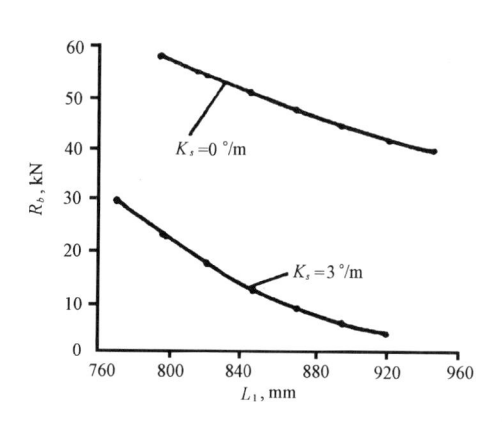

图 7-17 L_1 对 R_b 的影响

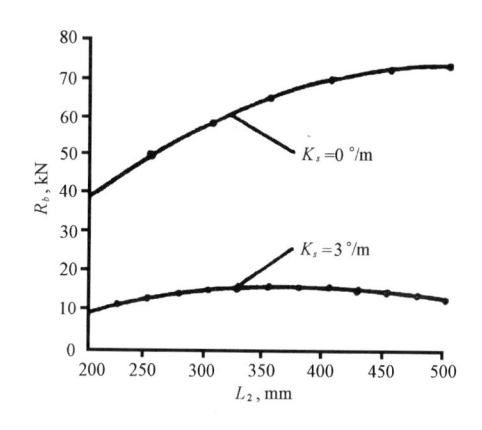

图 7-18 L_2 对 R_b 的影响

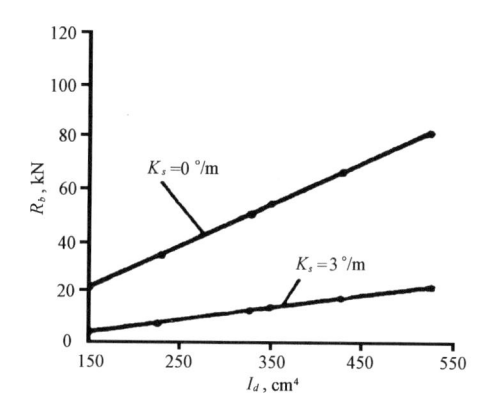

图 7-19 I_d 对 R_b 的影响

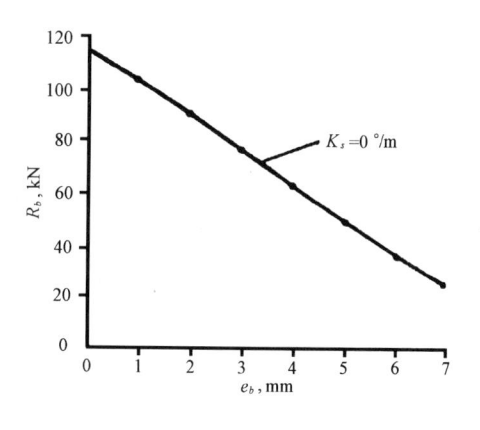

图 7-20 e_b 对 R_b 的影响

井眼扩大对钻头侧向力影响很大,钻头侧向力 R_b 随井眼扩大量的增加而近似呈线性减小,如图 7-20 所示。

9. 井眼曲率 K_s 对钻头侧向力 R_b 的影响(图 7-21)

井眼曲率 K_s 对钻头侧向力 R_b 的影响较大。随井眼曲率增大,钻头侧向力近似呈线性减小,如图 7-21 所示。

10. 井眼摩阻系数 f 对钻头侧向力 R_b 的影响(图 7-22)

钻头侧向力 R_b 随摩阻系数的增大而呈线性减小,但这种减小趋势比较平缓,即影响不大,如图 7-22 所示。

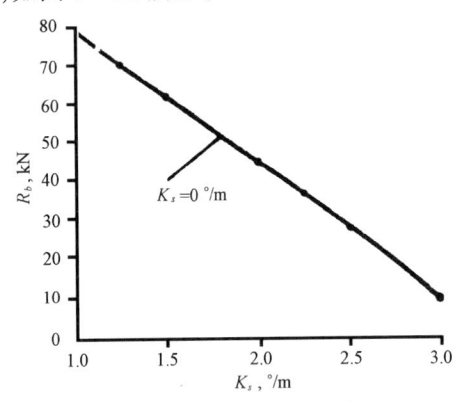

图 7-21　K_s 对 R_b 的影响　　　　　图 7-22　f 对 R_b 的影响

11. 钻压 P_b 对钻头侧向力 R_b 的影响(图 7-23)

钻压 P_b 对钻头侧向力 R_b 几乎没有影响,但它作为一个重要的工艺参数对造斜率和钻速等影响较大,如图 7-23 所示。

12. 井斜角 α 对钻头侧向力 R_b 的影响(图 7-24)

井斜角 α 对钻头侧向力的影响甚小,如图 7-24 所示。

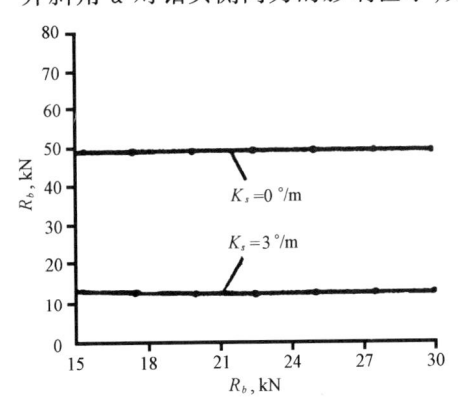

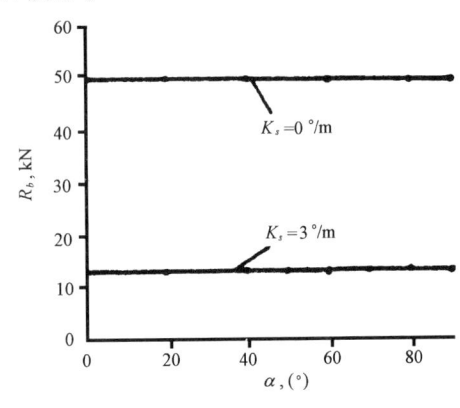

图 7-23　P_b 对 R_b 的影响　　　　　图 7-24　α 对 R_b 的影响

13. 第二铰链接头 J_2 的直径 D_{J2} 对钻头侧向力 R_b 的影响(图 7-25)

钻头侧向力 R_b 几乎不受 D_{J2} 的影响,如图 7-25 所示。

14. 第一、第二铰链接头中心距离钻头侧向力 R_b 的影响(图 7-26)

第一铰链接头 J_1 的中心到第二铰链接头 J_2 中心的距离对钻头侧向力 R_b 几乎没有影响,如

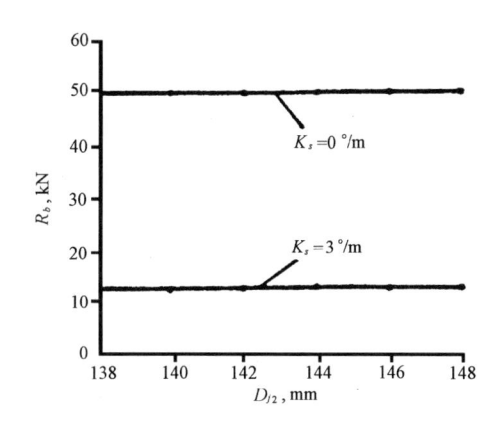

图 7-25 D_{j2} 对 R_b 的影响

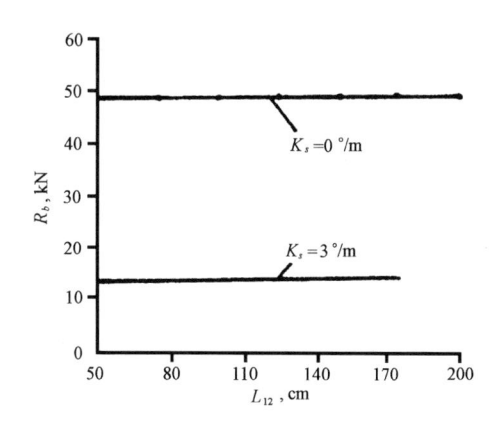

图 7-26 L_{12} 对 R_b 的影响

图 7-26 所示。

五、柔性钻柱铰链接头间的最大距离和铰链最小转角的计算

在对铰接式井下马达组合系统的柔性钻柱部分进行结构设计时,必须保证铰链接头间的钻铤能够顺利通过下部马达组合钻出的弯曲井段。如果钻铤长度即两铰链接头中心间的距离过长,或铰链接头的许用转角范围过小,都会阻碍柔性钻柱部分通过弯曲井眼,严重时会引起结构破坏。

从理论上讲,除了最下部的第一个铰链接头外,其余的铰链接头只产生单向转动,即当它们发生转动时,钻柱的弯曲方向与马达弯角方向一致。由上述的力学模型及分析可知,第一铰链接头在钻进中可能发生双向转动,因此在进行结构设计时要充分予以保证。

笔者曾建立过讨论一般钻柱在定向井中通过能力的变形模型、刚性模型和间隙模型。对铰接式柔性钻柱,应选用刚性模型。由几何关系分析可知,对曲率半径为 R 的短半径水平井,两铰链中点的临界间距值 L_{rc} 和铰链接头单向转动的临界转角值 θ_c 由下列公式确定:

$$L_{rc} = 2\sqrt{(R+D_0)^2 - [R+\frac{1}{2}(D_s+D_j)]^2} \tag{7-44}$$

$$\theta_c = 2\mathrm{arctg}\frac{\sqrt{(R+D_0)^2 - [R+\frac{1}{2}(D_s+D_j)]^2}}{R+D_t} \tag{7-45}$$

其中 D_0 为井眼直径,D_t 为马达外径,D_s 为稳定器直径,D_j 为铰链接头直径。

实际结构中的铰链间距值 L_j 应不大于 L_{rc},铰链的许用转角值 θ_j 应不小于 θ_c。

六、铰接式井下马达组合总体设计方法要点

铰接式井下马达组合系统的总体设计,是指合理选择该系统的外部结构尺寸,使之能达到预定的造斜率并满足强度要求。马达和铰链接头的详细内部结构不属本书的讨论范围。

总体设计实质上是一个协调性能与强度这一矛盾的结构优化过程,尤其是马达下部组合设计,常需多次反复计算才能确定最佳方案。

1. 柔性钻柱串设计

(1)根据井身设计确定柔性钻柱串的总长。

(2)确定铰链间距 L_j 和铰链许用转角值 θ_j,以保证

$$L_j \leqslant L_{rc}, \quad \theta_j > \theta_c \tag{7-46}$$

(3)对柔性钻柱串进行强度校核。

2. 造斜马达总体设计

力学分析表明,对钻头侧向力 R_b 影响显著的井眼几何参数是井眼曲率,结构参数主要是:结构弯角、弯点位置、稳定器(偏心垫块)位置、铰链接头外径、铰链接头至弯点距离等。造斜马达的总体设计就是利用软件优选上述结构参数,使方案同时满足造斜功能和强度要求。

还要注意下述问题:

(1)对造斜马达,推荐采用偏心垫块取代近钻头稳定器,以免稳定器在曲率半径较小的井眼中干涉上井壁从而影响造斜。

(2)在确定弯点位置和弯角大小时,要避免内部尺寸限制造成万向轴与壳体内壁的运动干涉。

(3)校核在弯曲井眼中钻头上的侧向力值,确保工具能达到预定的造斜率。

(4)尽量降低工具薄弱环节处的应力值。

3. 稳斜马达总体设计

为保证采用稳斜马达在钻水平段时具有调整井段和校正方位的能力,对稳斜马达采用弯角结构使之具有工具面是必要的。也就是说,稳斜马达实质上是一个有较小弯角和有一定造斜能力的造斜马达。在钻进过程中,适当调整工具面,即可钻出一条沿水平设计线上、下波动较小的井眼轨道。因此稳斜马达组合的设计方法和过程与造斜马达基本相同。

有一点不同的是,造斜马达采用偏心垫块,而稳斜马达采用稳定器,这是为了在变更工具面调整井眼的井斜和方位时能保证得到可靠的支点。

第三节 短半径水平井井眼轨道控制工艺要点

短半径(中短、短、超短)水平井的井眼轨道控制,与长、中半径水平井相比,最主要的区别在于所用的控制工具不同,由此带来工艺上的一些特点。在控制方法与轨道计算方面,没有本质的区别。因此,本节只对短半径水平井井眼轨道的工艺要点加以简述(对超短半径情况不作讨论)。

短半径水平井的井眼轨道设计普遍采用单元弧法,即含直井段、造斜段与水平段的三段制设计方案,如图 7-27 所示。所以,通常钻井过程可分为以下几个阶段:

(1)钻直井段(套管开窗)。
(2)定向侧钻。
(3)造斜钻进。
(4)水平段钻进。

阶段(1)包括两种情况:对新井,要钻直井段;对老井,则可采用套管开窗(其成本低于新钻直井段),因此这种老井侧钻水平井通常都

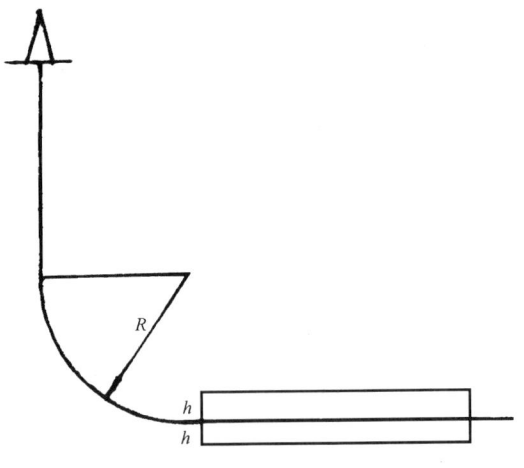

图 7-27 短半径水平井(三段制)

是小井眼钻井。

以下重点对套管开窗、定向侧钻、工具选型、测量方法和监控措施等方面作简要讨论。

一、套管开窗工艺要点

套管开窗工艺在国内外都是一项常用的成熟工艺技术,很多文献都有介绍。套管开窗方法主要有斜向器开窗法和段铣套管开窗法两种。这两种方法的优、缺点对比如表 7-2 所示。

表 7-2 两种套管开窗方法优、缺点对比

方法	斜向器开窗法	段铣套管开窗法
下井工具	多	简单,操作简便
磨铣高强度套管	问题较少	问题较多
对以后作业的影响	窗口不好时影响大	无
套管切削量	少	多
一次磨铣套管层数	至少两层	1层
定向方位不准时	不易改正	容易改正
任意方位定向	井眼低边定向较困难	可以
开窗作业总成本	较低	较高

由于段铣套管开窗法简单、操作简便,在侧钻短半径水平井中应用较多。

1. 斜向器开窗法

斜向器开窗工艺分为前期准备、坐斜向器、开始磨铣、修整窗口和加长窗口等几个阶段。如图 7-28 所示。所用工具有:斜向器(固定锚、封隔器),系列碳化钨磨铣工具(启始铣、窗口铣鞋、西瓜铣、管柱铣、铣锥等)。

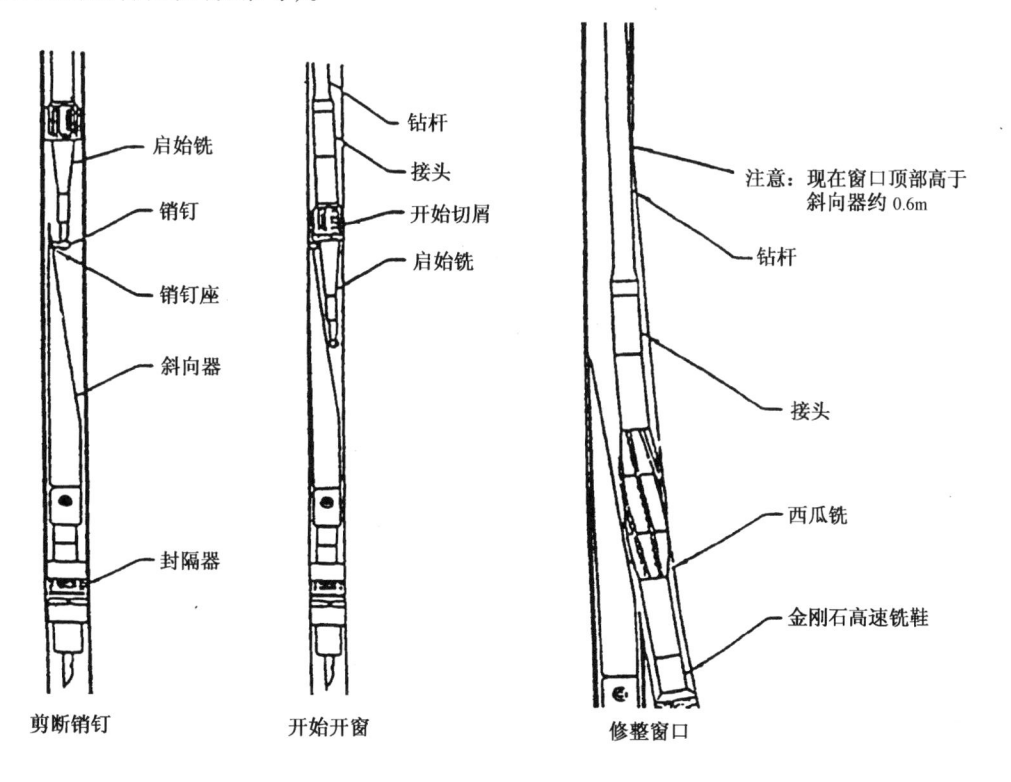

图 7-28 斜向器开窗工艺步骤

前期准备工作应注意:
(1)查阅套管记录表,以确定斜向器和磨铣工具。
(2)根据开窗点的井斜方位确定测斜仪器种类。
(3)开窗侧钻点选择(应在砂岩层,尽量避开膨胀性页岩或盐层)。
(4)确定开窗所用钻井液密度(和原用密度相同)。
(5)了解开窗井段的水泥胶结质量(若固井质量不高,应在开窗前进行挤水泥作业)。
(6)在下封隔器前进行刮管(以利下入和坐封)。
(7)用电缆下封隔器坐封并用陀螺测量仪确定斜向器方位。
详细施工方法请参阅有关文献和技术手册。

2. 段铣套管开窗法

段铣套管开窗法是用段铣工具(一种可控的水力切割工具)铣削掉一段套管,并在该井段扩眼打水泥塞以备定向侧钻的工艺过程。图7-29是一种段铣工具的结构示意图。开泵后,钻井液流经喷嘴产生的压降和水压力推动限位器活塞下行,从而使刀片伸出;停泵后活塞复位,刀片收回。

段铣套管开窗工艺分为前期准备、打水泥塞(在套管内悬空打水泥塞)、段铣套管、扩眼、注水泥等几个阶段。如图7-30所示。段铣开窗长度一般在20m左右。注水泥的井段长度一般在80m左右,封固井段为自开窗段以下10~20m至以上20~40m,并要求水泥塞强度较高。

前期准备工作应注意几个问题:

(1)开窗点的选择。查阅地层剖面图,CBL(即 cement bond log,水泥胶结测井)图和下入套管记录单,初步选一开窗点的位置。在满足地质和钻井部门对开窗侧钻井剖面要求的前提下,选择厚度在20m以上的稳定地层作为开窗井段。开窗点最好选择在套管接箍以下3m左右,开窗段要尽量避开套管接箍和扶正器,开窗段的固井质量必须是优质的。

(2)最好选用敞开式泥浆槽,防止铁屑进入泥浆室。

(3)选用高粘切钻井液,粘度达85~100s,切力大于45,以保证钻井液携带铁屑的能力。

此外,在选定的段铣工具下井之前,要进行地面试验,确认张开、复位灵活,并记录使刀片张开的最低排量值。在组配下井的段铣钻具组合时,不应带有细颈工具(如震击器、减震器等),钻柱应能对该工具组合提供49kN以上钻压值。

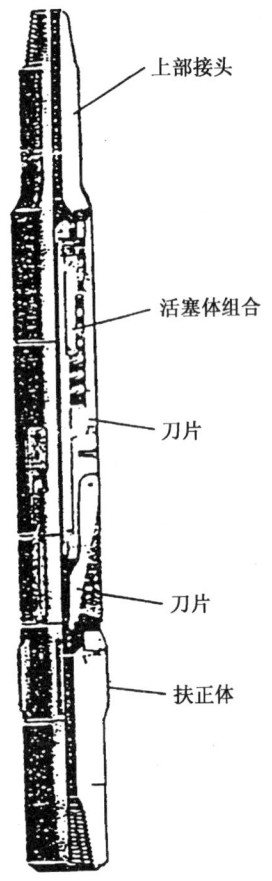

图7-29 段铣工具结构示意图

详细的施工方法请参阅有关文献和技术手册。

二、定向侧钻工艺要点

(1)钻水泥塞。水泥塞凝固后要钻水泥塞至造斜点,侧钻造斜点位置通常在开窗点以下1m左右。

(2)下斜向器。当用常规组合进行侧钻时,须下斜向器(有可收回式与不可回收式两种)。当用造斜率很高的弯壳体马达组合时,可以不下斜向器而直接侧钻。

(3)定向。当侧钻处的井斜较小时,一般要采用陀螺仪进行定向;当井斜值大于 5°,可用随钻测量仪进行高边定向(但也有在 2°井斜时采用 SST 有线测斜仪进行定向的施工实例,这要视所用仪器的具体性能指标说明慎用)。

(4)侧钻。下入钻具组合,采用轻压慢进方式进行,以避免由于水泥、岩石硬度差异造成侧钻不出去的情况发生。

图 7-31 给出了下斜向器侧钻的示意图。

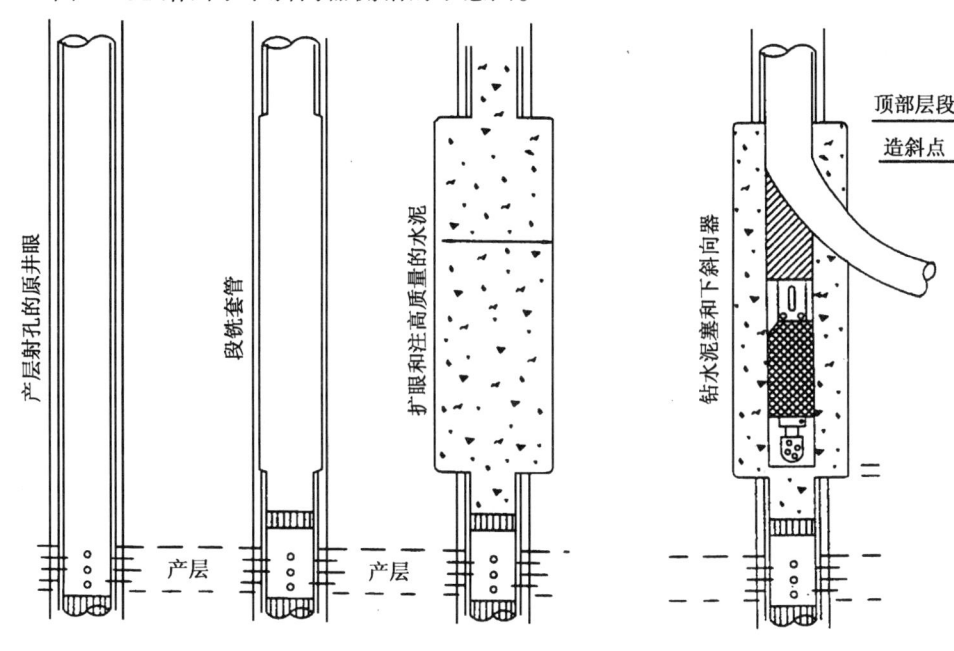

图 7-30 段铣套管开窗工艺步骤　　　　图 7-31 侧钻示意图(下斜向器)

三、造斜过程控制要点

造斜过程控制的首要关键在于正确选择工具类型和工具造斜能力。

对中短半径水平井,一般应选用同向双弯或同向三弯螺杆造斜马达。对中短半径范围内的较低造斜率段($K<1°/m$),也可采用大角度单弯壳体马达组合。但要核算工具在套管内的通过能力,以免造成过大的钻头侧向力导致磨损钻头和刮伤套管。

对短半径水平井,可选用铰接肘链式井下驱动螺杆马达组合,或地面驱动式柔性钻具组合系统。但目前的现状和发展趋势是采用前者,下部钻具组合以上的钻柱部分采用柔性钻柱或油管(详见表 7-1)。

对工具造斜率,可根据 K_c 法(对中短半径工具)或式(7-1)、式(7-4)确定。要保证工具造斜率略高于井身设计造斜率,以弥补因工具面对正不准、方位调整等干扰因素造成的造斜能力误差。在整个造斜段中,还要坚持造斜率"先高后低"的原则,以避免在造斜段后期因工具造斜能力累积误差形成"工具空白区",最终造成脱靶。

对短半径(亦包括中短半径)水平井,在着陆控制过程中有两点值得注意:

(1)短半径水平井放宽了工具造斜率的相对误差范围。

根据本书第二章式(2-19)可知,造斜率的相对误差为

$$\frac{\Delta K}{K'} = \pm \frac{h}{R}$$

在同样的靶窗尺寸(±h)条件下,短半径水平井允许的工具相对误差值远大于长、中半径水平井。

以实例分析会更为直观。设有 3 口水平井 A(短半径,R_A = 15m,h_A = 3m)、B(中短半径,R_B = 57.3m,h_B = 3m)和 C(长半径 R_C = 573m,h_C = 3m),相应的工具设计造斜率、允许误差及许用造斜率范围见表 7-3。

表 7-3 A、B、C 三种水平井造斜率对比表

水平井类型	A(短半径)	B(中短半径)	C(长半径)
工具设计造斜率,°/m	3.82	1	0.1
允许误差,±%	20	5.23	0.532
许用造斜率范围,°/m	3.183～4.775	0.950～1.055	0.0994～0.1005
设计造斜段总长,m	23.56	90	900

由表 7-3 可知,短(中短)半径水平井大大放宽了工具造斜率的允许误差范围,从而有利于进行轨道控制。这是问题的一个方面。

(2)造斜井段的缩短减小了着陆控制过程中的调控余地和机会。

仍以上述 A,B,C 三口水平井为例,由表 7-3 可知设计造斜段总长分别为 23.56m,90m,900m。因此长、中半径水平井着陆控制过程的调控余地和机会远大于中短和短半径水平井。由于短半径水平井着陆过程井段太短,致使测量仪器传感器距钻头距离显得明显偏大,从而加大了测量信息滞后的影响程度,因此从总体上加大了短(中短)半径水平井着陆控制的难度。这是问题的另一方面。

在短半径水平井轨道控制过程中,正确地认识上述问题的两个方面并予以灵活协调,是控制成功的关键。总的看来,这一控制过程加重了对钻头参数的预测精确度要求。解决这一问题的途径有二:其一是研究近钻头传感器,从根本上提高测量精度而降低预测误差;其二是对工具造斜率进行实验,以获得较准确的实际造斜能力。

四、水平钻进过程控制要点

短半径水平井的水平段控制过程,基本上与长、中半径水平井相同。一般多采用带有小角度单弯壳体的导向螺杆钻具,或其他具有一定稳平能力的 BHA。

水平段控制实际上是不断调整井斜值的增斜、降斜作业的交替过程。井眼轨迹是一条在靶体内的上下起伏的波浪线。控制的主要手段是要调整工具面。因此,这种"稳平"组合实际上是具有一定造斜能力的组合。

为了使稳平组合具有可靠的力学支点,这种组合应带稳定器(而不像造斜组合那样采用偏心垫块、偏心稳定器,甚至取消这些构件)。

为了使后续的钻柱顺利通过曲率较大的造斜段。应采用铰接式柔性钻柱或柔度较大的油管钻柱。这与造斜组合相同。

如前所述,对于图 7-1 所示的地面驱动型短半径水平井稳斜钻具组合,是采用调整钻头以上两个相邻铰接的欠尺寸稳定器外径的大小配置,达到保持稳平钻进的目的。这种调节只能靠起钻后在地面更换组合结构,因而是间断进行的,故效果不会很好。当然,把其中一只稳定器做成遥控式变径稳定器,通过地面遥控方式加以调整,肯定会有效地改进和提高控制效果。这仅是作者的一种设想。

五、测量方法要点

井眼轨道参数的测量对短半径水平井至关重要。在斜向器开窗或段铣套管定向侧钻工艺中,要用陀螺测量仪进行定向(在井斜值不小于 5°时可以考虑用随钻测斜仪进行高边定向);在造斜钻进和水平段钻进时,则要用随钻测斜仪进行测量。

由于短半径水平井曲率较大,一般采用柔性 MWD 作测量仪器。图 7-32 示出了国外某公司的柔性 MWD 测斜仪的结构示意图,其特点是在该测量仪器各组成短节的连接部分,采用特制的柔性连接。

在曲率相对不大(如 1°/m 左右)的小井眼中短半径水平井中,采用轴向尺寸较短、径向尺寸较小(如外径 ϕ38mm 以下)的 MWD 随钻测斜仪即可满足要求。这是因为该仪器本身刚度相对较小,因而不必采用专门的柔性 MWD。

在不具备上述测量仪器的情况下,要考虑采用多点测量仪。钻完大约 2/3 的弯曲造斜井段后,用"多点回拉"的办法进行测量,确定已钻井底的井斜和方位及已钻井段的造斜率,确定待钻井眼的控制措施,以便在剩余的井段内作必要的调整。

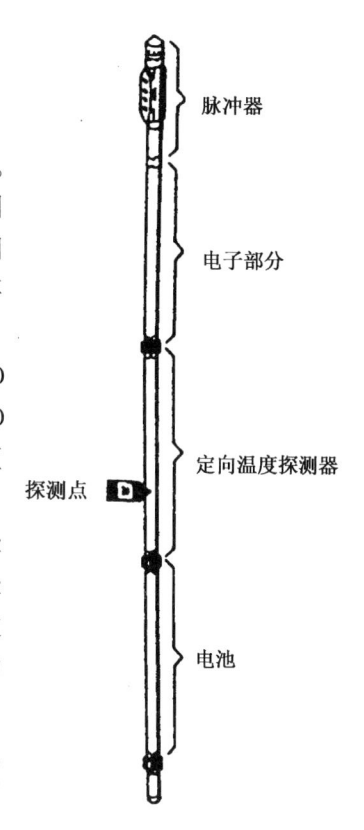

图 7-32 柔性 MWD 结构示意图

参 考 文 献

[1] Inglis T A 著,苏义脑等译. 定向钻井. 北京:石油工业出版社,1995

[2] 胡博仲等. 小井眼钻井技术. 北京:石油工业出版社,1997

[3] 苏义脑,赵俊平,张润香. 短半径水平井铰链式井下动力钻具组合力学模型的建立与分析. 石油钻采工艺,1995,17(4)

[4] Su Yinao, et. al. Analysis and Design of Articulated Downhole Motor Assembly for Short Radius Horizontal Drilling. SPE 29977

[5] 赵俊平,苏义脑. 钻具组合通过能力模式及其分析. 石油钻采工艺. 1993,15(5)

[6] 苏义脑等. 短半径水平井铰接式马达的力学分析,总体设计与轨迹控制工艺研究. 见科技论文集(钻井、装备、油田化学). 北京:石油工业出版社,1996

[7] Bai Jiazhi and Su Yinao. Deviation Control in Directional Drilling. Beijing: China Petroleum Industry Press, 1994

[8] Warren T M, et al. Short－Radius Lateral Drilling System. JPT., Feb. 1983

[9] Parsons R S, and Finchir R W. Short－Radius Lateral Drilling. A Completion Alternative. Paper SPE 15943 presented at the 1986 SPE Eastman Regional Meeting held in Columbus, November 12~14

[10] Karlsson H, Cobbey R, and Jacques G E. New Development in Short－,Medium－,and Long－Radius Lateral Drilling. Paper SPE 18706 presented at the 1989 SPE/IADC Drilling Conference, New Orleans, Feb. 28 －Mar. 3

[11] Joshi S D. Augmentations of Well Productivity Using Slant and Horizontal Wells. Paper SPE 15735 Presented at the 1986 SPE Technical Conference and Exhibition, New Orleans, October 5~8

[12] Trichel D K, and Ohanian M P. Unique Articulated Downhole motor Holds Promising Future for short Radius Horizontal Drilling. SPE 20417

附　　录

附录Ⅰ　BHA大挠度分析有限元法大位移矩阵计算有关积分式

$$\int_0^l A_1^2 \mathrm{d}x = \frac{10}{7}L \qquad \int_0^l B_1^2 \mathrm{d}x = \frac{8}{35}L \qquad \int_0^l C_1^2 \mathrm{d}x = \frac{1}{630}L^3$$

$$\int_0^l D_1^2 \mathrm{d}x = \frac{8}{35}L \qquad \int_0^l E_1^2 \mathrm{d}x = \frac{1}{630}L^3$$

$$\int_0^l A_1 B_1 \mathrm{d}x = -\frac{3}{14} \qquad \int_0^l A_1 C_1 \mathrm{d}x = -\frac{1}{84}L \qquad \int_0^l A_1 D_1 \mathrm{d}x = -\frac{3}{14}$$

$$\int_0^l A_1 E_1 \mathrm{d}x = \frac{1}{84}L \qquad \int_0^l B_1 C_1 \mathrm{d}x = \frac{1}{60}L^2 \qquad \int_0^l B_1 D_1 \mathrm{d}x = -\frac{1}{70}L$$

$$\int_0^l B_1 E_1 \mathrm{d}x = \frac{1}{210}L^2 \qquad \int_0^l C_1 D_1 \mathrm{d}x = -\frac{1}{210}L^2 \qquad \int_0^l C_1 E_1 \mathrm{d}x = \frac{1}{1260}L^3$$

$$\int_0^l D_1 E \mathrm{d}x = -\frac{1}{60}L^2$$

以及

$$\int_0^l A_1^4 \mathrm{d}x = \frac{9000}{2431 L^3} \qquad \int_0^l B_1^4 \mathrm{d}x = \frac{1512}{12155}L \qquad \int_0^l C_1^4 \mathrm{d}x = \frac{3}{680680}L^5$$

$$\int_0^l D_1^4 \mathrm{d}x = \frac{1512}{12155}L \qquad \int_0^l E_1^4 \mathrm{d}x = \frac{3}{680680}L^5 \qquad \int_0^l A_1^3 B_1 \mathrm{d}x = -\frac{1125}{1547 L^2}$$

$$\int_0^l A_1^3 C_1 \mathrm{d}x = -\frac{225}{4862 L} \qquad \int_0^l A_1^3 D_1 \mathrm{d}x = -\frac{1125}{1547 L^2} \qquad \int_0^l A_1^3 E_1 \mathrm{d}x = \frac{225}{4862 L}$$

$$\int_0^l B_1^3 A_1 \mathrm{d}x = -\frac{149}{5236} \qquad \int_0^l B_1^3 C_1 \mathrm{d}x = \frac{4677}{680680}L^2 \qquad \int_0^l B_1^3 D_1 \mathrm{d}x = -\frac{1643}{340340}L$$

$$\int_0^l C_1^3 A_1 \mathrm{d}x = \frac{5}{544544}L^3 \qquad \int_0^l C_1^3 B_1 \mathrm{d}x = \frac{123}{2722720}L^4 \qquad \int_0^l B_1^3 E_1 \mathrm{d}x = \frac{63}{48620}L^2$$

$$\int_0^l C_1^3 D_1 \mathrm{d}x = -\frac{3}{272272}L^4 \qquad \int_0^l C_1^3 E_1 \mathrm{d}x = \frac{1}{544544}L^5 \qquad \int_0^l D_1^3 A_1 \mathrm{d}c = -\frac{149}{5236}$$

$$\int_0^l D_1^3 B_1 \mathrm{d}x = -\frac{1643}{340340}L \qquad \int_0^l D_1^3 C_1 \mathrm{d}x = -\frac{63}{48620}L^2 \qquad \int_0^l D_1^3 E_1 \mathrm{d}x = -\frac{4677}{680680}L^2$$

$$\int_0^l E_1^3 A_1 \mathrm{d}x = \frac{5}{544544}L^3 \qquad \int_0^l E_1^3 B_1 \mathrm{d}x = \frac{3}{272272}L^4 \qquad \int_0^l E_1^3 C_1 \mathrm{d}x = \frac{1}{544544}L^5$$

$$\int_0^l E_1^3 D_1 \mathrm{d}x = -\frac{123}{2722720}L^4 \qquad \int_0^l A_1^2 B_1^2 \mathrm{d}x = \frac{3765}{17017 L} \qquad \int_0^l A_1^2 C_1^2 \mathrm{d}x = \frac{135}{68068 L}$$

$$\int_0^l A_1^2 D_1^2 \mathrm{d}x = \frac{3765}{17017L} \qquad \int_0^l A_1^2 E_1^2 \mathrm{d}x = \frac{135}{68068}L \qquad \int_0^l B_1^2 C_1^2 \mathrm{d}x = \frac{211}{408408}L^3$$

$$\int_0^l B_1^2 D_1^2 \mathrm{d}x = \frac{6163}{510510}L \qquad \int_0^l B_1^2 E_1^2 \mathrm{d}x = \frac{401}{3063060}L^3$$

$$\int_0^l C_1^2 D_1^2 \mathrm{d}x = \frac{401}{3063060}L^3 \qquad \int_0^l C_1^2 E_1^2 \mathrm{d}x = \frac{1}{612612}L^5 \qquad \int_0^l D_1^2 E_1^2 \mathrm{d}x = \frac{211}{408408}L^3$$

$$\int_0^l A_1^2 B_1 C_1 \mathrm{d}x = \frac{30}{1547} \qquad \int_0^l A_1^2 B_1 D_1 \mathrm{d}x = \frac{1640}{10717L} \qquad \int_0^l A_1^2 B_1 E_1 \mathrm{d}x = -\frac{5}{2618}$$

$$\int_0^l A_1^2 C_1 D_1 \mathrm{d}x = \frac{5}{2618} \qquad \int_0^l A_1^2 C_1 E_1 \mathrm{d}x = \frac{5}{9724}L \qquad \int_0^l A_1^2 D_1 E_1 \mathrm{d}x = -\frac{30}{1547}$$

$$\int_0^l B_1 A_1^2 C_1 \mathrm{d}x = -\frac{317}{136136}L \qquad \int_0^l B_1^2 A_1 D_1 \mathrm{d}x = -\frac{6389}{204204} \qquad \int_0^l B_1^2 A_1 E_1 \mathrm{d}x = \frac{21}{19448}L$$

$$\int_0^l B_1^2 C_1 D_1 \mathrm{d}x = -\frac{313}{510510}L^2 \qquad \int_0^l B_1^2 C_1 E_1 \mathrm{d}x = \frac{43}{314160}L^3 \qquad \int_0^l B_1^2 D_1 E_1 \mathrm{d}x = -\frac{2267}{204204}$$

$$\int_0^l C_1^2 A_1 B_1 \mathrm{d}x = -\frac{7}{38896}L^2 \qquad \int_0^l C_1^2 A_1 D_1 \mathrm{d}x = -\frac{215}{816816}L^2 \qquad \int_0^l C_1^2 A_1 E_1 \mathrm{d}x = \frac{5}{544544}L^3$$

$$\int_0^l C_1^2 B_1 D_1 \mathrm{d}x = -\frac{107}{13601360}L^3 \qquad \int_0^l C_1^2 B_1 E_1 \mathrm{d}x = -\frac{31}{2042040}L^4 \qquad \int_0^l C_1^2 D_1 E_1 \mathrm{d}x = -\frac{5}{376992}L^4$$

$$\int_0^l D_1^2 A_1 B_1 \mathrm{d}x = -\frac{6389}{204204} \qquad \int_0^l D_1^2 A_1 C_1 \mathrm{d}x = -\frac{21}{19448}L \qquad \int_0^l D_1^2 A_1 E_1 \mathrm{d}x = \frac{317}{136136}L$$

$$\int_0^l D_1^2 B_1 C_1 \mathrm{d}x = \frac{2267}{2042040}L^2 \qquad \int_0^l D_1^2 B_1 E_1 \mathrm{d}x = \frac{313}{510510}L^2 \qquad \int_0^l D_1^2 C_1 E_1 \mathrm{d}x = \frac{43}{314160}L^3$$

$$\int_0^l E_1^2 A_1 B_1 \mathrm{d}x = -\frac{215}{816816}L^2 \qquad \int_0^l E_1^2 A_1 C_1 \mathrm{d}x = -\frac{5}{544544}L^3 \qquad \int_0^l E_1^2 A_1 D_1 \mathrm{d}x = -\frac{7}{38896}L^2$$

$$\int_0^l E_1^2 B_1 C_1 \mathrm{d}x = \frac{5}{376992}L^4 \qquad \int_0^l E_1^2 B_1 D_1 \mathrm{d}x = -\frac{107}{13601360}L^3 \qquad \int_0^l E_1^2 C_1 D_1 \mathrm{d}x = -\frac{31}{2042040}L^4$$

$$\int_0^l A_1 B_1 C_1 D_1 \mathrm{d}x = -\frac{985}{408408}L \qquad \int_0^l A_1 B_1 C_1 E_1 \mathrm{d}x = \frac{15}{272272}L^2$$

$$\int_0^l A_1 B_1 D_1 E_1 \mathrm{d}x = \frac{985}{408408}L \qquad \int_0^l A_1 C_1 D_1 E_1 \mathrm{d}x = -\frac{15}{272272}L^2$$

$$\int_0^l B_1 C_1 D_1 E_1 \mathrm{d}x = -\frac{263}{2450448}L^3$$

附录Ⅱ 对中曲率井眼内曲率分解公式 $K_P = K\cos\theta$、$K_Q = K\sin\theta$ 近似程度分析

如图 3-21 所示，平面 R 和 P 间的夹角为 θ，R 平面内圆弧井身 $\overline{AB}$ 的曲率半径为 ρ，曲率为 K。$\overline{AB}$ 在 P 平面内的投影为 $\overline{A'B'}$，显然，$\overline{A'B'}$ 是椭圆的一部分，各点曲率半径是变化的。$\overline{A'B'}$ 的中点 C' 是 $\overline{AB}$ 的中点的投影，因 AB 和平面 P，R 的交线平行，OC 和平面 P，R 的交线垂直，故 OC（曲率半径）投影后长度为 $\rho\cos\theta$，而平行于平面 P，R 交线的线段投影后长度不变，因此投影后的椭圆方程为

$$\frac{x^2}{\rho^2} + \frac{y^2}{(\rho\cos\theta)^2} = 1$$

其顶点曲率半径

$$\rho_{C'} = \frac{\rho^2}{\rho\cos\theta} = \frac{\rho}{\cos\theta}$$

同理，对与 P 正交的平面 Q，所得投影椭圆的顶点曲率半径 $\rho_{C''}$ 为

$$\rho_{C''} = \frac{\rho^2}{\rho\cos(90°-\theta)} = \frac{\rho}{\sin\theta}$$

相应的顶点曲率为

$$K_{C'} = \frac{\cos\theta}{\rho} = K\cos\theta$$

$$K_{C''} = \frac{\sin\theta}{\rho} = K\sin\theta$$

可见式(3-187)、式(3-188)是用顶点曲率近似当作 K_P，K_Q 的结果。现分析在中曲率井眼中采用该式的误差大小，以确定是否可用该式作为计算依据。

由几何学知，长轴为 a、短轴为 b 的椭圆

$$\frac{x^2}{a^2} + \frac{y^2}{b^2} = 1$$

其短轴顶点 C' 及其他各点 (x,y) 的曲率半径为

$$\rho_{C'} = \frac{a^2}{b}$$

$$\rho(x,y) = a^2 b^2 \left(\frac{x^2}{a^4} + \frac{y^2}{b^4}\right)^{\frac{3}{2}}$$

而

$$y = \pm b\sqrt{1 - \frac{x^2}{a^2}}$$

代入 P 平面上的椭圆参数，可得 C' 点附近 (x,y) 点处的曲率半径 $\rho(x,y)$ 为

$$\rho(x,y) = \frac{\cos^2\theta}{\rho^2}\left(x^2 + \frac{\rho^2 - x^2}{\cos^2\theta}\right)^{\frac{3}{2}}$$

$$K(x,y) = \frac{1}{\rho(x,y)}$$

相对误差率

$$\varepsilon = \frac{\rho_{C'} - \rho(x,y)}{\rho(x,y)}$$

由于上述关系可知,相对误差率 ε 和 R 平面内的井眼曲率 K(曲率半径 ρ)、R 平面和 P 平面的夹角 θ、计算点 (x,y) 离顶点 C' 的位置(以 x 表征)有关。现取 $L = \overline{A'B'} = 40\mathrm{m}$ 为分析对象(C' 在 $\overline{A'B'}$ 的中点,$x_{\max} = 20\mathrm{m}$),$K = (0 \sim 20°)/30\mathrm{m}$,$\theta = 0 \sim 45°$,可求出曲线 ε—x、ε—K 和 ε—θ,如图Ⅱ-1、Ⅱ-2、Ⅱ-3 所示。

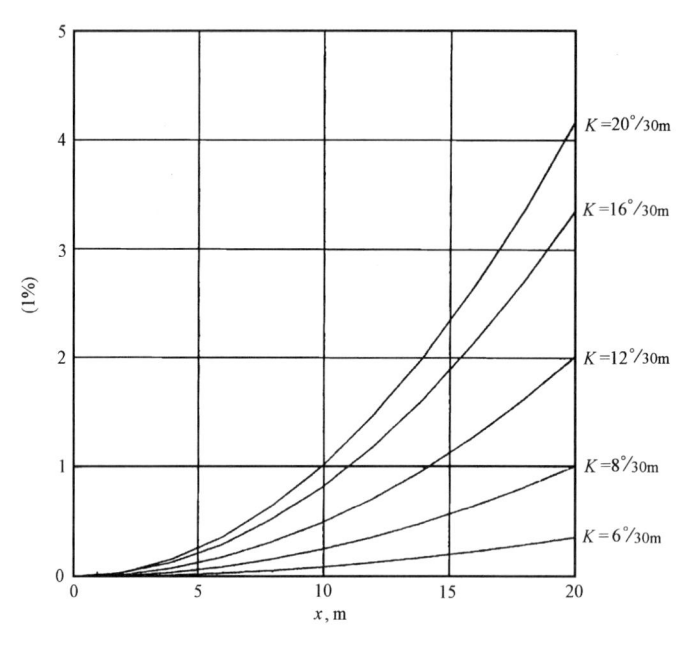

图Ⅱ-1 相对误差 ε 随 x 的变化曲线

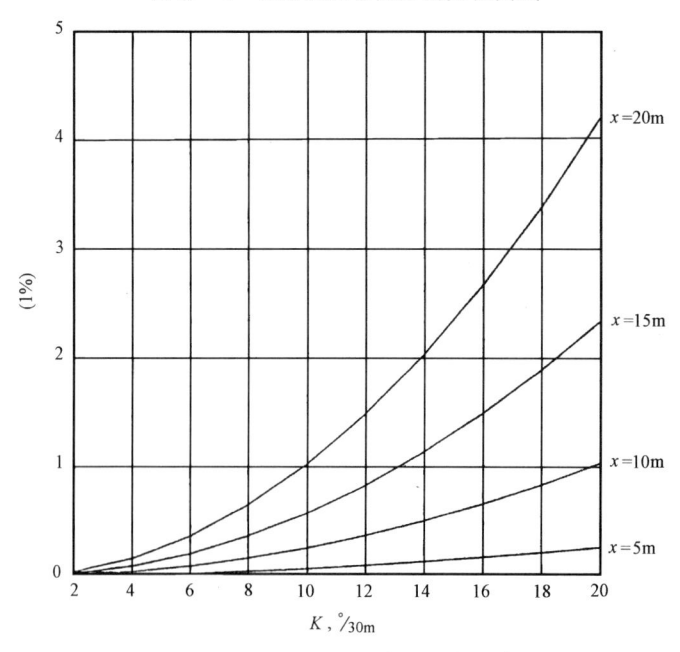

图Ⅱ-2 相对误差 ε 随 K 的变化曲线

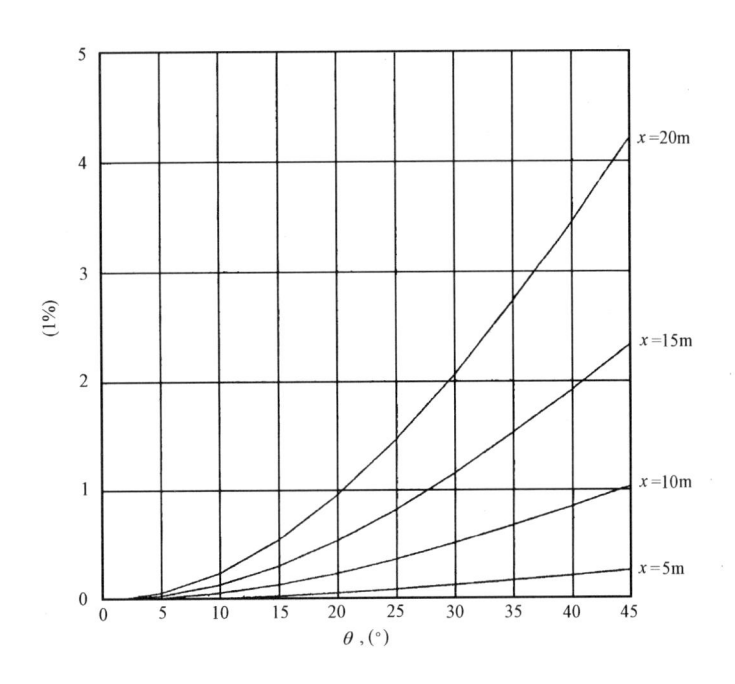

图Ⅱ-3 相对误差 ε 随 θ 的变化曲线

由曲线分析可得出如下结论：

(1)相对误差 ε 随 x,K,θ 的增大而增大。

(2)在距钻头 40m(一般可满足 BHA 计算需要)的中曲率井段[K＝(0～20°)/30m]内,相对误差 ε 一般于小 5%;满足工程要求。

(3)如超出上述条件所界定的应用范围,在三维分析中采用近似曲率分解公式则会带来较大误差,此时应探讨新的方法。

附录Ⅲ 单位换算表

1ft = 0.3048m;
1ha = 10^4m²;
1acre = 4.046873×10^3m²;
1mD = 10^{-3}μm²;
1psi^{-1} = 145.0377MPa^{-1};
(℉ - 32)/1.8 = ℃;

1bbl = 0.1589873m³;
1psi = 6.894757×10^{-3}MPa;
1mile = 1.609344km;
1cP = 1mPa·s;
1scf/bbl = 0.1801175std m³/m³;
1gal = 3.785412×10^{-3}m³